Der Tod und seine Presse

Minima

Literatur- und Wissensgeschichte kleiner Formen

Herausgegeben von
Anke te Heesen, Maren Jäger, Ethel Matala de Mazza
und Joseph Vogl

Band 6

Der Tod und seine Presse

Nachrufe im literarischen Feuilleton der Zwischenkriegszeit

Herausgegeben von
Sabine Eickenrodt und Ethel Matala de Mazza

DE GRUYTER

Gefördert durch die Deutsche Forschungsgemeinschaft (DFG)-276772850/GRK 2190.

Gefördert durch
DFG Deutsche Forschungsgemeinschaft

KLEINE FORMEN Literatur- und Wissensgeschichte kleiner Formen

ISBN 978-3-11-110459-1
e-ISBN (PDF) 978-3-11-110647-2
e-ISBN (EPUB) 978-3-11-110727-1
ISSN 2701-4584

Library of Congress Control Number: 2023930109

Bibliografische Information der Deutschen Nationalbibliothek
Die Deutsche Nationalbibliothek verzeichnet diese Publikation in der Deutschen Nationalbibliografie; detaillierte bibliografische Daten sind im Internet über http://dnb.dnb.de abrufbar.

Einbandabbildung: Nachruf, Münchner Neueste Nachrichten, 24.12.1935.
Rechtsnachfolgerin Abbildung: Süddeutsche Zeitung
Druck und Bindung: CPI books GmbH, Leck

www.degruyter.com

Inhalt

Teil III: **Einschlüsse und Ausschlüsse**

Sabine Eickenrodt und Ethel Matala de Mazza

Zur Konjunktur von Todestagen im Feuilleton der Zwischenkriegszeit

1 Trauerbühnen der Nation

„Der Gedanke an den Tod war ihr ständiger Begleiter […]. Mitten im Applaus starb sie Tag für Tag. Im Glanz der überfüllten Säle sah sie nichts als ihre Nacht, die immer mehr nahte, die sie liebte, die sie fürchtete".[1] Mit diesen Zeilen resümiert der Nachruf des italienischen Starjournalisten und Librettisten Renato Simoni auf die 1924 verstorbene Schauspielerin Eleonora Duse (1858–1924) das Ende einer international gefeierten Diva. Formal bedient er sich eines bewährten Musters der journalistischen Funeralrhetorik: Er führt den Lesern die Stationen einer erfolgreichen Karriere vor Augen und auch die Begleitumstände eines Finales, das der Protagonistin immer schon auf der Bühne des Lebens wie ein Schatten anzuhaften schien – zumal ihr Ruhm auch mit der Tragödie zusammenhing, die sie als Muse und Mäzenatin des publicitybewussten Großschriftstellers Gabriele d'Annunzio durchlebt hatte.[2] Die ihr gewidmeten Nachrufe wurden in den 1920er Jahren denn auch zum internationalen Vorbild einer Trauerpraxis, die das Sterben berühmter Frauen als Passionsgeschichte deutet. Zu einem erheblichen Teil war dies der Sensations- und Unterhaltungspresse geschuldet, die sich zeitgleich rasant entwickelte und skandalträchtige Todesfälle auflistete. So kommentierte etwa die *B. Z. am Mittag* am 15. September 1927 den „tragische[n] Tod" der amerikanischen Tänzerin Isadora Duncan (1877–1927), die am Tag zuvor durch ihren Schal im offenen Auto bei einer Fahrt in Nizza erdrosselt worden war, mit dem Titel: „Auf noch nie dagewe-

1 Renato Simoni, Eleonora Duse, in: Eleonora Duse. Bildnisse und Worte, gesammelt, übers. und hg. von Bianca Segantini und Francesco von Mendelssohn, Berlin 1926, 149–155, hier: 149 und 153.

2 Die zweite Strophe des im Gedenkbuch abgedruckten Gedichts d'Annunzios beginnt mit den folgenden Zeilen: „[…]. / Sie die zum Glück mich, sie deren Aufruf stets meines Wesens Bestes / erweckt." Vgl. Gabriele d'Annunzio: Der göttlichen Eleonora Duse (Widmungsgedicht zur Francesca da Rimini), in: Segantini/von Mendelssohn (Hg.), Eleonora Duse, 76–78, hier: 76. – Obgleich die Duse Jahre vor ihrem Tod in einem Schlüsselroman des Dichters (*Il fuoco*, 1900) als alternde Diva mit jungem Liebhaber bloßgestellt worden war, berief man sich in der Öffentlichkeit auch nach ihrem Tod weiterhin auf dessen Zeugnis. Vgl. etwa: Anonym [V.], Gestalten und Probleme des Theaters. Eleonora Duse, in: Der Kleine Bund. Literarische Beilage des „Bund", 21. Oktober 1928, Nr. 43, 337–338, hier: 337.

https://doi.org/10.1515/9783111106472-001

sene Weise verunglückt".[3] Direkt darauf folgte ein Artikel, der die „Katastrophen eines Lebens" schilderte und dem Tod der Verunglückten retrospektiv seinen Platz in der verhängnisvollen Verkettung der Ereignisse zuwies. Konsterniert referiert der Kunstkritiker Fritz Stahl im seriösen *Berliner Tageblatt* unter dem Titel „Nachspiel zur Tragödie" die Folgen des publizistisch geschürten Starkults: Ein „Sammler tragischer Erinnerungen" habe das „Automobil, in dem Isadora Duncan gestorben ist", gegen die Konkurrenzgebote von fünfzig weiteren Interessenten für 65.000 Francs ersteigert – für eine Summe, die der „alternden Frau die ersehnte Ruhe in einem Häuschen am Meer"[4] hätte verschaffen können.

Gleichwohl nahm der Tod der Duse doch einen Sonderstatus ein: Ihr wurde gar die – gewöhnlich berühmten Männern vorbehaltene – Ehre einer Gedenkschrift zuteil, die Zeitungsnachrufe und Grabreden auf Verstorbene sammelte. Das 1926 in deutscher Übersetzung erschienene Gedenkbuch enthielt Prosa und Gedichte von Hermann Bahr, Hugo von Hofmannsthal, Bernhard Shaw, Herman Bang, Gabriele d'Annunzio, Alfred Kerr, Rainer Maria Rilke, Luigi Pirandello, Eugen Robert, Alexander Woollcott, Renato Simoni, Irene Triesch, Emil Ludwig und Robert de Flers. Die Beiträge hatten die Herausgeber – wie üblich – entweder Werkausgaben oder internationalen Tageszeitungen entnommen. Die zahlreichen Nachrufe auf die Duse[5] zeigen die Bedeutung ihrer Bühnenkunst, vor allem aber, dass das Ende des Weltstars als Exempel für weit Größeres genommen wurde: Denn mit ihrem Tod wurden die nationalen Differenzen der Trauerkonventionen, der staatlichen Repräsentationsformen und Bereitschaft zur breiten Anteilnahme offenkundig. Eine Massentrauer wie in Italien sei unter den Deutschen kaum vorstellbar, so betont Emil Ludwig, demokratischer Parteigänger der Weimarer Republik, in seinem Gedenkbuchbeitrag unter der Überschrift „Die Trauer einer Nation".[6] Das Anschauungsmaterial für sein Urteil bezieht er aus der unerhörten Kollektivtrauer, die das

3 Anonym, Tragischer Tod Isadora Duncans. Vom Schal durchs Auto erwürgt, in: B. Z. am Mittag, 15. September 1927, Nr. 242, Werktag-Ausgabe, [1]; Anonym, Die Katastrophen eines Lebens, ebd.; Anonym, Die Tänzerin Isadora, ebd., [1]–2.

4 Fritz Stahl, Nachspiel der Tragödie, in: Berliner Tageblatt, 20. September 1927, Nr. 445, Abend-Ausgabe, 4. Die Notiz folgt direkt auf den ausführlichen Nachruf Stahls: unter dem Titel „Erinnerung an die Duncan".

5 In der *Neuen Freien Presse* erschienen nach dem Tod der Duse am 21. April 1924 fast täglich Nachrufe und Notizen – und auch in späteren Jahren immer wieder Würdigungen (u. a. von namhaften Autoren wie Felix Salten, Kurt Münzer, Felix Braun und Raoul Auernheimer).

6 Emil Ludwig, Die Trauer einer Nation, in: Segantini/von Mendelssohn (Hg.), Eleonora Duse, 157–161. Die im Anhang des Gedenkbuchs genannte Quelle für den Beitrag (*Neue Freie Presse*) konnte nicht verifiziert werden. Auch die Bibliographie der unselbständig erschienenen Beiträge Ludwigs (Stand: 28.03.2022; Erich Maria Remarque-Friedenszentrum der Universität Osnabrück) nennt nur den Artikel im Gedenkbuch.

Publikum nach dem Tod der Diva über die Standes- und Landesgrenzen hinweg erfasst hatte: Ihr Leichnam war zunächst von Pittsburgh nach New York überführt worden, nachdem die erste Trauerfeier am Sterbeort mit einem Eklat ‚geplatzt' war – der Grund war das Veto gegen die von der italienischen Regierung verordnete öffentliche Trauerzeremonie, wie die *Neue Freie Presse* am 25. April 1924 notiert. Der Protest richtete sich gegen die Absicht der faschistischen Partei, die kurz zuvor die Mehrheit im Parlament erhalten hatte, den Tod der Duse für Propagandazwecke zu nutzen.[7] Schließlich habe aber der italienische Botschafter „sozusagen Beschlag auf die Leiche" erhoben und deren Überführung nach New York veranlasst, wo sie am 1. Mai in der Kathedrale St. Vincent Church bis zu ihrer Überführung nach Italien öffentlich aufgebahrt worden sei.[8] Ihre letzte Ruhestätte fand die Diva dann nicht, wie von Mussolini zunächst vorgesehen, auf dem Friedhof von Santa Croce in Florenz,[9] sondern in ihrem Wohnort Asolo in Venetien. Zuvor war ihr Leichnam – auf einer letzten Tournee – nach der Ankunft des Sarges im Hafen von Neapel im Triumphzug mit Trauerveranstaltungen in Rom, Florenz, Bologna und Padua[10] durchs Land geführt worden. Beispiellos sei der Augenblick gewesen, so ein Nachruf im *Neuen Wiener Journal* vom Mai 1924, als

> die sterbliche Hülle der Duse im Hafen von Neapel unter den Tränen einer zu tiefst bewegten Menge den Boden des Vaterlandes berührte. Beispiellos ist der Einzug der toten Tragödin in Rom gewesen, in der Basilika Santa Maria degli Angeli, wo mit königlichem Pomp die Totenmesse zelebriert wurde, und zu all den tausend Blumengewinden [...] auch die Kränze des Königspaares und Mussolinis die Bahre schmückten. [...]. Ein Schauer der Ergriffenheit geht durch die Schar der herbeigeströmten Florentiner, unter denen sich eine Abordnung der

7 Hierzu Christine C. Mather, The Political Afterlife of Eleonora Duse, in: Theatre Survey 45 (May 2004), Nr. 1, 41–59, hier: 48.

8 Anonym [T.-R.], Zwischenfälle bei der Trauerfeier, in: Neue Freie Presse, 25. April 1924, Nr. 21.416, Morgenblatt, 8.

9 Anonym, Der Beisetzungsort der Duse (Telegramm unseres Korrespondenten, Rom, 24. April), in: ebd.

10 Bezugnehmend auf die Berichterstattung in der *New York Times* vom 12. und 13. Mai 1924 fasst Mather (The Political Afterlife, 55) die Trauerfeierlichkeiten in Rom zusammen: „After the mass, the doors of the church were opened, and a hundred thousand Italians paid tribute to Duse's body as the representatives of the world watched. Afterward, the coffin, now placed on an open train car decorated as a *chapelle ardente* [Aufbahrungshalle], traveled to Asolo. Ten war heroes wearing medals now watched over the body. At every station on the return journey, crowds awaited the train. Waiting dignitaries and mourners met the coffin with more speeches and banners in Florence, Bologna, and Padua." – Einen Überblick über die Nachrufe in italienischen Zeitungen gibt Maria Pia Pagani, April 1924. Fiori di carta per Eleonora Duse [Papierblumen für Eleonora Duse], in: Enthymema VI (2014), Nr. XI, 87–104.

> weiblichen Faschisten befindet, die einen Kranz niederlegt. […]. „Vor dir o Eleonora Duse [so wird ein Trauerredner zitiert] senkt das neue auferstandene Italien seine Fahnen".[11]

Zwar werden diese von der Presse effektvoll in Szene gesetzten Bilder des Trauerakts im Nachruf Emil Ludwigs nicht ausgemalt. Aber das Phänomen führt ihn zu der grundsätzlichen Frage, warum die Deutschen im Unterschied zu Italien gar kein Talent zur „Nationaltrauer"[12] hätten. Die Duse sei – nach dem Weltkrieg und dem „Zusammenbruch der Währungen" – „mit Fünfundsechzig, eine Greisin, noch einmal ausgezogen" in die Welt; und nun, nach ihrem Tode in Pittsburgh, stelle sich die Frage: „Was ist es uns?"[13] Seit Bismarcks Tod, so Ludwig weiter, sei ihm als Beispiel deutscher Nationaltrauer „höchstens der Tag im Gedächtnis, an dem bei Echterdingen das Luftschiff des Grafen Zeppelin zerbrach." Inzwischen seien „Menzel und Klinger, sind Kainz und Matkowsky, sind Ballin und Stinnes, Simmel und Mommsen gestorben und gewiß noch ein halbes Dutzend Männer, die den deutschen Namen durch Europa getragen haben."[14] Hinter Menzels Sarg, „der sich durch die von Leben und Geschäften klirrenden Straßen der Hauptstadt zwängen mußte", habe er dagegen nur einen „Hofwagen im Auftrage Seiner Majestät" gesehen – „und der war leer".[15]

Der Tod der Duse erhält in Ludwigs Beitrag einen überpersönlichen Stellenwert. Gemessen an der italienischen „Lutto nazionale" [Nationaltrauer][16] fehle den Deutschen das „Gesamtgefühl eines Kulturvolkes", das sich „in diesem Augenblick" der Ergriffenheit selbst feiere.[17] Ludwigs Äußerung markiert implizit auch die Folgen für Deutschland nach dem Friedensvertrag von Versailles. Neben dem Ausgang des Ersten Weltkriegs, so heißt es 1930 in Walter Benjamins „Theorien des deutschen Faschismus", sei ein „eigentümliche[r] Hohlraum, Resonanzboden" entstanden, der deutlich machte, was es heiße, einen Krieg zu „gewinnen oder [zu] verlieren"; denn Sieg oder Niederlage, so Benjamin weiter, greife tief in das „Gefüge

11 Paul Althof [Alice Gürschner], [Florenz, 14. Mai]. Der Tragödie letzter Akt. Die Begräbnisfeier der Duse in Asolo, in: Neues Wiener Journal, 17. Mai 1924, Nr. 10.953, 4–5.

12 Ludwig, Die Trauer einer Nation, 159.

13 Ebd., 157.

14 Ebd., 159–160.

15 Ebd., 160.

16 Ebd., 159.

17 Ebd., 161. – Ähnlich formuliert dies Édouard Schneider (1880–1960) in seinem Erinnerungsbuch: Die *„lutto citadino"*, eine durch die Gemeinde verfügte Trauer, sei „eigentlich überflüssig" gewesen, denn man habe sie „ohnehin auf allen Gesichtern" ablesen können. Vgl. Eduard [Édouard] Schneider, Eleonora Duse. Erinnerungen, Betrachtungen und Briefe. Mit sieben Abbildungen und einem Faksimile, übertragen von Th. Mutzenbecher, Leipzig 1927, 246 [Hervorhebung im Original]. Das im Insel-Verlag erschienene Buch trägt die Widmung: „Eleonora Duse zu heiligem Gedächtnis".

unseres Daseins ein".[18] Tatsächlich hatten jene, die sich 1918 zu den Besiegten zählen mussten, nicht nur die ökonomischen und politischen Konsequenzen mitzutragen, sondern sahen sich auch ihres kulturellen Selbstverständnisses beraubt. Emil Ludwigs Diagnose einer mangelnden öffentlichen Gefühlskultur in Deutschland bezieht sich insofern auf ein Symptom des Epochenbruchs. Aber zugleich ist sie selbst auch Teil eines breiten, öffentlichen Nachdenkens namhafter Intellektueller über die emotionalen Kosten des Kriegs. In der Niederlage Deutschlands waren zudem unübersehbar künftige Gefahren für die junge Demokratie bereits angelegt: In seinem Artikel „Erinnerung an Rathenaus Tod", der Mitte 1924 in der *Neuen Freien Presse* erschien, warnt Ludwig deshalb eindringlich vor den allgegenwärtigen Symbolen des Antisemitismus und schließt mit der Frage: „[...] wohin steuert unser Land?"[19]

Die in diesem Band versammelten Beiträge zeigen, dass die sogenannte Blütezeit des literarischen Feuilletons der 1920er Jahre auch als eine Zeit der journalistischen Trauerarbeit gelten kann: Autoren experimentierten mit tradierten Formen der Funeralrhetorik und literarischen Trauerkonvention, die sie zugleich im Namen einer kritischen Nekrologie in Frage stellten. Zu den prominentesten Beispielen der Nachruf-Publizistik gehörte die ab Oktober 1925 im Rowohlt Verlag von Willy Haas herausgegebene *Literarische Welt*, die als illustrierte Wochenschrift bis zu ihrem Ende im März 1933 Repräsentanten des europäischen Geisteslebens wie Walter Benjamin oder Max Brod, Ernst Robert Curtius, Egon Erwin Kisch, Heinrich und Thomas Mann, Alfred Polgar, George Bernard Shaw, Kurt Tucholsky, Robert Walser, Franz Werfel, Paul Valéry und viele andere, unter ihnen auch Emil Ludwig, an sich binden konnte. Ihren Ruhm und Erfolg, der sich in hohen Auflagenzahlen zeigte, verdankte sie nicht zuletzt ihrer redaktionellen Orientierung an Gedenk- und Todestagen.

---

18 Walter Benjamin, Theorien des deutschen Faschismus. Zu der Sammelschrift „Krieg und Krieger". Herausgegeben von Ernst Jünger [1930], in: Gesammelte Schriften, Bd. III, hg. von Hella Tiedemann-Bartels, Frankfurt/Main 1980, 238–250, hier: 242–243.

19 Emil Ludwig, Erinnerung an Rathenaus Tod, in: Neue Freie Presse, 24. Juni 1924, Nr. 21.480, 5–6.

2 „Abschieds-Journalismus“:[20] Nachrufe und Gedenkbücher

Die *Literarische Welt* war vom kritischen Gestus geleitet und bezog Formen des fingierten Nachrufs ein – dies zeigt etwa eine satirisch gemeinte Rundfrage Hans Tasiemkas 1927 unter renommierten Autoren, wie diese sich ihren Nekrolog im Sinne einer „richtigen Gestaltung des Nachruhms“[21] vorstellten. Auch Beispiele für reale Todesarten in der Literaturgeschichte waren zu finden: 1926 erschien eine mehrteilige Folge unter dem Titel „Wie sie starben / Eine Chronik der letzten Tage“,[22] die die persönlichen Krisen, Suizide und Sterbeorte unter anderem von Oscar Wilde, Leo Tolstoi, Heinrich von Kleist, Friedrich Hölderlin, Adalbert Stifter und Lord Byron aufruft. Wer sich in die Lektüre der *Literarischen Welt* dieser Jahre vertieft, gewinnt den Eindruck, in einem Totenbuch zu lesen. Die seit Friedrich von Schlichtegrolls *Nekrolog der Teutschen* (1790–1806) tradierte Funktion des Nachrufs, öffentliches Gedenken zu ermöglichen und zugleich das Phänomen des Abschieds auf der Grenze zwischen individueller und kollektiver Würdigung auszubalancieren, stand angesichts des verlorenen Weltkriegs und der Neuordnung Europas mehr denn je zur Diskussion. Die redaktionelle Programmatik der Wochenschrift, mit Rundfragen, Interviews, Essays und Artikeln zu Gedenktagen am Puls der Zeit zu sein, sich als Debattenjournal zu präsentieren, war ein publizistisches Novum in der Weimarer Republik. Der in Prag gebürtige Herausgeber Willy Haas war angetreten, das Gedenken von Todes- und Geburtstagen nicht mehr nur einzelnen Nekrologen zu überlassen, sondern mehreren prominenten Stimmen das Wort zu erteilen, Nachrufe und auch Dichterjubiläen zum Anlass von Gesprächen, Meinungen und unterschiedlichen Perspektiven zu machen. Zugleich entsprachen die gewählten Themen dem gesellschaftlichen Grundgefühl, das in den 1920er Jahren die Bewältigung des Alltags weit eher unter der Regie des Todes als der des Lebens sah.

---

20 Stefan Brunn, Abschieds-Journalismus. Die Nachrufkultur der Massenmedien, Münster 1999; Sabine Eickenrodt, Lemma „Porträt inkl. Nachruf“, in: Handbuch Feuilleton, hg. von Hildegard Kernmayer, Michael Pilz, Marc Reichwein und Erhard Schütz, Berlin 2023 [im Erscheinen].

21 Wie soll Ihr Nachruf aussehen? Eine kleine Anleitung für künftige Biographen zur richtigen Gestaltung des Nachruhmes, zusammengestellt von Hans Tasiemka, in: Die Literarische Welt 3 (1927), Nr. 15/16, 3.

22 Der Verfasser der Artikel-Serie war Paul Wiegler, der 1926 noch eine weitere Folge – unter dem Titel *Die große Liebe. Wie sie starben* – publizierte, die im selben Jahr als Buch erschien. Wiegler war bis 1925 Leiter der Romanabteilung des Ullstein Verlags und schrieb u. a. für das *Berliner Tageblatt*, die *Bohemia* und die *Schaubühne* – v. a. zur deutschsprachigen und französischen Literaturgeschichte.

Nicht zufällig gilt das „Kriegs- und Gedenkjahr 1916 als Beginn der modernen Gryphius-Rezeption",[23] die mit Klabunds (d. i. Alfred Henschkes) Anthologie von Gedichten des Barock-Lyrikers ihren Einsatz hatte. Der allbekannte „Freund Hain" war erneut als Sensenmann aufgetreten, war zur Erfahrung einer ganzen Generation geworden, die in den Schützengräben jede romantisierende Vorstellung von einem Heldentod verloren hatte. Unter dem Eindruck der industrialisierten Tötungsmaschinerie des Ersten Weltkriegs erhielt die kritische Reflexion über Formen der Gedenkkultur eine nie gesehene Aktualität. So ist zu erklären, dass namhafte Feuilletonisten das Ressort belieferten und dazu beitrugen, es zum prominenten Genre der Presse zu erheben. Das Gedenken war kein bloßes Übungsfeld für angehende Journalisten mehr, die – wie Haackes *Handbuch des Feuilletons* noch Anfang der 1950er Jahre normativ urteilt – über das Schreiben von Porträts und Nachrufen arrivieren wollten,[24] sondern es wurde zum Experimentierfeld der Besten ihrer Profession.

Dabei gerieten auch soziale Hierarchien unter den Vertretern der feuilletonistischen Jubel- und Trauerkultur in den Blick der Autoren, die ihr Metier selbstkritisch reflektierten. Die *Literarische Welt* druckte in der Weihnachtsausgabe vom 22. Dezember 1927 eine Analyse des Herausgebers Willy Haas ab. Unter dem Titel „Der Selbstmordversuch der Schauspielerin M. Koeppke und unsere herzlichsten Glückwünsche zu Alfred Kerrs 60. Geburtstag!" nutzt er den großen Tag des Jubilars und Theaterkritikers zur Abrechnung mit der selbstgerechten Macht von Reüssierten: „Die Sache hängt dem Tatsächlichen nach überhaupt nicht mit Kerr zusammen", aber es müsse doch, so sein Fazit, „ein erhebendes Geburtstagsgefühl sein, einer Menschenklasse anzugehören, die durch ein paar Zeilen eine der anmutigsten Frauen Deutschlands in Verzweiflung und Tod treiben kann."[25] Der Zweifel am Wert des durch Zeitungen gemachten Ruhms hatte im Kulturbetrieb – nicht nur in dieser Zeitung – einen festen Platz. Bereits im September 1927 war eine Umfrage unter dem Titel „What Price of Glory?"[26] erschienen, die die Folgen der Differenzierung zwischen Ruhm und Unbedeutendheit kritisch reflektierten; und in der September-Ausgabe 1926 hatte Herwarth Walden in einem Nachruf unter dem Titel „Selbstmord eines Archivars" den Freitod eines unbekannten Mannes beklagt,

---

23 Dieter Martin, Lemma „III.4 Rezeption im 20. Jahrhundert im Zeichen zweier Weltkriege", in: Gryphius-Handbuch, hg. von Nicola Kaminski und Robert Schütze, Berlin 2016, 802–814; hier: 802.

24 Wilmont Haacke, Lemma „Porträt", in Handbuch des Feuilletons, Bd. 2, Emsdetten/Westf. 1952, 243–245, hier: 245.

25 Willy Haas, Der Selbstmordversuch der Schauspielerin M. Koeppke und unsere herzlichsten Glückwünsche zu Alfred Kerrs 60. Geburtstag!, in: Die Literarische Welt 3 (1927), Nr. 51/52, [1]–2. Margarethe Koeppke verübte tatsächlich Jahre später, am 16. September 1930, in Wien Selbstmord.

26 Hans Bauer, What Price of Glory?, in: Die Literarische Welt 3 (1927), Nr. 36, 3.

der den Zeitungen kaum eine Nachricht wert war: „Die Masse lebt und stirbt und scheint nur für die leben oder sterben zu wollen, die sich hervorheben oder die sich überheben."[27]

Dem Vergessen unbekannter Toter kontrastierten auf der anderen Seite Gedenkbücher, die in den Jahren zwischen den Kriegen Konjunktur hatten und den Ruhm einzelner, nicht selten in bibliophilen Ausgaben, besiegelten. Diese ‚gebundenen' Trauerbekundungen waren u. a. auch auf die reiche Ernte des Todes unter den großen Namen der Zeit zurückzuführen: 1924 starb nicht nur die Duse, sondern starben auch Anatole France, Franz Kafka, Wladimir Iljitsch Lenin, Giacomo Puccini, Carl Spitteler und Woodrow Wilson, zwei Jahre später, im Dezember 1926, Rainer Maria Rilke, dessen Andenken die Zeitschrift *Das Inselschiff*[28] Ostern 1927 eine Sondernummer widmete; und 1926 veröffentlichte bereits Ludwig von Ficker, der Herausgeber der Literaturzeitschrift *Der Brenner*, ein Gedenkbuch für Georg Trakl, das ihm als gedruckter „Grabstein"[29] für den 1914 an der galizischen Front gefallenen Dichter und Freund galt.

Die Nekrolog-Sammlungen wurden Teil einer Gedenkkultur, die den Nachrufen auf berühmte Tote Dauer verleihen wollten. Gedenkbücher markierten die gesellschaftliche Bedeutung eines Verstorbenen und zugleich auch einer Gruppe, die dessen Werk stellvertretend über den Tod hinaus proklamierte und – im Namen des Herren – verkaufte. Das Geschäft mit dem Tod wurde zunehmend im Feuilleton kritisch reflektiert: Dies zeigt das Themenheft der *Literarischen Welt* vom August 1926, das dem 60. Geburtstag des 1914 an der französischen Front gefallenen Journalisten und Romanautors Hermann Löns – einer späteren Ikone der Nationalsozialisten – gewidmet war. Zum Zeitpunkt des Erscheinens dieser Sondernummer hatte das *Löns-Gedenkbuch* bereits schwindelnde Auflagenhöhen erreicht.[30] Die redaktionelle Vorbemerkung in der *Literarischen Welt* verweist mit kaum verhaltender Distanz auf die „ungeheure Popularität" der Bücher von Löns auch bei einem „sauberen, geistig höchst beachtlichen, idealistisch gerichteten Lesepublikum", um dann einzuschränken, dass sie doch „andererseits Hunderttausenden von meist sehr gebildeten Großstadtmenschen nicht einmal dem Namen nach bekannt sei-

27 Herwarth Walden, Selbstmord eines Antiquars, in: Die Literarische Welt 2 (1926), Nr. 23, 8.

28 Rainer Maria Rilke zum Gedächtnis, in: Das Inselschiff. Eine Zeitschrift 8 (1927), H. 2 [Sondernummer zum Tode des Dichters].

29 Erinnerung an Georg Trakl, hg. von Anonym [Ludwig von Ficker], Innsbruck 1926. – Im Nachtrag wird auf diese Verbindung von Buch und Grabstein hingewiesen.

30 Löns-Gedenkbuch. Mit 2 Abbildungen, hg. von Dr. Friedrich Castelle, Bad Pyrmont 1925. Der Verlag Friedrich Gersbach gibt im Titel der vorliegenden Ausgabe die Auflagenzahl „23. bis 26. Tausend" an.

en."[31] Diese Grenzziehung zwischen anspruchslosen und anspruchsvollen Lesern wird dann im Leitartikel des Löns-Biografen Erich Griebel weiter ausgeführt: Es habe sich im Löns-Gedenken eine Art „Götzenkult" entwickelt, die Landschaft belebe sich mit „Gedenksteinen" und eine „rührige Löns-Industrie" preise „Löns-Gipsbüsten, Löns-Hüte und Löns-Gartenmöbel"[32] an. Diese Tendenz, kritisches Gedenken durch industrielle Massenproduktion von Souvenirs oder Satzfertigteilen bzw. hohlen Phrasen zu ersetzen, wurde nicht nur in der *Literarischen Welt*, sondern auch in anderen Blättern der bürgerlich-liberalen Presse als Folge eines Sensationsjournalismus und einer „Verrohung der Zeitung"[33] kritisiert, als Ersatz eines ‚lebendigen' Gedenkens durch Medaillons der Erinnerung, durch stereotypisierte Bilder von den Toten.

3 Totenmaske und Karikatur

Nekrologe sind nicht nur berufen, dem Toten die Totenmaske abzunehmen, sein Bild zu bewahren, sein Echo zu sein, sondern ihm auch das „Gesicht der Zeit" (Joseph Roth) zu geben, seine Persönlichkeit und sein Werk gewissermaßen treu, aber auch neu zu erzählen. Namenlos bleiben nur jene Tote, die als Kriegsopfer kollektiv verabschiedet werden: Auch dies ist ein Thema der Zeit, wie die in der Presse diskutierte Aufführung des Dramas *Das Grabmal des unbekannten Soldaten* 1926 im Kleinen Theater Berlin belegt.[34] Wie stark andererseits namhafte Tote das Selbstverständnis der Lebenden prägten, zeigt das Dezember-Themenheft der *Literarischen Welt* 1927 mit dem Titel „Totenmaske und Karikatur".[35] Es bezieht sich auf zwei hochgelobte Bildbände, die Totenmasken berühmter Persönlichkeiten versammelten: auf ein von Richard Langer herausgegebenes Buch und auf den etwa zeitgleich erschienenen Prachtband von Ernst Benkard mit dem Titel *Das ewige*

31 Anonym [Die Redaktion], Zum 60. Geburtstag von Hermann Löns †, in: Die Literarische Welt 2 (1926), Nr. 35, [1].

32 Erich Griebel (Berlin), Zum 60. Geburtstag von Hermann Löns, in: ebd., [1].

33 Es entsprach der Politik der *Literarischen Welt*, unterschiedliche Stimmen gegeneinanderzusetzen, hier: Theodor Wolff (Chefredakteur des *Berliner Tageblatts*): Die deutsche Tagespresse; sowie Friedrich Hussong, Die Verrohung der Zeitung; beide Artikel in: Die Literarische Welt 2 (1926), Nr. 26, [1].

34 Es handelt sich um die deutsche Übersetzung des Dramas *Le tombeau sur l'Arc de Triomphe* von Paul Raynal, das 1924 an der Pariser Comédie-Française uraufgeführt worden war. Vgl. hierzu: Martin Baumeister, Kampf ohne Front? Theatralische Kriegsdarstellungen in der Weimarer Republik, in: Ordnungen in der Krise. Zur politischen Kulturgeschichte Deutschlands 1900–1933, hg. von Wolfgang Hardtwig, München 2007, 357–376, hier: 361.

35 Die Literarische Welt 3 (1927), Nr. 51 [Heft-Titel: Totenmasken und Karikaturen].

Antlitz (und einem Geleitwort von Georg Kolbe).[36] Das Thema des Hefts beruft sich nicht zufällig auf einen Gewährsmann der Literaturgeschichte, für den Tod und Humor untrennbar miteinander verbunden waren: auf Jean Paul (1763–1825), den Dichter der Unsterblichkeit. Willy Haas setzt seinem Leitartikel ein Zitat aus dessen Roman *Flegeljahre* (1804/05) als Motto voran („Sterben heißt sich selber durch Schnarchen wecken"),[37] gewissermaßen als Trostformel, die die Hinfälligkeit alles Menschlichen heiter kommentiert. Denn in Jean Pauls Roman wird diese Sentenz in einer weinseligen Silvesternacht gesprochen und markiert die Schwelle des Jahreswechsels: als „die Totenglocke des Jahrs" schlug, so heißt es dort, habe sich bald darauf der „unsichtbare Neumond"[38] schon gezeigt.

Bereits im November-Heft der *Literarischen Welt* 1926 war eine Anzeige der Frankfurter Verlagsanstalt zu finden, die das Lob Thomas Manns zitiert: Ihn habe selten „ein Bilderwerk [...] so erschüttert wie dieser physiognomische Totentanz"[39] im Band *Das ewige Antlitz*. Verstörung löste vor allem die breit dokumentierte Erkenntnis aus, dass der Eindruck des Karikaturesken von Totenmasken auf Zufällen des physiologischen Verfallsprozesses beruhte. Diese posthumen Gesichtsverzerrungen könnten – so Haas erläuternd – zu einer „platte[n] Überbetonung philiströser Nebenzüge im Genie" führen (wie etwa bei Heine); aber auch die „höchste Form" der Karikatur sei denkbar: „wenn diese starre Konzentration um Mund und Augen zufällig ein tiefes Charakteristikum"[40] treffe. Die Totenmaske rückt damit in die Nähe der Verzerrung, der Täuschung und des Unzuverlässigen, nachdem sie jahrhundertelang als Ausdruck eines in den Gesichtszügen sich retrospektiv abbildenden Lebens galt, als letztes Bild des Menschen, das – wie auch dessen letztes Wort – zu den wahrhaftigsten Äußerungen gezählt wurde. Die Thomas Mann so bewegenden Abbildungen standen nun kaum mehr den Zweifeln gegenüber der Authentizität von Fotografien nach: Während die Aufgabe der Totenmaske – das Leben endgültig und *in summa* abzubilden – am posthumen Mienenspiel scheiterte,

36 Totenmasken (67 Lichtdrucktafeln), hg. von Richard Langer mit einer Einleitung von Hans W. Gruhle, Leipzig 1927; Ernst Benkard, Das Ewige Antlitz. Eine Sammlung von Totenmasken mit einem Geleitwort von Georg Kolbe, Berlin 1927 [zuerst 1926].

37 Willy Haas, Totenmaske und Karikatur, in: Die Literarische Welt 3 (1927), Nr. 51, [1]–2.

38 Der Satz findet sich in Jean Pauls Roman *Flegeljahre* (viertes Bändchen, Nr. 61) und bezieht sich auf (trinkfeste) Gespräche zwischen Walt und Wult in der Neujahrsnacht: Vgl. Jean Paul, Flegeljahre, in: Werke, Zweiter Band, hg. von Norbert Miller, 4., korrigierte Aufl., München, Wien 1987, 1045–1063, hier: 1058. Dem Dichter war bereits 1925 ein Heft gewidmet worden. Vgl. Friedrich Burschell, Jean Paul zu seinem hundertsten Todestag, in: Die Literarische Welt 1 (1925), Nr. 7, [1]–2. Burschell war Herausgeber einer vierbändigen Werkauswahl Jean Pauls und Autor einer 1926 erschienenen Jean Paul-Monographie.

39 Thomas Mann [Verlags-Anzeige], in: Die Literarische Welt 2 (1926), Nr. 48, 13.

40 Willy Haas, Totenmaske und Karikatur, [1].

versagte die Fotografie den erhofften Dienst, das Leben als Leben in Bewegung festzuhalten. Der mangelnde Wahrheitsgehalt von Totenmasken wird zum Argument einer Medienkritik, die Zeitungsfotografien, dem damals noch innovativen Bildmedium der Presse, misstrauisch gegenüberstand.

Dieser Trend zeigt sich in der *Literarischen Welt* unter anderem im melancholischen Rückblick auf die Anfänge der Fotografie. Ein 1926 erschienener Gedenkartikel für den Erfinder der Daguerreotypie bedauert, dass „die alte Schönheit ihrer Inkunabeln" in der Fotografie nie mehr erreicht worden sei, diese vielmehr das Schicksal einer „Hure" ereilt habe, die „jedem gefällig" sei und „zu lügen"[41] begonnen habe. Die handwerkliche Einzigartigkeit wird noch einmal gegen Reproduzierbarkeit gesetzt, stellt diese unter den Generalverdacht universaler Verfügungsgewalt. Diesem Misstrauen gegenüber einer zunehmenden Enteignung von Bild und Schrift entgingen auch die Zeitungsnachrufe nicht, die den Anspruch auf Einmaligkeit noch erhoben, auch wenn er im alltäglichen Pressegeschäft längst obsolet geworden war. Jedenfalls verstärkte das Medium der Presse die Erfahrung, dass die Toten für ihren eigenen ‚Ruf' nichts mehr tun können, sondern wehrlos Interpretationen anderer ausgesetzt sind. Es zeigte deutlicher als je zuvor, dass Nachrufe – bei aller Verneigung vor dem Dahingegangenen – immer etwas Anmaßendes haben. Sie reden stellvertretend für den Verblichenen, sind seine Verteidiger, aber sie sprechen zugleich auch ein Urteil über ihn: Das letzte Wort haben niemals die Toten, sondern immer die Lebenden, die sein Bild konterkarieren. Der schriftlich verbreitete Nachruf auf einen Menschen ist wie die Totenmaske nicht frei von Verzerrungen. Gleichwohl ist dem Zeitungsnachruf grundsätzlich das Gebot des Takts eingeschrieben, er hat etwas zu verbergen, aber dieses zugleich auch behutsam offenzulegen. Nekrologische Häme gegenüber Toten (und für tot Erklärte) – die in Zeiten des Internets als *hate speech* alte Muster der Gewalt in neue Formen gießt – gilt im seriösen bürgerlich-liberalen Zeitungsfeuilleton der 1920er und 1930er Jahre wie offene oder heimliche Schadenfreude doch immer noch als unverzeihlicher Normbruch. Als Gesellschafts- und Medienkritik, nicht selten als Satire, experimentiert das literarische Feuilleton dieser Jahre jedoch unter dem Strich in allen Gattungen und Varianten mit der poetischen Abweichung von der Norm – nicht ohne stets von neuem die Sensibilität für die Grenzen des Sagbaren unter Beweis stellen zu müssen.

41 Anonym [Sz.], Daguerre, der Erfinder der Photographie zu seinem 75. Todestage, in: Die Literarische Welt 2 (1926), Nr. 29, 7. Wahrscheinlich verbirgt sich hinter dem Namenskürzel Rahel Szalis, die auch als Illustratorin der *Literarischen Welt* wirkte.

4 Kurze Pressegeschichte des Nekrologs

Die Besonderheiten dieser literarisch-journalistischen Gedenkkultur sind im deutschen Sprachraum mit der Entwicklung der Feuilletonrubrik eng verbunden. Der englischen Tagespresse beispielsweise ist diese Sparte fremd. Dort hat der Nekrolog es gleichwohl zu eigenen Seiten mit großer Popularität gebracht, auf denen die *human interest story* blüht.[42] Zu lesen sind dort Lebensgeschichten, die ihrer ungewöhnlichen Verläufe wegen denkwürdig und auch dann erzählenswert sind, wenn die Toten öffentlich bis dahin wenig bekannt waren. Mitte der 1980er Jahre hatte der frisch lancierte *Independent* das alte Kasualgenre für eine Form des neuen Journalismus entdeckt. Auf der Seite „Court & Social" – den Hof- und Gesellschaftsnachrichten aus der k. u. k. Presse vergleichbar, die Robert Musil in seinem *Mann ohne Eigenschaften* erwähnt – erschienen jetzt ausführliche Porträts der Toten mit Zitaten und Anekdoten, stets begleitet von einem Foto, das dadurch seinen Nimbus als authentisches Lebenszeugnis zurückerhielt. Geburts- und Sterbetage rückten im Serienformat der Kolumne dagegen als Daten an den Rand und wurden abgesetzt als Nachtrag am Artikelende ergänzt.[43] Ähnliche Reformen leitete zur selben Zeit der *Daily Telegraph* ein, um damit von den „old boys-news"[44] abzulassen und das soziale Spektrum für mehr Exzentrisches abseits des Establishments zu öffnen. Vorbilder für diese Form des *life writing* waren für die Ressortchefs des *Telegraph* und des *Independent* Nekrologschreiber des 17. und 18. Jahrhunderts wie der Antiquar John Aubrey mit seinen *Brief Lives* oder John Nichols, der im *Gentleman's Magazine* Anfang der 1790er Jahre von der puren Aktenführung über Tote zur anekdotenreichen Schilderung ihrer Lebenswege überging.[45]

---

42 Für den *obit editor* des *Independent* James Fergusson ist der Tod „simply the occasion for an obituary; the cue for publishing a small biography". Vgl. ders., Death and the Press, in: Secrets of the Press. Journalists on Journalism, hg. von Stephen Glover, London 1999, 148–160, hier: 158.

43 Bereits drei Jahre nach der Einführung der Kolumne avancierte sie zum Hauptaufmacher des nun „Gazette" betitelten Teils. – Vgl. zur Geschichte des Nachrufs in der britischen, amerikanischen und australischen Presse Nigel Starck, Posthumous Parallel and Parallax. The Obituary Revival on Three Continents, in: Journalism Studies 6 (2005), H. 3, 267–283, sowie ders., Writes of Passage. A Comparative Study of Newspaper Obituary Practice in Australia, Britain, and the United States, PhD thesis, Flinders University, Adelaide 2004, 130.

44 Fergusson, Death and the Press, 154.

45 John Aubreys Manuskripte wurden 1813 zunächst in einer zweibändigen Auswahlausgabe unter dem Titel *Letters Written by Eminent Persons in the Seventeenth and Eighteenth Centuries* veröffentlicht, 1898 dann mit annähernder Vollständigkeit als *Brief Lives, Chiefly of Contemporaries, Set Down by John Aubrey, Between the Years 1669 and 1696* herausgegeben. John Nichols führte die neue Kolumne „Obituary of considerable Persons; with Biographical Anecdotes" ab Januar 1791 im

Im Gegensatz zu solchen Magazinen, die auf diese Weise, ganz im Wortsinn, als Speichermedien[46] von Biografien zur Nachnutzung durch spätere Historiker angelegt wurden, waren Tageszeitungen zunächst vorrangig auf Neuigkeiten abonniert. Meldungen galten dem aktuellen Tod, nicht dem zurückliegenden Leben. Die Londoner *Times*, die anfangs *The Daily Universal Register* hieß, führte in ihrem Annoncenteil dazu Listen über Geburten, Heiraten und Sterbefälle und publizierte sie als „Necrologium" im alten Verständnis eines „Register[s] der Todten",[47] das kalendarisch geordnet und fortlaufend aktualisiert wurde. Seit der Mitte des 19. Jahrhunderts füllte der Anzeigenteil als wichtigste Finanzquelle der Zeitung die ersten Seiten. Das Orbituarium rückte dabei mit den Geburten- und Heiratslisten vom hinteren Teil des Blatts auf die Frontseite, prominent gleich in die erste Spalte.[48] Als Neujahrsritus kam später ein Jahresrückblick in Gestalt eines „record of death's doing among the upper ranks of society"[49] hinzu. Zusätzliche Gedenkartikel mit Würdigungen namhafter Verstorbener aus Adels-, Politiker- und Gelehrtenkreisen waren zwar bereits üblich, wurden in der *Times* jedoch erst ab den 1870er Jahren zur festen Institution mit eigens reservierter Rubrik, in der ein formeller Duktus den Stil prägte und Anonymität aller Artikel bis heute selbstverständlich ist.[50]

Entgegen kam den Redakteuren bei der Verstetigung der Kolumne, dass sie sich auf Todesnachrichten frühzeitig einstellen konnten. Schon damals wurden Nach-

---

Gentleman's Magazine ein. – Vgl. James Fergusson, Death and the Press, 149; und Starck, Posthumous Parallel and Parallax, 267–268.

46 Beim „Magazin" handelt es um ein Lehnwort aus dem Arabischen, das einen Ort bezeichnet, „wo ein Vorrath an Waaren, Lebens=Mitteln oder Kriegs=Munition verwahret wird". Vgl. Lemma „Magasin, Magazin", in: Johann Heinrich Zedler, Grosses vollständiges Universal-Lexikon Aller Wissenschaften und Künste, Bd. 19: M–Ma, Halle, Leipzig 1739, Sp. 217–218.

47 Lemma „Necrologium", in: ebd., Bd. 23: N–Net, Halle, Leipzig 1740, Sp. 1538.

48 Die Umstellung erfolgte mit der *Times* vom 20. April 1854. An der damit begründeten Tradition hielt das Blatt bis 1966 fest. Vgl. Fergusson, Death and the Press, 153. – Totenregister dieser Art gab es seit dem späten 17. Jahrhundert auch in deutschen Zeitungen. Vgl. Ralf Georg Bogner, Der Autor im Nachruf. Formen und Funktionen der literarischen Memorialkultur von der Reformation bis zum Vormärz, Tübingen 2006, 304.

49 Obituary for 1858, in: The Times, 1. Januar 1859, Nr. 23.192, 7. – Ab 1868 wurde diese Kolumne zur regelmäßigen Einrichtung.

50 Der *Times*-Redakteurin Anna Temkin zufolge gestattet die „policy of anonymity" einen „fairer, fuller account of the subject's life and the obituarist need not fear any backlash following publication". Vgl. Anna Temkin, Introduction, in: The Times Great Lives. A Century in Obituaries, hg. von Anna Temkin, 2. Aufl., Glasgow 2015, ix–x, hier: x.

rufe auf Halde produziert.[51] US-Journalisten sprechen inzwischen mit makabrem Witz vom „'morguing' of obits"[52] und von vollen Leichenhäusern mit Schönen, Reichen und Berühmten, die in den für sie bereit liegenden Nekrologen als Wiedergänger auferstehen sollen, damit die Welt bei ihrem Tod gebührend von ihnen Abschied nehmen kann.

Nacharbeiten werden allerdings nötig, wenn Menschen sich als unvermutet zählebig erweisen. Egon Erwin Kisch erinnert sich an einen solchen Fall aus seiner Frühzeit als Reporter für die Prager *Bohemia*, wo Nachrufe ins Ressort des Nachtredakteurs fielen. Der soll sich, Kisch zufolge, eilig ans Werk gemacht haben, als „der Erbprinz eines deutschen Großherzogtums vom Pferde stürzte und einen Schädelbruch erlitt". Dann genas der Mann. Er „heiratete, bestieg den Thron, bekam Kinder und Enkel, erlebte Krieg und Gefangennahme, Vertreibung und Wiedereinsetzung – und jede dieser Phasen wurde von unserem Nachtredakteur seinem vorbereiteten Nachruf sorgfältig angefügt. Bis schließlich die Todesnachricht kam." Für den Redakteur war das trotz seiner royalen Gesinnung Anlass größter Freude, denn jetzt durfte er das „in verschiedenen Abtönungen vergilbte Manuskript" zum Druck bringen. „Der Schmetterling, dem er ein ganzes Leben lang nachgejagt, war ihm nun endlich ins Netz gegangen."[53] Das gegenteilige Los ereilte den ersten Redakteur des Nachrufressorts der *Washington Post*. Anders als der Nachtredakteur aus Böhmen erlebte er das Erscheinen vieler seiner Nekrologe nicht mehr, weil in der Schar von Leuten, für deren Sterbefall er vorgesorgt hatte, nicht wenige waren, die ihn zum Teil um Jahre überlebten – mit der Folge, dass bei der Veröffentlichung der Gedenkartikel Autor *und* Betrauerte tot waren.[54]

Heute hat die *Washington Post* 900 Nekrologe auf Lager, die *New York Times* sogar 1.850,[55] während die Londoner *Times* schon seit den 1950er Jahren darauf achtet, nie über weniger als „5.000 on file at any one time"[56] zu verfügen. In England hat diese Vorratsdatenspeicherung die *Times* zu einer gefragten Quelle für Nach-

51 In der *Times* wurde diese Praxis bereits unter John Thadeus Delane, der zwischen 1841 und 1877 Herausgeber war, routinisiert. Vgl. Ian Brunskill, Abridged Introduction to the First Edition, in: ebd., xi–xii, hier: xi.

52 Paul Farhi, Online, obits find life, in: The Washington Post, 18. November 2021, C1.

53 Egon Erwin Kisch, Marktplatz der Sensationen [1942], in: Gesammelte Werke in Einzelausgaben, Bd. 8: Marktplatz der Sensationen. Entdeckungen in Mexiko, hg. von Bodo Uhse und Gisela Kisch, Berlin, 6. Aufl., Weimar 1993, 87–88.

54 „[H]is name continued to appear in the newspaper more than a dozen years after his death in 2006." Farhi, Online, obits find life.

55 Ebd.

56 Brunskill, Abridged Introduction, xi.

schlagewerke wie das *Dictionary of National Biography* gemacht,[57] aber den Zeitungsverlag auch schon im späten 19. Jahrhundert auf die Idee gebracht, Bände mit veröffentlichten *Biographies of Eminent Persons* herauszugeben, die, wie hundert Jahre vorher der *Nekrolog der Teutschen* Schlichtegrolls, schrittweise ergänzt wurden.[58]

Im Gegensatz zu diesen mehrbändigen Sammelwerken waren die Gedenkbücher, die im Deutschland der Zwischenkriegszeit zuhauf erschienen, als Einzelstücke angelegt und trugen eine Vielzahl von Erinnerungsartikeln über individuelle Tote zusammen, nicht Nachrufe aus derselben Quelle über verschiedene Leute. Die Tradition solcher Gedenkbücher reicht bis in die Frühe Neuzeit zurück, wo die Gelegenheitsliteratur für Todesfälle, ausgerichtet an christlichen Trauerritualen und geleitet vom *ars moriendi*-Ideal des guten Sterbens, eine große Formenvielfalt kannte: angefangen von Leichenpredigten über Grab- und Gedenkreden bis hin zu Trauergedichten und humoristischen Grabinschriften, die Autoren vorab auf sich selbst verfassten.[59]

Von den hier gepflegten, penibel von der Rhetorik geregelten Konventionen haben sich die journalistischen Kasualgenres, die seit dem 18. Jahrhundert immer öfter deren Rolle übernahmen, insbesondere dadurch freigemacht, dass sie das Gebot, Kritisches aus purer Höflichkeit dem opportunen Lob unterzuordnen, nicht mehr als kategorischen Imperativ betrachten, auch wenn Nachrufschreiber bis heute gut beraten sind, Rücksicht auf die Empfindungen von Angehörigen und Freunden zu nehmen. Anstelle der früher obligaten Poesie dominiert mittlerweile außerdem die Prosa. Gedichte sind bei Nachrufen zwar nicht ausgeschlossen, aber heute eher die Ausnahme als die Regel.

Medienhistorisch geht dem Trend im deutschen Sprachraum die Expansion des Pressemarkts nach 1848 voraus, als Liberalisierungen im Gefolge der März-Revolution die Gründung neuer Zeitschriften begünstigten und illustrierte Massenblätter wie die *Gartenlaube* entstanden. Dazu kamen neue Zeitungen, die nach französischem Vorbild auf Großfolio umstellten und ihre Modernität auch dadurch demonstrierten, dass sie ein Feuilleton ‚unter dem Strich' einführten.[60] Die Prosa-

57 In ihrer editorischen Notiz äußern die Herausgeber denn auch „a great debt of gratitude […] to the editor of obituaries in the *Times*, the most important material on which to base our selection". Vgl. Dictionary of National Biography 1971–1980, hg. von Robert Blake und Christine Nicholls, Oxford 1986, vii.

58 Die *Biographies of Eminent Persons* erschienen in sechs Bänden zwischen 1892 und 1897 und deckten den Zeitraum von 1870 bis 1894 ab.

59 Hierzu ausführlich die monographische Studie von Bogner, Der Autor im Nachruf.

60 Hildegard Kernmayer, Judentum im Wiener Feuilleton (1848–1903). Exemplarische Untersuchungen zum literarästhetischen und politischen Diskurs der Moderne, Tübingen 1998; Hans Becker,

stücke, die hier erschienen, profilierten sich als ‚kleine Formen' – die Bezeichnung kam um 1880 in Wien auf[61] –, indem sie zum übergeordneten Hauptteil auch stilistisch auf Distanz rückten und den peripheren Ort im abgeteilten Randbezirk der Seite nutzten, um den Neuigkeitsdruck zu ignorieren und in der „institutionalisierten Takt-Lücke der Tagesaktualitäten" eine „Auszeit"[62] für den Müßiggang, das längere Verweilen bei Flüchtigem, das Räsonnement über den Lauf der Zeit zu nehmen. Weil Jubiläen und Gedenktage dafür ideale Anlässe boten, war die Sparte für den „alltäglichen Historismus" prädestiniert. „Alles, was tot ist, fällt langfristig ans Feuilleton", hat Lothar Müller zu Recht bemerkt. „Was es zum Gegenstand macht, wird nicht allein von der Aktualität vorgegeben. Das Prinzip des Feuilletons ist nicht nur die Aktualität, sondern zugleich die Aktualisierung."[63]

Da das Totenregister des Ersten Weltkriegs neben den Millionen von gefallenen Soldaten auf den Schlachtfeldern auch die Imperien des Deutschen Kaiserreichs und der Habsburgermonarchie verzeichnete, boten Nekrologe sich während der Zwischenkriegszeit in mehrerer Hinsicht für zeitgeschichtliche Betrachtungen jenseits der Individualbiografik an. Zugleich warfen sie die Frage auf, in welcher Form ein adäquates Gedenken geleistet werden konnte: ob die hergebrachten Formulare der Rhetorik einer Kritik und Modernisierung durch die Spielarten der feuilletonistischen Kleinformen bedurften oder, umgekehrt, die bekannten, von wiederkehrenden Topoi selbst nicht freien Kleinformen des Feuilletons eine Reform durch avancierte Neufassungen des Nekrologs nötig hätten.

Das Feuilleton der Berliner Tagespresse von 1848–1852. Ein Beitrag zur Geschichte des deutschen Feuilletons, Würzburg 1938.

61 Haacke, Handbuch des Feuilletons, Bd. 2, 201–207. – Näheres zu Haackes vielfachen Bemühungen während der NS-Zeit, den Term der „kleinen Form" kulturpolitisch gegen das ‚jüdische' Feuilleton in Stellung zu bringen und das Genre durch eine ‚deutsche' Ahnenreihe von Vertretern literaturfähig zu machen, bei Bettina Braun, „Der neue Feuilletonist in Deutschland marschiert auf der Straße mit". Die Konzeption einer ‚deutschen' Textgattung in der zeitungswissenschaftlichen Forschung Wilmont Haackes, in: Feuilleton. Schreiben an der Schnittstelle zwischen Journalismus und Feuilleton, hg. von Hildegard Kernmayer und Simone Jung, Bielefeld 2017, 79–104, bes. 86–91.

62 Peter Utz, Auszeiten der Zeitung: Zur Zeitökonomie im literarischen Feuilleton, in: Auszeiten. Temporale Ökonomien des Luxus in Literatur und Kultur der Moderne, hg. von Christine Weder, Ruth Signer und Peter Wittemann, Berlin, Boston 2022, 247–265.

63 Denken zwischen Ästhetik und Ökonomie. Zur Lage des Feuilletons. Podiumsdiskussion mit Doris Akrap, Ekkehard Knörer, Sigrid Löffler und Lothar Müller, in: Kernmayer/Jung (Hg.), Feuilleton, 375–389, hier: 375.

5 Systematische Perspektiven

Angesichts solcher Beobachtungen widmen sich die Beiträge im vorliegenden Band der generischen Artenvielfalt von Feuilleton-Nekrologen der Zwischenkriegszeit und insbesondere der Zeit- und Gegenwartsreflexion, die das Gedenken an prominente Tote dort stimuliert. Die behandelten Beispiele stammen aus Deutschland, Österreich, der Schweiz, der ersten tschechoslowakischen Republik und England und ermöglichen so die synchrone Betrachtung einer teils regionsspezifisch, teils transnational organisierten Medienlandschaft, in der die Formen des Nachrufs auch Auskunft über neue politische, ökonomische und publizistische Gemengelagen in jungen Republiken geben, die 1918 erst entstanden sind. Zudem involvieren die Nachrufe heterogene Akteure und Konstellationen. Neben Nekrologen von Feuilletonisten auf Schriftsteller stehen andere, in denen Feuilletonisten an Feuilletonisten erinnern oder Schriftsteller über den Tod von Schriftstellern schreiben. Die Bandbreite der Nachrufformen ergibt sich auf diese Weise auch aus den Beobachtungsverhältnissen, die von den Nah- und Fernbeziehungen zwischen den Nekrologschreibern und den Toten kalibriert werden.

Nekrologien – Muster und Kontrafakturen. Dass das „nekrologische Feuilleton" zum Großteil von denselben „Schreibtechniken für die Produktion von Texten auf einen soeben Verstorbenen"[64] zehrt wie die Epicedien und Leichenpredigten der Frühen Neuzeit, bestätigen die hier versammelten Fallstudien nur bedingt. Auch wenn Kontinuitäten unübersehbar sind, das Abschreiten von Viten und Meriten im „doppelten *cursus*"[65] sich nach wie vor bewährt und *lamentatio, laudatio* und *consolatio* Wirkungsziel der Artikel bleiben, steht die geeignete Form zur Disposition, weil das bloße Festhalten an Konventionellem unbefriedigend und für das Reflektieren von Besonderheiten der Einzelperson auch unflexibel erscheint. In Nekrologien, die das Phrasenhafte tradierter Reverenzgesten monieren und Alternativen erproben, wird die Zeit- und Gegenwartsreflexion so als Problem der Formwahl virulent. Einerseits entstehen dabei aus rhetorischen Modellen neue Typen – wie beispielsweise aus der Prosopopöie das physiognomische Porträt –, andererseits bleiben die Varianten Spielformen, deren konkrete Ausgestaltung den Autoren überlassen ist und zwar sozialen, aber keinen rigiden ästhetischen Regeln folgt, sondern situativen Bedürfnissen und subjektivem Einfallsreichtum entspringt (*Peter Utz*). Alfred Polgars Feuilleton über das Wiener Feuilleton nutzt das Muster

64 Ralf Georg Bogner, Der Zeitungs-Nachruf oder Das Fortleben von Leichenpredigt und Epicedium im Feuilleton, in: Die lange Geschichte der Kleinen Form. Beiträge zur Feuilletonforschung, hg. von Kai Kauffmann und Erhard Schütz, Berlin 2000, 212–228, hier: 219.

65 Ebd.

des Nekrologs, um mit der lokalen Tradition der kleinen Form kritisch ins Gericht zu gehen. Unsentimental erklärt Polgar in seinem Nachruf auf den noch im Sterben liegenden Exponenten dieser Kleinkunst Ludwig Speidel das Genre für *passé* und kreidet ihm nostalgische Rückwärtsgewandtheit sowie eine öde Topik von immer gleichen Wien-Klischees an. Später helfen gerade Nachrufe ihm bei zahlreichen Versuchen, die kleine Form als nonkonformes Genre zu regenerieren (*Hildegard Kernmayer*). Für Alfred Kerr wiederum ist Henrik Ibsens Tod Anlass, beim Totengedenken neue Wege zu gehen. Statt eines Nekrologs verfasst er drei, geht dafür unter anderem auf Wallfahrt zur Beisetzungsfeier in Oslo und weitet sie zum Bildungsurlaub über nordische Totenkulte in Geschichte und Gegenwart aus. So lesen seine Nachrufe sich wie kulturjournalistische Reiseberichte (*Sibylle Schönborn*). Robert Walsers Nachrufgedichte (vor allem in der *Prager Presse*) lassen offen, wo ihr Loblied endet und wo der Spott beginnt. Despektierlich fällt sein „Nekrolog" auf den Nobelpreisträger Anatole France aus. Im Gegenlicht des unveröffentlichten Mikrogramms zeichnen sich aber zugleich die – ihrerseits oft deplatzierten – Würdigungen des weltberühmten Toten in den Zeitungen Europas ab. Walsers Bleistiftnotizen werden damit zum Echo und zur „Reflexionsbühne" des zeitgenössischen Presse- und Kulturbetriebs (*Sabine Eickenrodt*).

Epochenwahrnehmungen. Nachrufe sind häufig Anlässe für Erstversuche der fallbezogenen Zeitgeschichtsschreibung und für Zeitdiagnosen, die mit reflektieren, wie sich die Toten als Zeitgenossen in ihrer Zeit bewegt haben: ob sie mit der Zeit gingen, aus ihr herausfielen oder ihr vorauseilten. Von Interesse ist die Frage insbesondere bei Vertretern der Avantgarde, doch stellt sie sich genauso bei denen, die nie modern gewesen sein wollten. Robert Müller, der in Wien vor dem Krieg als Expressionist und nach dem Krieg als Aktivist hervortrat, nahm sich früh das Leben. Robert Musils Nachruf porträtiert den Freund als Idealisten ohne Realitätssinn, aber auch als Opfer eines mediokren Zeitgeists. Den verkörpern im *Mann ohne Eigenschaften* Dutzendmenschen mit Eigenschaften und illustren Namen, die in den Hof- und Gesellschaftsberichten der Zeitungen auf so pedantisch geführten Gästelisten stehen, dass spätere Historiker sie als Necrologien verwenden können. Für Nekrologe, die ins biografische Detail gehen, gibt das Leben dieser Leute – anders als das Müllers – wenig her (*Inka Mülder-Bach*). Hermann Bahr, in jüngeren Jahren visionärer Trendsetter der Wiener Moderne, richtet sich nach dem Untergang der österreichisch-ungarischen Doppelmonarchie in einer neuen Rolle ein. Der einstige „Mann von übermorgen" (Maximilian Harden) tritt nun als Mann von gestern auf, der Auftragsnachrufe wegen der engen Deadline[66] verabscheut und im *Wiener*

66 Zu Herkunft und Funktion der Deadline Lothar Müller, Deadline. Zur Geschichte der Aktualität, in: Merkur. Zeitschrift für europäisches Denken 67 (2013), H. 767, 291–304.

Journal unter dem Titel „Tagebuch" lieber eine feste, wenngleich mit Unterbrechungen erscheinende Sonntagskolumne bespielt. Aus dem privaten Tagebuch hervorgehend, aber sich von dessen Zeitrechnung abkoppelnd, führt Bahr dort Buch über die Zeitläufte und trauert anhaltend um die Toten Hugo von Hofmannsthal und Arno Holz. Im „fortlaufenden Nekrolog" seines Diariums betätigt er sich als Nachlassverwalter einer versunkenen Epoche und steuert auch bereits diskret, wie er selbst erinnert werden will (*Saskia Haag/Kurt Ifkovits*). Hugo Ball hat wilde Jahre als Dadaist und eine Konversion zum Katholizismus hinter sich, als er mit nur 41 Jahren stirbt. Seine Witwe und Weggefährtin aus Dada-Tagen Emmy Hennings sammelt alle Nekrologe in einem privaten Gedenkalbum. Später korrigiert sie deren uneinheitliches Ball-Bild in einem Erinnerungsbuch, in dem sie nur den Weg des Gatten zu Gott würdigt und Brüche ausblendet. Anders verfahren die Nachrufer bei ihrem eigenen Tod (*Lucas Marco Gisi*). Der Berliner Feuilletonist Victor Auburtin wiederum hat sich in seinen weithin verehrten Feuilletons stets als Bonvivant alter Schule mit viel Sinn fürs Unzeitgemäße, Zeitlos-Klassische ironisch in Szene gesetzt. Als Evergreens erwiesen seine Feuilletons sich dann aber, entgegen den Prognosen seiner Nachrufer, nicht. Nachworte schrieben in posthumen Auswahlausgaben darum regelmäßig gegen das Vergessen an. In Wilmont Haackes Epilogen aus der NS-Zeit stand hinter dem Lob der Kunst des Deutschen Auburtin dabei auch das offene Ressentiment gegen das moderne, ‚jüdische' Feuilleton (*Erhard Schütz*).

Einschlüsse und Ausschlüsse. Antisemitische Ausfälle dieser Art sind in den 1930er Jahren alles andere als neu. Schon Preußens Nationalhistoriker Heinrich von Treitschke polemisierte im späten 19. Jahrhundert gegen den „gesucht nachlässigen, schillernden, flunkernden Stil", mit dem der undeutsche Jungdeutsche Heinrich Heine nur „nach dem Effekt haschte".[67] Adolf Bartels, völkischer Literaturkritiker und -historiker, geiferte gegen die vielen „Juden und Judengenossen", die als „Hauptvertreter"[68] des Feuilletons die nationale Presse korrumpierten. Und Karl Kraus blies 1910 in seinem Pamphlet *Heine und die Folgen* ins selbe Horn. Viele Feuilletonisten traten bei derartigem Gegenwind von sich aus defensiv auf, spielten ihr Metier zum Nebenschauplatz ihres Autorlebens herunter oder werteten die Feuilletons nachträglich durch Buchausgaben mit aparteren Titeln – „Bilderbögen", „Daguerreotypien", „Farbenskizzen", „Tautropfen", „Silhouetten", „Medaillons", „Chiffons", „Kaleidoskop" u. a.[69] – symbolisch auf. Nachrufe boten weitere Mög-

67 Heinrich von Treitschke, Deutsche Geschichte im neunzehnten Jahrhundert [1889], Bd. 4: Juli-Revolution, 5. Aufl., Leipzig 1907, 423.

68 Adolf Bartels, Die deutsche Dichtung der Gegenwart. Die Alten und die Jungen [1898], 7. Aufl., Leipzig 1907, 185.

69 Kernmayer, Judentum im Wiener Feuilleton, 31. – Zur kreativen Betitelung feuilletonistischer Kleinformen auch Maren Jäger, Skizzen, Gemälde, Bilder, Studien, Kondensate, Extracte… Die kleine

lichkeiten zur Korrektur von Wertschätzungen und Neutaxierungen des gebührenden Prestiges. Verkannte konnten rehabilitiert, Überschätzte angezweifelt werden. Umgekehrt fielen Nicht-Würdigungen auf und lieferten als Fehlanzeigen umgehend Gesprächsstoff.

Im Fall des Gerichtsreporters „Sling" alias Paul Schlesinger überboten sich nach seinem plötzlichen Tod die Nekrologschreiber, die Verdienste des Manns als Neuerer seines Ressorts zu ermessen. Gabriele Tergits Romanerstling *Käsebier erobert den Kurfürstendamm* nimmt solche Selbsterregungen des Pressebetriebs am Beispiel einer Berliner Zeitung aufs Korn, die Nachrufe auf sieche Professoren schon im Satz hat, aber sich dann blamiert, als andere Blätter vom Tod des altgedienten, erst jüngst ausgestellten Feuilletonisten der Zeitung eher wissen als sie. Am Grab des abservierten Mitarbeiters ist der Chefredakteur dabei. Die Trauerfeier wird zum Medienereignis. Dem Toten ergeht es wie Sling. Mit jedem Nachruf wird sein Nachruhm größer. Tergits *Käsebier* macht aus dieser tragikomischen Hommage an einen jüdischen Feuilletonisten ein Kaddisch für eine Pressewelt, deren Ende sich 1931 bereits ankündigt (*Maddalena Casarini*). In Prag nutzt Karel Čapek in der *Lidové noviny* den Nekrolog auf seinen Kollegen Richard Weiner zum Ausfechten von Privatfehden. Im mitleidigen Nachruf auf den „armen Richard", der nervenkrank von der Front zurückkam und den Regierungskurs der neuen Republik kritisierte, begleicht er alte Rechnungen. Weiner hatte vorher Čapeks Detektivgeschichten verrissen und an diesem Leseangebot fürs breite Publikum statt demokratischer Verdienste nur ästhetische Schwächen erkannt. Der Nachruf stempelt Weiner jetzt zum Außenseiter, dem Čapek sich nur durch Herabneigung zuneigt (*Irina Wutsdorff*). Der Brite Edgar Wallace wiederum war in der Weimarer Republik mit literarischer Kolonialware, vor allem jedoch mit *en gros* verfertigten Krimis Garant für Bestseller. Als er starb, las man in vielen Nekrologen vor allem ein ‚Best of' der zahllosen Legenden über seine sagenhafte Produktivität. Für Polgar und andere hatte Wallace sich durch anstößige politische Statements schon vor seinem Tod erledigt. Siegfried Kracauer nimmt den Autor in seinem Nachruf gegen diese Verurteilung zwar nicht in Schutz, fordert aber Gerechtigkeit für seine Romanhelden – und auch für deren Liebhaber (*Ethel Matala de Mazza*). In England kämpften nach dem Krieg die Zeitungen mit Papierknappheit. Der teure Platz wurde geraume Zeit für Anderes als Nekrologe benötigt. Mit Ausnahme der *Times* begnügen die meisten Blätter sich mit Textbausteinen: „name, age, address, and the briefest of career recitation". Der Nachruf war zum „casualty of war"[70] geworden,

Form im 19. Jahrhundert und ihre Namen, in: Poetik der Skizze. Verfahren und diskursive Verortungen einer Kurzprosaform vom Poetischen Realismus bis zur Frühen Moderne, hg. von David-Christopher Assmann und Stefan Tetzlaff, Heidelberg 2020, 49–64.

70 Starck, Posthumous Parallel and Parallax, 271–272.

einem Mitopfer der Kriegstoten, das erst sukzessive wieder auferstand. Bis der *Daily Telegraph* und der *Independent* den Nekrolog als Spielfeld ihrer Selbstprofilierung entdeckten, vergingen Jahrzehnte. Seit den 1980er Jahren rivalisieren diese Zeitungen mit der *Times* zudem durch immer neu kompilierte Nachruf-Anthologien. Diese bleiben sozial selektiver, als sie sein wollen. Mancher Autor, der bei seinem Tod in den 1930er Jahren noch für die Literaturgeschichte abgeschrieben wurde, kam immerhin verspätet zu seinem Recht. Dafür ist den *Books of Obituaries* nicht mehr abzulesen, mit welchem Pomp and Circumstance die *Times* 1936 etwa den Tod des Empire-Dichters Rudyard Kipling zelebrierte. Durch einen ganz anderen Nachruf, der seine Ästhetik allein dem Werk der Autorin entlehnte, setzte die Literaturbeilage der Zeitung fünf Jahre später Virginia Woolf, der apostrophierten „Deuterin der Zwischenkriegszeit", ein Epitaph (*Helga Schwalm*).

Die Aufsätze des Bandes gehen auf eine Tagung zurück, die das Graduiertenkolleg „Literatur- und Wissensgeschichte kleiner Formen" im November 2021 in Kooperation mit Sabine Eickenrodts DFG-gefördertem Forschungsprojekt „Kleine Ruhmesblätter. Robert Walsers Porträt- und Nachrufgedichte in der deutschsprachigen *Prager Presse*" veranstaltete. An der begleitenden, sehr aufschlussreichen Podiumsdiskussion über Glanz und Elend des heutigen Umgangs mit Nachrufen in Zeitungen und bei Radiosendern nahmen die Literaturkritikerinnen und -kritiker Maike Albath, Gregor Dotzauer, Julia Encke, Lothar Müller und Marc Reichwein teil. Ein bearbeiteter Mitschnitt des Gesprächs ist als Podcast im Rahmen der kollegeigenen Audio-Serie „Microform" zu hören und über die Website *kleine-formen.de* abrufbar. Wir danken Lara Helder und Johannes Spengler für die Aufzeichnung und Postproduktion sowie Leonie Bartel, Maximilian Dazert und Jonas König, die uns bei der Vorbereitung der Drucklegung mit großem Einsatz unterstützt haben.

Viele Erstdrucke von Nekrologen in Zeitungsausgaben hätten wir ohne die Hilfe geduldiger Bibliothekarinnen und Bibliothekare nicht ermitteln und für die Aufnahme in den Band reproduzieren lassen können. Für die freundliche Unterstützung unserer Recherchen danken wir der Universitätsbibliothek der Goethe-Universität/Zentralbibliothek Campus Bockenheim in Frankfurt/Main, der Arbeitsstelle Digitalisierung der Universitätsbibliothek Hamburg, dem Staatsarchiv der Freien und Hansestadt Hamburg, der Bibliothek im FrauenMediaTurm Köln sowie der Philologischen Bibliothek der Freien Universität Berlin. Für Bildreproduktionen der Bayrischen Staatsbibliothek München, dem Deutschen Literaturarchiv Marbach, der Zeitschriftenabteilung der Staatsbibliothek zu Berlin, der Universitätsbibliothek der Universität der Bundeswehr München, der Universitätsbibliothek in Erlangen-Nürnberg, dem Robert Walser-Archiv Bern sowie dem Schwabe-Verlag Basel und den Herausgebern der Kritischen Walser-Ausgabe, dem Schweizerischen Literaturarchiv Bern und dem Archiv des Theatermuseums Wien.

Literaturverzeichnis

Anonym, Obituary for 1858, in: The Times, 1. Januar 1859, Nr. 23.192, 7.

Anonym, Der Beisetzungsort der Duse (Telegramm unseres Korrespondenten, Rom, 24. April), in: Neue Freie Presse, 25. April 1924, Nr. 21.416, Morgenblatt, 8.

Anonym, Tragischer Tod Isadora Duncans. Vom Schal durchs Auto erwürgt, in: B. Z. am Mittag, 15. September 1927, Nr. 242, Werktag-Ausgabe, [1].

Anonym, Die Katastrophen eines Lebens, in: B. Z. am Mittag, 15. September 1927, Nr. 242, Werktag-Ausgabe, [1].

Anonym, Die Tänzerin Isadora, in: B. Z. am Mittag, 15. September 1927, Nr. 242, Werktag-Ausgabe, [1]–2.

Anonym [Die Redaktion], Zum 60. Geburtstag von Hermann Löns †, in: Die Literarische Welt 2 (1926), Nr. 35, [1].

Anonym [Sz.], Daguerre, der Erfinder der Photographie zu seinem 75. Todestage, in: Die Literarische Welt 2 (1926), Nr. 29, 7.

Anonym [T.-R.], Zwischenfälle bei der Trauerfeier, in: Neue Freie Presse, 25. April 1924, Nr. 21.416, Morgenblatt, 8.

Anonym [V.], Gestalten und Probleme des Theaters. Eleonora Duse, in: Der Kleine Bund. Literarische Beilage des „Bund“, 21. Oktober 1928, Nr. 43, 337–338.

Althof, Paul [Alice Gürschner], [Florenz, 14. Mai]. Der Tragödie letzter Akt. Die Begräbnisfeier der Duse in Asolo, in: Neues Wiener Journal, 17. Mai 1924, Nr. 10.953, 4–5.

D'Annunzio, Gabriele, Der Göttlichen Eleonora Duse („Widmungsgedicht zur Francesca da Rimini“), in: Segantini/von Mendelssohn (Hg.), Eleonora Duse. Bildnisse und Worte, 76–78.

Bauer, Hans, What Price of Glory?, in: Die Literarische Welt 3 (1927), Nr. 36, 3.

Benjamin, Walter, Gesammelte Schriften, hg. unter Mitwirkung von Theodor W. Adorno und Gershom Scholem von Rolf Tiedemann und Hermann Schweppenhäuser, 7 Bände und Supplement-Bände, Frankfurt/Main 1974.

Benkard, Ernst, Das Ewige Antlitz. Eine Sammlung von Totenmasken mit einem Geleitwort von Georg Kolbe, Berlin 1927 [zuerst 1926].

Burschell, Friedrich, Jean Paul zu seinem hundertsten Todestag, in: Die Literarische Welt 1 (1925), Nr. 7, [1].

Griebel, Erich, Zum 60. Geburtstag von Hermann Löns †, in: Die Literarische Welt 2 (1926), Nr. 35, [1].

Haas, Willy, Totenmaske und Karikatur, in: Die Literarische Welt 3 (1927), Nr. 51, [1]–2.

Haas, Willy, Der Selbstmordversuch der Schauspielerin M. Koeppke und unsere herzlichsten Glückwünsche zu Alfred Kerrs 60. Geburtstag! in: Die Literarische Welt 3 (1927), Nr. 51/52, [1]–2.

Hussong, Friedrich, Die Verrohung der Zeitung, in: Die Literarische Welt 2 (1926), Nr. 26, [1]

Jean Paul, Werke in 10 Bänden, hg. von Norbert Miller, 4., korrigierte Aufl., München, Wien 1987.

Kisch, Egon Erwin, Gesammelte Werke in Einzelausgaben, 12 Bände, hg. von Bodo Uhse und Gisela Kisch, fortgeführt von Fritz Hofmann und Josef Polaček, Berlin, Weimar 1960–1993.

Langer, Richard (Hg.), Totenmasken (67 Lichtdrucktafeln), mit einer Einleitung von Hans W. Gruhle, Leipzig 1927.

[Löns, Hermann], Löns-Gedenkbuch. Mit 2 Abbildungen, hg. von Dr. Friedrich Castelle, Bad Pyrmont 1925.

Ludwig, Emil, Erinnerung an Rathenaus Tod, in: Neue Freie Presse, 24. Juni 1924, Nr. 21.480, 5–6.

Ludwig, Emil, Die Trauer einer Nation, in: Segantini/von Mendelssohn (Hg.), Eleonora Duse. Bildnisse und Worte, 157–161.

Ludwig, Emil, Unselbständig erschienene Publikationen [Bibliographie: Stand 28. 03. 2022]. Erich Maria Remarque-Friedenszentrum der Universität Osnabrück. URL: https://www.remarque.uni-osnabrueck.de/emil%20ludwig/index.htm (Letzter Zugriff: 10. 11. 2022).

Mann, Thomas [Verlags-Anzeige], in: Die Literarische Welt 2 (1926), Nr. 48, 13.

[Rilke, Rainer Maria], Rainer Maria Rilke zum Gedächtnis, in: Das Inselschiff. Eine Zeitschrift 8 (1927), H. 2.

[Trakl, Georg], Erinnerung an Georg Trakl, hg. von Anonym [Ludwig von Ficker], Innsbruck 1926.

Schneider, Eduard [Édouard], Eleonora Duse. Erinnerungen, Betrachtungen und Briefe. Mit sieben Abbildungen und einem Faksimile, übertragen von Th. Mutzenbecher, Leipzig 1927.

Simoni, Renato, Eleonora Duse, in: Segantini/von Mendelssohn (Hg.), Eleonora Duse. Bildnisse und Worte, 149–155.

Segantini, Bianca/Francesco von Mendelssohn (Hg.), Eleonora Duse. Bildnisse und Worte, Berlin 1926.

Stahl, Fritz, Erinnerung an die Duncan, in: Berliner Tageblatt, 20. September 1927, Nr. 445, Abend-Ausgabe, 4.

Stahl, Fritz, Nachspiel der Tragödie, in: Berliner Tageblatt, 20. September 1927, Nr. 445, Abend-Ausgabe, 4.

Tasiemka, Hans (Hg.), Wie soll Ihr Nachruf aussehen? Eine kleine Anleitung für künftige Biographen zur richtigen Gestaltung des Nachruhmes, zusammengestellt von Hans Tasiemka, in: Die Literarische Welt 3 (1927), Nr. 15/16, 3.

Walden, Herwarth, Selbstmord eines Antiquars, in: Die Literarische Welt 2 (1926), Nr. 23, 8.

Wolff, Theodor, Die deutsche Tagespresse, in: Die Literarische Welt 2 (1926), Nr. 26, [1].

Zedler, Johann Heinrich, Grosses vollständiges Universal-Lexicon Aller Wissenschaften und Künste, 64 Bände und 4 Suppl.-Bände, Halle Leipzig 1731–1754.

Bartels, Adolf, Die deutsche Dichtung der Gegenwart. Die Alten und die Jungen [1898], 7. Aufl., Leipzig 1907.

Braun, Bettina, „Der neue Feuilletonist in Deutschland marschiert auf der Straße mit“. Die Konzeption einer ‚deutschen‘ Textgattung in der zeitungswissenschaftlichen Forschung Wilmont Haackes, in: Kernmayer/Jung (Hg.), Feuilleton, 79–104.

Baumeister, Martin, Kampf ohne Front? Theatralische Kriegsdarstellungen in der Weimarer Republik, in: Ordnungen in der Krise. Zur politischen Kulturgeschichte Deutschlands 1900–1933, hg. von Wolfgang Hardtwig, München 2007, 357–376.

Becker, Hans, Das Feuilleton der Berliner Tagespresse von 1848–1852. Ein Beitrag zur Geschichte des deutschen Feuilletons, Würzburg 1938.

Blake, Robert/Christine Nicholls (Hg.), Dictionary of National Biography 1971–1980, Oxford 1986.

Bogner, Ralf Georg, Der Autor im Nachruf. Formen und Funktionen der literarischen Memorialkultur von der Reformation bis zum Vormärz, Tübingen 2006.

Bogner, Ralf Georg, Der Zeitungs-Nachruf oder Das Fortleben von Leichenpredigt und Epicedium im Feuilleton, in: Die lange Geschichte der Kleinen Form. Beiträge zur Feuilletonforschung, hg. von Kai Kauffmann und Erhard Schütz, Berlin 2000, 212–228.

Brunn, Stefan, Abschieds-Journalismus. Die Nachrufkultur der Massenmedien, Münster 1999.

Brunskill, Ian, Abridged Introduction to the First Edition, in: Temkin (Hg.), The Times Great Lives, xi–xii.

Denken zwischen Ästhetik und Ökonomie. Zur Lage des Feuilletons. Podiumsdiskussion mit Doris Akrap, Ekkehard Knörer, Sigrid Löffler und Lothar Müller, in: Kernmayer/Jung (Hg.), Feuilleton, 375–389.

Eickenrodt, Sabine, Lemma „Porträt inkl. Nachruf“, in: Handbuch Feuilleton, hg. von Hildegard Kernmayer, Michael Pilz, Marc Reichwein und Erhard Schütz, Berlin 2023 [im Erscheinen].

Farhi, Paul, Online, obits find life, in: The Washington Post, 18. November 2021, C1.

Fergusson, James, Death and the Press, in: Secrets of the Press. Journalists on Journalism, hg. von Stephen Glover, London 1999, 148–160.

Haacke, Wilmont, Lemma „Porträt“, in Handbuch des Feuilletons, Bd. 2, Emsdetten/Westf. 1952, 243–245.

Jäger, Maren, Skizzen, Gemälde, Bilder, Studien, Kondensate, Extracte … Die kleine Form im 19. Jahrhundert und ihre Namen, in: Poetik der Skizze. Verfahren und diskursive Verortungen einer Kurzprosaform vom Poetischen Realismus bis zur Frühen Moderne, hg. von David-Christopher Assmann und Stefan Tetzlaff, Heidelberg 2020, 49–64.

Kernmayer, Hildegard, Judentum im Wiener Feuilleton (1848–1903). Exemplarische Untersuchungen zum literarästhetischen und politischen Diskurs der Moderne, Tübingen 1998.

Kernmayer, Hildegard/Simone Jung (Hg.), Feuilleton. Schreiben an der Schnittstelle zwischen Journalismus und Literatur, Bielefeld 2017.

Martin, Dieter, Lemma „III.4 Rezeption im 20. Jahrhundert im Zeichen zweier Weltkriege“, in: Gryphius-Handbuch, hg. von Nicola Kaminski und Robert Schütze, Berlin 2016, 802–814.

Mather, Christine C., The Political Afterlife of Eleonora Duse, in: Theatre Survey 45 (May 2004), Nr. 1, 41–59.

Müller, Lothar, Deadline. Zur Geschichte der Aktualität, in: Merkur. Zeitschrift für europäisches Denken 67 (2013), H. 767, 291–304.

Pagani, Maria Pia, April 1924. Fiori di carta per Eleonora Duse, in: Enthymema VI (2014), Nr. XI, 87–104.

Starck, Nigel, Posthumous Parallel and Parallax. The Obituary Revival on Three Continents, in: Journalism Studies 6 (2005), H. 3, 267–283.

Starck, Nigel, Writes of Passage. A Comparative Study of Newspaper Obituary Practice in Australia, Britain, and the United States, PhD thesis, Flinders University, Adelaide 2004, 130. URL: https://flex.flinders.edu.au/file/4782e75e-92a4-4914-aa9e-f41a9ac9513d/1/Thesis-Starck-2004.pdf (Letzter Zugriff: 30. 09. 2022).

Temkin, Anna (Hg.), Times Great Lives. A Century in Obituaries, 2. Aufl., Glasgow 2015.

Treitschke, Heinrich von, Deutsche Geschichte im neunzehnten Jahrhundert [1889], 5 Bände, 5. Aufl., Leipzig 1907.

Utz, Peter, Auszeiten der Zeitung: Zur Zeitökonomie im literarischen Feuilleton, in: Auszeiten. Temporale Ökonomien des Luxus in Literatur und Kultur der Moderne, hg. von Christine Weder, Ruth Signer und Peter Wittemann, Berlin, Boston 2022, 247–265.

Teil I: **Nekrologien – Muster und Kontrafakturen**

Peter Utz

Totsagen lebt länger. Spielformen des Nachrufs unter dem Strich

Nachrufe sind nicht umzubringen. Als eine der wenigen Gattungen innerhalb des Feuilletonformats hat der Nekrolog in der Zeitung bis heute überlebt. Doch nie ist er so aufgeblüht wie in jener hohen Zeit des deutschsprachigen Feuilletons zwischen 1900 und 1933, in der sich die Vitalität der Gattung auch im Umgang mit den Toten bewies. Die enorme Feuilletonkonjunktur, angetrieben von der medialen Konkurrenz zwischen den zahlreichen Zeitungen, macht aus der redaktionellen Pflichtübung des Nachrufs eine artistische Kür für die Feuilletonisten. Gerade weil es sich um eine etablierte, stabile und für das Publikum wiedererkennbare Gattung handelt, können sich hier auch die kreativen Kräfte austoben und spielerisch-ironische Varianten der Gattung erproben. Dabei wird nicht nur das hergebrachte, rituelle Totenlob als solches auf seine Geltung und Tragfähigkeit hin befragt, sondern auch die eigene Position des Feuilletonisten und des Feuilletons reflexiv auf die Probe gestellt.

Denn der Nachruf trifft einen Identitätskern des Feuilletons: Dessen beständiges Problem ist seine Unbeständigkeit in der Zeit, sein Status als journalistische Eintagsfliege. Weil es Tag für Tag neu erscheint, ist jeder Tag auch sein letzter. Seine Unsterblichkeit ist die eines Tages – nach einem Ludwig Speidel zugeschriebenen, viel zitierten Wort. Der Nachruf dagegen verspricht rituell, mit dem Ende eines Lebens dieses in das Andenken der Nachwelt hinein zu verlängern. Nachrufend spricht das Feuilleton einer Persönlichkeit die Ewigkeit zu, während es selbst in der Anonymität und im Augenblick zu verschwinden droht. In diesem Umkehrspiegel wird dem Feuilleton seine eigene Zeitlichkeit erst recht bewusst. Es erkennt: Auf Seifenblasen wird es keinen Nachruf geben. Dafür kann es in ihnen, schillernd und spielerisch, alle möglichen Formen des Nachrufens erproben und ironisch zum Zerplatzen bringen. Das Feuilleton ist – gerade dank seiner Flüchtigkeit – an jener Kante des Lebens besonders kompetent, wo im Angesicht des Todes rhetorisch Unsterblichkeit hergestellt wird.

Das Feuilleton als Rubrik ist insofern nicht nur der Publikationsort für Nekrologe. Als Textsorte reflektiert es sich auch selbst, wird zur „Nekrologie“. Das ist der Titel eines Feuilletons von Alfred Polgar, das 1926 in der Sammlung *Orchester von oben* erscheint, der Polgar auch den bekannten programmatischen Essay „Die kleine Form“ voranstellt. Zunächst war der Text am 1. Januar 1926 im *Berliner Tageblatt* unter dem Titel „Mohnkuchen aß er gerne“[1] erschienen. Der neue Titel

1 Alfred Polgar, Mohnkuchen aß er gerne, in: Berliner Tageblatt, 1. Januar 1926, Nr. 1, Morgen-Aus-

https://doi.org/10.1515/9783111106472-002

verleiht dem Zeitungstext im Buch einen paradigmatischen Charakter. Er entwirft einen prototypischen Nachruf für einen namenlosen Menschen, der ihn durch seine besonderen Vorlieben zeichnet, etwa für Mohnkuchen, oder die Grazie einer Handbewegung. Im vorgegebenen Format des feuilletonistischen Nachrufs ruft Polgar eine Person, die keine prominente Persönlichkeit ist, erst eigentlich zum Leben. Er demonstriert damit, wie die feuilletonistische Nekrologie ihre Vorgaben kreativ umstülpen kann. Er gibt dem Toten sein individuelles Eigenrecht, und er individualisiert zugleich das Format des feuilletonistischen Nachrufs.

Eine so aufrichtige, feinsinnige Zuwendung zum Toten findet sich in vielen Nekrologen, längst nicht nur von Polgar. Für das mediale Format des Feuilletons sind jedoch jene Spielformen der Nekrologie aussagekräftiger, die dessen Grenzen ausreizen. Sie ragen aus dem journalistischen Tagesgeschäft des Nachrufens heraus, sind gewissermaßen Blumen im Dauergrün des nekrologischen Endloskranzes. Die Rubrik unter dem Strich mit dem virtuellen schwarzen Trauerrand wird durch sie höchst farbig gefüllt. Diese Spielformen sollen im Folgenden unter sechs Aspekten thesenhaft vorgestellt werden.

1 Von unten

Die Grundregel des Nekrologs heißt: *De mortuis nil nisi bene*, oder, wie Anton Kuh am 7. Oktober 1931 im Nachruf auf eine Künstlerkneipe in der *B. Z. am Mittag* verdeutscht: „*De mortuis* nix Böses!“[2] Die Grundgeste des Nachrufs ist die Verbeugung. Sie schließt jedoch, im bezeugten Respekt vor dem Verstorbenen, im affirmativen Verhältnis zum Gegenstand, auch die Selbstaffirmation ein. Denn das Feuilleton muss sich ‚unter dem Strich‘ beständig implizit gegenüber einem ‚oben‘ behaupten, das einerseits die Welt der Politik auf der Zeitungsseite und andererseits die Welt der sogenannt ‚hohen‘ Literatur bedeutet.

Diese macht ihren Anspruch auf ‚Unsterblichkeit‘ besonders in jenen Momenten geltend, wo einer ihrer prominenten Repräsentanten stirbt. Vor dem Großschriftsteller muss sich das Feuilleton verbeugen. Beim Tod Hugo von Hofmannsthals am 15. Juli 1929 beispielsweise erhebt sich eine so weitreichende Wolke von rhetorischem Weihrauch aus dem Feuilleton, dass man diese *Worte des Gedenkens* auch vierzig Jahre später nochmals in einem eigenen Band gesondert der

gabe, 2; unter dem Titel „Nekrologie“ in: Kleine Schriften, Bd. 2: Kreislauf, hg. von Marcel Reich-Ranicki und Ulrich Weinzierl, Reinbek bei Hamburg 1983, 240–244.

2 Anton Kuh, Nachruf auf ein Lokal (B. Z. am Mittag, 7. November 1931), in: Werke, Bd. 5: 1930–1933, hg. von Walter Schübler, Göttingen 2016, 190.

Ewigkeit übergeben kann.[3] Max Mell etwa entwirft in der *Neuen Zürcher Zeitung* vom 11. August 1929 „Skizzen zu seinem Bildnis" und zitiert mehrfach die Zeile aus einem Huldigungsgedicht von Rudolf Alexander Schröder an Hofmannsthal: „Dies: wir lieben dich Freund, wie man Unsterbliche liebt."[4] Als „Freund" dient sich der Feuilletonist dem „Unsterbliche[n]" an, um selbst etwas von dessen Unsterblichkeit zu erhaschen.

Eine solche ambitionierte Huldigung des Dichterheroen im Moment seines Ablebens gehört zu den Grundfunktionen des Feuilletons, und Beispiele dafür wären Legion. Ihr kritisch zu begegnen, sie gar im Feuilleton selbst zu parodieren, ist höchst delikat, denn um den Sarg schließen sich die Reihen, und wer da ausschert, gilt rasch als pietätlos. Da kann man denn höchstens einen ablenkenden Blick auf eine ungewohnte Seite des Gefeierten werfen. So Anton Kuh, indem er im August 1929 in der Zeitschrift *Querschnitt* unter dem Titel „Der Urgroßvater" in Hofmannsthals Vorfahren den gefeierten Aufsteiger glossiert, und wie dieser Urahn habe der Verstorbene „etwas vom Wesen des Klassenprimus"[5] behalten.

Noch wirkungsvoller ist es, sich rhetorisch über das Gedränge am Sarg zu erheben, in der Schmähung der fremden Nachrufer dem eigenen Wort zu besonderer Geltung zu verhelfen. Anton Kuhs Feuilleton „Kierling in der Literaturgeschichte. Zum Tode eines Dichters" vom 11. Juni 1924 ist weniger einer der ganz spärlichen und desto bedeutsameren Nachrufe auf Kafka als eine Feuilletonistenschelte. Gerade aus der Tatsache: „Er starb und kein Causeur-Hahn krähte nach ihm" leitet Kuh ab, dass Kafka eben ganz einer Zeit „jenseits der Zeitungswelt"[6] angehöre.

So profiliert sich die feuilletonistische Nekrologie gegenüber der Ignoranz der Konkurrenten oder ihrer Durchschnittlichkeit. Musil stellt in seiner *Rede zur Rilke-Feier* von 1927 einleitend fest, der Prozess des Ruhmes werde heute in der „ersten Instanz" des Zeitungsfeuilletons entschieden, die Rilke aber nur ein „ehrenvolles Begräbnis zweiter Klasse"[7] beschert habe. Damit bereitet er rhetorisch seine eigene, weit ausgreifende Würdigung Rilkes vor, die denn auch als gesonderte Broschüre

---

3 Hugo von Hofmannsthal. Worte des Gedenkens. Nachrufe aus dem Todesjahr 1929. Zum 40. Todestag am 15. Juli 1969 im Auftrag der Hugo von Hofmannsthal-Gesellschaft hg. von Leonhard Fiedler, Heidelberg 1969.

4 Zitiert ebd., 56 und 58.

5 Anton Kuh, Der Urgroßvater (Der Querschnitt, August 1929), in: Werke, Bd. 4: 1926–1930, hg. von Walter Schübler, Göttingen 2016, 409.

6 Anton Kuh, Kierling in der Literaturgeschichte. Zum Tode eines Dichters (Die Stunde, 11. Juni 1924), in: Werke, Bd. 3, 155–156.

7 Robert Musil, Gesammelte Werke in neun Bänden, Bd. 8: Essays und Reden, hg. von Adolf Frisé, Reinbek bei Hamburg 1978, 1229.

gedruckt außerhalb des Zeitungsmarktes erscheint.[8] So nimmt Musil sich selbst aus dem Feuilleton-Rennen um die Frage, wer den brillantesten Rilke-Nachruf schreibt.

Auch Robert Walser steuert zum Tod Rilkes im Januar 1927 in der *Prager Presse* ein Nachrufgedicht bei.[9] Allerdings lebt er in seinen Berner Mansarden weit entfernt von jenen feuilletonistischen Brennpunkten, für die er doch publiziert. Darum hält er sich aus dem Geschäft um die unmittelbaren Nachrufe meist heraus. Umso ungehinderter kann er in seinem mikrographischen Schreibatelier auf das Ableben von Geistesgrößen reagieren. Als im Oktober 1924 der französischen Großschriftsteller Anatole France unter eindrucksvollem medialem Getöse beigesetzt wird, entwirft er in seiner Kleinschrift eine Polemik gegen France, über die er zunächst den unscheinbaren Titel „Ein Beitrag", dann den generischen Titel „Nekrolog"[10] setzt. Er bleibt unpubliziert, hätte er doch gegen alle Tabus im Trauerkonsens verstoßen. Über den Toten nur Böses. Statt feuilletonistischer Verbeugung von unten ein aggressives Aufbäumen gegen den Literaturbetrieb und seine Weihrauchwirtschaft.

2 Zeitdiagnostik

Das Feuilleton ist persönlich, und der Nachruf gilt einer Person. Doch die Zäsur eines Todesfalls bietet sich auch zu einer allgemeineren, über den Verstorbenen hinausgehenden Zeitdiagnostik an. Sie ist – in unterschiedlichen Formen und mit unterschiedlicher Tiefe – ein Kerngeschäft von Zeitungen und Zeitschriften. Von der Höhe seiner *Fackel*-Kanzel, auf der er allein regiert, kann Kraus den Nachruf fast zu einer eigenen Untergattung seiner Zeitschrift entwickeln. Sie wird weit über die aktuellen Anlässe und Personen hinaus zu einem Modus seiner Zeitdiagnostik. 1919 stellt er ein ganzes Heft unter den Titel „Nachruf", als Abrechnung mit dem untergegangenen k. u. k. Reich und dem Krieg.[11] Und bei einer anderen Zeitwende, im Jahr 1933, bringt er nach langem Schweigen erst im Oktober einen Nachruf auf Adolf Loos.[12] Schließlich versammelt er im Juli 1934 in einem Heft die Presseechos auf sein

---

8 Robert Musil, Rede zur Rilke-Feier in Berlin am 16. Januar 1927, Berlin 1927.

9 Robert Walser, Rilke † (Prager Presse, 4. Januar 1927), in: Robert Walser. Kritische Ausgabe sämtlicher Drucke und Manuskripte (KWA), Bd. III/4.1: Drucke in der Prager Presse Jg. 1925–1928, hg. von Hans-Joachim Heerde und Barbara von Reibnitz, Basel, Frankfurt/Main 2018, 237–238. – Siehe zu diesem Gedicht Hendrik Stiemer, Über scheinbar naive und dilettantische Dichtung. Text- und Kontextstudien zu Robert Walser, Würzburg 2013, 215–222.

10 Vergleiche den Beitrag von Sabine Eickenrodt in diesem Band.

11 Karl Kraus, Nachruf, in: Die Fackel 20 (1919), H. 501–507.

12 Karl Kraus, Adolf Loos. Rede am Grab, 25. August 1933, in: Die Fackel 35 (1933), H. 888, [1]–3.

angebliches Verstummen unter dem Titel „Nachrufe auf Karl Kraus".[13] Im Nachruf findet Kraus für seine Kritik an der Zeit, die häufig bei deren Zeitungen ansetzt, eine Form, die den Abstand zur Zeit mit der Souveränität seiner eigenen moralischen Position verbindet. 1918 schreibt er fast beiläufig in der *Fackel*, dass „alles was ich schreibe, irgendwie zum Nachruf taugt".[14]

Die Zeitenwende von 1933 und die Erfahrung des Exils lassen auch andere Autoren zu dieser Gattung greifen. Alfred Kerr bricht 1933 im *Prager Mittag* öffentlich mit Gerhart Hauptmann, der sich den Nationalsozialisten angedient hat, indem er diesen für tot erklärt: „Hier starb jemand vor seinem Tode; verachtet selbst von denen, die von allen verachtet sind. Das ist der Schluß. [...] Sein Andenken soll verscharrt sein unter Disteln; sein Bild begraben in Staub."[15] Mit dem Pathos des Nachrufs antwortet Kerr auf den Verrat des einstigen Freundes, in dem sich der ganze Epochenbruch abzeichnet.

Den gleichen Zeitbruch diagnostiziert Alfred Polgar am 22. Februar 1935 in der Basler *National-Zeitung* subtil am „Tod eines Wortes" – es ist das Wort „Liebe".[16] Zwar verzichtet der Artikel des Emigranten, dem ohnehin politische Aktivitäten verboten waren, auf jegliche konkrete Anspielung; die Rubrik unter dem Strich ist ja an sich unpolitisch. Doch auf der Zeitungsseite läuft direkt über dem Strich der Aufruf, einer eidgenössischen „Wehrvorlage" zuzustimmen (Abb. 1) – schon 1935 zeichnet sich hier ab, dass der nächste Krieg bevorsteht und damit die Zeit der „Liebe" endgültig vorbei ist.

Joseph Roth ist in seinen Exil-Artikeln direkter, wenn er nachruft. Schon im August 1933 erscheint in der französischen Revue *Le Mois* ein Artikel zum „Tod der deutschen Literatur",[17] und 1938 im *Neuen Tage-Buch* eine „Totenmesse" auf das im ‚Anschluss' an Deutschland untergegangene alte Österreich.[18] In den gleichen Jahren verfasst Roth auch Nachrufe auf den Verleger Gerard de Lange, auf den Feuilletonisten Karl Tschuppik, die Schriftstellerkollegen Ödön von Horváth oder Karel

---

13 Karl Kraus, Nachrufe auf Karl Kraus, in: Die Fackel 36 (1934), H. 889.

14 Karl Kraus, Auf hoher See, in: Die Fackel 20 (1918), H. 484, 39–42, hier: 42.

15 Alfred Kerr, Gerhart Hauptmanns Schande (Prager Mittag, 30. Oktober 1933), in: Werke in Einzelbänden, Bd. 4: „Ich sage, was zu sagen ist". Theaterkritiken 1893–1919, hg. von Günter Rühle, Frankfurt/Main 1998, 258–262, hier: 262.

16 Alfred Polgar, Tod eines Wortes, in: National-Zeitung, 22. Februar 1935, Nr. 89, 2. Zu deren Rolle für das literarische Exil siehe Bettina Braun, Das Feuilleton des Exils. Veröffentlichungen in der Basler *National-Zeitung* 1933–1940, Berlin 2021.

17 Joseph Roth, Werke, Bd. 3: Das journalistische Werk 1929–1939, hg. von Klaus Westermann, Köln 1994, 490–492.

18 Ebd., 795–798.

Soll die Schweiz das Durchmarschland fremder Armeen werden?
Verhindere dies durch die Annahme der Wehrvorlage am 23./24. Februar

Tod eines Wortes

Von Alfred Polgar

Vom Büchertisch

Musikalisches

Abb. 1: Alfred Polgar, Tod eines Wortes, in: National-Zeitung, 22. Februar 1935, Nr. 89, 2

Čapek[19] und den von den Nazis 1938 in den Tod gejagten Egon Friedell.[20] Im Kontext jener Exilzeitschriften, in denen diese Nachrufe erscheinen, markieren sie immer auch die Epoche, für die diese Todesfälle symptomatisch sind.[21] Gleichzeitig zeigen sie den Autor Roth auf dem verzweifelt-verlorenen Posten dessen, der gerade noch überlebt hat, aber schon das allgemeine Ende kommen sieht.

Diese Zeitdiagnostik im Nachruf konnte Roth früher viel unbefangener angehen. 1924 zum Beispiel veröffentlich er in der *Frankfurter Zeitung* einen „Nachruf auf den Hotelportier". Er beschreibt dabei, wie in einem großen Berliner Hotel der Portier von einer Reihe spezialisierter Beamter abgelöst wird. Darin erkennt der Hotelbewohner Roth am Schluss einen symptomatischen Zeitwandel: „Er [der Hotelportier] ist bald nicht mehr, er stirbt. Mit ihm sinkt eine Epoche in das große hungrige Grab der menschlichen Zivilisationsveränderungen. Meine Feder weint ihm eine bescheidene Elegie nach."[22]

In solchen „bescheiden[en] Elegie[n]" übt sich auch Polgar. Er publiziert im April 1935 in der Basler *National-Zeitung* einen „Abschied von einem schlichten

19 Ebd., Bd. 3, 675–676 (Gerard de Lange); 718–720 und 721–724 (Karl Tschuppik); 812–813 (Ödön von Horváth); 840–841 (Karel Čapek). – Vergleiche zu Čapek auch den Beitrag von Irina Wutsdorff in diesem Band.

20 Zu dessen Selbstmord gibt es von Roth nur ein Manuskript: Werke, Bd. 3, 843–844.

21 Zum Nachruf in seiner Funktion für das Exil: Braun, Das Feuilleton des Exils, 163–167.

22 Joseph Roth, Nachruf auf den Hotelportier (Frankfurter Zeitung, 25. Februar 1924), in: Werke, Bd. 2: Das journalistische Werk 1924–1928, hg. von Klaus Westermann, Köln 1994, 64–65, hier: 65.

Mann".[23] Der Nachruf auf den Schneider Sedlak gilt einer realen Person von fast märchenhafter Sanftheit, mit kleinsten Ansprüchen ans Leben und einem großen Lachen, die mit achtundsiebzig Jahren Abschied von Nadel und Faden nehmen muss. Mit seinem Feuilleton-Nachruf verleiht Polgar diesem so ganz unprominenten Menschen die ‚Unsterblichkeit eines Tages', und mit der Aufnahme des Feuilletons in die Buchsammlung *Sekundenzeiger* von 1937 sucht er sie zu befestigen. 1948 lässt Polgar in der Sammlung *Anderseits,* nun unter dem Titel „Erinnerung an einen schlichten Mann",[24] den Schneider nochmals aufleben, mit neuen Anspielungen auf den ‚Anschluss' Österreichs 1938, wodurch sich eigentlich auch das Sterbedatum des Schneiders verschiebt. So wird in die kleine Lebensgeschichte, der Polgar ihre kleine Form gibt, doch jene ‚große' Geschichte hineingespiegelt, gegen die der „schlichte Mann" sein Lachen behaupten musste.

3 Lebendige Totenmasken

Polgars Nachruf auf den Schneider Sedlak ist auch ein Musterstück feuilletonistischer Porträtkunst. In dessen Lachen, „nicht nur mit dem Mund, sondern mit seiner ganzen Person", zeichnet Polgar die höchst lebendige Form einer positiven Weltzuwendung. Polgars Nachruf ist deshalb keine Totenmaske, sondern sie ruft den Verstorbenen nochmals ins Leben zurück. Der Nachruf wird zum lebendigen Porträt. Noch bevor eine Porträtfotografie systematisch den Nachruf in den Zeitungen begleitet,[25] kann das Feuilleton so seine ganze physiognomische Kunst ausspielen. Denn zu ihr hat es eine fundamentale Affinität: Das Gesicht ist eine ‚kleine Form', und die ‚kleine Form' entspricht einem Gesicht.[26]

Wie die Physiognomik hat auch das Feuilleton den Anspruch, im Teil das Ganze zu erfassen und damit auch hinter die Oberfläche, die sie zeichnet, zu leuchten. Der einzelne Gesichts-Zug wird so zum Sprechen gebracht, dass daraus der ganze Mensch und sein Weltverhältnis lesbar werden soll. Das zeigt sich nicht nur bei

23 Alfred Polgar, Abschied von einem schlichten Mann, in: National-Zeitung, 18. April 1935, Nr. 182, [1].

24 Alfred Polgar, Erinnerung an einen schlichten Mann (in der Version von *Anderseits*), in: Polgar, Kleine Schriften, Bd. 3: Irrlicht, hg. von Marcel Reich-Ranicki und Ulrich Weinzierl, Reinbek bei Hamburg 1984, 155–159.

25 Ralf Georg Bogner, Der Zeitungs-Nachruf oder das Fortleben von Leichenpredigt und Epicedium im Feuilleton, in: Die lange Geschichte der Kleinen Form. Beiträge zur Feuilletonforschung, hg. von Kai Kauffmann und Erhard Schütz, Berlin 2000, 212–228, hier: 225–226.

26 Peter Utz, Das „Gesicht der Zeit" und seine feuilletonistischen Facetten. Zur Physiognomik der „kleinen Form" nach 1900, in: Physiognomisches Schreiben. Stilistik, Rhetorik und Poetik einer gestaltdeutenden Kulturtechnik, hg. von Hans-Georg von Arburg, Benedikt Tremp und Elias Zimmermann, Freiburg 2016, 47–66.

einem unbekannten Schneider, sondern auch bei prominenten Figuren des Literaturbetriebs. Da kann es auch zur physiognomischen Erkennungsmarke gerinnen. Ein Beispiel dafür liefert Frank Wedekind, der am 9. März 1918 in München stirbt. Anton Kuh hebt im Nachruf in der Zeitung *Der Morgen* vom 11. März 1918 pathetisch an: „Wedekind – gestorben. Es heißt: Das Leben gestorben". In Wedekinds Tod will Kuh einen Zeitenbruch erkennen, auch wenn der Dichter selbst ein großer Unzeitgemäßer, eine Verkörperung des „*anderen Deutschland*" gewesen sei. So macht ihn sich Kuh zu einem Wahlverwandten, zu einem, der „aus der Physiognomie der Kultur ihre Spuren herauslas". Solche Physiognomik betreibt auch Kuh selbst, indem er das „ureigene Gesicht" Wedekinds als „umflortes Erziehergesicht, das von der Melancholie eines abgeschminkten Hanswursts schimmerte",[27] zu fassen versucht.

Wedekinds Gesichtsausdruck scheint auch für andere Zeitgenossen unverwechselbar. Walser erinnert sich 1925 in einem Mikrogramm an die „zusammengekniffenen Lippen" eines Menschen, „der sehr Wichtiges bedenkt und zäh für sich zu behalten entschlossen ist", und denkt dabei an die „Verschlossenheiten" und die „Art Verbittertheit", die er im „Gesichte Frank Wedekinds"[28] gesehen habe. 1926 publiziert er in der *Prager Presse* das „Bildnis eines Dichters", in dem er – ohne dessen Namen zu nennen – aus seinem persönlichen, konfliktreichen Verhältnis zu Wedekind heraus zu verstehen versucht, weshalb dieser Dichter „so glänzend mißverstanden wurde".[29] Auch hier verdichtet sich das Porträt auf ein physiognomisches Detail: „Sein Mund war stets aufs sorgfältigste zugekniffen."[30]

Dieses Detail hatte Alfred Polgar bereits in seinem Nachruf auf Wedekind in der Mai-Nummer der *Weltbühne* 1918 auf die brillant-knappe Formulierung gebracht:

> WEDEKIND – Der Wedekind-Zug, tief eingekerbt in seine und in seiner Dichtung Physiognomie: ein dünnlippiges, dabei beleidigend höfliches Grinsen, das die Weltordnung quer durchstreicht.[31]

---

27 Anton Kuh, Wedekind (Der Morgen, 11. März 1918), in: Werke, Bd. 1: 1908–1918, hg. von Walter Schübler, Göttingen 2016, 535–536. [Hervorhebung im Original]. Zu Kuhs Beziehung zu Wedekind: Franziska Geiser, Das Zeitalter des Infantilismus. Zu Anton Kuhs Kultur- und Gesellschaftskritik, Göttingen 2020, 266–279.

28 Robert Walser, Dies Buch eines Dichters ... [Mkg. 503r/IV], in: KWA VI/2: Mikrogramme 1925 (I), hg. von Fabian Grossenbacher, Angela Thut und Christian Walt, Basel 2019, 338–341, hier: 339.

29 Robert Walser, Bildnis eines Dichters (Prager Presse, 17. Januar 1926), in: KWA III/4.1, 90–92, hier: 92.

30 Ebd., 91.

31 Alfred Polgar, Wedekind (Die Weltbühne, 16. Mai 1918), in: Kleine Schriften, Bd. 4: Literatur, hg. von Marcel Reich-Ranicki und Ulrich Weinzierl, Reinbek bei Hamburg 1984, 31–34, hier: 31.

Kein Wort zu viel in dieser Formel, die das Weltverhältnis von Autor und Werk in einem einzigen Gesichtszug komprimiert erfasst. Sie legt ihn allegorisch still, statt ihm neues Leben zuzusprechen. Damit gleicht sie doch einer Totenmaske. Jene von Wedekind zirkuliert nach 1918 in verschiedenen Gipsabgüssen. Ein solcher Abguss ist erst 2020 in Neuseeland aufgetaucht, vermutlich von jüdischen Emigranten 1936 dorthin gerettet.[32] Auch mehr als ein Jahrhundert nach seinem Tod und nach einer Weltreise faszinieren die zugekniffenen Lippen Wedekinds weiter. Feuilletonisten wie Kuh, Walser und Polgar haben sie lange zuvor zum Sprechen gebracht.

4 Gehobenes Gedenken im Gedicht

Zum Nachruf gehört die gehobene Prosa. Nicht selten jedoch heben die Feuilletonisten, für sie eigentlich ungewohnt, den Ton noch höher, wenn es gilt, einen toten Dichter zu feiern. Dann greifen sie selbst zum Vers und zur Gedichtform. Sie wird zu einer Art sprachlicher Totenmaske. Denn „der Nachruf für einen Dichter ist das Echo seiner Sprache",[33] wie Karl Kraus 1910 in seinem kritisch getönten Nachruf auf Otto Julius Bierbaum schreibt. Im mimetischen Verhältnis zum Gegenstand schwingen sich die Feuilletonisten auf dessen Höhe. Mit der Form des Gedichts beanspruchen sie einen Platz auf jenem Parnass, auf dem sie den Gestorbenen schon wissen. Entsprechend würdigt Kraus 1919 den verstorbenen Peter Altenberg nicht nur mit dem eigenhändigen Nachruf, sondern auch mit einem Gedicht, das er in der gleichen *Fackel*-Nummer mit weiteren, eigenen Gedichten umgibt.[34] So baut er für Altenberg einen lyrischen Katafalk, auf den er auch seinen eigenen literarischen Anspruch hochstemmt.

Noch mehr überrascht die Häufigkeit von Nekrolog-Gedichten bei Feuilletonisten, die im Zeitungsgeschäft viel näher an der Prosa des Alltags leben. Kurt Tucholsky etwa greift für den 1926 verstorbenen Kollegen und Freund Siegfried Jacobsohn in der *Weltbühne* – neben ausführlichen Prosa-Nachrufen – gleich dreimal zu lyrischen Formen: In einem Nachrufgedicht mit dem Titel „Für ihn", zwei Jahre später in einem Gedicht „Erinnerung", das unter einer noblen Gedenkplakette wie eine nachgelieferte Grabschrift auftritt, und 1930 in einem Jubiläumsheft der

32 Petra Giegerich, Weltreise einer Totenmaske. Jüdische Emigranten nahmen Gipsmaske von Frank Wedekind mit ins Exil nach Neuseeland. [Medienmitteilung der Universität Mainz, mit Link zur Abbildung der Totenmaske].

33 Karl Kraus, O. J. Bierbaum, in: Die Fackel 11 (1910), H. 296–297, 49–50, hier: 50.

34 Karl Kraus, Rede am Grabe Peter Altenbergs. 11. Januar 1919, in: Die Fackel 21 (1919), H. 508–513, 8–10; weitere Texte, u. a. Gedichte: ebd., 11–13.

Weltbühne.[35] Mit diesem schon fast kultischen Verhältnis zu Jacobsohn, auf den hohen Ton der Dichterverehrung gestimmt, auch wenn er eigentlich einem Feuilletonisten und Feuilletonredakteur gilt, unterstreicht Tucholsky auch seinen Anspruch, als dessen legitimer Nachfolger in der *Weltbühne* zu wirken.

Tucholsky kann aber auch anders, politischer, auch im Modus des Nachrufgedichts: 1921 widmet er ein „Nachruf"-Gedicht Matthias Erzberger, der Opfer eines politischen Auftragsmords der Rechten geworden ist.[36] 1930 gilt ein anderer „Nachruf" in lyrischer Form, aber satirisch, der Deutschen Demokratischen Partei.[37] Und 1932 setzt Tucholsky sein Nachruf-Gedicht für den Berliner Kabarettisten Paul Graetz in den Berliner Akzent, als das „Echo" von dessen Sprache. Unter dem Titel „Wenn eena dot is" beginnt es mit den Versen:

> Wenn eena dot is, kriste'n Schreck.
> Denn denkste: Ick bin da, un der is weg.[38]

Schlichter und direkter kann man nicht ausdrücken, was in den Nachrufen immer auch mitklingt, was aber bei Nachrufen im Feuilleton noch besonders akzentuiert ist: die Selbstbehauptung dessen, der nachrufen kann, und der sich mit der lyrischen Form erst recht die Legitimität seines Überlebens, auch als Feuilletonist, zuspricht.

5 Feuilletonistische Selbstpositionierung

Nicht nur ein Tucholsky bestimmt in seinen Nachrufen auf Jacobsohn auch die eigene Position als Feuilletonist. Schon viel früher sind die Nachrufe von Feuilletonisten auf Feuilletonisten die Gelegenheit, zumindest implizit die eigene Stelle im Feuilletonbetrieb zu bestimmen. Damit trägt man auch zu einer legitimierenden

35 Kurt Tucholsky, Für ihn (Die Weltbühne, 14. Dezember 1926), in: Gesamtausgabe. Texte und Briefe, Bd. 8: Texte 1926, hg. von Gisela Enzmann-Kraiker und Christa Wetzel, Reinbek bei Hamburg 2004, 522; Erinnerung (Die Weltbühne, 4. Dezember 1928), unter dem Titel „Beschluß und Erinnerung" in der Buchsammlung „Das Lächeln der Mona Lisa" (1929), in: Gesamtausgabe, Bd. 10: Texte 1928, hg. von Ute Maack, Reinbek bei Hamburg 2001, 580–581; S. J. [Siegfried Jacobsohn] (Die Weltbühne, 9. September 1930), in: Gesamtausgabe, Bd. 13: Texte 1930, hg. von Sascha Kiefer, Reinbek bei Hamburg 2003, 355.

36 Kurt Tucholsky, Nachruf (Die Weltbühne, 8. September 1921), in: Gesamtausgabe, Bd. 5: Texte 1921–1922, hg. von Roland und Elfriede Links, Reinbek bei Hamburg 1999, 112–113.

37 Kurt Tucholsky, Nachruf (Die Weltbühne, 12. August 1930), in: Gesamtausgabe, Bd. 13, 303–304.

38 Kurt Tucholsky, Wenn eena dot is (Die Weltbühne, 24. Mai 1932), in: Gesamtausgabe, Bd. 15: Texte 1932–1933, hg. von Antje Bonitz, Reinbek bei Hamburg 2011, 203–204.

Traditionsbildung dieser Gattung bei, die sich ja eigentlich Tag für Tag neu erfinden muss.

Das kann an jenem historischen Punkt konkretisiert werden, der durch den Tod des Wiener Feuilletonisten Ludwig Speidel am 3. Februar 1906 markiert wird. Er ist im ausgehenden 19. Jahrhundert der Referenzautor des Wiener Feuilletons, dessen Profil er als Feuilletonist und gleichzeitiger Feuilletonredakteur der *Neuen Freien Presse* wesentlich mitprägt.[39] Der Chefredakteur Moriz Benedikt widmet ihm auf der Frontseite der *Neuen Freien Presse* einen ganzseitigen monumentalen Nekrolog[40] – Kraus höhnt, er hätte Speidel vor allem „Stilblüten"[41] aufs Grab gestreut.

Das ist der Hintergrund, auf dem man die Abrechnung des jungen Polgar mit dem „Wiener Feuilleton" lesen muss. Sie erscheint im Januar 1906 in der Zeitschrift *Der Weg*. Polgar formatiert den Artikel als Nekrolog, mit den Ecksätzen am Anfang: „Man hört klagen, es sei tot", und der Bestätigung am Schluss: „Das Wiener Feuilleton ist tot. Friede seiner Asche [...]." Und wie es sich für einen Nachruf im Feuilleton gehört, gibt Polgar dem Verstorbenen ein Gesicht. Es ist die Allegorie einer ganzen Textsorte, des „Wiener Feuilletons", mit seiner

> [...] wässerige[n] Visage, von gekräuselten Stil-Löckchen hold umscherzt. Sanftmut, Milde, Freundlichkeit überall. Nirgends eine grimmige Falte, eine tiefere Furchung, eine energische Willensgrimasse, von der die Glätte dieses Antlitzes unterbrochen würde.[42]

Dieser „Visage" nimmt Polgar die Totenmaske ab. Dabei verwandelt er seinen Nachruf in ein Feuilleton, das selbst jenen neuen Typus sanft-eleganter Polemik verkörpert, wie sie Polgar zur Meisterschaft treiben wird. Im Nachruf steckt schon der programmatische Neubeginn.

Exemplarisch zeigt sich an diesem camouflierten Nachruf Polgars, wie die Feuilletonisten sich als Feuilletonisten zu positionieren versuchen, wenn sie dahingegangenen Feuilletongrößen nachrufen. Das wäre an anderen Fällen zu erhärten, etwa beim Tod von Peter Altenberg 1919, der mit einer weiteren Zeitenwende zusammenfällt. Mit ihm scheint das Wiener Feuilleton nochmals zu sterben.

---

39 Zu Speidel siehe Hildegard Kernmayer: Judentum im Wiener Feuilleton (1848–1903). Exemplarische Untersuchungen zum literarästhetischen und politischen Diskurs der Moderne, Tübingen 1998, 191–204; vergleiche auch Hildegard Kernmayers Beitrag in diesem Band; Hubert Lengauer, Das Wiener Feuilleton nach 1848, in: Kauffmann/Schütz (Hg.), Die lange Geschichte der Kleinen Form, 102–121.

40 Anonym [Moriz Benedikt], † Ludwig Speidel, in: Neue Freie Presse, 4. Februar 1906. Nr. 14.889, Morgenblatt, [1].

41 Karl Kraus, Speidel's Tod, in: Die Fackel 7 (1906), H. 195, 21–27, hier: 21.

42 Alfred Polgar, Das Wiener Feuilleton (Der Weg, 20. Januar 1906), in: Kleine Schriften, Bd. 4, 200. Dazu Utz, Das „Gesicht der Zeit", 48–49.

Kaum ein Feuilletonist, der bei diesem Anlass nicht auch sein eigenes Schreiben und dessen Anspruch auf überzeitliche Geltung mit in den Nachruf einschreibt. Alfred Kerr etwa entdeckt bei Altenberg „hinter Augenblicksworten ein Ewigkeitsherz".[43] Polgar holt gar zu drei enthusiastischen Nachrufen aus, in denen er sich auch gegen die „Expressionisten" stellt, die den „Impressionisten" Altenberg als „Nummer von gestern" abtun würden.[44] Auch Roth will in Altenberg nicht nur den Repräsentanten einer vergangenen schwarz-gelben Epoche sehen:

> Er wies im Gegenteil – auch historisch – hinüber in eine neue Zeit. In die Zeit der Wortknappheit und der *strengen Kürze*, bei aller Milde des Inhalts. Im Gegensatz zur gerade im alten Österreich hypertrophierten Weitschweifigkeit.[45]

Dieser neuen Zeit der ‚neuen Sachlichkeit' und der neuen Feuilletonisten-Generation weiß sich Roth selbst zugehörig. Ihr entschwindet die Referenz Altenberg im Rückspiegel. Anton Kuh macht 1927 aus Anlass des Todes von Altenbergs Bruder das Wort des einstigen Altenberg-Verlegers Samuel Fischer öffentlich: „Ich wage keine Neuausgabe. Er ist dem heutigen Deutschland fern. Wir schauen nach London und New York – er ist Wien und Vorkriegsmoder. Blühend und gespenstisch."[46] Schon 1923 hatte Victor Auburtin im *Berliner Tageblatt* festgestellt, wie „kraftlos" ihn nun die einstige „läßige Grazie" Altenbergs anmute, und daraus den allgemeinen Schluss gezogen:

> Wir armen Feuilletonisten überleben uns nicht. Es ist noch keinem gelungen und wird auch nie einem gelingen. Wir sind wie die Lilien auf dem Felde, deren Gewand schöner ist als das Salomos in seiner Herrlichkeit, und die morgen in den Ofen geworfen werden.[47]

Beim Tod von Auburtin selbst 1928 wird diese pessimistische Prognose ihrerseits auf die Probe gestellt – wie bei Altenberg wird hier in den Nachrufen nochmals jene Distanz ablesbar, die das aktuelle Feuilleton bereits von seinen Stammvätern trennt.[48]

---

43 Alfred Kerr, Dem toten Peter Altenberg (Die Neue Rundschau, März 1919), in: Werke, Bd. 4, 180–193, hier: 183.

44 Alfred Polgar, Peter Altenberg (Der Friede, 24. Januar 1919), in: Kleine Schriften, Bd. 4, 10–16, hier: 15.

45 Joseph Roth, Ein Denkmal (Berliner Börsen-Courier, 14. März 1922), in: Werke, Bd. 1: Das journalistische Werk 1915–1923, hg. von Klaus Westermann, Köln 1989, 768–769 [Hervorhebung im Original].

46 Anton Kuh, Der lebende und der tote P. A. Peters Bruder (Berliner Tageblatt, 18. Mai 1927), in: Werke, Bd. 4, 165.

47 Victor Auburtin, Wiener Spaziergänge, in: Berliner Tageblatt, 5. Mai 1923, Nr. 209, Morgen-Ausgabe, 1. Beiblatt, 5. Siehe auch Christian Jäger und Erhard Schütz, Städtebilder zwischen Literatur und Journalismus. Wien, Berlin und das Feuilleton der Weimarer Republik, Wiesbaden 1999, 186.

48 Vergleiche dazu den Beitrag von Erhard Schütz in diesem Band.

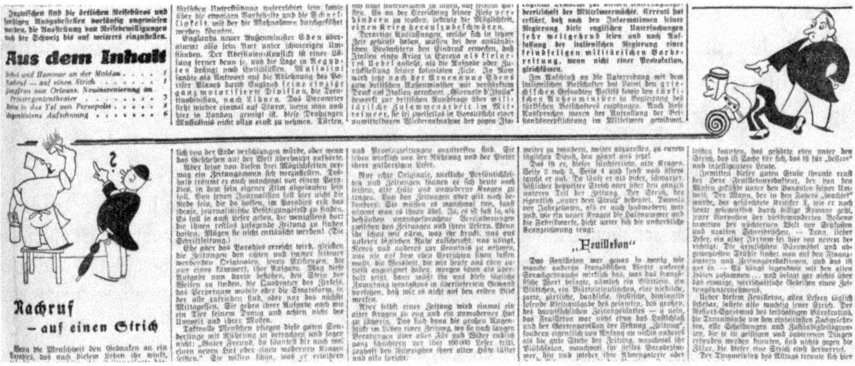
Aus dem Inhalt

Nachruf – auf einen Strich

„Feuilleton“

Abb. 2: Anonym [D. S.], Nachruf – auf einen Strich, in: Münchner Neueste Nachrichten, 24. Dezember 1935, Nr. 350, [1]

Mit der Machtübernahme der Nationalsozialisten von 1933 scheint auch das liberale Feuilleton an sein Ende gekommen. Dies nicht nur durch die Vertreibung seiner bedeutendsten Stimmen und der Schließung von wichtigen Zeitungstiteln. Das Feuilleton selbst wird von der gleichgeschalteten Presse für tot erklärt. Die *Münchner Neuesten Nachrichten* veröffentlichen am 24. Dezember 1935 einen „Nachruf – auf einen Strich“. Er ist eingefasst von zwei Karikaturen: Einerseits überstreicht ein Maler den Strich weiß, vor den Augen eines perplexen Bürgers mit Hut und Schirm. Und von der anderen Seite wird der Strich von einem Boy wie ein Teppich aufgerollt, unter der Anweisung eines gestrengen Herrn, der offensichtlich ein Redakteur ist (Abb. 2).

Der Artikel selbst stellt das Feuilleton mitsamt dem „Strich“ als alten Hut, als überkommene Rubrik dar. Mit der paradoxen Geste des Flachmalers, der auf das zeigt, was er ausstreicht, führt er vor, was hier gestorben sei:

> Da läuft er als dicker, schwarzer, häßlicher doppelter Strich quer über den ganzen unteren Teil der Zeitung. Der Strich, der eigentlich „unter dem Strich“ bedeutet. Damals vor Jahrzehnten, als er noch hochmodern war und, wie ein neuer Kragen die Halsnummer und die Fabrikmarke, dicht unter sich die unsterbliche Bezeichnung trug:
>
> „Feuilleton“
>
> Das Feuilleton war genau so wenig wie manche anderen französischen Worte unseres Sprachgebrauchs wirklich das, was das französische Wort besagte, nämlich ein Blättlein, ein Blättchen, ein Blättuleinulinchen, eine niedliche, zarte, zärtliche, handliche, idyllische, diminutiv kosende Kleinausgabe des gesamten, des großen, des hauptsächlichen Zeitungsblattes […], sondern eigentlich von Anfang an nichts anderes als die gute Stube der Zeitung, manchmal ihr Plüschsalon, manchmal ihr steifes Paradezimmer, hin und wieder ihre Ahnengalerie oder ihr Fossilienmuseum, in der Provinz oft genug auch die unbenützte Kammer, wo alles untergebracht wurde, was in der braven Zweckhaftigkeit des Alltags nicht mehr unterzubringen war.

Diese „gute Stube“ mit ihrem elitären Anstrich eines „frömmeren Bezirks der Bildung“, der „prästabilierten Harmonie“, des „Wissens und des Gefühls“, sei „mit einem dicken Strich von der des Kampfes und des Wollens“ getrennt. Das sei nicht mehr zeitgemäß:

> In der Wirklichkeit ist dieser Strich inzwischen längst ausradiert. Die Trennmauern werden heute abgetragen. Wir suchen eine *ganze* Welt, wo Kampf und Ruhe sich bedingen, wo Herz, Geist und Wille sich nicht trennen, sondern durchdringen. Die Zeitung selbst hat sich an dieser Arbeit zum Abräumen der Trennwände vergangener Zeiten vornedran beteiligt, – aber den Strich in sich selbst, heute kein Symbol für sie, sondern wirklich nur noch eine drucktechnische Manie, den behält sie bei?
> Man hat in der Eile einfach vergessen, ihn auch wegzunehmen.
> Liebe Leser, ist es nicht höchste Zeit, ihn wegzunehmen?[49]

Im paradox feuilletonistischen Ton will dieser „Nachruf“ seinen eigenen Ort unter dem Strich wegplaudern, die Geschichte des Feuilletons schlicht für beendet erklären. Mit der Mobilisierung von anti-elitären Affekten wird das Feuilleton als Reservat bürgerlicher Bildung, als Plüschsalon für Filzpantoffeln, disqualifiziert. Die Trennung einer Welt der Bildung und des „Friedens“ von einer des „Kampfes und des Wollens“ wird als überholt dargestellt, zugunsten einer betont „*ganze[n]* Welt, wo Kampf und Ruhe sich bedingen“. Von diesem ‚Ganzen‘, in dem unschwer auch die von der nationalsozialistischen Ideologie beschworene ‚Volksgemeinschaft‘ erkennbar ist, soll die Gegenstimme unter dem Strich aufgesogen werden. Damit verrät dieser Nekrolog indirekt, dass das Feuilleton mehr ist als ein verstaubtes Relikt, ja, dass es als literarisches Experimentierfeld einer ganzen Generation in seiner Vielgestaltigkeit genau diesem verordneten ‚Ganzen‘ fundamental widersprochen hat. Mit diesem Nekrolog soll diese vielstimmige Dissonanz zum Schweigen gebracht werden.[50]

6 Vorausrufen

Die Vitalität des Feuilletons lässt sich jedoch durch diesen „Nachruf“ von 1935 nicht endgültig ersticken. Es beweist sie auch in der Folge noch, nicht nur im Exil. Immer schon hat es gerade im Nachrufen auch nach vorne geblickt und sich damit als Vektor der Innovation und der kreativen Antizipation präsentiert. Im feuilletonis-

49 Anonym [D. S.], Nachruf – auf einen Strich, in: Münchner Neueste Nachrichten, 24. Dezember 1935, Nr. 350, [1]–2 [Hervorhebung im Original].
50 Nicht zufällig wird dieser Text von Wilmont Haacke breit zitiert: ders., Handbuch des Feuilletons, Bd. 1, Emsdetten/Westf. 1951, 156–161.

tischen Alltagsgeschäft ist dies zunächst zu beziehen auf die bis heute verbreitete Praxis, dass die Nachrufe im Voraus verfasst werden. Kraus amüsiert sich 1911 anlässlich des Todes von Gustav Mahler darüber, dass „die journalistischen Särge" vorher bestellt werden müssen, denn „der Leser wartet nicht so lange wie der Totengräber".[51]

Diese systembedingte Antizipationsleistung der Nachrufer in der Zeitung ruft nach einer Selbstapplikation: 1923 bringt die *Weltbühne* unter dem Titel „Requiem" von Ignaz Wrobel die Darstellung von dessen Leichenbegängnis mitsamt Grabrede, dem gleich noch ein Gedicht von Theobald Tiger vorangestellt ist. Im virtuosen Spiel mit seinen Pseudonymen kann Tucholsky sein Ableben noch zu Lebzeiten so antizipieren, dass sich Nachrufsatire und Narzissmus ungefähr im Gleichgewicht halten. Er schließt mit der Grabinschrift: „Hier ruht ein goldenes Herz und eine eiserne Schnauze. Gute Nacht."[52] In diesem Selbst-Epitaph haben sich „goldenes Herz" und „eiserne Schnauze" so gut legiert, dass sich die Formel auf Dauer mit Tucholskys Namen verbunden hat.

Im *Tage-Buch*, seit 1920 das direkte Konkurrenzprojekt zur *Weltbühne*, zieht der Chefredakteur Stefan Großmann im Mai 1925 mit einem „Nachruf" auf sich selbst nach, pikanterweise ziemlich genau zu seinem fünfzigsten Geburtstag. In einem ersten Abschnitt lässt er das Redaktionstelefon klingeln und nimmt gerne den Auftrag entgegen, auf Vorrat einen Nachruf für Stefan Großmann zu schreiben, denn: „Nekrologe-Schreiben ist ein Vergnügen. Man kann Milde und Tücke, Gerechtigkeit und Rache, Objektivität und Abneigung zu einem süffigen Drink mischen und der Tote muß schweigen." So würdigt er in einem ersten Abschnitt selbstironisch den Journalisten seines Namens, der seine „Zeitungsarbeit" durch seine Phantasie „verpfuscht" habe, und der die Ereignisse „fraß", aber auch durch sie „gefressen" wurde. Bilanz: „Er hat sich immer wieder der Gegenwart preisgegeben, und so verdarb er sich sein bißchen Ewigkeit." Dann aber wechselt in einem neuen Abschnitt der Ton: „So wäre mein Nekrolog fertig, die Trauer um den Verblichenen wäre richtig mit einem leisen Kichern gemengt." Dieser Nachruf sollte nämlich nur dem Journalisten Großmann gelten und noch möglichst lang ungedruckt bleiben. Denn nun könnte die „reife Arbeit" beginnen, der Autor zu seinem eigentlichen, einem literarischen „Werk" kommen.[53] So inszeniert Großmann den Gegensatz

---

51 Karl Kraus, Der Nachruf, in: Die Fackel 12 (1911), H. 324–325, 8–9.

52 Kurt Tucholsky, Requiem (Die Weltbühne, 21. Juni 1923), in: Gesamtausgabe, Bd. 6: Texte 1923–1924, hg. von Stephanie J. Burrows und Gisela Enzmann-Kraiker, Reinbek bei Hamburg 2000, 63–69.

53 Stefan Großmann, Nachruf, in: Das Tage-Buch 6 (1925), H. 21, 750–751. – Der Text erschien ebenfalls 1925 als letzter in der Sammlung von Stefan Großmann, Lenchen Demuth und andere Novellen, Berlin 1925.

zwischen Journalismus und Literatur als Nachruf auf einen Journalisten, der den Schriftsteller voraus- und herbeiruft.

Solche selbstreflexiven feuilletonistischen Nachrufe inspirieren offensichtlich die *Literarische Welt* 1927 zu einer der damals sehr beliebten Umfragen: „Wie soll ihr Nekrolog aussehen? Eine kleine Anleitung für künftige Biographen zur richtigen Gestaltung des Nachruhmes".[54] Tucholsky antwortet hier nur ganz lakonisch, indem er die „Mamme" zum „Tate" sagen lässt: „Ach –!" Die anderen Antworten von Egon Friedell, Hans Siemsen, Egon Erwin Kisch, Anton Kuh, Walter Mehring, Alfred Polgar und Carl Zuckmayer füllen das Textformat in sehr unterschiedlichen Modalitäten aus, die eine ausführlichere Analyse verdienten. Das reicht von der gespielten Übererfüllung des Plansolls an Totenlob bis zum harschen Wunsch Anton Kuhs, dass „mein Nachruf von keinem meiner Zeitgenossen gelesen wird (wie alt muss ich also werden?)". Für solche Lektüre sorgt Kuh insofern ausgiebig, als er diese seine Antwort gleich in vier verschiedenen Tageszeitungen nachdrucken lässt.[55]

Die Umfrage trifft mehrere Nervenpunkte des feuilletonistischen Schreibens: Sie zeigt die Prekarität der feuilletonistischen Autorschaft, die sich ihre Unsterblichkeit Tag für Tag neu erschreiben muss. Jene Subjektivität, jene persönliche Handschrift, welche man vom Feuilleton verlangt, steht dabei nicht nur in Form des Platzhalterpronomens „ich" auf dem Spiel, sondern sie wird auch zur materiellen Existenzfrage für den, der sich sein Brot unter dem Strich verdient. Das ist der lebensernste Kern dieses frivolen literarischen Spiels. Die Umfrage zeigt auch die besondere Zeitsensitivität des Feuilletons, das zwar an die Zeitung gebunden ist, die Zeitordnung aber auch vorausgreifend umstülpen kann.[56] Und sie gibt mit dem für lange Zeit stabilen, anerkannten Textformat des Nachrufs den Autoren einen Rahmen, innerhalb dessen sie sich kreativ gehenlassen können. Die spezifische Dialektik der äußeren, medial bestimmten Zwänge des feuilletonistischen Formats und jener inneren Freiheit, die innerhalb dieser Grenzen ausgelebt werden kann, zeigt sich gerade bei der Textsorte des Nachrufs, die ihrerseits eine streng vorgegebene, rituelle Funktion möglichst individualisiert ausfüllen muss.

---

54 Die Umfrage wurde von Hans Tasiemka in der *Literarischen Welt* (3 [1927], Nr. 15/16, 3) veranstaltet; hier zitiert nach: Zeitgemäßes aus der „Literarischen Welt" von 1925–1932, hg. von Willy Haas, Stuttgart 1963, 96–97. – Zur Popularität der Umfrage: Marc Reichwein, „Was verdanken Sie dem deutschen Geist?" Die Rundfrage als Paradedisziplin der Literarischen Welt (1925–1933), in: Zwischen Literatur und Journalismus. Generische Formen in Periodika des 18.–21. Jahrhunderts, hg. von Gunhild Berg, Magdalena Gronau und Michael Pilz, Heidelberg 2016, 267–284.

55 Nachweise in Anton Kuh, Werke, Bd. 7: Kommentar, hg. von Walter Schübler, Göttingen 2016, 365.

56 Zur Zeitsensitivität des Feuilletons: Peter Utz, Auszeiten in der Zeitung: Zur Zeitökonomie des literarischen Feuilletons, in: Auszeiten. Temporale Ökonomien des Luxus in Literatur und Kultur der Moderne, hg. von Christine Weder, Ruth Signer und Peter Wittemann, Berlin, Boston 2022, 247–265.

Das alles kann die Affinität des Feuilletons zum Nachruf erklären. Erst im Vorausrufen aber wird es eigentlich kreativ, erhält es selbst die wirklichkeitsschaffende Kraft der Literatur. Polgar gibt ihr 1952 im Wiener *Kurier* die Gestalt einer kleinen Novelle mit dem Titel „Ein unheimlicher Mensch".[57] Sie schildert in deutlicher Anlehnung an Zweigs *Schachnovelle*, wie der Ich-Erzähler auf einem Atlantikdampfer einem Menschen begegnet, der für eine große amerikanische Zeitung die Nachrufe schreibt. Dieser gesteht, er habe einen Tänzer, der ihm seine Frau ausgespannt habe, dadurch umgebracht, dass er ihm einen besonders prägnanten Nachruf entworfen habe. Der Tänzer sei schließlich in das Netz dieses Nachrufs getaumelt, indem er sich an einem Hühnerknochen verschluckt habe. Daraufhin konnte er den Nachruf in der Zeitung bringen. Der Ich-Erzähler, irritiert von dem gespenstischen Menschen, geht auf Distanz, fürchtet gar, sein Leben sei von diesem übergriffigen Nachrufer bedroht. Er tröstet sich jedoch mit dem Gedanken, dass er viel zu wenig berühmt sei, um in der amerikanischen Presse einen Nachruf erwarten zu müssen.

Polgar bringt in dieser Erzählung die Figur des Schriftstellers und des Journalisten zusammen, somit die Väter des literarischen Feuilletons. Für beide hat die Sprache die magische Kraft, Wirklichkeit zu schaffen. Doch der Journalist nutzt sie als diabolischer Demiurg, um das Leben in Tod zu verwandeln. Sein Nachrufen, zum kriminellen Geschäft geworden, ist ein Totsagen und Totschreiben. Das Erzählen des Schriftstellers dagegen hat die Kraft, alles ins Leben zu rufen, und sei es auch die Titelfigur des „unheimlichen Menschen". Das ist der feuilletonistisch-literarische Umkehrspiegel zum journalistischen Nachruf. Denn es ist ein Nachrufen, das nicht nur das Leben über den Tod hinaus verlängert, sondern es schon im Diesseits literarisch begründet und auf Dauer lebendig erhält.

57 Alfred Polgar, Ein unheimlicher Mensch (Wiener Kurier, 7. Juni 1952), in: Kleine Schriften, Bd. 3, 326–331.

Literaturverzeichnis

Anonym [Moriz Benedikt], † Ludwig Speidel, in: Neue Freie Presse, 4. Februar 1906, Nr. 14.889, Morgenblatt, [1].

Anonym [D. S.], Nachruf – auf einen Strich, in: Münchner Neueste Nachrichten, 24. Dezember 1935, Nr. 350, [1]–2.

Auburtin, Victor, Wiener Spaziergänge, in: Berliner Tageblatt, 5. Mai 1923, Nr. 209, Morgen-Ausgabe, 1. Beiblatt, 5.

Großmann, Stefan, Nachruf, in: Das Tage-Buch, 6 (1925), H. 21, 750–751.

Großmann, Stefan, Lenchen Demuth und andere Novellen, Berlin 1925.

Haas, Willy (Hg.), Zeitgemäßes aus der „Literarischen Welt" von 1925–1932, Stuttgart 1963.

Hugo von Hofmannsthal. Worte des Gedenkens. Nachrufe aus dem Todesjahr 1929. Zum 40. Todestag am 15. Juli 1969 im Auftrag der Hugo von Hofmannsthal-Gesellschaft hg. von Leonhard Fiedler, Heidelberg 1969.

Kerr, Alfred, Werke in Einzelbänden, 6 Bände, hg. von Hermann Haarmann und Günter Rühle, Frankfurt/Main 1998–2013.

Kraus, Karl, Speidel's Tod, in: Die Fackel 7 (1906), H. 195, 21–27.

Kraus, Karl, O. J. Bierbaum, in: Die Fackel 11 (1910), H. 296–297, 49–50.

Kraus, Karl, Der Nachruf, in: Die Fackel 12 (1911), H. 324–325, 8–9.

Kraus, Karl, Auf hoher See, in: Die Fackel 20 (1918), H. 484, 39–42.

Kraus, Karl, Nachruf, in: Die Fackel 20 (1919), H. 501–507.

Kraus, Karl, Rede am Grabe Peter Altenbergs. 11. Januar 1919, in: Die Fackel 21 (1919), H. 508–513, 8–10.

Kraus, Karl, Adolf Loos. Rede am Grab. 25. August 1933, in: die Fackel 35 (1933), H. 888, [1]–3.

Kraus, Karl, Nachrufe auf Karl Kraus, in: Die Fackel 36 (1934), H. 889.

Kuh, Anton, Werke, 7 Bände, hg. von Walter Schübler, Göttingen 2016.

Musil, Robert, Rede zur Rilke-Feier in Berlin am 16. Januar 1927, Berlin 1927.

Musil, Robert, Gesammelte Werke in neun Bänden, hg. von Adolf Frisé, Reinbek 1978.

Polgar, Alfred, Mohnkuchen aß er gerne, in: Berliner Tageblatt, 1. Januar 1926, Nr. 1, Morgen-Ausgabe, 2.

Polgar, Alfred, Tod eines Wortes, in: National-Zeitung, 22. Februar 1935, Nr. 89, 2.

Polgar, Alfred, Abschied von einem schlichten Mann, in: National-Zeitung, 18. April 1935, Nr. 182, [1].

Polgar, Alfred, Kleine Schriften, 6 Bände, hg. von Marcel Reich-Ranicki und Ulrich Weinzierl, Reinbek bei Hamburg 1984.

Roth, Joseph, Werke, 6 Bände, hg. von Klaus Westermann und Fritz Hackert, Köln 1989–1991.

Tucholsky, Kurt, Gesamtausgabe. Texte und Briefe, 22 Bände, hg. von Antje Bonitz, Dirk Grathoff, Michael Hepp und Gerhard Kraiker, Reinbek 1996–2011.

Walser, Robert, Kritische Ausgabe sämtlicher Drucke und Manuskripte (KWA), hg. von Wolfram Groddeck und Barbara von Reibnitz, Basel, Frankfurt/Main 2008 ff.

Bogner, Ralf Georg, Der Zeitungs-Nachruf oder das Fortleben von Leichenpredigt und Epicedium im Feuilleton, in: Kauffmann/Schütz (Hg.), Die lange Geschichte der Kleinen Form, 212–228.

Braun, Bettina, Das Feuilleton des Exils. Veröffentlichungen in der Basler *National-Zeitung* 1933–1940, Berlin 2021.

Geiser, Franziska, Das Zeitalter des Infantilismus. Zu Anton Kuhs Kultur- und Gesellschaftskritik, Göttingen 2020.

Giegerich, Petra, Weltreise einer Totenmaske. Jüdische Emigranten nahmen Gipsmaske von Frank Wedekind mit ins Exil nach Neuseeland. [Medienmitteilung der Universität Mainz, mit einem weiterführenden Link zur Fotografie der Totenmaske], URL: https://idw-online.de/de/news759072 (Letzter Zugriff: 29. 03. 2022).

Haacke, Wilmont, Handbuch des Feuilletons, 3 Bände, Emsdetten/Westf. 1951–53.

Jäger, Christian und Erhard Schütz, Städtebilder zwischen Literatur und Journalismus. Wien, Berlin und das Feuilleton der Weimarer Republik, Wiesbaden 1999.

Kauffmann, Kai und Erhard Schütz (Hg.), Die lange Geschichte der Kleinen Form. Beiträge zur Feuilletonforschung, Berlin 2000.

Kernmayer, Hildegard, Judentum im Wiener Feuilleton (1848–1903). Exemplarische Untersuchungen zum literarästhetischen und politischen Diskurs der Moderne, Tübingen 1998.

Lengauer, Hubert, Das Wiener Feuilleton nach 1848, in: Kauffmann/Schütz (Hg.), Die lange Geschichte der Kleinen Form, 102–121.

Reichwein, Marc, „Was verdanken Sie dem deutschen Geist?" Die Rundfrage als Paradedisziplin der *Literarischen Welt* (1925–1933), in: Zwischen Literatur und Journalismus. Generische Formen in Periodika des 18.–21. Jahrhunderts, hg. von Gunhild Berg, Magdalena Gronau und Michael Pilz, Heidelberg 2016, 267–284.

Stiemer, Hendrik, Über scheinbar naive und dilettantische Dichtung. Text- und Kontextstudien zu Robert Walser, Würzburg 2013.

Utz, Peter, Auszeiten in der Zeitung: Zur Zeitökonomie des literarischen Feuilletons, in: Auszeiten. Temporale Ökonomien des Luxus in Literatur und Kultur der Moderne, hg. von Christine Weder, Ruth Signer und Peter Wittemann, Berlin, Boston 2022, 247–265.

Utz, Peter, Das „Gesicht der Zeit" und seine feuilletonistischen Facetten. Zur Physiognomik der „kleinen Form" nach 1900, in: Physiognomisches Schreiben. Stilistik, Rhetorik und Poetik einer gestaltdeutenden Kulturtechnik, hg. von Hans-Georg von Arburg, Benedikt Tremp und Elias Zimmermann, Freiburg 2016, 47–66.

Hildegard Kernmayer

Nekrolog und Formideal. Alfred Polgars Nachrufe im Feuilleton als Orte gattungspoetologischer Reflexion

1 Ornament und Verbrechen. Zum ‚Tod' des Wiener Feuilletons

Als am 3. Februar 1906 kurz vor fünf Uhr nachmittags der Wiener Großkritiker und langjährige Feuilletonredakteur der *Neuen Freien Presse* Ludwig Speidel im 76. Lebensjahr verstirbt, gibt die Zeitung – immerhin das politisch einflussreichste Medium der Donaumonarchie – am folgenden Tag auf der Titelseite des Morgenblattes nicht nur den Tod ihres langjährigen Mitarbeiters bekannt, sondern veröffentlicht auch einen ganzseitigen Nachruf ihres mächtigen Herausgebers und Chefredakteurs Moriz Benedikt auf den Verstorbenen.[1] Der Strich, der in der *Neuen Freien Presse* seit ihrer Gründung im Jahr 1864 das Feuilleton systematisch und täglich vom politischen Teil der Zeitung getrennt hat, wird in dieser Ausgabe aufgehoben – eine Maßnahme, die weder die Nachricht von der Ermordung Kaiserin Elisabeths im Jahr 1898 begleitet hat noch die Veröffentlichung der kaiserlichen Anordnung zur Mobilmachung am 31. Juli 1914 begleiten wird, die das Blatt jedoch auch nach dem Tod Moriz Benedikts am 19. März 1920 treffen wird. Die Nachricht vom Ableben des Feuilletonisten Speidel, im Grunde eine Angelegenheit des Feuilletons, wird damit zu einem leitartikelfähigen Gegenstand von zumindest *medien*politischer Tragweite. In ihrem Feuilleton wird die *Neue Freie Presse* am 5. Februar – dann wieder unter dem Strich – noch einen weiteren sechsspaltigen Nachruf veröffentlichen.[2]

Beide Texte, die wohl schon auf ‚Vorrat' geschrieben wurden – die Traueranzeige erwähnt ein „längere[s] Leiden"[3] Speidels, das seinem Tod vorhergegangen sei –, preisen den verstorbenen Kunst-, Literatur-, Musik- und vor allem den

1 Anonym [Moriz Benedikt], † Ludwig Speidel, in: Neue Freie Presse, 4. Februar 1906, Nr. 14.889, Morgenblatt, [1].

2 W. [Hugo Wittmann], Ludwig Speidel, in: Neue Freie Presse, 5. Februar 1906, Nr. 14.890, Morgenblatt, [1]–2.

3 Anonym, Todesanzeige Ludwig Speidel, in: Neue Freie Presse, 4. Februar 1906, Nr. 14.889, Morgenblatt, 29.

https://doi.org/10.1515/9783111106472-003

„Burgtheaterkritiker“[4] als einen der „großen Meister der deutschen Publizistik, eine der stärksten Persönlichkeiten in der deutschen Kritik“,[5] der die Kritik zur Kunstform erhoben habe. Sie attestieren Speidel Belesenheit (sprich: die „wissenschaftliche[] Durchsättigung seines Geistes“[6]) und Kunstsinnigkeit, Bescheidenheit und Trinkfestigkeit und vor allem Meisterschaft im Umgang mit der deutschen Sprache. Als ein „Meister der Sprache“, als ein „Herrscher, der die Grenzen der Form, des Ausdrucks und des Gedankens in der deutschen Sprachkunst erweitert“[7] habe, firmiert Speidel entsprechend im Leitartikel; das Feuilleton erhebt ihn zum „Wortführer unserer Muttersprache“.[8] – Gerade in der Beurteilung des Kritikers und Feuilletonisten als Sprachkünstler steht die *Neue Freie Presse* nicht allein. Als „Schriftsteller von erstem Range“[9] bezeichnet ihn etwa auch Otto Stoessl in seinem in der *Fackel* erschienenen Nachruf; und selbst Karl Kraus wird vier Jahre später in seiner Streitschrift *Heine und die Folgen* den Autor aus der Reihe der „Freiknaben, die unter dem Strich“[10] gingen und die Presse, jene „Stätte der schmutzigsten Unterhaltung“,[11] mit ihren „poetischen Schnörkeln“[12] belieferten, ausnehmen. „In ihm war die Sprachkunst ein Gast auf den Schmieren des Geistes“,[13] wird Kraus in einem verkürzten Hexameter die brillante Sprachbeherrschung des „Künstlers“[14] Speidel feiern, der es mit dem „leibhaftigen Sprachgeist zu halten“[15] schien.

Bereits zwei Wochen vor Ludwig Speidels Tod, nämlich am 20. Januar 1906, meldet sich auch Alfred Polgar in der Wiener Wochenschrift für Politik und Kultur

---

4 Anonym [Benedikt], † Ludwig Speidel, [1]; außerdem W. [Wittmann], Ludwig Speidel, 2. Als Burgtheaterkritiker hatte Speidel den wohl „wichtigsten kritischen Machtposten“ in Wien inne: Julius Rütsch, Einleitung, in: Ludwig Speidel, Kritische Schriften, ausgewählt, eingeleitet und erläutert von Julius Rütsch, Zürich, Stuttgart 1963, 7–33, hier: 7; auch Hubert Lengauer, Das Wiener Feuilleton im letzten Viertel des 19. Jahrhunderts, in: Lenau-Forum 9/10 (1977/78), Folge 1–4, 60–77, hier: 70; sowie Ludwig Speidel, Fanny Elßlers Fuß. Wiener Feuilletons, hg. und mit einem Nachwort von Joachim Schreck, Berlin 1989, 487.

5 Anonym [Benedikt], † Ludwig Speidel, [1].

6 Ebd.

7 Ebd.

8 W. [Hugo Wittmann], Ludwig Speidel, 2.

9 Otto Stoessl, Ludwig Speidel, in: Die Fackel 7 (1906), H. 197, [1]–8, hier: [1].

10 Karl Kraus, Rund um den Schandlohn, in: Werke, hg. von Heinrich Fischer, Bd. 11: Sittlichkeit und Kriminalität, München 1963, 134–139, 135.

11 Karl Kraus, Heine und die Folgen, in: Werke, Bd. 8: Untergang der Welt durch schwarze Magie, München 1960, 188–213, hier: 194.

12 Ebd., 192.

13 Ebd., 194.

14 Ebd., 195.

15 Ebd., 194.

Der Weg[16] mit einem ‚Nachruf' zu Wort.[17] Der satirische Beitrag nimmt nicht nur das idolatrische Gedenken vorweg, in dem sich die *Neue Freie Presse* zwei Wochen später selbst inszenieren wird, sondern er subvertiert auch dessen heroisierendes Pathos und verweigert seinerseits allgemeine Gepflogenheiten der Gedenkkultur. Am Gegenstand seiner Betrachtung schätzt er denn auch vor allem, dass dieser nun tot sei. Freilich ist der, dem nachgerufen wird, nicht der sieche Autor Speidel – auf die Nennung jeglicher Namen wird im Text verzichtet –, sondern der ‚Nachruf' nimmt das „unverbrüchliche[] Schweigen" (4/200) des Feuilletonisten zum Anlass, an dessen Stelle das Wiener Feuilleton zu verabschieden, also jene Textsorte oder Schreibweise, die sich in der zweiten Hälfte des 19. Jahrhunderts in der Wiener Presse etabliert hatte und für die neben anderen Namen allen voran der Ludwig Speidels stand. Einem zeitgenössischen Lesepublikum, das seit Jahrzehnten mit dem Bild von Speidel als dem „König des Wiener Feuilletons"[18] vertraut ist, erschließt sich fraglos die metonymische Ersetzung des Autors durch sein Werk. „Man hört klagen, es sei tot", setzt der Text ein und fährt dann fort:

> Die großen Meister des Wiener Feuilletons, die schon gestorben sind oder in unverbrüchliches Schweigen sich eingekapselt haben, fanden kümmerliche Nachahmer. Und allenthalben sagt man: O weh! Statt zu sagen: Gott sei Dank! Es ist hocherfreulich, daß das Talent zu dieser Sorte dünnster Literatur verloren geht. (4/200)

Die Poetik „dieser Sorte dünnster Literatur" entfaltet Polgar auf mehreren Seiten. Dabei greift er zum einen die gängigen Topoi zeitgenössischer Kritik am Feuilleton auf, wonach dieses alles jener „Oberflächenbehandlung"[19] zuführe, die der „Kunst des Plauderns über Nichts und Alles, über Null und All"[20] gemäß sei. Als hervorstechendes Kennzeichen des ‚genre mineur' erkennt Polgar seine von sprachlichen Arabesken umspielte inhaltliche „Leere" (4/200) – der Autor entwirft das Bild einer „wässerige[n] Visage, von gekräuselten Stil-Löckchen hold umscherzt" (4/200); ein

---

16 Die Inhaltsverzeichnisse aller 27 Hefte der Zeitschrift, in der auch Hermann Bahrs Kolumne unter dem Titel *Tagebuch* erschien, finden sich in: Reinhard Müller, Der Weg. Eine Quelle zu den Sozialwissenschaften in Österreich am Beginn des 20. Jahrhunderts, Graz 1995, 19–26.

17 Alfred Polgar, Das Wiener Feuilleton (Der Weg 1, 1906, H. 17), in: Alfred Polgar, Kleine Schriften, hg. von Marcel Reich-Ranicki in Zusammenarbeit mit Ulrich Weinzierl, Bd. 4: Literatur, Reinbek bei Hamburg 1984, 200–205. Künftig im fortlaufenden Text mit Band- und Seitenzahl zitiert.

18 Don Spavento [Martin Cohn], Herr Ludwig Speidel, in: Don Spavento, Wiener Schriftsteller & Journalisten. Typen und Silhouetten, 3. Aufl., Wien 1874, 27–29, hier: 27.

19 Stoessl, Ludwig Speidel, 2.

20 Wilmont Haacke, Das Feuilleton in Zeitung und Zeitschrift, in: Handbuch der Publizistik, hg. von Emil Dovifat, Bd. 3: Praktische Publizistik. 2. Teil, Berlin 1969, 218–236, hier: 235.

Feuilleton zu schreiben heiße, „auf einer Glatze Locken [zu] drehen",[21] verlautbart 1910 Karl Kraus. Mit seiner „Leere" korrespondierten – so wiederum Polgar – die Oberflächlichkeit und Flüchtigkeit des Wiener Feuilletons. „[N]icht merkbar", verdunste es „sofort vom Gehirn, auf das man es schütte[]" (4/201). Auch der „lyrisch-persönliche[] Zug", den „Wohlwollende" am Wiener Feuilleton feststellten, sei lediglich Ausdruck jener „merkwürdig betuliche[n] Intimität", mit der es sich allen seinen Gegenständen nähere, das „Streicheln" folglich seine hauptsächliche stilistische Geste. „Es streich[le] den Wienerwald, kratz[e] der Votivkirche das Goderl, [lasse] die Arabesken seines gütigen Lächelns um den Stefansturm [sic] flattern und betupf[e] mit sanften Wehmutszähren das tote und sterbende Wien" (4/202).

Neben den spezifischen Stilgebärden charakterisiere das Wiener Feuilleton vor allem eine feststehende Topik, deren Versatzstücke in Feuilletons jeglicher thematischer Ausrichtung zu finden seien: die Landschaft, die Frauen und das vergehende ‚alte Wien'. Den Befund des Satirikers Polgar, der das Wiener Feuilleton Speidel'scher Prägung als leicht reproduzierbare Massenware ausstellt, deren Rezeption ebenso wenig Mühe bereite, wie ihre Herstellung bereitet habe (4/205), scheinen die zwei Wochen später erscheinenden Nachrufe der *Neuen Freien Presse*, die die in Polgars Schmährede genannten Topoi als wesentliche Motive von Speidels Feuilletons nennen, ungewollt zu bestätigen. Als Landschaftsdichter präsentiert Moriz Benedikt den Feuilletonisten in seinem Nachruf:

> Er schrieb über den Wienerwald, über die sanften Hügel und Gelände von Sievering, Grinzing oder Heiligenstadt und das Wort schien wie in Farbe getaucht und die Landschaft trat vor das Auge, mit den zartesten Abtönungen und Menschen, wie sie nur in Wien zu finden sind, und wie sie nur mit dem Herzen des Wieners zu schildern sind.[22]

Die Intimität des Wiener Feuilletons „mit der Landschaft" konstatiert auch Polgar:

> Unermüdlich singt es von der Behendigkeit, mit der der Wind über die Hänge des Wienerwaldes herabläuft und sich in der Stadt tummelt; unermüdlich schöpft es den Zauber, der vom Kahlenberg rinnt, in zärtliche Sätze ein; unermüdlich verarbeitet es das Silberband der Donau zu preziösen Krawatten (4/203).

Auch vor dem Hintergrund, dass eine Auswahl von Speidels Feuilletons 1943 dem Verlag Volk und Reich geeignet erscheint, unter dem Titel *Melodie der Landschaft* neu aufgelegt zu werden, erweist sich Polgars Diktum von der Harmlosigkeit des Wiener Feuilletons als richtig. Der sich apolitisch wähnende Gestus ästhetischer

21 Kraus, Heine und die Folgen, 192.
22 Anonym [Benedikt], † Ludwig Speidel, [1].

Landschaftswahrnehmung, der Speidels Texte prägt, ermöglicht ihre Vereinnahmung durch die nationalsozialistische Kulturpolitik, der sie als idealtypische Beispiele jenes ‚nicht-jüdischen' Wiener Feuilletons gelten, das – „nach der Ausmerzung des Judentums aus dem Wiener Feuilleton"[23] – „ins kulturelle Reichsbewußtsein"[24] einbezogen werden soll.

Als zentrales Organ des liberalen Bürgertums in der Donaumonarchie fungiert die *Neue Freie Presse* auch als Forum bürgerlicher Selbstdarstellung und Selbstverständigung. Dass sich in den Bildern von ‚Bürgerlichkeit' und im konkreten in den Bildern von Geschlecht, die nicht zuletzt im Feuilleton reproduziert werden, häufig ein rückwärtsgewandter Blick auf eine idealisierte Vergangenheit spiegelt, erkennt Polgar in seiner Kritik. Der Autor, der im Text selbst das Wiener Feuilleton ob seiner Belanglosigkeit, seiner Glätte, seiner „süß-verringelten Manier" (4/200) zur „purste[n] Damen-Sache. Nichts für Männer" (4/205) erklärt und auch an anderen Stellen in seinem Werk die bürgerliche Geschlechterordnung kaum in Frage stellt, verortet die im Feuilleton Speidel'scher Prägung systematisch produzierten Bilder eines überhöhten ‚Weiblichen' im Bilderrepertoire einer vorbürgerlichen Kultur. „Und die Frauen, die Wiener Frauen! Ich hätte sie fast vergessen", heißt es im Text.

> Aber das Wiener Feuilleton vergißt sie nie. Ob sie von der Mariahilf in die Leopoldstadt oder von der Leopoldstadt in die Mariahilf gehen, der Feuilletonist steht auf dem Stefansplatz [sic] und fängt sie ab. Er beugt das Knie vor den Wiener Frauen, tut so, als ob er eine gepuderte Perücke auf den Locken sitzen und einen vergoldeten Degen an der Seite tänzeln hätte. Die Buchen wehen, und von den Hängen des Wienerwaldes läuft der Wind, und überhaupt: Was ist das Leben? Ein Spiel. Ach! (4/204)[25]

Die nostalgische Attitüde des Wiener Feuilletons manifestiert sich mithin vor allem in der fortwährenden Reproduktion klischierter Bilder vom ‚alten Wien', von Stadtlandschaften, die noch nicht von Modernisierung und Stadterweiterung betroffen seien, von vormodernen feudal-patriarchalischen Geschlechterverhältnissen. Seine Ausrichtung auf Vergangenes lässt das Wiener Feuilleton selbst zum Gedenkraum werden, in dem in vermeintlichen ‚Erinnerungsbildern' die Illusion noch nicht entfremdeter Existenz, von Eindeutigkeit und Gewissheit etabliert und hochgehalten wird. Begräbt der Nachrufer in der *Neuen Freien Presse* mit Speidel

23 Wilmont Haacke, Feuilletonkunde. Das Feuilleton als literarische und journalistische Gattung, Bd. 1, Leipzig 1943, 9.

24 Ebd., 13.

25 In Benedikts Nachruf heißt es: „Speidel schilderte die Wiener Frauen mit ihrer Fröhlichkeit, mit dem Rhythmus im Gang und mit der Grazie in der Kleidung, mit den lichtumflossenen Köpfen, mit der vornehmen Zeichnung in Gesicht und Figur, mit ihrem hellen Lachen und ihrer ganzen Natürlichkeit." Anonym [Benedikt], † Ludwig Speidel, [1].

ein „Stück großer Vergangenheit“,[26] so ist Polgar zufolge die „sanfte Öligkeit“, mit der diese im Wiener Feuilleton hervorgerufen werde, längst „unangenehm ranzig geworden. Sie stinkt. Alle Buchen können dieses peinliche Odeur nicht hinwegwehen, aller grazil vom Kahlenberg herabkommende Wind es nicht fortblasen. Das Wiener Feuilleton ist tot. Friede seiner Asche“ (4/205).

2 Reduktion und Verdichtung. Der Nekrolog als Ort des Formexperiments

Nekrologe sind im feuilletonistischen Werk Alfred Polgars kein randständiges Phänomen. In der sechsbändigen Werkausgabe, die einen Großteil seiner Feuilletons aus den Jahren 1905 bis 1954 versammelt, finden sich Nachrufe auf Frank Wedekind (1918), Peter Altenberg (1919), Siegfried Jacobsohn (1927), auf Karl Kraus (1936), Maxim Gorki (1936) und Gabriele d'Annunzio (1938); im Jahr 1939 erscheinen Nachrufe auf Egon Friedell, Arnold Höllriegel und Joseph Roth. Wenige Tage nach dem Selbstmord Stefan Zweigs am 23. Februar 1942 gedenkt Polgar des Autors in der Exilzeitschrift *Aufbau*; die *Austro American Tribune* veröffentlicht 1945 einen Nachruf Polgars auf den im australischen Exil verstorbenen Autor, Verleger und Psychoanalytiker Adolf Josef Storfer. Anfang der fünfziger Jahre verfasst der knapp achtzigjährige Autor Nachrufe auf Franz Molnár und Berthold Viertel. Jahre nach dem Ableben der Besprochenen entstehen Erinnerungsartikel an Franz Hessel (1948) und an Joachim Ringelnatz (1951).[27] Neben diesen Nachrufen auf bekannte Protagonisten des literarischen Lebens der 1920er und 1930er Jahre verfasst Polgar jedoch auch eine Reihe von Totenreden an ‚Abgeschiedene‘,[28] die nicht Teil des öffentlichen Lebens waren. Sie firmieren in den Texten nur mit ihren Vornamen – Konstantin,[29] Donald,[30] Barbara[31] (im Übrigen die einzig namentlich genannte Frau) –, sie verschwinden hinter Funktionsbezeichnungen wie „der abgeschiedene

26 Ebd.

27 Alle diese Nachrufe finden sich in: Alfred Polgar. Kleine Schriften, Bd. 4: Literatur.

28 Zum Begriff siehe Alfred Polgar, Abschied vom Freunde (Berliner Tageblatt, 15. März 1931), in: Kleine Schriften, Bd. 3: Irrlicht, 53–55. – Alfred Polgar, Der abgeschiedene Freund, in: Kleine Schriften, Bd. 2: Kreislauf, 1–3. Erstveröffentlichung einer ausführlicheren Fassung unter dem Titel „Der tote Freund“, in: Simplicissimus 12 (1907), H. 40, 374–375.

29 Polgar, Abschied vom Freunde, in: Kleine Schriften, Bd. 3, 53–55. Der Freund, dem in diesem Feuilleton im Stil der Totenrede nachgerufen wird, ist indes nicht verstorben, sondern hat geheiratet.

30 Polgar, Der abgeschiedene Freund, in: Kleine Schriften, Bd. 2, 1–3.

31 Alfred Polgar, Sentimentaler Besuch (Aufbau XVI, 1950, H. 19), in: Kleine Schriften, Bd. 3, 261–267.

Freund",[32] „der Leibfriseur",[33] „der unbekannte Soldat",[34] die Toten des Weltkriegs;[35] hinter Gattungsbezeichnungen wie „die Frau",[36] „eine 83-jährige Frau"[37] oder „der Österreicher".[38] Nachgerufen wird aber auch der Stadt Wien,[39] einem spezifischen der k. u. k. Armee zugeschriebenen Humor,[40] einem Wort[41] oder eben dem Wiener Feuilleton.

Vor allem die zahlreichen Nachrufe auf anonym bleibende Verstorbene nimmt Polgar – dem Walter Benjamin 1929 den Titel des „Obersten der Saboteure"[42] verleiht – zum Anlass, die inhaltlichen und formalen Usancen des Totengedenkens subtil zu unterlaufen. Die Texte werden Polgar dabei auch zu Orten poetologischer Reflexion und zu Orten des literarischen Experiments. So erscheint etwa am 1. Januar 1926 im *Berliner Tageblatt* ein Feuilleton Polgars mit dem Titel „Mohnkuchen aß er gerne", das unter dem Titel „Nekrologie" auch Eingang in die Sammlung *Orchester von oben* findet.[43] Die Nekrologie, im eigentlichen Wortsinn die Lehre von den Todesursachen oder die Todesstatistik, wird bei Polgar zur Lehre vom ‚richtigen' Nachruf. Unter den Techniken der Grabrede unterscheidet Polgar zwei: Die erste, eine utilitaristische, rühme an den Verstorbenen die „gesellschaftliche Funktion",

---

32 Polgar, Abschied vom Freunde, 53–55.

33 Alfred Polgar, Tod eines Leibfriseurs (Prager Tagblatt, 11. September 1921), in: Kleine Schriften, Bd. 2, 112–114.

34 Alfred Polgar, Der unbekannte Soldat (Das Tage-Buch 5, 1924, H. 43), in: Kleine Schriften, Bd. 1: Musterung, 90–93.

35 Alfred Polgar, Rede, leider nie gehalten am Grabe der Opfer (Der Tag, 11. September 1927), in: Kleine Schriften, Bd. 1, 93–96.

36 Alfred Polgar, Letzter Spaziergang, in: Alfred Polgar. Auswahl. Prosa aus vier Jahrzehnten, hg. von Bernt Richter, Reinbek bei Hamburg 1968, 38–39. Zuerst in: Alfred Polgar, Schwarz auf Weiß, Berlin 1928.

37 Alfred Polgar, [Ohne Titel], in: Alfred Polgar, Hinterland, Berlin 1929, 225–226, hier: 225.

38 Alfred Polgar, Der Österreicher (Ein Nachruf), in: Kleine Schriften, Bd. 1, 205–209. Erstveröffentlichung unter dem Titel: Der Unterschied (Zum Thema Österreich), in: Austro American Tribune 3 (1944), H. 1, Beilage Kunst – Literatur – Musik, 5–6.

39 Alfred Polgar, Ein Gedenktag (Das neue Tage-Buch 8, 1940, H. 11), in: Kleine Schriften, Bd. 1, 189–192.

40 Alfred Polgar, Grabrede auf einen Humor (Der neue Tag, 30. März 1919), in: Kleine Schriften, Bd. 4, 225–228.

41 Alfred Polgar, Tod eines Wortes (Prager Tagblatt, 17. Februar 1935), in: Kleine Schriften, Bd. 3, 149–151. – Vergleiche dazu den Beitrag von Peter Utz in diesem Band.

42 Walter Benjamin [Rezension], Alfred Polgar. Hinterland. Ernst Rowohlt Verlag Berlin 1929, 275 Seiten, in: Walter Benjamin, Gesammelte Schriften, Bd. III: Kritiken und Rezensionen, hg. von Hella Tiedemann-Bartels, Frankfurt/Main 1972, 199–200, hier: 200.

43 Alfred Polgar, Nekrologie, in: Kleine Schriften, Bd. 2, 240–244. In der Folge im Text mit Band- und Seitenzahl zitiert. Erstveröffentlichung unter dem Titel „Mohnkuchen aß er gerne", in: Berliner Tageblatt, 1. Januar 1926, Nr. 1, Morgen-Ausgabe, 2.

die sie im Leben hatten, verabschiede sie quasi mit einem „gute[n] Abgangszeugnis“ (2/240), das jedoch nichts anderes bezeuge als den „Nutzeffekt“ (2/241), der ihnen als Lebende abzugewinnen war. „In der Beziehung zu den andern also – das hören wir, wenn wir's nicht mehr hören können – bestand unser Wert, und als unsere Güte, Schönheit, Richtigkeit gilt das, was die andern Gutes, Schönes, Richtiges aus uns gewonnen haben“ (2/241). Die zweite Variante der Grabrede – Polgar spricht vom „vernünftige[n] Nachruf“ (2/242) – sehe dagegen von der Relationalität menschlichen Seins ab und scheide „daher von vorneweg alles aus“, was den Zeitgenossinnen und Zeitgenossen an den „Hingeschiedenen“ als „wert und wichtig“ erscheine, denn das – so Polgar – werde „immer das Typische oder das Erlogene sein“ (2/242). Die Rekapitulation des Lebens[44] eines Verstorbenen sei mithin auf jenen „Komplex von Einzelzügen“ (ebd.) zu beschränken, die diesen allein ausmachten und nicht nach außen wirkten. Polgar führt einen solchen „vernünftige[n]“ (ebd.), weil auf das „wahrhaft Wesentliche[]“ (2/241) reduzierten Nachruf aus:

> „Mohnkuchen aß er gerne. Er trug nur weiche Hüte und fühlte sich erst wohl, bis sie recht zerbogen und verknittert waren. Zu schlafen pflegte er so, daß er das rechte Knie (er schlief immer nur auf der rechten Seite) hoch zog, bis es fast das Kinn berührte, indes das linke Bein ganz gestreckt lag. Die eine Hand ruhte unter dem Kissen, die andere mit ausgebreiteten Fingern auf dem Herzen, nahm dessen Takt ab und nützte ihn als suggestiven Schlaf-Rhythmus. Er schrieb mit Kohinor 2 B und besaß keine Füllfeder. […] Er ging leicht vorgebeugt und, wenn in Begleitung, immer links, nicht aus Höflichkeit, sondern weil er sich rechts (ohne daß er einen Grund hätte angeben können, warum) nicht behaglich fühlte. Im Sprechen fügte er häufig die Wörtchen ‚nicht wahr?‘ ein, und sein Lachen war seltsamerweise in der Tonlage zwei Oktaven tiefer als seine Stimme. Er sprach Tenor und lachte Baß. […] Oft hielt er die geschlossene hohle Hand vor das Auge und visierte durch sie, niemand wußte was, auch ließ er manchmal die Unterlippe fallen, niemand wußte warum, oder sagte leise: ‚Ja, ja, ja‘, niemand wußte auf welche Frage, und war überhaupt voll Geheimnis und Rätsel. Im Familienkreis und im Dampfbad hielt er es nicht länger als zwei Minuten aus, Regenschirme waren ihm verhaßt, er glaubte, daß er an nichts glaube, und trug die Haare rechts gescheitelt. Wir werden sein Andenken stets in Ehren halten.“ (2/242–244)

In der externen Fokalisierung, also der strikten Außensicht auf die Figur, deren Kenntnis aus detailgenauer Beobachtung resultiert, in der Aufzählung scheinbarer Äußerlichkeiten, in der dominierenden Parataxe realisiert sich ein neusachliches ästhetisches Konzept, das sich insbesondere von der Praxis spekulativer Innen-

44 Stefan Brunn spricht von der „lebensrekapitulative[n] Programmatik“ des Nachrufs: Abschieds-Journalismus. Die Nachrufkultur der Massenmedien, Münster 1999, 13. Hierzu auch Sabine Eickenrodt, Lemma „Porträt inkl. Nachruf“, in: Handbuch Feuilleton, hg. von Hildegard Kernmayer, Michael Pilz, Marc Reichwein und Erhard Schütz, Berlin 2023 [im Erscheinen].

schau distanzieren möchte. Das ‚sachliche Sagen',[45] das Polgar hier vorführt, lenkt im Sinne einer Entsubjektivierung des Erkenntnisprozesses das Augenmerk auf die Phänomenologie des Gegenstandes. Aus der phänomenologischen Reduktion[46] resultiert dennoch eine intimere Kenntnis des Verstorbenen, als sie ein konventioneller Nachruf offenbart hätte. Gleichzeitig konterkariert die ‚phänomenologisch-neusachliche' Annäherung an das Leben des Verstorbenen Praktiken des Gedenkens, wie sie – folgt man Ralf Georg Bogner – vom Zeitungsfeuilleton des 19. Jahrhunderts aus Leichenpredigt und Epicedium übernommen wurden. Von deren drei ‚klassischen' Textfunktionen „Klage (*lamentatio*), Lob (*laudatio*) und Trost (*consolatio*)"[47] nimmt Polgars „vernünftiger Nachruf" keine einzige wahr. Das völlige Absehen von den ‚Leistungen' des oder der Verstorbenen schließt auch typische Argumentationsstrategien feuilletonistischer Nachrufe aus, wie die Einordnung des Lebenswerks in eine Reihe vergleichbarer kanonisierter Lebenswerke[48] oder das Zitieren von Äußerungen von Personen des öffentlichen Lebens über den oder die Verstorbene. Auch die „hochpathetische literarische Strategie des Totenlobs",[49] der Prosopopöie, also das Zitieren von Äußerungen des oder der Verstorbenen selbst, die so – mitunter durchaus zum Zweck ihrer noch nachträglichen Vereinnahmung – noch einmal zu Wort kommen, erschöpft sich in Polgars Nekrolog in einem rätselhaft bleibenden „Ja, ja, ja".

Die phänomenologische Reduktion, die Polgars idealtypischen Nachruf prägt, findet ihre Entsprechung im Ideal einer feuilletonistischen Formensprache, die jegliches Arabeske und Ornamentale (man denke an Polgars Kritik am Wiener Feuilleton) verwirft und an deren Stelle eine Poetik der Verknappung setzt. Seine diesbezüglichen Überlegungen präsentiert Polgar in einem poetologischen Aufsatz mit dem Titel „Die kleine Form", der seine Sammlung *Orchester von oben* einleitet. Anders als im zwanzig Jahre zuvor erschienenen ‚Nachruf' auf das Wiener Feuilleton geht es in dem Text nicht um die Abgrenzung von einem als anachronistisch bewerteten feuilletonistischen Schreibstil, sondern um die Propagierung der kleinen Form des Feuilletons als die adäquate Möglichkeit der formalästhetischen

---

45 Der Begriff ‚sachliches Sagen' stammt von Rainer Maria Rilke. Judith Ryan, „Du, der ichs nicht sage …". Lyrisches und sachliches Sagen in Rilkes Gedichten 1906–1911, in: Blätter der Rilke-Gesellschaft 31 (2012), 189–200, hier: 192–193.

46 Ralph Köhnen, Wahrnehmung wahrnehmen. Die Poetik der *Neuen Gedichte* zwischen Biologie und Phänomenologie. Von Uexküll, Husserl und Rilke, in: Blätter der Rilke-Gesellschaft 30 (2010), 198–211, hier: 206.

47 Ralf Georg Bogner, Der Zeitungs-Nachruf oder das Fortleben von Leichenpredigt und Epicedium im Feuilleton, in: Die lange Geschichte der Kleinen Form. Beiträge zur Feuilletonforschung, hg. von Kai Kauffmann und Erhard Schütz, Berlin 2000, 212–228, hier: 220.

48 Ebd., 221.

49 Ebd., 225.

Annäherung an moderne Seins- und Wahrnehmungsweisen, als ein Mittel zur Erkenntnis. Die Wahl der kleinen Form nämlich sei nicht zwingend „ein Not-Effekt des kurzen Atems“[50] ihres Autors. Vielmehr sei diese „der Spannung und dem Bedürfnis der Zeit gemäß“,[51] episodische Kürze der Rolle angemessen, „die heute der Schriftstellerei“[52] zukomme. „Das Leben ist zu kurz für lange Literatur, zu flüchtig für verweilendes Schildern und Betrachten, [...] zu rasch verfallen der Gärung und Zersetzung, als daß es sich in langen und breiten Büchern lang und breit bewahren ließe“,[53] heißt es bei Polgar. Die Auflösung des Koordinatensystems des physikalischen, leiblichen, sozialen, moralischen und zeitlichen Raums – eine der zentralen Erfahrungen der Moderne – findet Polgar zufolge nur noch in der kleinen Form ihre ästhetische Entsprechung.

> Ein großes Beben rüttelt die geistige Welt, wirft um, was steht, versenkt das sicher Gegründete, treibt neuen Erdengrund hoch: wie vermessen, auf solchem Boden schwer und massiv zu bauen! Ewigkeiten erweisen sich als zeitlich, die solidesten Götter als Götzen, alle Anker sind gelichtet, kein Mensch weiß, wohin die Reise geht, aber daß sie geht und wie sausend rasch sie geht, spüren wir am Schwindel: wer wollte da mit überflüssigem Gepäck beladen sein? Ballast ist auszuwerfen – [...] kürzeste Linie von Punkt zu Punkt heißt das Gebot der fliehenden Stunde. Auch das ästhetische.[54]

Diesem ästhetischen Gebot willfährt Polgar selbst in allen seinen feuilletonistischen Texten. Der ‚Meister der kleinen Form‘, wie ihn die Kritik seit den 1920er Jahren nennt, entwirft seine Bilder der Gegenwart nicht in ausschweifenden Erzählungen und Schilderungen, er bietet auch keine letztgültigen Interpretationen des Beobachteten. Die ästhetische Wirkung, aber auch die Erkenntnisleistung seiner Texte dankt sich vielmehr einer ‚Verdichtung‘, die etwa durch die semantische Aufladung einzelner Wörter, aber auch durch das Nebeneinanderordnen einer Vielzahl von vordergründig nicht zusammengehörenden semantischen Feldern entsteht. Der Autor bediene sich – so Robert Musil in seiner Besprechung von Polgars Band *An den Rand geschrieben* – der Technik der Simultaneität, indem er still nebeneinandersetze, „was im Leben vereint [sei], aber sich gar nicht [vertrage], sobald die atmosphärische Soße der Gewohnheit davon genommen“[55] werde.

---

50 Alfred Polgar, Die kleine Form (quasi ein Vorwort), in: Alfred Polgar, Orchester von oben, Berlin 1926, 9–13, hier: 11.

51 Ebd.

52 Ebd., 12.

53 Ebd.

54 Ebd., 13.

55 Robert Musil, Interview mit Alfred Polgar, in: Robert Musil. Tagebücher, Aphorismen, Essays und Reden, hg. von Adolf Frisé, Hamburg 1955, 750–755, hier: 753.

Deutlich wird Polgars ‚Montagetechnik' vor allem in seinen in den 1920er Jahren erschienenen Feuilletons, die die modernen Metropolen Wien, Berlin oder Paris in den Blick nehmen. Wie in den zeitgenössischen sozialwissenschaftlichen Abhandlungen erscheinen die Großstädte in diesen Texten Polgars als Knotenpunkte der Moderne, an denen Waren-, Verkehrs- und Informationsströme zusammenlaufen und sich metropolitane Diskurse von Politik, Justiz und Verwaltung, von Religion, Sexualität und Kultur ausbilden.[56] Soziale Ungleichheiten, das Elend und der Hunger der Nachkriegszeit, aber auch die zunehmende Mediatisierung der Lebenswelt sind in Polgars Feuilletons die Attribute der Großstadt Wien in den Jahren nach dem Ersten Weltkrieg.

In einem titellosen Text aus dem Jahr 1922, den Polgar 1929 in die Abteilung „Aus einem Notizbuch (1920–1923)" des Bandes *Hinterland* aufnimmt, erschließen sich diese Attribute einer Erzählinstanz aus der Zeitungslektüre.[57] Die Aufmerksamkeit dieses Zeitungslesers, der sich einem „wir"[58] zuzählt und an einer Stelle ein „Sie"[59] adressiert, richtet sich jedoch nicht auf die großen tagespolitischen Ereignisse, sondern vielmehr auf das im Tagesgeschehen und auch im Medium Nebensächliche und Randständige, das in unterschiedlichen Zeitungen in Rubriken wie den ‚Vermischten Nachrichten', der ‚Kleinen Chronik' oder etwa dem ‚Tagesbericht' firmieren könnte. Die Notatstruktur ist in dem ausgearbeiteten glossenähnlichen Text, der in 42 Zeilen nicht weniger als sieben Zeitungsmeldungen scheinbar zusammenhanglos und ohne erkennbare Hierarchie nebeneinanderordnet, noch immer erkennbar. Der Selbstmord einer alten Frau, der im ersten Satz des Textes registriert wird, erscheint gleichrangig mit dem Streik der Buchhandlungsgehilfen, der sittlichen Entrüstung einer Jugendfürsorgebeamtin, der Sichtung eines Schakals, der bevorstehenden Ausstellung von Gobelins[60] oder der Abschaffung der Lebensmittelkarten. Wie Letztere zieht er lediglich einen knappen sarkastischen Kommentar nach sich: „Eine dreiundachtzigjährige Frau hat sich mit Lysol vergiftet, weil sie nicht länger warten wollte. […] [A]bgeschafft sind die Lebensmittelkarten, von denen wir uns in Zeiten, da die Lebensmittel abgeschafft waren, ernähren mußten."[61]

---

56 Dazu auch Klaus R. Scherpe, Zur Einführung – Die Großstadt aktuell und historisch, in: ders. (Hg.), Die Unwirklichkeit der Städte. Großstadtdarstellungen zwischen Moderne und Postmoderne, Reinbek bei Hamburg 1988, 7–13, hier: 8.

57 Alfred Polgar, [Ohne Titel], in: Alfred Polgar, Hinterland, Berlin 1929, 225–226, hier: 225.

58 Ebd.

59 Ebd.

60 Über die im Text erwähnte Ausstellung der Gobelins des Wiener Kaiserlichen Hofes im Oberen Belvedere berichtet etwa die *Neue Freie Presse* in der Rubrik „Kleine Chronik": Anonym, [ohne Titel], in: Neue Freie Presse, 6. April 1922, Nr. 20.691, Morgenblatt, 7.

61 Polgar, [Ohne Titel], 225.

Größere Aufmerksamkeit wird der Nachricht vom behördlichen Verbot einer Aufführung des expressionistischen Dramas *Himmel und Hölle* zuteil. Was an diesem Akt der Zensur interessiert, sind dabei jedoch weder der Autor (Paul Kornfeld)[62] noch der Inhalt des Stücks oder der Aufführungsort (das Burgtheater), die im Feuilleton keine Erwähnung finden. Verhandelt und wörtlich zitiert wird vielmehr die Verlautbarung der Zensurbehörde, die das Aufführungsverbot mit „der heutigen leichten Erregbarkeit weiter Kreise der Bevölkerung und der gesteigerten Neigung zu ordnungswidriger Geltendmachung der Empfindungen" begründet. Befürchteten „Kundgebungen" wolle man vorgreifen, würden diese doch „Störungen der öffentlichen Ruhe und Ordnung [...] darstellen".[63] Polgar wendet das Zitat ironisch gegen die Behörde. Diese versteige sich in zeitdiagnostische Beobachtungen, wenn sie die „gesteigerte[] Neigung zu ordnungswidriger Geltendmachung der Empfindungen" als Charakteristik des „unruhigen Geistes" dieser „harte[n] Zeiten" erkenne. Der Grund für diese „Neigung" bleibt im Text der Behörde ungesagt.[64] Und auch in Polgars Feuilleton wird zwischen Hyperinflation, sozialem Elend, Armut und Lebensmittelknappheit, die wohl den Selbstmord der dreiundachtzigjährigen Frau mit dem Desinfektionsmittel Lysol ebenso verursacht haben wie den Streik der Buchhandlungsgehilfen, kein unmittelbarer Zusammenhang hergestellt. Durch die Nebeneinanderordnung der Themenbereiche erfährt der Suizid der Dreiundachtzigjährigen jedoch implizit eine Begründung. Indem Polgar diesen zudem aus den ‚faits divers' herauslöst und ins Feuilleton, mithin in den Bereich des Literarischen überführt, verleiht er ihm Bedeutung. Der Toten wird, wenn auch nicht im Sinne eines Nachrufs, so doch im eigentlichen Sinne des Begriffs ‚Nekrolog', nämlich als Zählung und Nennung von Todesfällen, gedacht.

---

62 Polgars Besprechung der Wiener Aufführung von Korngolds Drama *Die Verführung* erscheint 1918 in der *Schaubühne* und in der *Wiener Allgemeinen Zeitung:* ders., Paul Kornfeld. Die Verführung, in: Kleine Schriften, Bd. 5: Theater I, 138–141.

63 Polgar, [Ohne Titel], 225. Einen Auszug des Verbotserlasses des Ministeriums des Inneren druckt die *Wiener Allgemeine Zeitung* unkommentiert ab: Wiener Allgemeine Zeitung. 6 Uhr-Blatt, 6. April 1922, Nr. 13.178, 7–8.

64 Zum Verbot des Stücks, das der in der Saison 1921/22 amtierende Burgtheaterdirektor Anton Wildgans mittels einer Intervention beim österreichischen Bundeskanzler und geschäftsführenden Innenminister Johann Schober herbeigeführt habe: Wilhelm Haumann, Paul Kornfeld. Leben – Werk – Wirkung, Würzburg 1996, 308–312: sowie auch Franz Dirnberger, Paul Korngolds Tragödie ‚Himmel und Hölle' als Opfer der Zensur, in: Mitteilungen des österreichischen Staatsarchivs 25 (1972), Festschrift für Hanns Leo Mikoletzky, 418–434.

3 Inhalt einer Leere

Am 11. März 1939, dem ersten Jahrestag des ‚Anschlusses' Österreichs an das Deutsche Reich, erscheint in Paris eine Sondernummer der Exilzeitschrift *Die Österreichische Post – Courrier Autrichien.* Das 34-seitige Heft enthält neben einem Leitartikel von Winston Churchill über die „Fremdherrschaft in Österreich", neben Grußbotschaften französischer Politiker und Intellektueller, neben Auszügen aus Manuskripten Friedrich Torbergs und Joseph Roths, Erfahrungsberichten exilierter Mitglieder der Sozialdemokratischen und der Kommunistischen Partei auch zwei Seiten mit Nachrufen auf die österreichischen Opfer des Nationalsozialismus. Alfred Polgar verfasst für diese ‚Gedenkseiten' einen Nachruf auf den Schauspieler, Kabarettisten, Feuilletonisten und Kulturhistoriker Egon Friedell. Friedell entzog sich am 16. März 1938 der Verhaftung durch die SA durch einen tödlichen Sprung aus dem Fenster oder „salvierte" sich – so Polgar – durch einen „Sprung ins Freie [...] vor Zeit und Zeitgenossen".[65] Der Erinnerungsartikel – ein Jahr nach dem Suizid Friedells verfasst – soll diesen vor dem Vergessenwerden bewahren, denn: „Es sind damals viele geistige Menschen mit Österreich in den Tod gegangen, freiwillig oder gestoßen. Österreich wird wiederkommen. Aber die seinen zeitweiligen Untergang nicht überleben konnten oder durften, bleiben tot. Und werden vergessen" (4/60).

Anders als viele der vor 1938 verfassten Nachrufe verweigert sich der auf Egon Friedell, mit dem Polgar eine jahrzehntelange Freundschaft und Arbeitsbeziehung verband, den Gepflogenheiten publizistischen Gedenkens nicht. Beklagt im Sinne der *lamentatio* wird der Tod des Betrauerten. Intendiert ist explizit die „Würdigung" des Autors der dreibändigen *Kulturgeschichte der Neuzeit* als einer „Schlüsselfigur" des „geistigen Österreich" im ersten Drittel des 20. Jahrhunderts. In Superlativen wird Friedell als „Original" in „des Wortes gültigstem und echtestem Sinn" bezeichnet, „[d]as saftigste, an Elementar-Persönlichem reichste auf wienerischer Erde, seit der Dichter Peter Altenberg unter diese gekommen" sei (4/61). Gelobt – im Sinne der *laudatio* – wird Friedells „schöpferischer, breit und kräftig sprudelnder Humor", seine „Lust an jederlei Spiel und Spielerei des Geistes", seine Wissbegierde, sein Hang zu extemporierender Lebensführung, schließlich die (mitunter kleinkrämerische) Ordnungsliebe, die den altmodischen Weisen auszeichnete. Trost – im Sinne der *consolatio* – ist vielleicht in der ‚Rettung' Friedells vor der Verfolgung durch die SA oder in der Aussicht auf das ‚Wiederkommen' Österreichs zu finden.

Im Jahr 1950 – Polgar ist aus dem Exil nicht nach Österreich zurückgekehrt, sondern lebt als US-amerikanischer Staatsbürger in Zürich – veröffentlicht er in der

65 Alfred Polgar, Egon Friedell (Die österreichische Post. Courrier Autrichien 1, 1939, H. 7), in: Kleine Schriften, Bd. 4, 59–62, hier: 60. Künftig im fortlaufenden Text mit Band- und Seitenzahl zitiert.

Berliner Zeitschrift *Der Monat* unter dem Titel „Der große Dilettant" einen ausführlichen biografischen Essay über Friedell samt Besprechung seiner *Kulturgeschichte der Neuzeit.*[66] Die kontroversielle Rezeption von Friedells *opus magnum* durch die Kritik fasst Polgar darin folgendermaßen zusammen:

> [E]in glänzend danebengelungenes, an überzeugenden Absurditäten und treffsicheren Fehlschlüssen reiches, den Leser aufs vergnüglichste ärgerndes Buch eines laienhaften Fachmanns, dessen Irrtümer so erheblich sind wie das geistige Kapital, das er aus ihnen zu schlagen weiß. Ziemlich genau das ist Friedells ‚*Kulturgeschichte*'. (4/63)

Gerade deshalb empfiehlt Polgar deren Lektüre. Auch das in diesem Gedenkartikel aus größerer historischer Distanz entworfene Bild Friedells gestaltet sich differenzierter. Die Widersprüchlichkeit des Werks erkennt Polgar auch in der Biografie. Als Figur der österreichischen Barocke (im Text im Plural), verpflanzt ins 20. Jahrhundert, bezeichnet Polgar Friedell als Philosophen und Bajazzo:

> Er führte ein geordnet-unordentliches Dasein, sauber eingeteilt in Exzeß und Abstinenz, in verzückte und besinnliche Perioden. [...] Sein physisches Leben folgte dem Schema: These – Antithese. Zur Synthese, d.h. zu einer Lebensführung auf mittlerer Linie, kam es selten bei ihm. (4/69)

Die Metapher „Sprung ins Freie", mit der Polgar 1939 den Selbstmord Friedells bedenkt, ist bereits 1922 titelgebend für den ‚Nachruf' auf eine junge Schauspielerin,[67] die ihrem Leben durch einen Sprung aus dem vierten Stock eines Wohnhauses ein Ende gesetzt hat. Anders als der Nachruf auf Friedell hat die Totenrede auf die Schauspielerin nicht deren Person oder künstlerische Leistung zum Thema. Anstelle der *lamentatio* und der *laudatio* stellt der Text die *consolatio* in den Mittelpunkt. Doch auch die Wirkungsintention dieser Textfunktion setzt Polgar entgegen der Textkonvention ein. Möchte der Nekrolog gemeinhin den Hinterbliebenen Trost spenden, so stellt diese Totenrede die Frage nach der möglichen Tröstung der noch lebenden Schauspielerin und verlagert damit den Fokus auf deren Lebensende als ein ‚Sein zum Tode'. Im Gegensatz zu Friedell, der sich durch den Suizid der Gefangennahme durch die SA entzieht, sucht die Schauspielerin, von ihren Nächsten, aber auch von der Religion ungetröstet, im Selbstmord „Erlösung" (2/121) aus der

---

66 Alfred Polgar, Der große Dilettant. Zu Egon Friedells „Kulturgeschichte der Neuzeit" (Der Monat 2, 1950, H. 16); Der Mann und sein Werk, in: Kleine Schriften, Bd. 4, 62–85. Künftig im fortlaufenden Text mit Band- und Seitenzahl zitiert.

67 Alfred Polgar, Sprung ins Freie, in: Kleine Schriften, Bd. 2, 120–122. Künftig im fortlaufenden Text mit Band- und Seitenzahl zitiert.

Gefangenschaft in der Depression, die auch einem ‚weiblichen' Lebensentwurf geschuldet ist.

Die jeweils geschlechtsspezifische Deutung der beiden Selbsttötungen ist offensichtlich. Quittiert Friedell in der Lesart Polgars durch den „Sprung ins Freie" (4/60) das Ende einer „Welt, außerhalb derer er nicht atmen konnte, [...] seiner Welt der ruhigen Arbeit inmitten der geliebten faustischen Entourage von gelehrten Büchern und tausenden, säuberlichst geordneten Exzerpt- und Notizen-Zetteln" (4/61), so tötet sich die junge Frau (vordergründig) aus Liebeskummer. Auch von der Nennung des Namens der „wohlbekannt[en] und wohlgelitten[en]" Schauspielerin nimmt der Text Abstand, sei „jetzt [...] ihr Name" doch nur der „Inhalt einer Leere" (2/120). Dessen ungeachtet bleibt die, der nachgerufen wird, nicht namenlos, vielmehr nennt der Text ihren ‚eigentlichen' Namen – „Agnes, hergeleitet von agnus, das Lamm" (2/121) – und erklärt diesen zum Gattungsnamen, trügen ihn doch „[a]lle Frauen [...], die von der Liebe Erlösung hoffen aus ihrem erdrückend weißen Nichts- und Langeweile-Idyll" (2/121).

Mit der Einführung des Bildes des Lamms und seiner Verbindung mit dem Begriff der „Erlösung" lässt Polgar ab dem dritten Satz des semantisch dicht orchestrierten Feuilletons eine christologisch konnotierte Bedeutungsebene entstehen, die sich in der Art einer kontrapunktischen Stimme durch das Textganze zieht und vor allem im zweiten Teil des Textes dominant wird. Die weibliche Allgemeinfigur Agnes, das Lamm, ist dem Lamm Gottes, mithin dem Erlöser, zwar lautlich nahe, die Überhöhung zum Symbol der Erlösung bleibt ihr jedoch verwehrt. Entsprechend lässt auch der Text die entindividualisierte verstorbene Schauspielerin im Bild des (nur unzureichend) domestizierten Tieres wiedererstehen. Wie seine Artgenossinnen finde dieses „[m]anchmal [...] Trost in den Seidenbändchen, die man [ihm] um den Hals" (2/121) knüpfe. Der Selbstmord der Schauspielerin, der in der Folge als ein ‚Entlaufen' (2/121) beschrieben wird, der „Sprung ins Freie", erweist sich hier als Befreiung aus einem als ‚weiblich' gelesenen Lebensentwurf, der seine Vollendung in der vollständigen Domestizierung fände, in der das Tier zum „Schaf[]" werde, „spendend Wolle und Wärme und trauten Stallfrieden" (2/121). Dem patriarchalischen Bilderrepertoire entsprechend stellt der Text dem Konzept von Mütterlichkeit als domestizierte ‚Weiblichkeit' ein Konzept von ‚Weiblichkeit' als ungezähmte ‚Natur' entgegen. Letzteres findet sich im Erinnerungsbild an die Schauspielerin, das der Text als Körperbild entwirft. Körper, Haar, Augen, Gesicht, Stimme der Schauspielerin werden der Erzählinstanz zu Zeichen von „Natürlichkeit" des ganzen Wesens, dessen Leib schon zu Lebzeiten in der Natur aufzugehen schien. „Es war wie Geruch von Sonne, Regen, Walderde um das erfreuliche Geschöpf", heißt es im Text (2/121). Auch der Grund für den Suizid wird zwar in der gängigen Metapher des geschenkten und zurückgewiesenen Herzens gefasst. In der Überdehnung der Metapher erscheint das Herz jedoch im eigentlichen Wortsinn als

Organ, das nach zurückgewiesener ‚Organspende' zum Fremdkörper, zum „Eindringling/L'Intrus"[68] im eigenen Körper wird. Sie hatte ihr Herz

> einem Manne geschenkt. Der gab das Geschenk nach etlicher Zeit zurück […] – und sie wußte mit dem Wiedergegebenen nichts mehr anzufangen. Das Herz fügte sich nicht wieder an seine Stelle. Es blieb ein Kaltes, Fremdes im eigenen Heim. Wie ein böses Stiefherz schlug es unablässig die, in der es schlug (2/121).

Exakt vor der Mitte des Textes platziert, leitet diese Passage nicht nur den zentralen Satz, die Beschreibung des Suizids ein („Eines Nachts entlief sie. In den vierten Stock des Wohnhauses, von dort, durch das Fenster, auf die Straße" [2/121]). Im Bild des fremdgewordenen Herzens erweist sich das Ich der Selbstmörderin als dissoziiert. Diese Deutung findet sich auch durch einzelne semantische Felder, die der Text aufruft, gestützt. Da ist die Rede von der „Sinnesverwirrung" (2/122), in der die Schauspielerin gegangen sei. Da evoziert der Text gleich zu Beginn das Bild der „Leere", deren Inhalt der Name sei, und verweist damit nicht nur auf die Leerstelle, die die Verstorbene hinterlässt, sondern indiziert auch die Unvereinbarkeit des dissoziierten Ichs (Signifikat) mit einem Namen (Signifikant), der dieses nicht nur nicht zu fassen vermag, sondern der ins Leere gehen muss. Das Sein des Ichs im „erdrückend weißen Nichts- und Langeweile-Idyll", in dem „[n]ichts bedeutet[]" (2/121–122), endet im Suizid; es wird „Opfer der Schwere" (2/122). Polgar wendet seine Befunde freilich ins Ironische, wenn er etwa den Begriff der „Schwere" mit dem der Schwerkraft assoziiert und diese als Todesursache seiner Figur angibt („Gestorben an der unbarmherzigen Anziehungskraft der Erde, Opfer der Schwere" [2/122]) oder wenn er deren Perspektivlosigkeit, die zum Selbstmord führt, anaphorisch gesteigert als Desinteresse am (kultur-)politischen Geschehen beschreibt: „Das Leben hatte keine Lockung mehr für sie. Nichts bedeuteten ihr die kommenden Wahlen, nichts das expressionistische Theater, nichts der Gedanke, die Menschen mittels Sowjets zu erlösen" (2/121–122). Der ‚sinnesverwirrten' Figur stellt er jene, die „[u]nverwirrten Sinnes sind", gegenüber, „die, bange sorgend um Verdauung und Schlaf, zeitungslesend entgegenharren dem Darmkrebs, dem Tumor oder der langsam würgenden Sklerose" (2/122).

Dem Pathos der Totenrede, aber auch der definitorischen Fixierung des Ausgesagten in letztgültigen Bedeutungen entzieht sich der Text mittels seines ironischen Gestus. Die Grenzen der Textsorte ‚Nekrolog' lotet er jedoch auch aus, indem er diese hinsichtlich ihrer rhetorischen und diskursiven Konventionen sowie ihrer eingeübten Rekurse auf die Metaphysik in den Blick nimmt. Ins Zentrum des

68 Jean-Luc Nancy, Der Eindringling/L'Intrus. Das fremde Herz, deutsch-französische Ausgabe, übers. von Alexander Garcia Düttmann, Berlin 2000.

zweiten Teils seines komplex gebauten Feuilletons stellt Polgar die Frage nach der möglichen Rettung der Schauspielerin und greift damit gleichzeitig das bereits zu Beginn des Textes eingeführte Motiv der Erlösung noch einmal auf: „Ob sie zu retten gewesen wäre auf jenem letzten Weg zum hoch gelegenen Fenster?" (2/122) Rettung und Trost, die sie von der Liebe vergeblich erhofft hatte (2/121), wäre der Selbstmörderin allenfalls „[d]urch das zufällige Dazwischentreten einer verständigsten, zartesten Güte" (2/122) zuteilgeworden. Die allegorische Figur der „Güte", deren Attribute der Text in Superlativen fasst, ist bei Polgar indes keine diesseitige Figur. Sie erweist sich vielmehr als Metonymie der explizit genannten christlichen Erlöserfigur, des „Heiland[s]". Dieser hätte zwar als im eigentlichen Wortsinn „Leid-Tragender" das Leid der Schauspielerin auf sich nehmen können, er erscheine jedoch als solcher generell „nur zu Begräbnissen. Nur die Toten rette[] er vom Tode" (2/122).

Neben dem Ungenügen, das der Text angesichts der Jenseitsgewandtheit der christlichen Heilslehre formuliert, die Erlösung erst nach dem Tod verspricht, sät er auch Zweifel an der Sinnhaftigkeit göttlicher Vorsehung. „Brüder, überm Sternenzelt muß ein guter Vater wohnen", zitiert Polgar leicht modifiziert die Verse 3 und 4 der ersten Chorstrophe von Schillers *Ode an die Freude* und schließt an: „Ohne seinen Wink fällt kein Sperling vom Dach und kein armes Menschenkind aus dem Fenster der vierten Etage" (2/122). Wenn er die Annahme der Existenz eines „gute[n] Vater[s]"[69] mit dem Selbstmord der Schauspielerin junktimiert, so unterläuft er damit nicht nur den hymnischen Gestus des Schiller'schen Textes, sondern stellt letztlich implizit die Frage der Theodizee, wie nämlich die Existenz des Leidens in der Welt mit der Annahme eines allmächtigen, allwissenden und allgütigen Gottes vereinbar sei. Die abschließende Aussage, wonach Gottes Wille unergründlich sei („Gott will damit Gott weiß was. Wir werden's nie ergründen" [2/122]), entlässt zwar nicht unbedingt in die metaphysische Obdachlosigkeit, entlarvt jedoch die konventionelle nekrologische Phraseologie als hohl. Mit keinem Signifikat verbunden, weisen die Zeichen der Totenrede immer nur ins Leere und müssen ihre Wirkungsintention, nämlich Trost zu spenden, verfehlen.

69 Die Verszeile lautet bei Schiller: „Brüder, überm Sternenzelt muß ein *lieber* Vater wohnen" [Hervorhebung von mir].

Literaturverzeichnis

Anonym [Moriz Benedikt], † Ludwig Speidel, in: Neue Freie Presse, 4. Februar 1906, Nr. 14.889, Morgenblatt, [1].

Anonym, Todesanzeige Ludwig Speidel, in: Neue Freie Presse, 4. Februar 1906, Nr. 14.889, Morgenblatt, 29.

Anonym, [ohne Titel], in: Neue Freie Presse, 6. April 1922, Nr. 20.691, Morgenblatt, 7.

Benjamin, Walter, Gesammelte Schriften, hg. unter Mitwirkung von Theodor W. Adorno und Gershom Scholem von Rolf Tiedemann und Hermann Schweppenhäuser, 7 Bände und Supplement-Bände, Frankfurt/Main 1974.

Kraus, Karl, Werke, hg. von Heinrich Fischer, 14 Bände und 2 Supplement-Bände sowie 1 Ergänzungsband, München 1954–1970.

Musil, Robert, Interview mit Alfred Polgar, in: Robert Musil. Tagebücher, Aphorismen, Essays und Reden, hg. von Adolf Frisé, Hamburg 1955, 750–755.

Nancy, Jean-Luc, Der Eindringling / L'Intrus. Das fremde Herz, deutsch-französische Ausgabe, übers. von Alexander Garcia Düttmann, Berlin 2000.

Polgar, Alfred, Die kleine Form (quasi ein Vorwort), in: Alfred Polgar, Orchester von oben, Berlin 1926, 9–13.

Polgar, Alfred, Schwarz auf Weiß, Berlin 1928.

Polgar, Alfred, Hinterland, Berlin 1929.

Polgar, Alfred, Kleine Schriften, hg. von Marcel Reich-Ranicki in Zusammenarbeit mit Ulrich Weinzierl, 6 Bände, Reinbek bei Hamburg 1982–1986.

Polgar, Alfred, Auswahl. Prosa aus vier Jahrzehnten, hg. von Bernt Richter, Reinbek bei Hamburg 1968.

Speidel, Ludwig, Fanny Elßlers Fuß. Wiener Feuilletons, hg. und mit einem Nachwort von Joachim Schreck, Berlin 1989.

Speidel, Ludwig, Kritische Schriften, ausgewählt, eingeleitet und erläutert von Julius Rütsch, Zürich, Stuttgart 1963.

Stoessl, Otto, Ludwig Speidel, in: Die Fackel 7 (1906), H. 197, [1]–8.

W. [Hugo Wittmann], Ludwig Speidel, in: Neue Freie Presse, 5. Februar 1906, Nr. 14.890, Morgenblatt, [1]–2.

Bogner, Ralf Georg, Der Zeitungs-Nachruf oder das Fortleben von Leichenpredigt und Epicedium im Feuilleton, in: Die lange Geschichte der Kleinen Form. Beiträge zur Feuilletonforschung, hg. von Kai Kauffmann und Erhard Schütz, Berlin 2000, 212–228.

Brunn, Stefan, Abschieds-Journalismus. Die Nachrufkultur der Massenmedien, Münster 1999.

Dirnberger, Franz, Paul Korngolds Tragödie ‚Himmel und Hölle' als Opfer der Zensur, in: Mitteilungen des österreichischen Staatsarchivs 25 (1972): Festschrift für Hanns Leo Mikoletzky, 418–434. URL: https://library.hungaricana.hu/en/view/Mosta_25/?pg=0&layout=s (Letzter Zugriff: 30.10.2022).

Don Spavento [Max Cohn], Herr Ludwig Speidel, in: ders., Wiener Schriftsteller & Journalisten. Typen und Silhouetten, 2. Aufl., Wien 1874.

Eickenrodt, Sabine, Lemma „Porträt inkl. Nachruf", in: Handbuch Feuilleton, hg. von Hildegard Kernmayer, Michael Pilz, Marc Reichwein und Erhard Schütz, Berlin 2023 [im Erscheinen].

Haacke, Wilmont, Feuilletonkunde. Das Feuilleton als literarische und journalistische Gattung, 3 Bände, Leipzig 1943.

Haacke, Wilmont, Das Feuilleton in Zeitung und Zeitschrift, in: Handbuch der Publizistik, hg. von Emil Dovifat, 3 Bände, Bd. 3: Praktische Publizistik, 2. Teil, Berlin 1969, 218–236.

Haumann, Wilhelm, Paul Kornfeld. Leben – Werk – Wirkung, Würzburg 1996.

Köhnen, Ralph, Wahrnehmung wahrnehmen. Die Poetik der *Neuen Gedichte* zwischen Biologie und Phänomenologie. Von Uexküll, Husserl und Rilke, in: Blätter der Rilke-Gesellschaft 30 (2010), 198–211.

Lengauer, Hubert, Das Wiener Feuilleton im letzten Viertel des 19. Jahrhunderts, in: Lenau-Forum 9/10 (1977/78), Folge 1–4, 60–77.

Müller, Reinhard, Der Weg. Eine Quelle zu den Sozialwissenschaften in Österreich am Beginn des 20. Jahrhunderts, Graz 1995. URL: https://unipub.uni-graz.at/newsletteragsoe/content/titleinfo/6541782/full.pdf (Letzter Zugriff: 30.10.2022).

Ryan, Judith, „Du, der ichs nicht sage …“. Lyrisches und sachliches Sagen in Rilkes Gedichten 1906–1911, in: Blätter der Rilke-Gesellschaft 31 (2012), 189–200.

Scherpe, Klaus R., Zur Einführung – Die Großstadt aktuell und historisch, in: ders. (Hg.), Die Unwirklichkeit der Städte. Großstadtdarstellungen zwischen Moderne und Postmoderne, Reinbek bei Hamburg 1988, 7–13.

Sibylle Schönborn

Feuilleton als Totengedenken – Totengedenken als Feuilleton. Alfred Kerr als Nekrologschreiber

1 Der Nekrolog als Feuilleton

Nach Henrik Ibsens Tod am 23. Mai 1906 publiziert die „moderne illustrierte Zeitung" *Der Tag* am Sonnabend, dem 26. Mai, in ihrer *Illustrierten Unterhaltungs=Beilage* ein ganzseitiges Foto des norwegischen Dichters (Abb. 1) sowie auf der darauffolgenden Seite unter der Überschrift „Zu unseren Bildern" einen kurzen Nachruf[1] von siebzehn Zeilen. Am selben Tag erscheint im Feuilleton unter dem Strich außerdem eine über drei Seiten laufende, ausführliche Würdigung des verstorbenen Dichters von Alfred Kerr, die mit dem Hinweis auf die Todesnachricht in der Unterhaltungsbeilage einsetzt: „Die Zeitungsnachricht trifft ein".[2] Dieser Publikationsort eines Nekrologs im klassischen Feuilletonteil der Tageszeitung, dem zwei weitere Teile folgen sollten – mit jeweils drei Tagen Abstand zu den Ereignissen – ist programmatisch zu verstehen und setzt damit bewusst einen Kontrapunkt zu der dürren Todesmeldung der Zeitung. Denn Kerr überführt mit diesem Nachruf die regelgeleitete, strenge Form des Nekrologs in die der leichten Unterhaltung, der Plauderei unter dem Strich, wie sie Karl Kraus mit Blick auf Alfred Kerr in seiner berühmten Streitschrift *Heine und die Folgen*[3] einige Jahre später seiner vernichtenden Kritik unterziehen sollte. Im Feuilleton habe Heine, heißt es dort, der „deutschen Sprache so das Mieder gelockert, daß heute alle Kommis an ihren

1 Vgl. die Abbildung in der *Illustrierten Unterhaltungs=Beilage* in: Der Tag, 26. Mai 1906, Nr. 263, [1]. Die Todesmeldung als Fußnote zu diesem Titelfoto auf der zweiten Seite lautet: „Der am 23. Mai in Christiania [Oslo] verstorbene norwegische Dichter Henrik Ibsen ist am 30. März 1828 in Skien geboren und hat ein Alter von 78 Jahren erreicht. Er widmete sich anfangs dem Apothekerberuf in Grimstad, studierte dann in Christiania Medizin, war gleichzeitig schriftstellerisch tätig und verließ bald das medizinische Studium, um sich ganz der Literatur zu widmen. 1850 veröffentlichte er sein erstes Drama ‚Catilina', 1851 wurde er Redakteur eines politisch-satirischen Wochenblattes und im gleichen Jahre Regisseur und Dramaturg des Theaters in Bergen. 1854 siedelte Ibsen als Leiter des Norwegischen Theaters nach Christiania über, 1864 ging er mit einem Reisestipendium in das Ausland und lebte besonders in Rom, Dresden und München. 1891 kehrte der Dichter wieder in seine Heimat zurück und lebte seitdem zurückgezogen in Christiania".

2 Kerr, Alfred, Ibsens Tod, in: Der Tag, 26. Mai 1906, Nr. 263, [2].

3 Karl Kraus, Heine und die Folgen [1910], in: Karl Kraus, Heine und die Folgen. Schriften zur Literatur, hg. und kommentiert von Christian Wagenknecht und Eva Willms, Göttingen 2014, 77–104.

https://doi.org/10.1515/9783111106472-004

Brüsten fingern“[4] könnten und damit zur „Verschweinung des praktischen Lebens durch das Ornament“[5] beigetragen. Tatsächlich „lockert“ Kerr, wie Kraus am Beispiel des Feuilletons bei Heine richtig beobachtet, dem Nekrolog als Erscheinungsform des Feuilletons hier „das Mieder“, d. h. er befreit ihn aus einer einengenden, überkommenen Tradition und zugleich auch aus der diskursiven Ordnung, die das Sprechen über den Tod, die Toten und den Umgang mit ihnen regelt. Dass das Feuilleton als genuin offene literarische Form für Kerr eine angemessene, wenn nicht sogar die ideale Form für die Auseinandersetzung mit dem Tod in der Moderne darstellt, reflektiert und diskutiert seine Feuilletonfolge auf den Tod Ibsens daher auch auf einer Metaebene, wie noch zu zeigen sein wird. Kerrs Nekrologfolge im Feuilleton muss daher ebenso als Beitrag zum Diskurs über den Tod wie über mögliche Formen des Sprechens über ihn gelesen werden.

So beschreibt Franz Eybl im *Historischen Wörterbuch der Rhetorik* die Funktion der „Funeralrhetorik“, der auch die Form des Nekrologs folgt, als „Teil des gesellschaftlichen ‚discours de la mort‘ (Diskurs vom Tod, M. Vovelle)“ und damit Ausdruck der „jeweiligen politisch-sozialen und religiösen Funktionen des Todes“.[6] Des Weiteren führt Eybl im Artikel „Nekrolog“ aus, dass „das funeralrhetorische Wirkungsziel des Trostes säkularisiert und neu akzentuiert [werde]: Trost resultiert aus dem Fortleben des Verstorbenen im Gedächtnis der bürgerlichen Gesellschaft“.[7] Und Thomas Goetz definiert in seiner Dissertation *Poetik des Nachrufs* die „Praxis der Nekrologie […] als paradigmatische[n] Kern einer Kulturarbeit“,[8] die nicht nur einen aktiven Beitrag zum Diskurs über den Tod, sondern auch säkulare Erinnerungsarbeit leiste und damit zur Konstituierung kollektiver Identität beitrage.[9] Bereits Friedrich Schlichtegroll hatte die Praxis, die Verstorbenen nicht „der allgemeinen todstillen Vergessenheit alles Gewesenen“[10] zu übergeben, sondern sich ihrer mit der Errichtung eines „allgemeinen Todtengarten[s]“[11] zu erinnern, als genuin menschliche Fähigkeit gekennzeichnet – hier allerdings noch mit aufklä-

4 Ebd., 82.

5 Ebd., 81.

6 F.M. Eybl, Lemma „Funeralrhetorik“, in: Historisches Wörterbuch der Rhetorik, Bd. 3: Eup–Hör, hg. von Gregor Kalivoda, Heike Mayer, Franz-Huber Robling und Thomas Zinsmaier, Tübingen 1996, Sp. 478–484, hier: Sp. 478.

7 F.M. Eybl, Lemma „Nekrolog“, in: ebd., Bd. 6: Must–Pop, hg. von Andreas Hettiger, Gregor Kalivoda, Franz-Huber Robling und Thomas Zinsmaier, Tübingen 2003, Sp. 207–210, hier: Sp. 208.

8 Thomas Goetz, Poetik des Nachrufs, Zur Kultur der Nekrologie und zur Nachrufszene auf dem Theater, Wien, Köln, Weimar 2008, 12.

9 Ebd., 26.

10 Friedrich Schlichtegroll, Vorrede, in: ders., Nekrolog auf das Jahr 1790. Enthaltend Nachrichten von dem Leben merkwürdiger in diesem Jahre verstorbener Personen, Bd. 1, Gotha 1791, 1–62, hier: 6.

11 Ebd., 33.

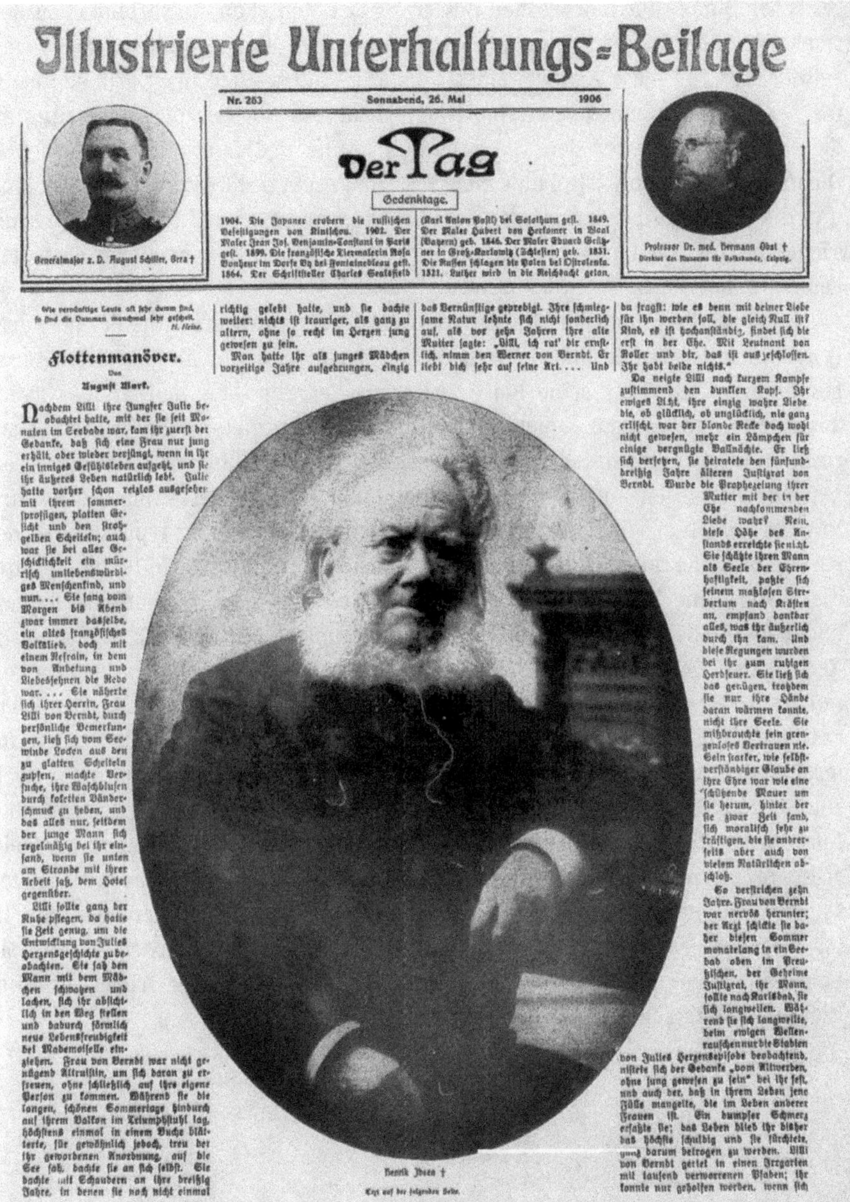

Illustrierte Unterhaltungs=Beilage

Nr. 263 Sonnabend, 26. Mai 1906

Der Tag

Generalmajor z. D. August Schiller, Gera †

Professor Dr. med. Hermann Obst †
Direktor des Museums für Völkerkunde, Leipzig.

Gedenktage.

1904. Die Japaner erobern die russischen Befestigungen von Kintschou. 1902. Der Maler Jean Jos. Benjamin-Constant in Paris gest. 1899. Die französische Tiermalerin Rosa Bonheur im Dorfe By bei Fontainebleau gest. 1864. Der Schriftsteller Charles Sealsfield (Karl Anton Postl) bei Solothurn gest. 1849. Der Maler Hubert von Herkomer in Waal (Bayern) geb. 1846. Der Maler Eduard Grützner in Groß-Karlowitz (Schlesien) geb. 1831. Die Russen schlagen die Polen bei Ostrolenka. 1521. Luther wird in die Reichsacht getan.

Wie vernünftige Leute oft sehr dumm sind,
so sind die Dummen manchmal sehr gescheit.
H. Heine.

Flottenmanöver.

Von
August Mark.

Nachdem Lilli ihre Jungfer Julie beobachtet hatte, mit der sie seit Monaten im Seebade war, kam ihr zuerst der Gedanke, daß sich eine Frau nur jung erhält, oder wieder verjüngt, wenn in ihr ein inniges Gefühlsleben aufgeht, und sie ihr äußeres Leben natürlich lebt. Julie hatte vorher schon reizlos ausgesehen mit ihrem sommersprossigen, platten Gesicht und den strohgelben Scheiteln; auch war sie bei aller Geschicklichkeit ein mürrisch unliebenswürdiges Menschenkind, und nun.... Sie sang vom Morgen bis Abend zwar immer dasselbe, ein altes französisches Volkslied, doch mit einem Refrain, in dem von Anbetung und Liebessehnen die Rede war.... Sie näherte sich ihrer Herrin, Frau Lilli von Berndt, durch persönliche Bemerkungen, ließ sich vom Seewinde Locken aus den zu glatten Scheiteln zupfen, machte Versuche, ihre Waschblusen durch koketten Bänderschmuck zu heben, und das alles nur, seitdem der junge Mann sich regelmäßig bei ihr einfand, wenn sie unten am Strande mit ihrer Arbeit saß, dem Hotel gegenüber.

Lilli sollte ganz der Ruhe pflegen, da hatte sie Zeit genug, um die Entwicklung von Julies Herzensgeschichte zu beobachten. Sie sah den Mann mit dem Mädchen schwatzen und lachen, sich ihr absichtlich in den Weg stellen und dadurch förmlich neue Lebensfreudigkeit bei Mademoiselle einziehen. Frau von Berndt war nicht genügend Altruistin, um sich daran zu erfreuen, ohne schließlich auf ihre eigene Person zu kommen. Während sie die langen, schönen Sommertage hindurch auf ihrem Balkon im Triumphstuhl lag, höchstens einmal in einem Buche blätterte, für gewöhnlich jedoch, treu der ihr gewordenen Anordnung, auf die See sah, dachte sie an sich selbst. Sie dachte mit Schaudern an ihre dreißig Jahre, in denen sie noch nicht einmal richtig gelebt hatte, und sie dachte weiter: nichts ist trauriger, als ganz zu altern, ohne so recht im Herzen jung gewesen zu sein.

Man hatte ihr als junges Mädchen vorzeitige Jahre aufgedrungen, einzig das Vernünftige gepredigt. Ihre schmiegsame Natur lehnte sich nicht sonderlich auf, als vor zehn Jahren ihre alte Mutter sagte: „Lilli, ich rat' dir ernstlich, nimm den Werner von Berndt. Er liebt dich sehr auf seine Art.... Und du fragst: wie es denn mit deiner Liebe für ihn werden soll, die gleich Null ist? Kind, es ist hochanständig, findet sich die erst in der Ehe. Mit Leutnant von Roller und dir, das ist ausgeschlossen. Ihr habt beide nichts."

Da neigte Lilli nach kurzem Kampfe zustimmend den dunklen Kopf. Ihr ewiges Licht, ihre einzig wahre Liebe die, ob glücklich, ob unglücklich, nie ganz erlischt, war der blonde Recke doch wohl nicht gewesen, mehr ein Lämpchen für einige vergnügte Ballnächte. Er ließ sich versetzen, sie heiratete den fünfunddreißig Jahre älteren Justizrat von Berndt. Wurde die Prophezeiung ihrer Mutter mit der in der Ehe nachkommenden Liebe wahr? Nein, diese Höhe des Anstands erreichte sie nicht. Sie schätzte ihren Mann als Seele der Ehrenhaftigkeit, paßte sich seinem maßlosen Sirebertum nach Kräften an, empfand dankbar alles, was ihr äußerlich durch ihn kam. Und diese Regungen wurden bei ihr zum ruhigen Herdfeuer. Sie ließ sich das genügen, trotzdem sie nur ihre Hände daran wärmen konnte, nicht ihre Seele. Sie mißbrauchte sein grenzenloses Vertrauen nie. Sein starker, wie selbstverständiger Glaube an ihre Ehre war wie eine schützende Mauer um sie herum, hinter der sie zwar Zeit fand, sich moralisch sehr zu kräftigen, die sie andrerseits aber auch von vielem Natürlichen abschloß.

So verstrichen zehn Jahre. Frau von Berndt war nervös herunter; der Arzt schickte sie daher diesen Sommer monatelang in ein Seebad oben im Preußischen, der Geheime Justizrat, ihr Mann, sollte nach Karlsbad, sie sich langweilen. Während sie sich langweilte, beim ewigen Wellenrauschen nur die Stadien von Julies Herzensepisode beobachtend, nistete sich der Gedanke „vom Altwerden, ohne jung gewesen zu sein" bei ihr fest, und auch der, daß in ihrem Leben jene Fülle mangelte, die im Leben anderer Frauen ist. Ein dumpfer Schmerz erfaßte sie; das Leben blieb ihr bisher das Höchste schuldig und sie fürchtete, ganz darum betrogen zu werden. Lilli von Berndt geriet in einen Irrgarten mit tausend verworrenen Pfaden; ihr konnte nur geholfen werden, wenn sich

Henrik Ibsen †

Text auf der folgenden Seite.

Abb. 1: Der Tag. Illustrierte Unterhaltungs=Beilage, 26. Mai 1906, Nr. 263

rerischer Didaxe zur moralischen Besserung des Menschen am vorbildlichen Beispiel. Kerr übernimmt mit seinen Nachrufen auf Ibsen im Feuilleton der Tageszeitung *Der Tag* diese Aufgabe eines säkularen Totengedenkens. Darüber hinaus trägt er in seinem feuilletonistischen Nachruf auf Ibsen die Auseinandersetzung um die Diskurshoheit über den Tod zwischen Kirche und Literatur, Priestern und Dichtern aus und entwirft damit nicht nur die Regeln des Diskurses über den Tod und die Funktion des Sprechens über ihn neu, sondern schafft auch die Voraussetzungen für die Etablierung des Genres in einem neuen medialen Ort: dem Feuilleton der Tagezeitung.[12]

Die drei Texte auf den Tod Ibsens folgen der typischen Ästhetik von Kerrs Feuilletons; der zweite und dritte bedienen darüber hinaus die Form des Reisefeuilletons, wenn Kerr seine Reise zu Ibsens Begräbnis als touristisches Event ausgestaltet, um so ganz nebenbei der Unterhaltungsfunktion des Feuilletons gerecht zu werden, indem er die Gelegenheit zur Übermittlung von Reiseimpressionen aus Norwegen an das geneigte Lesepublikum der Tageszeitung nutzt. Ihre formale Gestalt erhalten die Texte aus der für Kerrs Feuilletons typischen Gliederung in einzelne unterschiedlich umfangreiche, durchnummerierte Textabschnitte, die jeweils eine in sich abgeschlossene erzählerische oder thematische Einheit bilden und so dem unverwechselbaren assoziativ-expressionistischen Individualstil Kerrs folgen. Dazu schwelgen sie in einem überbordenden Bilderreichtum, arbeiten mit assoziativen Sprüngen, thematischen und stilistischen Gegensätzen oder überraschenden Ellipsen. Die einzelnen Textabschnitte wie die Texte selbst stehen untereinander in einem kunstvollen, mehr oder weniger offen sichtbaren Verweisungs- und Beziehungszusammenhang und behaupten so als hochverdichtete Kurzprosatexte einen Kunstanspruch. Sie entwickeln in einem Dreierschritt ein säkulares Narrativ von den letzten Dingen, das im vorbildlichen Sterben als letzter selbstbestimmter Handlung des Menschen in „Ibsens Tod“ seinen Anfang nimmt, in „Ibsen-Dämmerung“ den kurzen Zeitraum menschlicher Zwischenexistenz als Leichnam gestaltet, um mit der Beobachtung fremdbestimmter Trauer- und Begräbnisrituale in „Ibsens Grabfahrt“ zu schließen.

12 Zur Bedeutung der „medialen Präsentationsformen“ für die Gestalt des Nachrufs auch: Ralf Georg Bogner, Der Nachruf als literarische Gattung, Möglichkeiten und Grenzen einer Definition, in: Textsorten deutscher Prosa vom 12./13. bis 18. Jahrhundert und ihre Merkmale. Akten zum internationalen Kongress in Berlin, 20. bis 22. September 1999, hg. von Franz Simmler, Bern u. a. 2002, 42.

2 Ibsens Tod

In seinem ersten Feuilleton auf „Ibsens Tod“ folgt Kerr den beiden zentralen Aufgaben des Nekrologs, der *lamentatio* (Klage) und *laudatio* (Lob), wenn er in seiner *lamentatio* das Konzept eines vorbildlichen Sterbens für die Gegenwart – verbunden mit der Definition des Todes und seiner Bedeutung in der Moderne – entfaltet, um mit der klassischen Form der *laudatio* auf den Verstorbenen zu schließen. Gegen das Ewigkeitsversprechen der Religion verkündet der Nekrologschreiber deshalb zunächst das *factum brutum*, den unabänderlichen Tod Ibsens, „daß seines Wirkens ein Ende bleibt in Ewigkeit; daß alles, was wir an Blutkörpern, Gebein, Nerven, Beseeltheit zusammenfaßten unter seinem Namen, von nun an gewesen ist, in Ewigkeit.“[13] Damit formuliert er im Bild des körperlichen Zerfallsprozesses, barocke Allegorien des *memento mori* variierend, unmissverständlich seine Vorstellung von der Bedeutung des Todes als einem physiologischen Geschehen. Die *lamentatio* poetisiert, an diese Definition des Todes anschließend, das Sterben als letzten selbstbestimmten Akt menschlichen Handelns. Dazu entwirft Kerr ein Modell vorbildlichen Sterbens entsprechend einer langen Tradition literarischer Präfigurationen seit Christian Fürchtegott Gellerts Roman *Leben der Schwedischen Gräfinn von G****.[14] Für die Gegenwart konzeptualisiert Kerr Sterben als Arbeit, die analog zu Max Webers protestantischer Werkethik von einer ‚Sterbeethik‘ motiviert und geleitet werde, nach der das selbstbewusste Individuum sein Lebenswerk zum Abschluss bringt: „Dann steigt er ins Bett und in den Sarg“ (IT, 133). Die Tugendgebote dieser Sterbeethik lauten: „In Pünktlichkeit sterben!“ und „In Ordnung sterben!“ (IT, 133) Dieses säkulare, rationalistische Todesideal verknüpft Kerr in einer gewagten Konstruktion mit zeittypischen ethnifizierenden Vorstellungen von Volkscharakteren und -mentalitäten. So bewegt er sich hier im mythologisch überhöhten Sumpf einer um 1900 zunehmend an Popularität gewinnenden nordischen Ideologie, wenn er Ibsen als „Wikinger seines Stammes“ (IT, 132)[15] klassifi-

---

13 Alfred Kerr, Ibsens Tod, in: Werke in Einzelbänden, Bd. IV: Sucher und Selige, Moralisten und Büßer, Literarische Ermittlungen, hg. von Margret Rühle und Deborah Vietor-Engländer, Frankfurt/Main 2009, 132–137, hier: 132. Künftig im fortlaufenden Text mit der Sigle IT und Seitenzahl zitiert.

14 Christian Fürchtegott Gellert, Gesammelte Schriften. Kritische, kommentierte Ausgabe, hg. von Bernd Witte, Bd IV: Roman, Briefsteller, Leben der Schwedischen Gräfinn von G***. Gedanken von einem guten deutschen Briefe, nebst einer praktischen Abhandlung von dem guten Geschmacke in Briefen, Berlin, New York 1989. In diesem Roman sterben die zentralen männlichen Protagonisten alle einen extensiv ausgestalteten vorbildlichen, allerdings noch im Glauben auf ein Jenseits bezogenen Tod.

15 Nach Deborah Vietor-Engländer hatte Kerr seinen Kranz für den Verstorbenen mit eben dieser Adressierung versehen: „‚Einen großen Wikinger‘ nannte ihn Kerr und ließ das Wort auf die

ziert, ihn sodann nach den Diskursregeln der Rassentheorie den „Germanen“ zuschlägt, die sich wie ihre deutschen Vertreter durch ein besonderes Arbeitsethos auszeichneten:

> Ein pünktlicher Germane. […] In Schönheit sterben ist schwer (zumal für Nordländer). Aber in Ordnung sterben – das ist ihre Schönheit. Sombart hält die Ordnung für den Grundzug der germanischen Völker; hat er nicht recht, bis in den Tod? Goethe stirbt, wie er den Schlußpunkt hinter „Faust“ gesetzt. Richard Wagner stirbt, als das Lohengrinmotiv im „Parsifal“ wiederkehrt und dieser zweite Ring geschlossen ist. Der Norweger Ibsen gibt im Schlußwerk den Schlußgesang eines Todgefaßten an die Erde. […] Auf deutsch: Frieden, Frieden, Frieden. (IT, 132–133)

Mit Goethe, Wagner und Ibsen begründet Kerr hier eine eigenwillige, im Kontext der späteren historischen Entwicklungen nicht unproblematische nordische Typologie vorbildlich Sterbender für die Moderne, die nahezu ungebrochen vorgetragen wird.

Im Anschluss kommt Kerr der von Eybl formulierten Aufgabe der Funeralrhetorik in seinem Nekrolog nach, wenn er, der rhetorischen Figur der *laudatio* folgend, die Bedeutung des Verstorbenen in der Gegenwart wie für die Zukunft konstruiert und damit seinen Nachruhm begründet, um schließlich in der poetischen Erinnerung ein individuelles Ritual des Totengedenkens zu zelebrieren. Kerr sieht seine Aufgabe dabei in Konkurrenz zur Kirche nicht darin, Ewigkeit für den Toten selbst, sondern vielmehr seinem Andenken zu stiften. Denn Ewigkeit stiftet nicht die Religion, sondern nur die Literatur im Andenken an den Verstorbenen, so der zentrale Subtext von Kerrs funeralrhetorischem Feuilleton, wenn er, mit dem Begriff der Ewigkeit spielend, fragt: „Wer war der Mann? Ein Meister, der die Kenntnis vom Menschen erweitert hat. Und der den Ewigkeitszug in sich trug“ (IT, 133).

Kerr zieht in den folgenden Abschnitten alle Register seiner frühexpressionistischen Kritikerkunst, indem er in der Rhetorik eines kraftvollen Vitalismus die Lebendigkeit und Wirkkraft von Ibsens Werk gegen den Tod seines Schöpfers ausspielt. In sich überbietenden Superlativen feiert er dessen Werk in seiner Bedeutung für seine Zeit und alle künftigen Zeiten, wenn er ihn als „Symbol dieses empirischen Zeitalters […], Vollender, Formelschöpfer, Gleichnisformer“: als „ein[en] Urbild-Former […] groß wie Dante“ (IT, 133–134), einen „Priester für Ungläubige“ einer neuen „Religion der Gefestigt-Hoffnungslosen“ (IT, 136) feiert. Kerr ernennt Ibsen nach dem Bedeutungsverlust der monotheistischen Religionen damit zum Gründervater einer neuen diesseitigen Religion ohne Gott, deren Medium die

---

Kranzschleife drucken.“ Deborah Vietor-Engländer, Alfred Kerr. Die Biographie, Reinbek bei Hamburg 2016, 184.

Literatur sei: „Gretchen und Faust enden im christlichen Olymp; ein Akt der Begnadigung erfolgt. Ibsen schloß das Lebenswerk mit einem positiven Akt der Verneinung“ (IT, 136).

Mit diesem Feuilleton, das die kurze Nachricht vom Tod Ibsens in der Beilage der illustrierten Zeitung *Der Tag* um eine eingehende Würdigung von Person und Werk auf dem Hintergrund grundsätzlicher Reflexionen über das Sterben und den Tod ergänzt, hatte Kerr seine Aufgabe als Nekrologschreiber im klassischen Sinne bereits mehr als erfüllt. Anschließend fährt er zu Ibsens Beerdigung nach Kristiania (Oslo)[16] und nutzt diese Gelegenheit, um seinem Nachruf zwei weitere Texte zum Andenken des Dichters in Form von Reisefeuilletons folgen zu lassen und erweitert so den klassischen Nekrolog zum literarischen Totengedenken als Feuilleton.

3 Ibsen-Dämmerung

Kerrs Reise nach Kristiania stellt ein Meisterstück der kleinen Prosa in der Tradition der Reisefeuilletons dar, wie sie Heinrich Heine mit seinen *Briefen aus Berlin*[17] 1822 begründet hatte. Virtuos spielt Kerr mit verschiedenen Formen und Stilen vom journalistischen Bericht bis zur literarisch-allegorischen Reise, mischt verschiedene Formen und nimmt zum Teil abrupte Stilwechsel vor. So gestalten die beiden Feuilletons die Zeit zwischen Tod und Begräbnis als unheimlichen Schwellenraum, der sich zwischen dem Tod als Ende des Lebens und der Überführung ins Grab als dauerhaftem Aufenthaltsort des toten Körpers ausdehnt.

Der Mittelteil des zweiten Textes, „Ibsen-Dämmerung“ (II, III und IV), über seinen Besuch im Trauerhaus ist ganz in einem sachlich-journalistischen Reportagestil gehalten, der anschaulich das Aussehen des Toten, die Einrichtung der Wohnung mit Musik- und Arbeitszimmer nebst Blick aus dem Fenster auf den gegenüberliegenden Park und das nüchtern-moderne Mietshaus, in dem Ibsen neben anderen Mitbewohnern lebte, dem Leser vor die Augen stellt:

> Ein steinerner unwirtlicher Treppenflur mit gußeisernen Beitaten wie vielleicht im Durchschnittshaus einer Provinzstadt […]. Seltsam, wenn man die ersten Steinstufen durch das Tor

16 Ob Kerr bereits im Auftrag der Zeitung *Der Tag* gereist ist, lässt sich leider nicht mehr klären. Deborah Vietor-Engländer berichtet, dass Kerr diese Reise wohl aus eigenem Antrieb unternommen habe und neben dem offiziellen Vertreter der Deutschen Bühnengenossenschaft, Theaterdirektor Siegmund Lautenburg, der einzige deutsche Vertreter bei dem Begräbnis gewesen sei. Vgl. Vietor-Engländer, Alfred Kerr, 184.

17 Heinrich Heine, Briefe aus Berlin, in: Historisch-kritische Gesamtausgabe der Werke, Bd. 6: Briefe aus Berlin, Über Polen, Reisebilder I/II (Prosa), bearbeitet von Jost Hermand, Hamburg 1973, 7–54.

> hinaufgegangen ist, meldet eine Bewohnertafel neben den Namen der anderen als Insassen des zweiten Stockes Dr. Henrik Ibsen.[18]

In der Betrachtung des Toten, der noch als Leichnam physisch präsent, aber bereits als Person abwesend ist, in diesem „Paradox von An- und Abwesenheit"[19] wird der Schrecken des Todes, seine Unfassbarkeit und Sinnlosigkeit, eingefangen und ausgestellt, die dem Betrachter stellvertretend für sein Lesepublikum auszuhalten aufgegeben ist. Kerr reflektiert diese Situation als etwas „Seltsames und niemals zu Vergessendes" des unwiederbringlichen Verlustes: „Das war der Mann, der alle diese Schauer geweckt hatte" (ID, 138). Diese Konfrontation mit dem toten Körper muss der Nekrolog, so die Forderung nach einer Form des Trostes – rhetorisch *consolatio* –, in ihrer verstörenden Wirkung auffangen. Dies geschieht bei Kerr in einem Akt der Ästhetisierung der Leiche, ihrer Überführung in Schönheit, nachdem Kerr zunächst eine Tabuverletzung begangen hatte, wenn er schamlos den Zustand und das Aussehen der sechs Tage alten Leiche ausstellt:

> Und er sah aus wie im Leben, nach den Bildern, nur etwas wächserner. Am Kinn war ganz wenig von einem violett-purpurnen Streifen sichtbar. Auch schien die linke Seite des Antlitzes ermüdeter; erloschener; dort, wo das stärkste Licht auf sein zugedrücktes Auge fiel; man sah ihm seine achtundsiebzig Jahre an, wenn man an diese Stelle trat. [...] Er trägt im Tode seinen schwarzen Rock, der ihm etwas weit geworden scheint. Der Mann ist körperlich nicht groß, der Bauch ein wenig stark. (ID, 138)

Die Brutalität dieser schonungslosen Beschreibung der Leiche, die vor der Darstellung des Hässlichen nicht zurückschreckt, lässt Kerr allerdings nicht so stehen, sondern nimmt ihr mit der bruchlos daran anschließenden Deutung des Gesehenen die Härte, indem er die disparaten Einzelbeobachtungen zum Bild der schönen Leiche verklärt, der er „Haltung" und „eine Schweigen werdende Ruhe" (ID, 138) zuschreibt. Diese „strenge[] Schönheit" (ID, 139) nimmt dem Tod im Akt seiner ästhetischen Überhöhung den Stachel und stiftet Trost: „Auch der Zuschauer hat nicht weich zu werden; aber der Anblick einer so strengen Schönheit packt an sein Herz, erschütternd und festigend" (ID, 138–139). Gegen die Tröstungsangebote der Religion gerichtet, wie Kerr in seinem Kommentar anmerkt, deutet er hier den Tod nicht im theologischen Sinn als „‚Vollendung'" des Lebens, sondern als „Aufhören", als „versteinende[n] Schlaf" (ID, 138).

---

18 Alfred Kerr, Ibsen-Dämmerung, in: Werke in Einzelbänden, Bd. IV, 137–142, hier: 140. Künftig im fortlaufenden Text mit der Sigle ID und Seitenzahl zitiert.

19 Goetz, Poetik des Nachrufs, 12.

Zu diesem nüchternen Bericht im zweiten Teil steht die dem Besuch im Totenhaus vorgeschaltete Reise mit dem Schiff über die Ostsee in deutlichem Kontrast, die Kerr als *rite de passage* im Sinne van Genneps[20] bzw. als Hadesfahrt inszeniert und dabei mythologische Erzählungen von der griechischen Antike bis zur nordischen Sagenwelt zitiert und eklektisch mischt:

> Zwei Tage lang, zwei Nächte lang fuhr ich über weite kimmerische Gewässer. Als es höher nach Norden ging, schwieg der Regen, und die weißgraue Flut wurde grüner. Die Fläche verengt sich. Waldgebirg und Inseln … Eine Art Stille bricht an. Und in einer der hellen Nächte, bei ganz fahlem Himmel, daß man um elf Uhr lesen kann, hält das Schiff vor dieser Stadt, in welcher der Leichnam Ibsens liegt. (ID, 137)

Schon der Titel „Ibsen-Dämmerung" spielt mit Wagners *Götterdämmerung* auf den dieser Oper zugrundeliegenden Nibelungenstoff an, mit dem Kerr den Mythos als literarische Erzählung der Religion gegenüberstellt. Dem toten Dichter wird in diesem Kontext nordischer Mythenerzählungen eine herausragende – metaphorisch gesprochen gottähnliche – Rolle innerhalb der Literaturgeschichte und damit ein Platz im *Pantheon* der europäischen Kulturgeschichte zugewiesen. An diesen Stoff nordischer Mythenerzählungen und nordischer Geschichte schließt dann eine von Kerrs vielen – scheinbar völlig zusammenhanglosen – feuilletonistischen Abschweifungen an, mit der er in der Rolle des Norwegenreisenden über den Besuch einer touristischen Attraktion plaudert. Tatsächlich steht diese Episode in einem unmittelbaren Zusammenhang zu dem zentralen Thema kultureller Vorstellungen über den Tod, Totenkulte und Begräbnisrituale.

So gestaltet Kerr vermutlich seine Besichtigung des 1880 ausgegrabenen Gokstad-Schiffs aus dem 9. Jahrhundert und nicht des jüngeren Fundes, des 1904 aufgefundenen sogenannten Oseberg-Schiffs,[21] zum anschaulichen Bericht über Bestattungsrituale der Wikinger aus, wenn er den in einem reich ausgestatteten Schiff bestatteten Wikinger in einem imaginären Dialog wieder verlebendigt. Dabei unterstellt er dem starken, unerschrockenen Helden, der als Seefahrer auf allen Weltmeeren zuhause war, dass er nicht an Götter und ihren Sitz in Walhall geglaubt habe: „Sie haben ihm allerhand Sachen ins Grab gestülpt für den Gebrauch in Walhall. Aber ich schließe jetzt nicht mehr daraus, daß der Mann selber hieran geglaubt hat. […] Der Prachtkerl hat vielleicht nur an seine Fahrten geglaubt" (ID, 142). In diesem Aperçu entwirft der Feuilletonist für seine Leserinnen und Leser

---

20 Arnold van Gennep, Übergangsriten [1908], übers. von Klaus Schomburg und Sylvia Schomburger-Scherff, Frankfurt/Main, New York 1999.

21 Denn in diesem Schiff wurden das Skelett einer Frau und Teile eines weiteren weiblichen Körpers gefunden, wie bereits unmittelbar nach dem Fund klar wurde. Vgl. Nina Nordström, Die Junge, die Alte und das Wikingerschiff, in: Archäologie in Deutschland 26 (2010), H. 1, 28–30.

eine kleine Kulturgeschichte des Todes in unterhaltender Form: Bei Kerr werden die Wikinger mit ihrem Begräbnisritual, die ihre Toten in prachtvollen Schiffen zur letzten Überfahrt vorbereiteten, zu den Griechen des Nordens. Dem Toten des Gokstad-Schiffs, so die Konklusion aus Kerrs Erzählung, wird wie aktuell dem toten Ibsen durch die Kirche noch nach dem Tod Gewalt angetan. Für die europäische Kulturgeschichte konstatiert der Feuilletonist damit eine unheilvolle Kontinuität im Umgang mit dem Tod, die in der Aneignung des Toten für fremde Ziele besteht. So macht Kerr nach dem Besuch bei Ibsens Sohn Sigurd, der ihm den Ausschluss der Familie aus der Trauerfeier eröffnet hatte, angesichts des für seinen Gang nach Walhall ausstaffierten Wikingerhäuptlings deutlich, dass es sich hier um eine „Vergewaltigung" (ID, 142), um eine kulturelle Appropriation handelt, die bis weit in die europäische Geschichte zurückreicht und bereits, wie das Wikingerbeispiel zeigt, in frühen Vorzeiten allgemeine Praxis war. Als ein weiteres Beispiel für diese kulturellen Übergriffe führt Kerr Baruch de Spinoza an, der als Jude in einem „protestantischen Gotteshause" (ID, 141) in Den Haag ruhe. Nur die Gesellschaft der Brüder de Witt auf dem protestantischen Friedhof, die bei der Auseinandersetzung mit Wilhelm III. von Oranien durch eine aufgestachelte Menge grausam ermordet wurden, mache diesen Akt der Appropriation, den Kerr als „Begriffsverwirrung" (ID, 141) bezeichnet, erträglicher.

Hinter der feuilletonistischen Plauderei über die neueste Sehenswürdigkeit von Oslo und den Ausflug in die europäische Geschichte des 17. Jahrhunderts verbirgt sich Kerrs Kritik an dem von der protestantischen Kirche angemaßten Recht auf alleinige Zuständigkeit für den Tod und die Toten. Ähnlich wie Heine in seinen *Briefen aus Berlin* weist er auf diese Funktion seines Besuchs des Wikingergrabs hin, wenn er die Publikumserwartung auf eine genaue Schilderung der kostbaren Grabbeigaben trotz vorheriger Ankündigung – „Und in jedem Fall will ich hier noch schildern, was dem Wiking in die Gruftkammer gelegt worden ist" (ID, 142) – durch bewusste Unterlassung enttäuscht. Mit demselben rhetorischen Schachzug hatte Heine gegen Publikumserwartungen auf leichte Unterhaltung verstoßen und die belanglose Plauderei im Feuilleton reflektiert, als er im Sommer 1822 über das zentrale Gesellschaftsereignis, die Prinzessinnenhochzeit, nähere Auskünfte verweigerte und seine geneigten Leserinnen und Leser auf die Berichterstattung der Konkurrenzblätter verwies: „Die ausführliche Beschreibung der Hochzeitsfeierlichkeiten selbst lasen Sie gewiß schon in der Vossischen oder Haude- und Spenerschen Zeitung".[22] Wo Heine seinen Verzicht auf Berichterstattung deutlich als Kritik am oberflächlichen Unterhaltungsstil des Feuilletons akzentuiert, lässt sein Nachfolger Kerr nur noch kommentarlos und beziehungsreich eine Leerstelle.

22 Heine, Briefe aus Berlin, 377–378.

In „Ibsen-Dämmerung" entwirft Kerr das Norwegen der Gegenwart als eine ins Negativ verkehrte Spiegelung des antiken Griechenlands und bezeichnet seine Hauptstadt als „Akropolis im Gespensterland" (ID, 138), die in der Gegenwart von Gestalten aus Ibsens *Gespenstern* und *Rosmersholm* bevölkert werde. Denn auch dem Nekrologschreiber bleibt am Ende nichts anderes übrig, als sich den kirchlichen Regularien für die Beerdigung Ibsens zu unterwerfen:

> Nach Sigurd Ibsens Rat ging ich ins Kultusministerium. Es heißt hier kurz: Ministerium für die Kirche. Ein Regierungsrat [...] versprach mir einen Platz bei der Feier ... wo vielleicht ein Pastor Manders am Sarge dessen spricht, welcher den Pastor Johannes Rosmer und den Rektor Kroll erschaffen hat, zwei langdauernde Gleichnisgestalten. (ID, 142)

Den unbekannten Wikinger, Spinoza, die Brüder de Witt und Ibsen ruft Kerr damit, so der verborgene Subtext des Reisefeuilletons, als Zeugen einer langen Geschichte der Appropriation Andersdenkender und ihrer Unterwerfung unter die Deutungshoheit der Kirche bzw. den machtgestützten Diskurs der Mehrheitsgesellschaft auf.

4 Ibsens Grabfahrt

Mit der dritten und letzten Fortsetzung seines Nekrologs auf den Gründervater der literarischen Moderne, „Ibsens Grabfahrt", die bereits im Titel an das Thema des vorhergegangenen anschließt, setzt er seine Dekonstruktion des religiösen Diskurses fort, wenn Ibsens Begräbnis mit dem der „Himmel- oder Höllenfahrt" entgegensetzten Neologismus von der „Grabfahrt" als „Henrik Ibsens schwarz[e] Spazierfahrt"[23] bezeichnet wird. Bevor die offizielle Zeremonie in Gang gesetzt und nach ihren eigenen Regeln ablaufen wird, scheint die Zeit zwischen Leben, Tod und Begrabensein stillzustehen, die Kerr als ein „Weben und Dämmern in der Luft, das Unbestimmte" (IG, 145) charakterisiert. Dramaturgisch inszeniert er diese Schwellensituation über das retardierende Element seines zweiten Besuchs im Trauerhaus, bei dem er den Toten bereits nicht mehr vorfindet. Stattdessen kann er nur noch die Spuren seines Abtransports im Haus wahrnehmen:

> Auf den Stufen lagen zertretene Blätter, man sah, daß er weggebracht war. [...] Und als die Tür aufging und eine Diakonissin vor mir stand, war ich kaum fähig etwas zu sagen. [...] Es war eine Pflegerin von Ibsens Witwe. Die alte Frau ist erkrankt und hat auch später nicht an der Beisetzung teilgenommen. (IG, 145)

---

23 Kerr, Ibsens Grabfahrt, in: Werke in Einzelbänden, Bd. IV, 143–149, hier: 144. Künftig im fortlaufenden Text mit der Sigle IG und Seitenzahl zitiert.

So die nüchterne Information des journalistischen Berichterstatters und Chronisten. Des Weiteren nutzt der Feuilletonschreiber die gedehnte Zeit vor der Trauer- und Begräbnisfeier, um dem Lesepublikum der Zeitung Kultur und Mentalität des norwegischen Volks näherzubringen. Hier bedient er alle Erwartungen an den Reisejournalismus, wenn er Impressionen über das bunte Treiben in den taghellen sommerlichen Nächten in Oslo ausphantasiert. Als Feier des Lebens fällt der zweite Abschnitt damit merkwürdig aus der düsteren Grundstimmung des Textes heraus und steht in einem deutlichen Kontrast zum vorherrschenden Todesthema. Auch hier zitiert der Feuilletonist ein populäres, aus dem Barock stammendes Bildrepertoire der *vanitas*- und *memento mori*-Vorstellungen, das den Gegensatz von Jugend und Alter, Leben und Tod plastisch als Gegensatz von Eros und Thanatos in die Moderne übersetzt. So schildert Kerr in seiner Rolle des nächtlichen Flaneurs enthusiastisch die „Schönheit" der hellen Osloer Sommernächte, in denen junge „Mädchen" nach der Arbeit „durch die weißen Nächte" schlendern, nachdem sie „ihre Kassen geordnet, ihre Sekretäre geschlossen, ihre Bücher beiseite gelegt, ihre Briefe zur Post gebracht" (IG, 144) haben. Den Entwurf dieser vitalen Szenerie durchzieht eine gedämpfte Erotik, bei der das Weibliche als Allegorie des Lebens Phantasien einer männlichen Leserschaft mit dem Hinweis beflügeln mag: „Die Mädchen schlendern, zu zweien, langsam, hart vor Mitternacht, ohne Nebengedanken. Beschwören kann keiner, was sie denken; denn es sind Mädchen." Ob ihre Gedanken sich in Richtung der „Schiffsleute" am Fjordhafen bewegen, die „Dänisch und Spanisch und Englisch plauschen – im hellen Nachtschein" (IG, 144) und die Kerr in unmittelbare Nachbarschaft zu ihnen auf den Plan treten lässt, bleibt hier beziehungsreich offen.

Die sich anschließende faktengesättigte Schilderung der offiziellen Trauerfeier und der Beerdigung folgt dagegen wieder ganz der journalistischen Informationspflicht, wenn Kerr die anwesenden *VIPs* und die Kranzgeber – unter ihnen namentlich erwähnt Gerhart Hauptmann, Landsmann und wie Kerr ein Verehrer Ibsens – in der Kirche aufzählt sowie den Ablauf der Trauerzeremonie detailliert verfolgt. Erneut nimmt er das sich durch alle drei Texte ziehende Thema des Kampfs zwischen Religion und Literatur um die Diskurshoheit über den Tod und den institutionalisierten Umgang mit ihm wieder auf: „Aber es bleibt nicht aus der Welt zu schaffen, daß hier ein Eingänger, ein Kämpfer, ein Selbständiger, in dem Augenblick, wo er wehrlos geworden war, in Bezirke geschleppt wurde, die er nachdrücklich verlassen hatte" (IG, 146). Zur argumentativen Absicherung dieses Statements schließt Kerr die Anekdote von Ibsens letzten Worten an, mit denen er sich gegen die Deutung seines Zustands als Weg der Genesung auf Norwegisch mit „tvermod!", deutsch „Gerade nicht!", „Im Gegenteil!", gemeldet haben soll. Diesen „Protestruf" legt er nun dem Toten im Sarg als Kommentar zu der kirchlichen Zeremonie des

Pastors Bruuns in den Mund: „Er wird noch bei manchem Wort Christopher Bruuns im Sarge ‚tvermod!' gerufen haben" (IG, 146).

Kerrs Nekrolog und die sich anschließende Reise im Feuilleton der illustrierten Tageszeitung *Der Tag* führen, so ist abschließend festzustellen, einen Kampf um die Deutungshoheit über den Tod, die kulturellen Routinen und Rituale des Umgangs mit ihm und spielen die Literatur als eine andere Form der Trauerarbeit im Totengedenken gegen das kirchliche Monopol aus. Dies illustriert anschaulich die letzte Episode. So besucht der Verfasser im Nationaltheater nach dem offiziellen Begräbnis eine improvisierte Aufführung des *Peer Gynt*, die in eine magische Vergegenwärtigung des Verstorbenen mündet, indem auf der Bühne die überlebensgroße Büste Ibsens, „seltsam hart beleuchtet" (IG, 149), ausgestellt wird. Diese Inszenierung hat ihr Vorbild in den vielfältigen Schiller-Gedenkfeiern, die der ersten des Dänen Jens Baggesen auf die falsche Todesnachricht Schillers[24] folgen sollten wie der „Idolisierung und Idealisierung, Monumentalisierung und Ideologisierung Schillers"[25] in Johann Heinrich Danneckers erster posthumer Büste. In Oslo lebt der dem deutschen Nationaldichter kongeniale Norweger in der Aufführung seines Werks weiter und erlangt in der Kunst Unsterblichkeit: „Die Leute standen auf und erbebten. Er sah wieder in sie hinein aus seinen Wikingeraugen, – die sich nie geschlossen hatten" (IG, 149). Mit diesem improvisierten performativen Akt der gemeinsamen Trauer als Vergegenwärtigung des Toten in der Künstlergemeinschaft, die statt der Beerdigung des toten Dichters seine Wiederauferstehung in der Kunst und sein Andenken in der Gemeinschaft feiert, schließt der dritte Teil des Nekrologs:

> In der Nacht waren wir im Theaterfoyer zusammen. Nordische Schriftsteller, ein paar der Fremden, etliche Frauen, ein paar Künstler. Von Zeit zu Zeit schlug einer an sein Champagnerglas und sprach von dem Verstorbenen, jeder in seiner Heimatsprache (IG, 150).

Im Gegensatz zu der homogenen protestantischen Gemeinde der offiziellen Trauerfeier charakterisiert die Künstlergemeinschaft im Nationaltheater ihre Offenheit, Internationalität und Heterogenität. Dass diese andere Toten- und Gedenkfeier, die Autor und Werk als harmonische, untrennbare Einheit konstituiert, nicht nur Ibsen in eine Tradition mit Schiller stellt und so seine Kanonisierung vorbereitet, sondern zugleich auch Identitätspolitik betreibt, indem sie im feierlichen Gründungsakt seiner Nachfolgerschaft zu einer machtvollen kollektiven Selbstinszenierung wird, soll hier nicht unerwähnt bleiben. Denn das identifikatorische Totengedenken ist

24 Rudolf Helmstetter, *You only die twice.* Schillers Tode und Bestattungen, in: Schiller. Gedenken – Vergessen – Lesen, hg. von Rudolf Helmstetter, Holt Meyer und Daniel Müller Nielaba, München 2010, 25.

25 Helmstetter, Schillers Tode und Unsterblichkeiten, in: ebd., 87–122, hier: 91.

nicht frei vom Eigeninteresse des Gedächtniskollektivs, das sich in ihrem Objekt immer auch selbst entwirft, feiert und Bedeutung erlangt.

Damit schließt der Schluss des dritten Teils an den ersten Text an, dessen Bedeutung sich erst durch ihn in seinem gesamten Umfang erschließt: Den endgültigen Tod können nicht die Versprechungen der Religion überwinden, sondern nur das lebendige Andenken an Person und Werk im künstlerischen Akt auf dem Theater, in der Lektüre oder in der literarischen Produktion wie z. B. in Kerrs Nachruf. Dies ist die Botschaft dieser Feuilleton-Nekrologe in Fortsetzungen. Wenn Kerr Ibsen am Ende seines Nekrologs mit Hamlet vergleicht, um den Horatio mit den Worten „und Engelschöre singen dich zur Ruh" trauert, so um diesem unmittelbar danach zu widersprechen, indem er den Trost des Himmels auf die Erde verlagert, wenn er die „Engelschöre" in „Menschenchöre" (IT, 137) verwandelt. Ein solcher Menschenchor, und zwar ein vielstimmiger, zelebriert nämlich ganz irdisch im Nationaltheater von Oslo die Feier des Toten, dem der Nekrologschreiber als Chronist dieses performativen Aktes des Totengedenkens Dauer verleiht.

Kerrs Feuilletons auf Henrik Ibsens Tod und Begräbnis können so als Beitrag zum „discours de la mort" gelesen werden, mit dem er die Deutungshoheit über den Tod und das Monopol über Trauer- und Begräbnisrituale der protestantischen Kirche zunächst kritisch beobachtet und dem hegemonialen Diskurs der Religion in der literarischen Totenfeier ein konkurrierendes, demokratisches Gegenmodell für das ‚empirische Zeitalter' gegenüberstellt. Kerrs Nekrolog in Fortsetzungen nimmt daher den Kampf mit der Kirche auf und behauptet den Anspruch der Literatur – genauer der kleinen Form des Nekrologs im Feuilleton – auf ein säkulares poetisches Totengedenken als kulturelle Praxis in der Moderne. Dass dies auch in umgekehrter Richtung funktioniert, belegt Kerrs Nachruf auf Gerhart Hauptmann zu Lebzeiten, den er in „Hauptmanns Schande" nicht nur totsagt, sondern auch mit einem alttestamentarischen Fluch dem Vergessen überantwortet, nachdem Hauptmann sich mit den Nazis eingelassen hatte: „Sein Andenken soll verscharrt sein unter Disteln; sein Bild begraben in Staub."[26]

Kerrs Nekrologe überführen das klassische Genre in die feuilletonistische Form der kleinen Prosa. Indem sie den Nachruf aus seinem strengen Regelsystem befreien und individualisieren, tragen sie auch zur Wandlung des Diskurses über den Tod und seine Funktion bei. Seine Nekrologe reflektieren und transformieren daher das Genre nicht nur, sondern begründen zugleich eine Poetik des Nekrologs als individuelle (und kollektive), literarische Erinnerungskultur im Feuilleton.

26 Alfred Kerr, Gerhart Hauptmanns Schande (Prager Mittag, 30. Oktober 1933), in: Werke in Einzelbänden, Bd. IV, 258–262, hier: 262.

Literaturverzeichnis

Anonym, Henrik Ibsen, in: Der Tag, 26. Mai 1906, Nr. 263, [1].

Gellert, Christian Fürchtegott, Gesammelte Schriften, kritische, kommentierte Ausgabe, hg. von Bernd Witte, Bd IV: Roman, Briefsteller, Leben der Schwedischen Gräfinn von G***. Gedanken von einem guten deutschen Briefe, Briefe, nebst einer praktischen Abhandlung von dem guten Geschmacke in Briefen, Berlin, New York 1989.

Heine, Heinrich, Historisch-kritische Gesamtausgabe der Werke, 16 Bände, hg. von Manfred Windfuhr im Auftrage der Landeshauptstadt Düsseldorf, Hamburg 1973.

Kerr, Alfred, Ibsens Tod, in: Der Tag, 26. Mai 1906, Nr. 263, [2].

Kerr, Alfred, Werke in Einzelbänden, 7 Bände, hg. von Hermann Haarmann und Günther Rühle, Berlin 1989–2013.

Kraus, Karl, Heine und die Folgen [1910], in: Karl Kraus, Heine und die Folgen. Schriften zur Literatur, hg. und kommentiert von Christian Wagenknecht und Eva Willms, Göttingen 2014, 77–104.

Schlichtegroll, Friedrich, Nekrolog auf das Jahr 1790. Enthaltend Nachrichten von dem Leben merkwürdiger in diesem Jahre verstorbener Personen, 2 Bände, Gotha 1791.

Bogner, Ralf Georg, Der Nachruf als literarische Gattung, Möglichkeiten und Grenzen einer Definition, in: Textsorten deutscher Prosa vom 12./13. bis 18. Jahrhundert und ihre Merkmale. Akten zum internationalen Kongress in Berlin, 20. bis 22. September 1999, hg. von Franz Simmler, Jahrbuch für internationale Germanistik; Reihe A. Kongressberichte, Bd. 67, Bern u. a. 2002, 39–52.

Eybl, F.M., Lemma „Funeralrhetorik“, in: Ueding (Hg.), Historisches Wörterbuch der Rhetorik, Bd. 3, Sp. 478–484.

Eybl, F.M., Lemma „Nekrolog“, in: Ueding (Hg.), Historisches Wörterbuch der Rhetorik, Bd. 6, Sp. 207–210.

Gennep, Arnold van, Übergangsriten [1908], übers. von Klaus Schomburg und Sylvia Schomburger-Scherff, Frankfurt/Main, New York 1999.

Goetz, Thomas, Poetik des Nachrufs, Zur Kultur der Nekrologie und zur Nachrufszene auf dem Theater, Wien, Köln, Weimar 2008.

Helmstetter, Rudolf/Holt Meyer/Daniel Müller Nielaba (Hg.), Schiller. Gedenken – Vergessen – Lesen, München 2010.

Helmstetter, Rudolf, *You only die twice.* Schillers Tode und Bestattungen, in: Helmstetter/Meyer/Müller Nielaba (Hg.), Schiller. Gedenken – Vergessen – Lesen, 23–36.

Helmstetter, Rudolf, Schillers Tode und Unsterblichkeiten, in: Helmstetter/Meyer/Müller Nielaba (Hg.), Schiller. Gedenken – Vergessen – Lesen, 87–122.

Nordström, Nina, Die Junge, die Alte und das Wikingerschiff, in: Archäologie in Deutschland 26 (2010), H. 1, 28–30.

Ueding, Gert (Hg.), Historisches Wörterbuch der Rhetorik, mitbegründet von Walter Jens, 12 Bände, Tübingen 1992–2015.

Vietor-Engländer, Deborah, Alfred Kerr. Die Biographie, Reinbek bei Hamburg 2016.

Literaturverzeichnis

Sabine Eickenrodt

„Kein Anatole France läuft mehr herum …“. Robert Walsers Nekrolog auf einen Nobelpreisträger

„Kein Anatole France läuft mehr herum. O das ist dumm. Frankreich hat einen entsetzlichen Stoß erlitten. Das freut uns sehr.“[1] Diese pietätlos anmutenden Sätze sind einem Mikrogramm-Blatt Walsers (Abb. 1) entnommen, gehören zu den Bleistift-Notaten, die der Schweizer Autor ab Mitte der 1920er Jahre in sein Schreibverfahren[2] integrierte und als Experimentierfeld, als Text-Reservoir für feuilletonistische bzw. literarische Arbeiten nutzte. Dass der Entwurf dieses „Nekrologs“ auf eine Publikation hingedacht war, ist zumindest nicht auszuschließen: Dafür spricht, dass er zunächst mit der – dann durchgestrichenen – Überschrift „Ein Beitrag“ versehen wurde und auf eine aktuelle Nachricht reagiert: auf den europaweit betrauerten Tod des französischen Schriftstellers Anatole France, der 1921 für sein Gesamtwerk[3] den Nobelpreis erhalten hatte und am 12. Oktober 1924, ein halbes Jahr nach seinem 80. Geburtstag, in Tours verstorben war. François Anatole Thibault – so sein bürgerlicher Name – galt als ein Markenzeichen der Intelligenz, als legitimer Nachfahre Voltaires: als ironischer Zeitdiagnostiker und als skeptischer Parteigänger der Sozialisten, seitdem er in der Dreyfus-Affäre Position bezogen und auf dem Friedhof von Montmartre eine Grabrede für Zola gehalten hatte.[4]

---

1 Das Mikrogramm 264r/II wird zitiert nach der Kritischen Ausgabe sämtlicher Drucke und Manuskripte [künftig abgekürzt unter der Sigle KWA], VI/1: Mikrogramme 1924/25, hg. von Angela Thut, Christian Walt und Wolfram Groddeck, Basel, Frankfurt/Main, 109–111, hier: 110. – Die zitierten Sätze des „Nekrologs“ (Abb. 3) werden durch Angabe der Zeilen im laufenden Text nachgewiesen (hier: 6–7). – Weitere Texte Walsers in den Bänden der KWA unter Angabe von Abteilung, Band, Seite. – Ich danke den Herausgebern, insbesondere Herrn Dr. Christian Walt, für die freundliche Abdruckerlaubnis der Transkription.

2 Zum zweistufigen Schreibverfahren Walsers siehe Christian Walt, Improvisation und Interpretation. Robert Walsers Mikrogramme lesen, Frankfurt/Main, Basel 2015. Walt geht davon aus, dass die Mikrographie Walsers als „zur Publikation von Texten führende poetische Produktionsanordnung […] tatsächlich erst gegen Ende 1924 ‚wirksam‘ geworden zu sein“ schien (ebd., 19). Dies entspricht der Datierung des „Nekrologs“.

3 Die Tetralogie der *Histoire contemporaine* waren 1920/21 in deutscher Übersetzung unter dem Titel *Romane der Gegenwart* im Musarion-Verlag München erschienen: *Die Ulme am Wall* [*L'Orme du mail*, 1897]; *Die Probierpuppe* [*Mannequin d'osier*, 1897]; *Der Amethystring* [*L'Anneau d'améthyste*, 1899]; *Professor Bergeret in Paris* [*M. Bergeret à Paris*, 1901].

4 Hierzu Albert Gier, Der Skeptiker im Gespräch mit dem Leser. Studien zum Werk von Anatole France und zu seiner Rezeption in der französischen Presse 1879–1905, Tübingen 1985, 256–278.

https://doi.org/10.1515/9783111106472-005

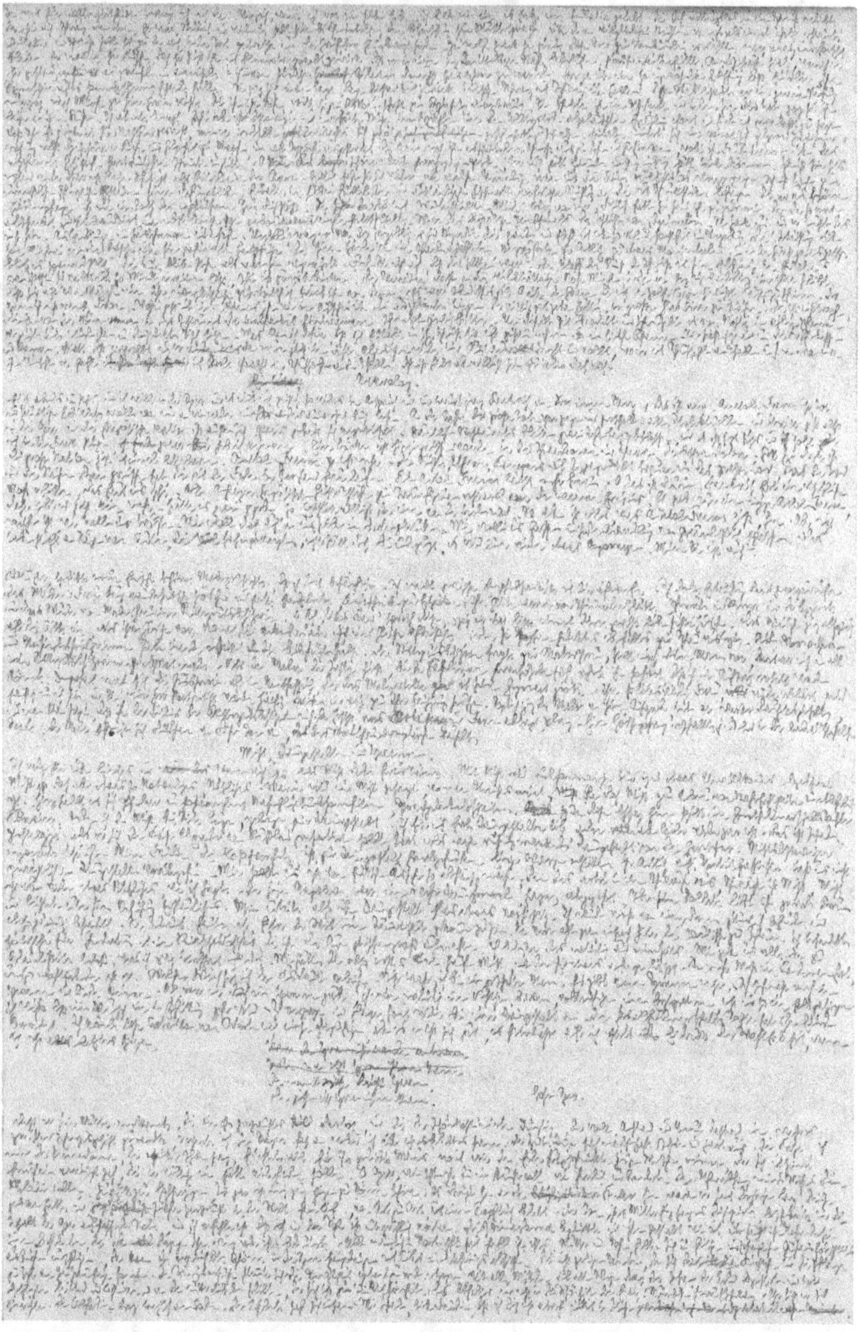

Abb. 1: Robert Walser, Mikrogramm 264r

In was für Differenziertheiten wage ich mich da. Verzeih, wenn ich vor mir selber bebe. Ich bilde mir ein, es habe eine Eulalia gelebt, die sich rettungslos in einen Schmiß verliebte, d[er]*en* sie auch Schranz nannten. Er war Student und widmete [¿]*all* sein bischen Inteligenz der Erforschung seiner Muttersprache, über deren vielgliedrigen Reichtum er mehr als einmal ehrlich erstaunte Eulalia und Schmiß sollen sich ja dann auch in der Tat zeitweise um den Greifensee herumbewegt haben. Zu welchem Zweck sie gerade diesen See zur Umbum̄elung erwählten, mag ewig unerforscht bleiben. Er wollte sie küssen, doch sie stieß ihn mit ⸢Elementargewalt zurück, daß er in einen in [de]*un*mittelbarer Nähe befindlichen strebsamkeitserfüllten Ameisenhaufen fiel, wonach er ihr gestand, ~~er sei~~⸢wie es gramsele und ameisele in ihm von sündigen ~~Hauslehr~~[er]Gedanken, demnächst Hauslehrer zu werden. Erregt über eine so ungewöhnliche Eröffnung ließ Eulalia ihren Sonnenschirm auf's sonnenbeschienene Gestade fallen. Sie zog sich in eine lange, lange Einsamkeit zurück, inde[ß]*ss*en Schranz mit Schwung über Holland, dessen Städtlichkeiten er einer genauen Prüfung unterzog, nach München zu seiner Herrin reiste, die ihm ihre Söhne, will sagen Abkom̄enschaft zur [Be]*Er*ziehung anvertraute. Sie schenkte ihm eine Uhrkette, und indem sie dies tat, zog sie ihn leise an ihren Busen. Ich atmete bewegt, fahre aber nichtsdestoweniger mit un[¿¿]*erhö*rter Ruhe im Erzählen meiner dem Alltagsleben abgelauschten Erzählung fort und finde mich veranlaßt zu sagen daß Schmiß jedesmal sein Nachthemd zerriß, wenn er in demselben ~~gesch~~ des Nachts sich genötigt ~~sah zu schwitzen~~ gesehen hatte zu schwitzen. Eulalia mietete sich eine romantisch gelegene Zweizim̄erwohnung nebst dazugehöriger Küche und Gelegenheit zu Waschen, um auf Teppichen ausgestreckt die Arme nach ihrem entschwundenen Schmiß auszudehnen und zu strecken, wobei ihr Freudentränen über das abgehärmte Gesichtchen herabrutschten schim̄erten und glitten. O ~~Perlen~~ [¿¿]*aus* ⸢~~beengter~~ schöner Seele hervorgegangene Perlen, wer euch hätte sam̄eln und Zug um Zug hätte trinken können. Schmiß seinerseits empfand an der Isar nicht weniger Sehnsucht als Eulalia an der Aare. Endlich sahen sie sich wieder, aber welche Veränderungen waren über die Beiden rücksichtslos weggegangen. Schmiß langte zum unermeßlichen [¿]*sch*merzlichen [¿]*Er*staunen seiner daheimgebliebenen Eulalia in silbern fun[¿]*k*elnder, in ausländischem Geschmack verfertigter Rüstung an, die mit Schmuckstücken behangen, die er aus [den]*sch*önen Händen empfangen, ihr wie ein Dolch das empfindsame [¿]*H*erz durchstieß. [¿]*Sie* ~~schriedt~~ rief mit wutentstelltem Munde: Weg von mir. Freilich hatte sie Grund, ihm zu zürnen, der da so ⸢verantischambret und verboudoirt [und]*man* möchte beinahe sagen verboulevardet einherhandschuhelte. War das Einfältige von Ehemals, der Schlichte von Dazumalien. Sie sank um, und er mußte das mit seinen Auslandsaugen und Hauslehrerarmen mitansehen. Verg[¿]*e*blich rang er vor der vergeblich mit sich Ringenden die Hände und flehte mit ebenso viel Umsonstheit um Vergebung. Die Entrüstung über seine Münchnerei und das Entsetzen über seine ⸢safirroten Handschuhe, die seinen Händen wie eine Schande anhafteten, vergrößerten ihr Antlitz zu etwas Monumentalem und in der Gerechtigkeitsgasse blieb es spannend still, die Leute blieben stehen, als wären sie angewurzelt. Finden Sie nicht auch, daß das seltsam war? Der klaffende Riß, den Schmiß mit seiner Erscheinung in Eulalia's Bewußtsein sich von Minute zu Minute erweitern ließ, schien nicht zu [¿]*ü*berbrücken. Der Verräter dachte an die vielblättrige Rose München. Die in Erz umgewandelte unnahbare Geliebte ließ sich auf keine Mäzchen ein. Ihre unvergleichliche Zugeriegeltheit trieb ihn von dannen. Es war Abendessenszeit. O über den Gram, der mich in solcher Lage hinreißt, lustig zu scheinen. Der arme Schmiß rannte davon. Wohin jetzt mit mir" kam es ihm wie ein Aufschrei über die ausgedörrten Lippen, die vielleicht gut getan hätten, ein großes Glas Bier zu berühren. Die Schweißtropfen, die ihm von der Stirn ~~rannen~~ in das Instrument der Beredsamkeit hineinrannen, schmeckten ziemlich bitter. Um dieselbe Zeit brodelte und schmürzelte es von Rösti in vielen Pfannen Vergnügte Leute würden dann um den gedeckten Tisch sitzen. Was kann ich dafür, daß sich Eulalia und ihr Schmiß sich nicht zusam̄en nahmen und ein bischen besannen. Sie säßen jetzt auch um die Kaffetassen und kannen. [¿]*s*tatt daß sie grollt und er ~~wieder in's~~ von neuem gleich einem ächten Abgewiesenen wieder in's Ausland ~~rollt~~ dampft und rollt[.], wo er mit Schuhsohlen an Schollen u.s.w. wo man ihm wünschte, er hafte ~~mit [d]seinen Sohlen [¿¿]so wie~~ mit [der]*See*le sowohl wie Schuhsohlen an den Schollen. Schmiß findet aber vielleicht seine Eulalia doch noch.

⸢~~Ein Beitrag~~ Nekrolog.⸣

Es ist abends um sechs und ich will in die Oper und es nim̄t mich geistig so vieles in Anspruch und nun trauert ganz Frankreich an ~~Sar~~ einem Sarg[.], [¿¿]*das* ist arg. Anatole France ist tot und sämtliche Gebildeten wollen von nun an nie wieder ein ~~¿¿~~ [¿]*a*ndersautoriges Buch lesen. An der Bahre des großen Toten [za]*ver*zagen und zerschellen alle Intelektuellen, und ich will jetzt also in die Oper und die französische Nation ist außer sich. Paris geberdet sich verzweifelt. Sämtliche Restaurants bleiben zwei Jahre lang geschlossen, und es ist jetzt sechs und ~~ich~~ soll ~~zeit~~ mich in den Frack stürzen, ~~ich habe~~ zwar ~~[I]~~⸢*b*⸣~~ei~~ hab ich keinen. Eine Lücke ist hineingerissen worden in die Schwadronen und Schaaren der besseren Denker. Gott sei Dank ist die große Nation jetzt mit einmal bettelarm. Anatole France ist nicht mehr. Die Stühle, Uhren, Kanapees auf der ganzen Welt trauern um das große Loch, das der Tod in die Reihen derer gerissen hat, die mit der Feder in der Hand herumlaufen. Kein Anatole France läuft mehr herum. O das ist dum̄. Frankreich hat einen entsetzlichen Stoß erlitten. Das freut uns sehr. Alle Anhänger französischen Geistes stehen zu Trauerfiguren erstarrt [¿]*v*or dem enormen Ereignis. Es gab nur einen einzigen Anatole France, daher gibt es jetzt keinen mehr. Hätte es zwei gegeben, so existierte vielleicht der eine von den Beiden noch. So aber ist alles, was Anatole France hieß, hin. Aber nicht wahr nicht, wir wollen uns trösten. Wir wollen doch auch an uns selber ein bischen glauben. Wir wollen uns fassen und jede Anwandlung von Grämlichkeit schassen. Das Leben steht an Särgen von Leuten, die ~~viel~~ hochemporragten, nicht still. Ich bin überzeugt, es wird im̄er wieder etwas [¿]*e*mporragen. Meinen Sie nicht auch?

Kom̄ her, [⸢l]geliebte neue frische schöne Malergeschichte, daß ich dich besänftige. Ich will gewisse Empfindsamkeiten mit dir aufwerfen. Ich denke, Entrüstung damit hervorzurufen Des Maler's Frau trug wunderhübsche Höschen und hatte Handgelenke, Kniescheiben zum Entzücken. Ihre Glieder waren von schim̄ernder Glätte, Schmäle und Reine und da begegnete nun d[ie]*as* Wunder von Malersfrau einer Rittergutsbesitzerin. „Ach, liebes Kind" sprach diese, „zeig mir doch bitte einmal deine gewiß lieben süßen Höschen. Das Weibchen ging alsogleich auf die Bitte ein, wies ihre Höschen vor, wonach die Ackerbäuerin [eines]*sich* eines Gleichen befleißigte, indem sie [⸢Ver]*sorg*sam Gedecktes ebenfalls zur Schau auslegte. Beide Vorweiserinnen und Neugierdebefriedigerinnen fielen einander entzückt [⸢an]*um* die beiderseitigen Hälse. Die Rittergutsbesitzerin sagte zur Malersfrau, stell mich deinem Mann vor, [¿]*d*amit er mich in all meiner Rittergutsbesitzerinnenherrlichkeit male. Als der Maler, der Zahler hieß, beide Höselinnen heranhöseln sah, ahnte ihm sofort, daß ihm ein Auftrag erteilt werden könnte. Imposant warf sich die Gutsherrin auf einen Samtsessel, der das Maleratelier ~~ziert~~ mit seiner Gegenwart zierte. „Ihre so liebenswürdige Frau, ~~erkl~~ wurde erklärt, wird häufig um mich sein, und Sie, mein Herr Porträtist werden häufig darüber ein wenig zu Ihrer Beruhigung seufzen. Sogleich ging der Maler an seine Aufgabe, indem er wacker drauflospinselte, und man kann sagen, daß ihm das Bildnis der Rittergutsbesitzerin in jeder Hinsicht, was [¿]*Fa*rb[au]⸢*e*⸣~~ftrag~~ und Form anbelangt, gelang. Ein Höschengesang erschallte jubelnd in der landwirtschaftlichen Seele. Der Maler schmiegte sich duldsam an diesen Ton an, [das]*und* das Malerfrauenexemplärchen lächelte

⸢Mist, Jam̄ergestalten und Tyrannen.⸣

Ich rede hier über Einiges und ~~wäre das~~ wenn auch nichts als Mist dabei herauskäme. Mit Mist wird unbesonnenerweise im̄er irgend etwas Unwillkom̄enes bezeichnet Mist ist doch aber etwas so Notwendiges, Nützliches. Warum wird nur Mist gesagt, wo man Unnützes meint[.], ~~Mist~~ [is]*d*a doch Mist zum Anbau von Nahrhaftigkeiten unentbehrlich ist. Hier handelt es sich offenbar um hochvornehme Nasenflügelunbesonnenheiten, Sprachgedankenlosigkeiten. ~~Rollen sp~~ In diesem Essay hier spielt eine Generalfeldmarschallstochter Klavier. Indem ich den Mist bei Seite lege, gelange zur Jam̄ergestalt. Ich für mich habe Jam̄ergestalten lieb, andere ~~wieder~~ aber leider wieder gar nicht. Das ist schade. Pestalozzi, als er sich dem Kaiser Alexander von Rußland präsentieren sollte, trat als wahre rührungerweckende Jam̄ergestalt vor den Herrscher. Nichtsdestoweniger imponierte sie ihm. Meine Freundin, die Sohochverehrte, ist zur Jam̄ergestalt herabgesunken. Einige Warzen ⸢entstellen ihr Antlitz auf's Vorteilhafteste. Laß uns nicht verächtlich an Jam̄ergestalten vorübergehen. Wir sollten uns nicht von hübschem Aussehen so abhängig machen, denn das artet in eine Schwäche aus, Schwäche ist Mist, Mist ist aber wieder etwas Nützliches, wie ich sagte. Der junge Napoleon war ein wahrer Jam̄ergeneral, hager, abgezehrt. Aber seine Soldaten liebten ihn gerade darum und leisteten unter seiner Anführung Erstaunliches. [¿]*M*an urteile also über Jam̄ergestalten stets etwas vorsichtig. Ich wurde einst von einer Dame jäm̄erlich befunden und ebenso jäm̄erlich behandelt. Sie bedauert heute, nicht hinter den Wert meiner Jäm̄erlichkeit gekom̄en zu sein. Sie vermochte ganz einfach hinter die Kulisse zu schauen. Ich behandelte sie letzthin für ihren Irrtum mit einer Rücksichtslosigkeit, die ihr die Augen gleichsam groß aufmachte. Ich bedaure das natürlich auch meinerseits. Wir geben uns alle im̄er zu Bedauerlichkeiten Anlaß, was ich ganz interessant finde. Wir hätten da also erstens [¿]*ei*nen Haufen Mist, mit dem sich etwas anfangen läßt. Je mehr Mist ein Landmann hat, umso wohlhabender ist er. Welcher Weisheit ich da Ausdruck verleihe. Nicht wahr, ich bin ein gescheiter Mann. Es gibt keinen Tyrannen mehr. Ich schmachte nach einem Tyrannen und finde keinen. Ach, wer mir ~~doch~~ einen Tyrannen gäbe, ich meine natürlich einen richtigen, braven, vollaufigen, einen Erztyrannen, nicht nur so einen halbpatzigen Ich weiß daß mein Wunsch nie in Erfüllung gehen wird. Ich verzage und lange somit wieder bei meiner Jam̄ergestalt an. Die Ge[¿]*n*eralfeldmarschallstochter hat ihre Etüden beendet. Ich könnte diesem Bataillon von Worten noch einige [¿]*h*inzufügen, aber es macht sich gut, es hinterläßt auf mich [ei]*s*tets [einen]*den* Eindruck der Wohlhabenheit, wenn ich nicht ~~alles~~ letztes sage.

~~Wer dem Tyrannisiertwerden entrann~~
~~Wen man nicht tyrannisieren kann~~
Den nennt ⸢[man]*mich*⸣[einen]*leicht* Tyrann,
den ⸢[man]*mich* nicht tyrannisieren kann.

⸢Hohe Oper.⸣

Daß er seine Mutter anerkannte, die ein so zerzaustes [¿¿]*Bild* darbot, und die dem schönkostümierten Jüngling, der voll Anstand und Anmut dastand, ein wahres zerrissenes Schmerzensgesicht zuwandte, rechnete ich dem Sänger hoch an, wobei ich über eigenes Erlebtes sann. Der [J]gute Junge sah mädchenhaft schön und zart aus. Die Katze, ich meine die Primadonna, die entzückend schön sang, fürchtete viel für ihre geliebte Maus, womit wir den federhutgeschmückten [¿]*j*ungen Menschen meinen, der sich mit seiner Ernährerin vereinigt sah, die er vielleicht nie hätte wiederfinden sollen. O Oper, wie schienst du mir kunstvoll, wie herrlich umbrandeten d[¿]*en* Uferabhang meines Wesens deine Melodienwellen. Zurück zur Hochherzigen, die gar nicht innig genug singen zu können schien. Es drängte sie an den ~~Jünglingskerker~~ Kerker hin, worin er samt derjenigen lag, die ihn geboren hatte und ~~ganz zersaust~~ die seither zerzaust in der Welt herumlief, von Ort zu Ort, mit einem Kopftuch bedeckt. Der Ton ihres Muttersingsanges durchquerte, beschwerte mir die Inhalt der Oper auffassende Seele, und ich verhehle nicht, daß ~~ich~~ mir der Sohn nicht unbegreiflich vorkam. Die Primadonna beglückte mit ihrer Gestalt, wie mit überhaupt ihrem Vorhandensein einen [b]*B*efederten, der aber ~~wieder~~ dagegen ihr wenig oder nichts bedeutete. Alle männliche Vortrefflichkeit half ihm nichts. Mutter und Sohn hielten sich in heiligen und gesanglichen Zusam̄enhörigkeits ausbrüchen umschlungen, da kam die verzweifelte Schöne in die Szene hereingedrungen mit Liebes- und Befreiungsabsichten, die nicht gelingen konnten, da sich d[ie]*as* ⸢~~mütterliche~~ Früchtchen und die Pflanze zu sehr am Zusam̄enhangen sonnten. Den Trennungsversuchen stem̄te sich die Unmöglichkeit, getrennt zu werden, entgegen. Mit allen Mitteln, auf allen Wegen drang der Gesang der bald Begeisterten und bald Entherzten bittend und bestürmend an den mutterliebenden Geliebten, der sich nicht [zu]*in* die [¿]*U*nschönheiten de[¿]*s* Abfallens und nicht in die Schönheiten des Ewig-Männlichen hinaufschwang. Eher ließ er sich hinrichten. Die Liebhaberin lag tragisch am Boden. Der Befederte sah sich einsam. Wie schade, liebe Freundin, daß ich dich nicht antraf und nicht mit in diese ⸢~~grandiose~~ ⸢~~nehmen konnte~~ Spektakel [nehmen]*nahm* ~~konnte~~.

Abb. 2: Robert Walser, Mikrogramm 264r [Transkription]

Thematisch gehört der „Nekrolog“ in das Berner Konvolut der Porträt- und Nachruftexte des Schweizer Autors, somit in seinen literarischen Jubiläums- und „Abschieds-Journalismus“,[5] der sich gemeinhin an Kalenderdaten von Geburts- oder Todestagen bedeutender Persönlichkeiten orientiert. Viele dieser Widmungs- und Nachruftexte auf berühmte „Respektabilität[en]“[6] wurden ab 1925 in der deutschsprachigen *Prager Presse* gedruckt, die 1921 unter der Ägide des tschechoslowakischen Außenministeriums gegründet worden war: Auch sie verstoßen, ähnlich wie der „Nekrolog“, gegen das funeralrhetorische Gebot des *De mortuis nil nisi bene*, gegen eine „elementare Kulturtechnik des Abendlandes“[7] also, die den Nachruhm einer Person sichert, jedenfalls Standards für deren posthume Beurteilung setzt. Ob Walsers Mikrogramm im Fall einer Veröffentlichung bearbeitet worden wäre, muss ebenso Spekulation bleiben wie die Frage, ob er den provozierenden Ton des „Nekrologs“ entschärft hätte.[8] Der redaktionelle Spielraum, eine Ikone der Geistesaristokratie dem Spott preiszugeben, ist jedenfalls begrenzt. Nachrufe im aktuellen Feuilleton orientieren sich gewöhnlich am durchschnittlichen Horizont der Leserschaft, also an den politischen (und ökonomischen) Zwängen der Redaktionen. Abgesehen von dergleichen Erwägungen kommt dem „Nekrolog“-Text im Übergang zur neuen Aufgabe Walsers als einem „tschechoslovakischen Attaché“,[9] als einem Beiträger der *Prager Presse*, ein wichtiger heuristischer Stellenwert zu.

---

5 Diese Formulierung kommt von Stefan Brunn, Abschieds-Journalismus. Die Nachrufkultur der Massenmedien, Münster 1999.

6 Lohengrin, in: Prager Presse, 14. Oktober 1928, Nr. 286, Beilage Dichtung und Welt, Nr. 42, III. – Zitiert nach KWA III/4.1: Drucke in der Prager Presse 1925–1928, hg. von Hans-Joachim Heerde und Barbara von Reibnitz, unter Mitarbeit von Caroline Socha, 417–419, hier: 419.

7 Ralf Georg Bogner, Der Zeitungs-Nachruf oder das Fortleben von Leichenpredigt und Epicedium im Feuilleton, in: Die lange Geschichte der Kleinen Form. Beiträge zur Feuilletonforschung, hg. von Kai Kauffmann und Erhard Schütz, Berlin 2000, 212–228, hier: 226.

8 Die Gedichte etwa auf Stifter oder auf Trakl lassen diese Vermutung zu; es ist jedoch zu bedenken, dass diese Porträts historischen Gestalten gelten, somit größere Freiheiten als feuilletonistische Nachrufe auf Zeitgenossen haben: Sabine Eickenrodt, Lyrische Porträts im Feuilleton der *Prager Presse* – am Beispiel von Robert Walsers Gedicht „An Georg Trakl“ (1928), in: Feuilleton. Schreiben an der Schnittstelle zwischen Journalismus und Literatur, hg. von Hildegard Kernmayer und Simone Jung, Bielefeld 2017, 151–179.

9 Robert Walser, Brief an Fanny Bertha Häsler vom 25. Januar 1926, Nr. 678, in: Werke. Berner Ausgabe, Bd. 2: Briefe, 1921–1956, hg. von Peter Stocker und Bernhard Echte, unter Mitarbeit von Peter Utz und Thomas Binder, Berlin 2018, 183–184, hier: 183.

1 Das Mikrogramm – eine Reflexionsbühne

Der „Nekrolog“ steht an zweiter Position in einer Abfolge von kurzen Texten auf dem Mikrogrammblatt, deren Anordnung die Herausgeber der *Kritischen Walser-Ausgabe* in ihrer Transkription kenntlich gemacht haben (Abb. 2): Dem zehnzeiligen „Nekrolog“ (II) geht eine Art Prosa-Rührstück à la Kotzebue[10] voraus (I); dann folgt eine Verführungsposse bzw. „Malergeschichte“ (III) und schließlich ein Essay über napoleonische „Jammergestalten und Tyrannen“ (IV) sowie eine Skizze über die „Hohe Oper“ (V). Diese Zusammenschau zeigt, so meine These, dass Walser nicht mit den üblichen Mitteln der Trauerbekundung auf den Tod einer Person des öffentlichen Lebens reagiert, sondern vielmehr eine Antwort auf die Todesnachrichten in der europäischen Presse gibt, gewissermaßen als ein literarisches Echo journalistischer Nekrologe zu verstehen ist. Die auf dem Mikrogramm-Blatt versammelten Einzeltexte sind, so mein Vorschlag, als fiktionalisierte Entlehnungen aus Zeitungen zu werten: als literarische Collage, als Verdichtung, die – wie im „Allesfresser Feuilleton“[11] – Gefühlsvarianten von der Trauer am Sarg über die Erhabenheit in der Oper, das Lachen im Lustspiel bis hin zur Rührung im Theater und Film auf engstem Raum vereint: das Blatt wird zur Reflexionsbühne, zur kollektiven Leichen-Show und Inszenierung von Meinungen und Phrasen. Alle fünf Teile des Mikrogramms einschließlich des „Nekrologs“, der in Metrum und gelegentlichen Reimen Merkmale eines Prosagedichts[12] aufweist, thematisieren nicht zufällig die Oper, das Theater, die Porträtkunst oder den Film. Diese textkompositorische Ordnung scheint redaktionellen Pragmatismus nachzuahmen, der auch Unpassendes unter dem Strich zusammenbringt, weil es die journalistische Ökonomie erfordert: Zeitungsnotizen über Trauerveranstaltungen stehen neben Jubiläumsartikeln oder Berichten über Ereignisse der (inter-)nationalen Kunst- und Schauspielszene.

Walsers Mikrogramm wurde offenbar durch die Berichterstattung in der Schweizer Presse angeregt. Zahlreiche Nachruftexte auf France in der *Neuen Zür-*

10 Darauf deutet der Name Eulalia hin, der in August von Kotzebues Rührstück *Menschenhaß und Reue. Schauspiel in fünf Aufzügen* (Berlin 1790) vorkommt.

11 Diese Formulierung hat Lothar Müller geprägt: Denken zwischen Ästhetik und Ökonomie. Zur Lage des Feuilletons. Podiumsdiskussion mit Doris Akrap, Ekkehard Knörer, Sigrid Löffler und Lothar Müller, in: Kernmayer/Jung (Hg.), Feuilleton, 375–389, hier: 375.

12 Hier verstanden im Sinne von Wolfgang Bunzel, der Baudelaire als „Gattungsinventor“ des sich „dezidiert im Feld der ‚kleinen Form‘“ verortenden Genres sieht. Bunzel macht deutlich, dass das Prosagedicht nicht einfach als additive Mischgattung zu verstehen ist, sondern als Konstrukt aus zwei „fundamentalen literarischen Ausdrucksmodi“, die in Konfrontation gebracht werden: Wolfgang Bunzel, Das deutschsprachige Prosagedicht. Theorie und Geschichte einer literarischen Gattung der Moderne, Berlin 2005, 30–31.

cher Zeitung (sowie im Berner *Bund*[13]) markieren den feuilletonistischen ‚Theater'-Fundus, aus dem Walsers „Nekrolog" seine Motive bezog. Der Name Anatole Frances ist in der *Neuen Zürcher Zeitung* allgegenwärtig: Am 16. April 1924 berichtet der Paris-Korrespondent Max Konzelmann über die Erscheinung des achtzigjährigen Jubilars im Trocadero-Saal („groß, gütig, weiß, gottväterlich [...] ein großer Weltbürger"[14]); und auf den Beitrag vom 26. Mai folgt direkt eine Notiz über eine Ausstellung schmiedeeiserner Grabzeichen im Baseler Gewerbemuseum und eine andere über den ruhmvollen „Kölner Männer-Gesang-Verein".[15] Ab dem 5. Oktober 1924 werden die Leser dann in der Rubrik „Kleine Chronik" fast täglich über das Befinden des Nobelpreisträgers auf dem Laufenden gehalten: Der sterbende Körper von France und schließlich seine Leiche werden sukzessive zum Theater-Requisit, zum Ausstellungsobjekt und Werbeträger.[16] Wer wollte, durfte das Sterben des bedeutenden Mannes in der Zeitung ‚hautnah' miterleben („Der Puls beträgt 100, die Temperatur steht auf 38"[17]). Kurz nach dem Tod erscheint schließlich eine Reihe von Artikeln zum „Hinschied von Anatole France":[18] Sie stehen in direkter Nachbarschaft zu Notizen über einen „Samba-Abend im Schauspielhaus", über ein geplantes Operntheater in Rom und über das Wiener Opernhaus, wo die von Gustav Mahler hinterlassene 10. Sinfonie unter großen Ovationen des Publikums ihre Uraufführung gefeiert habe.[19] Die Leserschaft der *Neuen Zürcher Zeitung* wird zudem de-

---

13 Anonym, Glossen zum Nobelpreis, in: Der Bund, 26. November 1924, Nr. 506, Erstes Blatt, 2. – Dem Artikel gehen Beiträge zum Geburtstag und zum Tod von France voraus, so in den Ausgaben vom 26. Mai und vom 14. Oktober 1924. In der Sonntagsbeilage *Der Kleine Bund* wurde kein Nachruf auf France publiziert.

14 Max Konzelmann, Anatole France (zum achtzigsten Geburtstag), in: Neue Zürcher Zeitung, 16. April 1924, Nr. 564, Erstes Morgenblatt, [1]–2, hier: 2.

15 M. K. [Max Konzelmann]: Eine Anatole France-Ehrung, in: Neue Zürcher Zeitung, 26. Mai 1924, Nr. 785, Zweites Abendblatt, 21. Die genannten Notizen finden sich ebenda.

16 Der internationale Ruf des Dichters förderte posthum den Absatz seiner übersetzten Werke. Dies zeigt die in der *Neuen Zürcher Zeitung* vom 2. November 1924 platzierte Anzeige des Kurt Wolff-Verlags. Dass ein Nachruf über den – allgemein bekannten – chronisch rheumakranken France mit einer Produktwerbung koinzidiert, ist wohl mehr als ein Zufall: Neue Zürcher Zeitung, 22. Oktober 1924, Nr. 1.577, Zweites Morgenblatt, [1]–2. Dort folgt auf die Fortsetzung eines mit E. H. Fromaigeat gezeichneten Artikels *Anatole France* die Reklame mit der Überschrift „Wie steht es mit Ihrem Rheumatismus?" (ebd., 2).

17 Anonym, Das Befinden Anatole Frances, in: Neue Zürcher Zeitung, 5. Oktober 1924, Nr. 1.477, I. Sonntagsausgabe. Erstes Blatt, [2].

18 Anonym, Zum Hinschied von Anatole France, in: Neue Zürcher Zeitung, 14. Oktober 1924, Erstes Abendblatt, Nr. 1.533, [1]. – Der Artikel folgt auf einen Beitrag mit dem Titel „Anatole France als politischer Denker", der am selben Tag (Nr. 1.530, Zweites Morgenblatt, 5) erschienen war.

19 Diese Artikel finden sich in Nr. 1.533 auf derselben Seite („Kleine Chronik").

tailliert mit Regieanweisungen für die bevorstehende Bestattungszeremonie vertraut gemacht, so in der Ausgabe vom 16. Oktober:

> Der Leichnam wird zunächst in einen Bleisarg gelegt werden, der mit weißem Satin ausgeschlagen ist, worauf das Kistchen mit dem Gehirn und das Fläschchen, dessen Inhalt zur Einbalsamierung verwendet wurde, beigelegt werden. Der erste Sarg wird in einen zweiten eisernen gestellt, und an diesem wird eine Kupferplatte mit der Inschrift „Anatole France, 1844–1924" angebracht. Am Donnerstag wird die sterbliche Hülle in einem Automobilfourgon nach Paris übergeführt und am Freitag in der Villa Said, dem Pariser Haus des Dichters, zur Besichtigung aufgestellt sein. Die öffentliche Beisetzung soll am Samstagnachmittag in Paris erfolgen.[20]

Begleitend zu diesem bühnentauglichen Funeralprogramm sind erneut Notizen zum Züricher Lustspieltheater zu lesen, wo gerade eine Adaption von Molières *Eingebildetem Kranken* gegeben werde; und auch zur Berliner, Wiener und Budapester Theaterlandschaft, bevor dann am 20. Oktober der Bericht über die offizielle Trauerfeier erscheint, die ihrerseits von großer Oper kaum zu unterscheiden ist:

> Vor der Statue Voltaires war ein fahnengeschmückter Katafalk aufgebaut worden, an dessen vier Ecken silberne Kandelaber Rauchwolken ausströmten. Auf der schwarz ausgeschlagenen Tribüne hatten sich um die Angehörigen und den Präsidenten der Republik die Regierung geschart [...]. Viele Stunden lang vor der festgesetzten Zeit waren alle Quais und Brücken dicht besetzt von dem Volke, das von allen Seiten in Massen zuströmte und auf dem ganzen Wege des Leichenzuges Spalier bildete. [...]. Als der Zug [...] durch die Champs-Elysées zog, unterbrach der „Guignol" [d.i. der Puppen- oder Kasperlespieler, S.E.] sein Spiel für einige Minuten.[21]

Die Berichterstattung endet in der *Neuen Zürcher Zeitung* am 27. Oktober mit einem Artikel über „Englands Nachruf auf Anatole France", der den Verstorbenen als Symbol der *Entente cordiale* ausweist, als Repräsentanten nicht nur Frankreichs, sondern eines geeinten Kontinents: „Mit seinem Tod verliert Europa einen seiner größten Schriftsteller".[22] Damit wird in Ton und Gestus die Friedensbotschaft aufgenommen, die vor allem durch den Kulturmittler Ernst Robert Curtius eine bedeutende Stimme erhielt. Dieser hatte bereits im Vorfeld der Geburtstagsfeier von Anatole France in der *Neuen Zürcher Zeitung* am 30. März einen Artikel publiziert,

---

20 Anonym, Anatole France, in: Neue Zürcher Zeitung, 16. Oktober 1924, Nr. 1.547, Zweites Abendblatt, 5–6.

21 M.K. [Max Konzelmann], Trauerfeier für Anatole France, in: Neue Zürcher Zeitung, 20. Oktober 1924, Nr. 1.563, Erstes Morgenblatt, 14.

22 Anonym [J. H.], Englands Nachruf auf Anatole France, in: Neue Zürcher Zeitung, 27. Oktober 1924, Nr. 1.665, Zweites Mittagsblatt, [1].

in dem er Thibault alias France, der seinerzeit Prousts *Les Plaisir et le Jours*[23] mit seinem Vorwort beehrt hatte, als Zeugen aufrief für die „größten Ueberraschungen der Nachkriegsliteratur in Frankreich“: diese könne man in den Werken des Romanciers Proust und des Lyrikers Paul Valéry finden, die er als Akteure eines neuen „geistige[n] Paneuropa[s]“[24] benennt.

Walsers Mikrogramm ist, im Kontext der Tagespresse gelesen, weit weniger hermetisch, als der erste Leseeindruck nahelegt. Es zeigt sich, dass seine Bleistift-Notate sowohl Produkt seiner Lektüren als auch Ideenlieferanten für spätere Feuilletons sind: eine Art intertextuelles Arbeitsjournal. Der Name Anatole Frances taucht nur einmal noch in Walsers gedruckten Zeitungsbeiträgen wieder auf: in einem Prosastück mit dem Titel „Diskussion“, das im April 1926 in der sonntäglichen Literaturbeilage der *Prager Presse* publiziert wurde. Es schließt thematisch an das Mikrogramm an, ohne allerdings dessen verstörenden Ton fortzuführen: Im „Nekrolog“ heißt es noch kalauernd: „Anatole France ist tot [...]. An der Bahre des großen Toten verzagen und zerschellen alle Intellektuellen [...]“ (1–2). Im Prosastück „Diskussion“ sinniert hingegen ein Ich-Erzähler über seine Proust-Lektüre und über eine Mädchenhand, in der ein „an sich bedeutendes [...] literarische[s] Produkt wie Schnee, wenn’s April wird“, zerflossen sei; und unvermittelt bekennt der Sprecher, dass auch er zu denen gehöre, „die schon Anatole France lasen“.[25] Es wäre eine eigene Untersuchung wert, ob auch die anderen Texte des Mikrogramms in Walsers Feuilletons ihre Spuren hinterlassen haben: ein deutlicher Zusammenhang ist zwischen dem Text über napoleonische „Jammergestalten und Tyrannen“ und dem Beitrag „Napoleon und die Gräfin Valewska“[26] zu erkennen, der am 31. Dezember 1924 – neben dem Essay „Die Mädchen. Eine Art Vortrag“[27] – im Feuilleton der *Neuen Zürcher Zeitung* erschien und Motive aus dem Stummfilm *Gräfin Walewska* (mit dem Untertitel „Napoleons Liebe“) von 1920[28] aufweist.

---

23 Marcel Proust, Les Plaisirs et les Jours. Préface par Anatole France, 28. Aufl., Paris 1924, 7–9. Proust zitiert France im Motto zu einem Kapitel des Bands (ebd., 211). Die deutsche Ausgabe im Propyläen-Verlag erschien 1926: Tage der Freuden. Mit einem Vorwort von Anatole France, übers. von Ernst Weiss, Berlin 1926.

24 Ernst Robert Curtius, Marcel Proust, in: Neue Zürcher Zeitung, 30. März 1924, Nr. 467, Drittes Blatt, Literarische Beilage, [1]–2. – Ein „politisches Paneuropa“ hingegen werde, so Curtius, „vielleicht noch lange ein Traum bleiben“.

25 KWA III/4.1, 144–145.

26 KWA III/3: Drucke in der Neuen Zürcher Zeitung, hg. von Barbara von Reibnitz und Matthias Sprünglin, Basel, Frankfurt/Main 2013, 221–223.

27 KWA III/3, 219–220.

28 Gräfin Walewska (Napoleons Liebe). Regie: Otto Rippert. Drehbuch: Willy Rath, Paul Georg. Kamera: Max Lutze. Darsteller: Hella Moja (Gräfin Maria Walewska), Rudolf Lettinger (Napoleon).

2 Echo des Zeitgeists: Nach-Ruhm und Nach-Rede

Die Artikel in der *Neuen Zürcher Zeitung* über das Sterben von France unterscheiden sich nur in Nuancen von den Stimmen der deutschsprachigen Zeitungslandschaft Prags. In der neu gegründeten ČSR galt die *Grande Nation* als Bündnispartner und die Schweiz als Vorbild für ein tschechoslowakisches Experiment der Demokratie und einer friedlichen Koexistenz der Sprachen.[29] Stichprobenartige Vergleiche von Artikeln etwa der *Neuen Zürcher Zeitung* und der Prager Zeitungen zeigen, dass die Anteilnahme an Geburt, Sterben und Tod des bedeutenden Franzosen einem Kollektivsymbol gelten. Öffentlich bekundete Trauer fungiert seit jeher als Seismograf für politische Machtverhältnisse – auch im neu geordneten, krisengeschüttelten Europa der Zwischenkriegszeit. Die Zeitungen der Schweiz waren ebenso wenig wie die regierungsnahe *Prager Presse* daran interessiert, dieses kulturelle Schwergewicht französischer Kultur in Misskredit zu bringen. Kritische Stimmen wie in Békessys Wiener Boulevardzeitung *Die Stunde*, in der Hans Liebstoeckl, Chefredakteur des neuen Wiener Magazins *Die Bühne*, in seinem Nachruf Anatole France als „Poseur“ – wie „fast alle Franzosen“[30] – bezeichnete, waren hier wie dort kaum zu erwarten; sicher auch nicht die von Max Hermann-Neiße in Pfempferts *Aktion* angeprangerten „üblichen Leichenreden“, die „den toten politischen Gegner unschädlich zu machen“[31] wünschten, indem man ihn stets nur ästhetisch würdige, gewissermaßen also: weglobe.

Gleichwohl waren die Leistungen des Nobelpreisträgers, der seine politischen Positionen und Meinungen mehrfach gewechselt hatte, auch in der frankophilen Presse alles andere als unumstritten: In einem Artikel der *Prager Presse* vom 21. Dezember 1921 betont Franz Blei, ein früher Förderer und der Vermittler Walsers an die Prager Redaktion, dass Anatole France seinen Nobelpreis den „in Rußland Hungernden“[32] gespendet habe. Dies wiederum wurde von Marcel Le Goff, dessen Gespräche mit Anatole France bald nach dessen Tod erschienen, für ein Gerücht

---

Terra-Film AG (Berlin). Uraufführung: 2. Dezember 1920 in der Berliner Scala. In der Folge zu Napoleons 100. Todestag erschienen zahlreiche Artikel und auch Filme.

29 Michael Havlin, Die Rede von der Schweiz. Ein medial-politischer Nationalitätendiskurs in der Tschechoslowakei 1918–1938, Frankfurt/Main 2011.

30 Hans Liebstoeckl, Anatole France, in: Die Stunde, 14. Oktober 1924, Nr. 484, 3.

31 Max Herrmann-Neiße, Anatole France, in: Die Aktion 14 (1924), H. 11, Sp. 569–570. Dieser Nachruf ist – neben weiteren Artikeln zu France – enthalten in: Max Herrmann-Neiße. Kritiken und Essays (1909–1939). Kritische Edition, Bd. 2 (1921–1924), hg. von Simone Zupfer, Bielefeld 2022, 473–475, hier: 473.

32 Franz Blei, Anatole France, in: Prager Presse, 21. Dezember 1921, Nr. 266, Abend-Ausgabe, 4.

erklärt.[33] Ähnlich widersprüchliche Haltungen prägten die Meinungen über France: Er ist ein Kritiker der „Zertrümmerung Österreichs“, ein Gegner der „Balkanisierung des Zentrums von Europa“,[34] dann wieder ein Bewunderer von „Lenins Größe“,[35] und vor allem auch ein erklärter Erzfeind der Parteigänger Hitlers, deren Arm bereits bis in den „Schutzverband deutscher Schriftsteller“ reichte: Das *Prager Tagblatt* vom 2. September 1924 berichtet unter dem Titel „Heil Knaatz!“,[36] dass der Vorstand gegen die Stimme ihres deutschvölkischen Schatzmeisters den Beschluss gefasst habe, dem Nobelpreisträger offiziell zum 80. Geburtstag zu gratulieren.

Die *Prager Presse* verfolgt fast täglich das Sterben des Dichters, dessen letzte Atemzüge live übermittelt werden – schließlich erscheint eine ganze Seite in der Literaturbeilage *Dichtung und Welt* mit Texten des Verstorbenen.[37] Am 11. Oktober meldet die Zeitung unter dem Titel „Anatole France in Agonie“ eine Nachricht aus Paris vom Tag zuvor, der zu entnehmen ist, dass die Ärzte den „greisen Dichter mit Champagner“ ernährten. Vorletzte Worte des Sterbenden werden überliefert („Jetzt wird es wohl der letzte Tag sein“) und zwei Tage später findet sich auf der Titelseite die Notiz, dass der „immer wieder fälschlich Totgesagte nunmehr für immer aus diesem Dasein“ geschieden sei, nachdem er wiederholt „Ich sterbe“[38] gelispelt habe; sein Tod bedeute „einen unersetzlichen Verlust für die gesamte gesittete Welt“.[39] Walsers „Nekrolog“ nimmt diese mediale Redevielfalt auf, ist als *laudatio funebris* nicht eindeutig zu bestimmen. Allenfalls wird klar, dass der Text eine mündliche Rede, ein Selbstgespräch fingiert: Ein nicht näher bestimmtes, unzusammenhängend assoziierendes und scheinbar hochgradig zerstreutes Ich berichtet, dass es an seinem geplanten Gang in die Oper gehindert sei, weil es „geistig [durch] so vieles in Anspruch“ genommen werde: etwa durch die Reflexion über den Tod eines berühmten Mannes: „[...] nun trauert ganz Frankreich an einem Sarg, *das* ist arg“ (1). Kulturbeflissenheit, unspezifische geistige Aktivität und dilettantisch gereimter

33 Marcel Le Goff, Gespräche mit Anatole France, 1914–1924. Autorisierte Übertragung von Ernst Klarwill. Mit 4 Bildbeigaben, München 1925, 243.

34 Le Goff, Gespräche mit Anatole France, 226.

35 Dř. J. Št., Anatole France gestorben. Das Echo der Todesnachricht in Frankreich, in: Prager Presse, 13. Oktober 1924, Nr. 283, Abend-Ausgabe, [1].

36 Anonym, Heil Knaatz!, in: Prager Tagblatt, 2. September 1924, Nr. 207, Erste Ausgabe, 5. Gemeint ist wohl der Journalist und Schriftsteller Karlernst Knatz [sic], der u. a. unter dem Pseudonym Peter Squenz publizierte.

37 Die Sonderausgabe trägt die Überschrift „In memoriam Anatole France. Aus seinen Schriften“, in: Prager Presse, 19. Oktober 1924, Nr. 289, Morgen-Ausgabe, Beilage: Dichtung und Welt, Nr. 42, [I]–V.

38 Dř. J. Št., Anatole France in Agonie. Die letzten Worte des Sterbenden, in: Prager Presse, 11. Oktober 1924, Nr. 281, Morgen-Ausgabe, 3.

39 Dř. J. Št., Anatole France gestorben. Das Echo der Todesnachricht in Frankreich, in: Prager Presse, 13. Oktober 1924, Nr. 283, Abend-Ausgabe, [1].

Trauergesang bilden den Auftakt zu einer Polyphonie des Textes, die zum Normbruch des Genres beiträgt: „Eine Lücke ist hineingerissen worden in die Schwadronen und Schaaren der besseren Denker. Gott sei Dank ist die große Nation jetzt mit einmal bettelarm“ (4–5).

ʼ~~Ein Beitrag~~ Nekrolog.ʼ

Es ist abends um sechs und ich will in die Oper und es nim̄t mich geistig so vieles in Anspruch und nun trauert ganz Frankreich an ~~Sa~~ einem Sarg[.], [*il*]*das* ist arg. Anatole France ist tot und sämtliche Gebildeten wollen von nun an nie wieder ein ~~a~~ [*l*]*a*ndersautoriges Buch lesen. An der Bahre des großen Toten [za]*ver*zagen und zerschellen alle Intelektuellen, und ich will jetzt also in die Oper und die französische Nation ist außer sich. Paris geberdet sich verzweifelt. Sämtliche Restaurants bleiben zwei Jahre lang geschlossen, und es ist jetzt sechs und ~~ich~~ soll ~~zeit~~ mich in den Frack stürzen, ~~ich habe~~ zwar [*i*]*b*ʼ*ei* hab ich keinen. Eine Lücke ist hineingerissen worden in die Schwadronen und Schaaren der besseren Denker. Gott sei Dank ist die große Nation jetzt mit einmal bettelarm. Anatole France ist nicht mehr. Die Stühle, Uhren, Kanapees auf der ganzen Welt trauern um das große Loch, das der Tod in die Reihen derer gerissen hat, die mit der Feder in der Hand herumlaufen. Kein Anatole France läuft mehr herum. O das ist dum̄. Frankreich hat einen entsetzlichen Stoß erlitten. Das freut uns sehr. Alle Anhänger französischen Geistes stehen zu Trauerfiguren erstarrt [*l*]*v*or dem enormen Ereignis. Es gab nur einen einzigen Anatole France, daher gibt es jetzt keinen mehr. Hätte es zwei gegeben, so existierte vielleicht der eine von den Beiden noch. So aber ist alles, was Anatole France hieß, hin. Aber nicht wahr nicht, wir wollen uns trösten. Wir wollen doch auch an uns selber ein bischen glauben. Wir wollen uns fassen und jede Anwandlung von Grämlichkeit schassen. Das Leben steht an Särgen von Leuten, die ~~viel~~ hochemporragten, nicht still. Ich bin überzeugt, es wird im̄er wieder etwas [*l*]*e*mporragen. Meinen Sie nicht auch?

Abb. 3: Robert Walser, „Nekrolog“ [Ausschnitt aus der Transkription des Mikrogramms 264r]

Wer spricht hier eigentlich? Das Selbstgespräch eines Namenlosen scheint sich wie in einer Kettenreaktion zu verselbstständigen und schließlich in den kollektiven Trauergesang eines „Wir“ mit schadenfrohen Nebentönen einzumünden: „Grab“ reimt sich auf „arg“, der Satz „Anatole France ist nicht mehr“ (5) endet nach einigen Wortgirlanden im Satz: „Das freut uns sehr“ (7); und der militärische Begriff der Schwadron rückt unter der Hand in die Nähe des Schwadronierens, des dominanten Geschwätzes: Der Nachruf zeigt Tendenzen zur üblen Nachrede – deutlich wird jedenfalls, dass die Trauerbezeugung ein Euphemismus ist, eine Form der Lüge, die sich sprachlich, wie in einer unkontrollierten Äußerung, Ausdruck verschafft, sich permanent im Ton vergreift: Die Redeweisen überblenden sich in einer Syntax, die geradezu pedantisch eine kausale Logik auch dort befolgt, wo diese weder sinnvoll noch taktvoll zu sein scheint: „Es gab nur einen einzigen Anatole France, daher gibt es jetzt keinen mehr. Hätte es zwei gegeben, so existierte vielleicht der eine von den Beiden noch. So aber ist alles, was Anatole France hieß, hin.“ (7–8). Selbstperformative Rede, konventionelle Bewunderung des Toten und politisches Ressentiment, der Sound barocker Trauerkonvention, die Beteuerung der Einzigartigkeit und Unersetzbarkeit des Verstorbenen und ein zugleich ökonomisch versiertes Bedauern über die Nicht-Reproduzierbarkeit dieser Geistesgröße bilden ein diffuses Rauschen im Text.

Für Walser war dieses ‚unsterbliche‘ Mitglied der erlauchten Académie Française vermutlich schon deshalb interessant, weil dessen Name in der Presse – neben seinem eigenen, vergleichsweise unbekannten – mehrfach auf der Liste der jährlichen Buchempfehlungen genannt wurde.[40] Hinzu kam die biografische Parallele,

---

40 KWA Supplement 1. Rezeptionsdokumente zum literarischen Schaffen Robert Walsers 1898–1933, hg. von Hans-Joachim Heerde, Zürich 2021, 133, 203 und 468.

dass er selbst nur einen Tag vor France seinen Geburtstag begehen konnte: am 15. April. Im Rahmen der Abende des Züricher Lesezirkels Hottingen hatte Walser im November 1920 aus seinen eigenen Werken lesen sollen und war dann kurzerhand durch einen versierteren Sprecher, einen „Ersatzmann", den Redakteur der *Neuen Zürcher Zeitung*, Theaterkritiker und Germanisten Hans Trog, quasi gedoubelt worden.[41] Dieser narzisstischen Kränkung war eine Veranstaltung des „geistvolle[n] Pariser Schriftsteller[s] Paul Reboux" mit einer „Causerie über Anatole France"[42] vorangegangen. Reboux vertrat eine Art klassizistisches Reinheitsgebot der Sprache, das der französische Romancier optimal einlöse. Deshalb sei es undenkbar, so Reboux, ein „Pastiche auf den diamantenen Stil Anatole Frances anzufertigen".[43] Ein derart normatives Stilideal war Walser zweifellos ebenso ein Dorn im Auge wie die konventionelle Auffassung von einer gelungenen öffentlichen Lesung, die man einem Journalisten zwar, nicht aber dem Autor selbst zutraute. Sein „Nekrolog" ist deshalb wohl auch eine ironische Einlösung des unisono vertretenen Stilideals: er vermeidet jegliche Parodie oder Persiflage und konzentriert sich ganz auf ein (mediales) Reden *über* den Autor.

3 „Filmet Agonie!". Nachruf und Mediensatire

Die geistige Ikone eines menschlich, friedlich und vernünftig agierenden Europas wird auch bereits von Franz Blei als eine überkommene Erscheinung vor dem Hintergrund der wirtschaftspolitischen Situation beschrieben. In einem vermutlich auf das Jahr 1923 zu datierenden, bisher unveröffentlichten Brief an Arne Laurin, den Herausgeber der *Prager Presse*, (mit einem Passus an Otto Pick) heißt es: „Der France lebt noch. Aber der Franc ist im Sterben. Und die Mark wird immer unverschämter lebendig."[44] Dezenter war diese Auffassung im April 1923 auf der Literaturseite der *Prager Presse* zu lesen: Dort hatte Blei, ein Kenner der Barockzeit, eine „Grabschrift des Dichters für sich selber"[45] publiziert. Das Gedicht spielt auf

41 Siehe hierzu den Bericht von Eduard Korrodi in der *Neuen Zürcher Zeitung* vom 10. November 1920, in: KWA Supplement 1, 565–568, hier: 566.

42 KWA Supplement 1, 560.

43 Paul Reboux, zitiert nach Gérard Genette, Palimpseste. Die Literatur auf zweiter Stufe. Aus dem Französischen von Wolfram Bayer und Dieter Hornig, 8. Aufl., Frankfurt/Main 2018, 129.

44 Franz Bley [Blei], Brief an Arne Laurin (mit einem Passus an Otto Pick), undatiert und ohne Absender, in: Laurin-Nachlass. Pamatník národního písemnictví [Literaturarchiv des Museums des nationalen Schrifttums Prag], Mappe: I K 61 (1921–1926) – A. Laurin, Ex 21/C/27, Nr. 64/46.

45 Franz Blei, Grabschrift des Dichters für sich selber, in: Prager Presse, 22. April 1923, Nr. 109, Morgen-Ausgabe, Beilage Dichtung und Welt, Nr. 14, [I].

das Genre der Casualcarmina an, das einem festliegenden Schema unterworfen war: Ein Wanderer wird auf dem Friedhof durch einen anonymen Sprecher der Grabschrift aufgefordert, lesend innezuhalten und zu trauern („Steh / Leser / seufz vnd wein [...]“[46]). Diese rhetorische Bildkonvention der Prosopopöie hatte in der satirischen Sepulchralkultur des 20. Jahrhunderts neue Interpretationen erfahren (Abb. 4). Bleis Vierzeiler imitiert erkennbar die Formel situations- und adressatenbezogener Rede, versetzt allerdings – unter dem Eindruck des Weltkriegs – die fingierte Aufforderung in den Modus der Negation: „Steh *nicht*, Wanderer, still, und gib diesem Hügel *nicht* Ehre / Deine Seele erkennt *nicht* wieder sich unter dem Steine. [...].“[47] Direkt darüber war ein Sonett des Brünner Autors Walter Beamt mit dem Titel „Anatole France“ platziert, das – als Lob verhüllt – den französischen Nobelpreisträger noch vor seinem Tod als marmornes Standbild, als einen Repräsentanten unnahbarer Schönheit kritisiert, der „wie ein Kämpfer eisig und gerüstet, / Die Häßlichkeit aufs Haupt schlägt, die es lüftet / und altes Gold mit süßem Weine füllt [...]“.[48]

Es ist dies die äußerste Kritik, die sich die *Prager Presse* an France, dessen Name für sie diplomatisches Programm ist, erlaubt. Der Hohn der Presse in Österreich und Deutschland war der Redaktion ohnehin sicher: Die illustrierte Münchner Wochenschrift *Jugend* mokiert sich im Weihnachtsheft 1924 über die Prager Regierung, die ihre Presseorgane ausschließlich auf die französische Sprache dressieren wolle.[49] Gleich im Anschluss wird die angebliche Meldung einer „Uruguaysche[n] Zeitung“ vom 14. Oktober 1924 kolportiert, dass der „französische Schriftsteller Viktor Hugo, der unter dem Pseudonym Anatole France (d. i. Frankreich) bekannt“ sei, nach „einem mehrtägigen Todeskampfe“ nun gestorben sei. Im besetzten Gebiet, so heißt es weiter unter Anspielung auf die umstrittene Ruhrgebietsfrage, solle diese Zeitung sofort wegen „zweifelhafter Nachrede“ gegen „Viktor France (d. i. das siegreiche Frankreich!!)“[50] verboten werden. Das Beispiel zeigt nicht nur die nekrologische Verfügbarkeit des Verstorbenen im politischen Diskurs, sondern auch den Assoziations- und Anspielungsreichtum, den der Name France im

---

46 Dieses Weckherlin-Beispiel gibt Wulf Segebrecht: Steh, Leser, still! Prolegomena zu einer situationsbezogenen Poetik der Lyrik, entwickelt am Beispiel von poetischen Grabschriften und Grabschriftenvorschlägen in Leichencarmina des 17. und 18. Jahrhunderts, in: DVjS 52 (1978), H. 3, 430–468, hier: 435.

47 Blei, Grabschrift des Dichters für sich selber [meine Hervorhebung, SE].

48 Walter Beamt, Anatole France, in: Prager Presse, 22. April 1923, Nr. 109, Morgen-Ausgabe, Beilage Dichtung und Welt, Nr. 14, [I].

49 Anonym [I. S. A.], Zur Völkerverständigung, in: Jugend. Münchner Illustrierte Wochenschrift für Kunst und Leben, 29 (1924), Nr. 42, 1056.

50 Anonym [G-lj.], Mehr Vorsicht!, in: ebd.

Abb. 4: Sammlung hist. Kitsch, Souvenir-Postkarte: „Wanderer / Steh' still und weine". Mann am Grab. (Druck: Kunstanstalt E. Rennert, Aussig, um 1910)

Alltagswissen der Zeitungen eröffnete: Das Fußballteam aus Uruguay hatte 1924 bei den Olympischen Sommerspielen in Paris durch seinen Tournier-Sieg gegen die Schweiz weltweites Aufsehen erregt.[51]

Diese Beispiele machen deutlich, dass Walsers „Nekrolog" aus dem Vollen schöpfen konnte: Die Verquickung von Journalistenpoesie und kaum verhohlener Schadenfreude werden in seinem Mikrogramm leitmotivisch eingesetzt, die vielstimmige „Neugier-Maschine" der Zeitungen tönt in ihm als ‚Nach-Ruf', als Echo des Medienrummels zurück. Nicht wenige Blätter hatten indes selbst bereits ihrer Kritik an journalistischer Sensationslust Ausdruck verschafft: Die mediale Aufmerksamkeit für das Ende des Repräsentanten französischen Geistes wird mit satirischem Seitenhieb *ad absurdum* geführt – vor allem in Beiträgen des *Prager Tagblatts:* Unter der Überschrift „Filmet Agonie!" beschreibt Arnold Höllriegel (d. i. Richard Arnold Bermann) das mediale Interesse am Todeskampf von Anatole France, der laut Telegramm einer „weltbekannten Filmfirma" in Echtzeit dem Publikum hätte präsentiert werden sollen. Nicht nur dem Sterbenden sei angesichts seines langsamen Dahingehens schließlich doch der Geduldsfaden gerissen, sondern vor allem auch den vor dem Haus wartenden Journalisten. Besonders enttäuschend sei für diese gewesen, dass der Moment nicht habe gefilmt werden dürfen, als einer der Leibärzte „aus dem Schädel des Toten das wunderbare Hirn schnitt", das diese unnachahmlichen Romane erdacht habe. Seinen Auftrag, „die Todesqual des allverehrten Toten aufzunehmen", habe der „Kinofritze"[52] jedenfalls nicht erfüllen können.

Die als Nachruf getarnte Mediensatire hatte einen wahren Kern: Le Goff berichtet empört, dass ein Arzt, der das Gehirn des Verstorbenen untersuchte, dieses gar „in einem Interview mit jenem eines [...] in Tours hingerichteten Verbrechers"[53] verglichen habe, somit also annahm, dass edler Geist und elende Gewalt – nach Gramm berechnet[54] – kaum zu unterscheiden seien. Höllriegels Satire thematisierte neben dem ethischen Niedergang des Journalismus aber zugleich auch die Ent-

---

51 Das Fußballspiel Uruguay – Schweiz fand am 9. Juni 1924 in Paris vor über 40.000 Zuschauern statt.

52 Arnold Höllriegel, Filmet Agonie! in: Prager Tagblatt, 14. November 1924, Nr. 267, Erste Ausgabe, 3–4.

53 Le Goff, Gespräche mit Anatole France, 288–290, hier: 289.

54 Süffisant berichtet später auch die *Literarische Welt* noch über diese anatomischen Studien: Anonym, Anatole Frances Gehirn, in: Die Literarische Welt 3 (1927), Nr. 47, [1]. – Die Annahme, dass ein „Elitegehirn" über ein größeres Gewicht verfüge als ein ‚normales', wurde früh auch am Beispiel von Anatole France widerlegt, der nur über ein „Hirngewicht von 1040 g" verfügt habe – während Turgenjew 2000 g auf die Waage brachte. Hierzu Katrin Amunts, Mein Hirn, Dein Hirn, das simulierte Hirn. Individuelle Vielfalt aus der Sicht der Neuroanatomie, in: Bewusstsein – Selbst – Ich. Die Hirnforschung und das Subjektive, hg. von Helmut Fink und Rainer Rosenzweig, Münster 2014, 37–49, hier: 37.

wertung eines Meisters der Feder, der in der Presse „die höchsten Triumphe der Intelligenz“[55] gefeiert hatte, eines „letzte[n] Lateiner[s]“,[56] eines Dichters, von dem Georg Brandes bereits in seinem France-Porträt 1905 geschrieben hatte, dass er „mehr Ansichten als Gefühle“ besitze, also: „erstens Klarheit, sodann Klarheit und schließlich Klarheit“.[57] Sie markiert den Anbruch einer neuen Zeit, in der die Erben Voltaires zunehmend an Terrain verloren; und es ist kein Zufall, dass die Todesstunde von France mit der Geburtsstunde des Surrealismus zusammenfällt: In ihrem ‚Nachruf‘-Pamphlet *Un Cadavre*[58] vom Oktober 1924 mokierten sich dessen Repräsentanten, dass man auch nur eine Minute damit verschwenden könne, einem Leichnam *adieu* zu sagen, dem man das Gehirn bereits entfernt habe. Sie verabschieden Anatole France, diesen „*maître* éternel“ [ewigen Meister], als „homme médiocre“ [Mann des Mittelmaßes], als „vieillard comme les autres“ [Greis wie andere auch], der in Sachen Literatur allenfalls ein „régime des hors-d'œuvre“ gewesen sei, nichts also als eine Vorspeise zum eigentlichen Hauptgang. Der Name des Verstorbenen war damit dem Spott einer literarischen Bewegung auch in Frankreich anheimgegeben, die das poetische Ziel verfolgte, „einen so rasch wie möglich fließenden Monolog“ zu fabrizieren, der „so weit wie nur möglich *gesprochener Gedanke*“[59] wäre. Surrealismus sei, so André Breton in seinem ersten Manifest 1924, ein „Denk-Diktat ohne jede Kontrolle durch die Vernunft, jenseits jeder ästhetischen oder ethischen Überlegung“.[60]

Der mündliche Gestus im „Nekrolog“ scheint diesem Programm zumindest auf den ersten Blick nicht zu widersprechen,[61] gibt aber doch hinsichtlich des hochgradig intertextuellen Verfahrens Walsers einige Zweifel auf. Präzise hatte bereits Max Brod 1913 auf die „Eigentümlichkeit der Walserschen Diktion“ hingewiesen:

---

55 Anonym [Dř. J. Št.]: Das Echo der Todesnachricht in Frankreich, in: Prager Presse, 13. Oktober 1924, Nr. 283, Abend-Ausgabe, [1].

56 František Xaver Šalda, Anatole France, in: Prager Presse, 15. Oktober 1924, Nr. 285, Morgen-Ausgabe, [1]–2, hier: [1].

57 Georg Brandes, Anatole France. Mit einem Lichtdruck, fünf Vollbildern und einem Faksimile, übers. von Ida Anders, Berlin [1905], 56–59.

58 Un Cadavre. Pamphlet vom 18. Oktober 1924, hg. von Philippe Soupault, Neuilly-sur-Seine (mit Texten von Philippe Soupault, Paul Éluard, Pierre Drieu La Rochelle, Joseph Delteil, André Breton, Louis Aragon).

59 André Breton, Erstes Manifest des Surrealismus 1924, in: Die Manifeste des Surrealismus, übers. von Ruth Henry, Reinbek bei Hamburg 1968, 11–29, hier: 24 [Hervorhebung im Original].

60 Breton, Erstes Manifest des Surrealismus, 26.

61 Christian Benne identifiziert zahlreiche „surrealistische Assoziationstechniken“ bei Walser: „Schrieb je ein Schriftsteller so aufs Geratewohl?“ Der surrealistische Robert Walser, in: Surrealismus in der deutschsprachigen Literatur, hg. von Friederike Reents in Zusammenarbeit mit Anika Meier, Berlin 2009, 49–70.

Walsers Sätze, so heißt es bei Brod, würden häufig durch Worte unterbrochen, die „der Zeitungssprache“ entnommen seien, durch „Papierworte“, die „flüchtig […] der Feder des Dichters entgleiten“. Man sehe förmlich, wie der Erzähler bei Walser sprechend das „Unangebrachte“ dieser Sätze erkenne, aber diese dann – einer plötzlichen Heiterkeit folgend – doch einfach stehen lasse. Diese „inner[e] Flüchtigkeit“, dieser spontane Entschluss, gegenüber der eigenen Unkontrolliertheit im Sprechen Nachsicht zu üben, verhalte sich nun aber zur nur wiederkäuenden Zitation von immer schon Gehörtem und Gelesenem „wie ein lebendiger Mensch zu seiner Momentphotographie“.[62] Brods Hinweis auf das damals noch recht neue Medium der Fotografie zielt auf den Schock, die es in ihren Anfängen nicht selten hervorrief: Sich plötzlich in der Bewegung eingefroren, gleichsam zur Totenmaske erstarrt zu sehen, konnte in der Tat Abwehr oder Heiterkeit, jedenfalls aber Distanzgefühle erzeugen. Brods Rezension zeichnet Walser also nicht nur als einen Meister der Ironie, sondern erkennt in ihm vielmehr den Prototypen eines vielschichtigen Dichters. Dieser werfe plötzlich einen Außenblick auf seine quasi ‚automatisch‘ sich verfertigende Rede, auf die Adaption von Zeitungsphrasen: wie Sprechen im Grunde immer schon eine Replik ist, sich unwillkürlich aus dem Fundus der Alltagssprache bedient. Ein solcher Moment der Selbstüberraschung und Selbstdistanzierung wiederum erzeuge bei ihm eine affektive Reaktion auf ‚blind‘ produzierte Normbrüche. Auch wenn Brods Überlegungen den hochkomplexen Schreibprozess Walsers letztlich unterschätzen, geben sie wichtige Hinweise: Dass dieses selbstreflexive – am ehesten wohl humoristisch zu nennende – Verfahren strategisch mit Zitaten, mit Sprachfertigteilen und mit performativen Tempus-Formen arbeitet, die die Konvention eines Zeitungsnachrufs in jeder Hinsicht sprengen.

4 Abgesang: Namenlose Trauer

Walsers nekrologisches Selbstgespräch setzt die Pietätsmaxime außer Kraft, einen Betrauerten nicht nur als Funktionsträger, sondern auch als Menschen, als Individuum zu sehen, Jedenfalls machen Sätze wie diese stutzig: „Die Stühle, Uhren, Kanapees auf der ganzen Welt trauern um das große Loch, das der Tod in die Reihen derer gerissen hat, die mit der Feder in der Hand herumlaufen.“ (5–6) Stühle, Uhren, Kanapees? Und diese trauern nicht um den verlorenen Menschen, sondern um das „große Loch“ in den Reihen der Dichter und Denker? Auch diese Formulierung

62 Max Brod, Kommentar zu Robert Walser [1913], zitiert nach KWA, Supplement 1, 222–228, hier: 224.

Walsers ist nicht aus der Luft gegriffen: Bekanntlich kann bis heute ein neues Mitglied in die Académie Française nur dann aufgenommen werden, wenn ein Stuhl oder Sessel, ein „Fauteuil", durch Tod frei wird – und es ist wohl kein Zufall, dass Walser, in Anlehnung an das surrealistische Pamphlet den Ausdruck „Kanapee" wählt, der im Französischen sowohl einen Sessel als auch ein *hors-d'œuvre* – eine ‚Kalte Platte' – bezeichnet. Der Nachrücker des Verstorbenen war Paul Valéry, dessen berühmte Antrittsrede vom Juni 1927 wie ein Prätext zu Walsers „Nekrolog" klingt, auch wenn er diesem noch nicht bekannt sein konnte.[63]

Valérys Rede verdeutlicht den gesellschaftlichen Kontext, in dem Walsers „Nekrolog" zu verorten ist. Sie zeigt, dass das Mikrogramm buchstäblich als ein Nach-Ruf, als Echo des Zeitgeistes, zu lesen ist. Mit dem Tod von Anatole France war nicht nur die klassische Bildungsidee zu Grabe getragen worden. Der Name des Verabschiedeten war vielmehr zugleich auch Symbol für einen Strukturwandel der Öffentlichkeit geworden, die sich nicht mehr an den Werten der Aufklärung oder Klassik orientierte, sondern an einer anonymen Definitionsgewalt der Medien. Valérys kritische Würdigung des Verblichenen vor der Académie hatte auch formal den Charakter eines Nachrufs – der den Gerühmten nicht ein einziges Mal nannte, sondern ihn buchstäblich im Namenlosen verschwinden ließ. Dass er dem, wofür sein „ruhmvolle[r] Vorgänger" stand, keine Krokodilstränen nachweinte, war nicht zu überhören. Die Kritik am „große[n] Publikum", dem der Nobelpreisträger „das reizvolle Gefühl einer Oase"[64] verschafft habe, überführt er schließlich in eine schonungslose Diagnose der Gegenwart: In ihr müsse jeder Anspruch auf Einzigartigkeit mit der Wirklichkeit kollidieren. Die Verlegenheit, den Vorgänger angemessen würdigen zu sollen, nimmt Valéry zum Anlass, über die Hinfälligkeit des Ruhms zu klagen: „Alle Welt", so heißt es, redet zu gleicher Zeit".[65] Kaum sei „ein großer Mann dahin, und schon wandelt sich, wie sein Fleisch, recht plötzlich das Bild, das wir von ihm in uns tragen. Das Fehlen der lebendigen Gegenwart wird sofort spürbar. Der Tod läßt den Toten wehrlos gegenüber all dem, was er zu sein schien". Und er fügt hinzu, dass „[j]ede Illusion, Original zu sein", vergehe, sich ein „tiefe[s] und zugleich spöttische[s] Mitgefühl" einstelle – angesichts der „Millionen

---

63 Die Berufung erfolgte eineinhalb Jahre vor der Rede in der Académie, deren Verfahren vielen bereits als obsolet galt. So heißt es spöttelnd in der *Literarischen Welt*, an den Teilabdruck von Valérys Rede anschließend: „Da die Mehrzahl ihrer Mitglieder hochbetagt ist, tut der Herrgott, obgleich es ihm in Frankreich besonders gut geht, was er nicht lassen kann: er beruft jedes Jahr mindestens einen Unsterblichen zu sich ab und dementiert damit das Gerücht, daß in der Académie nichts vorgehe." Anonym, Aus Frankreich, in: Die Literarische Welt 3 (1927), Nr. 28, 2.

64 Paul Valéry, Rede zum Dank an die Académie Française [1927], in: Werke. Frankfurter Ausgabe, Bd. 3: Zur Literatur, hg. von Jürgen Schmidt-Radefeldt, Frankfurt/Main 2021, 353–386, hier: 362.

65 Ebd, 364.

von federbewaffneten Wesen [...].“ Ein „unerträgliches Zugleichsein“ – so Valéry – „vernichtet alles.“[66]

Das Lamento gipfelt schließlich in einem Abgesang auf die Illusion eines allseits gebildeten Individuums: es scheine vielmehr so, „als ob der Schlußakt dieser Myriaden von freien und autonomen Wesen dem Arbeitsvorgang einer Maschine gleichkäme.“ Die „fürchterlichsten Maschinen“, so heißt es erläuternd im Essay „Über die Krise der Intelligenz“ 1925, seien jene „Verwaltungsmaschinen, die nach dem Vorbild dessen konstruiert sind, *was am Geist unpersönlich ist.*“[67] Valéry lässt keinen Zweifel daran, dass er auch die Zeitungen zu diesen Maschinen zählt, für die Todesfälle nicht die beklagenswerte Ausnahme, sondern tagtägliche „leiblich[e] Nahrung“ sind, ohne die sich bei den Lesern „ein Gefühl der Leere“[68] einstelle. Damit wird nicht nur der „Prozeß des Ruhmes“ in der „ersten Instanz“ der Zeitungen entschieden, wie Musil in seiner Rede zur Rilke-Feier 1927[69] geltend macht. Vielmehr wird der Gegenstand kollektiver Trauer zum Medienereignis, zum Event, unterliegt dem Wechselkurs der Aktualität, ist grundsätzlich austauschbar geworden.

Nicht auf eine zunehmende Dummheit in der Welt sei diese Krise zurückzuführen, so Valéry, sondern auf den schwankenden Wertmaßstab in „der derzeitigen und künftigen Gesellschaft“.[70] Seine Antrittsrede in der Académie Française zeigt diese Veränderung am ambivalenten Genre des Rühmens: der Nachruf gilt gemeinhin ja als „Balanceakt“:[71] zwischen Verbergen und Enthüllen, zwischen betroffener Würdigung eines Individuums und mehr oder weniger standardisierten Abschiedsformeln. Walsers „Nekrolog“ führt die allgemeine Stimme der Klage über den großen Gleichmacher Tod nun in ein mediales Echo der selbstdisziplinierten Teilnahmslosigkeit: „Wir wollen uns fassen und jede Anwandlung von Grämlichkeit schassen“ (9). Der Nachruf changiert damit nicht mehr nur zwischen Aufrichtigkeit und Lüge, sondern vollzieht einen kollektiven Abgesang auf den Wert des Individuellen überhaupt: Er richtet sich folglich nicht mehr auf die Leistung eines Einzelnen, und sei es die eines Nobelpreisträgers, sondern auf ein austauschbares,

---

66 Ebd., 372–373.

67 Paul Valéry, Über die Krise der Intelligenz [1925], in: Frankfurter Ausgabe, Bd. 7: Zur Zeitgeschichte und Politik, 55–74, hier: 61 [Hervorhebung im Original]. Die deutsche Übersetzung des Essays erschien in der Januarausgabe der *Neuen Schweizer Rundschau*, Jg. 19 (1926), H. 1.

68 Valéry, Über die Krise der Intelligenz, 63.

69 Robert Musil, Rede zur Rilke-Feier in Berlin am 16. Januar 1927, in: Gesammelte Werke, Bd. 8: Essays und Reden, hg. von Adolf Frisé, Reinbek bei Hamburg 1978, 1.229–1.242; hier: 1.229.

70 Valéry, Über die Krise der Intelligenz, 57.

71 Stephan Stein, Nachrufe in der Presse. Textsortenprofil und Textsortenvariation, in: Pressetextsorten jenseits der „News“. Medienlinguistische Perspektiven auf journalistische Kreativität, hg. von Christian Groesslinger, Gudrun Held und Hartmut Stoeckl, Frankfurt/Main u. a. 2011, 123–138, hier: 134.

neutrales ‚Etwas': „Das Leben steht an Särgen von Leuten, die hochemporragen, nicht still. Ich bin überzeugt, es wird immer wieder etwas emporragen. Meinen Sie nicht auch?" (9–10).

Literaturverzeichnis

Anonym, Heil Knaatz!, in: Prager Tagblatt, 2. September 1924, Nr. 207, Erste Ausgabe, 5.

Anonym, Das Befinden Anatole Frances, in: Neue Zürcher Zeitung, 5. Oktober 1924, Nr. 1.477, I. Sonntagsausgabe, Erstes Blatt, 26.

Anonym, Anatole France als politscher Denker, in: Neue Zürcher Zeitung, 14. Oktober 1924, Nr. 1.530, Zweites Morgenblatt, 5.

Anonym, Zum Hinschied von Anatole France, in: Neue Zürcher Zeitung, 14. Oktober 1924, Nr. 1.533, Erstes Abendblatt, [1].

Anonym, Anatole France, in: Neue Zürcher Zeitung, 16. Oktober 1924, Nr. 1.547, Zweites Abendblatt, 5–6.

Anonym, Glossen zum Nobelpreis, in: Der Bund, 26. November 1924, Nr. 506, Erstes Blatt, 2.

Anonym, Aus Frankreich, in: Die Literarische Welt 3 (1927), Nr. 28, 2.

Anonym, Anatole Frances Gehirn, in: Die Literarische Welt 3 (1927), Nr. 47, [1].

Anonym [Dř. J. Št.], Anatole France in Agonie. Die letzten Worte des Sterbenden, in: Prager Presse, 11. Oktober 1924, Nr. 281, Morgen-Ausgabe, 3.

Anonym [Dř. J. Št.], Anatole France gestorben. Das Echo der Todesnachricht in Frankreich, in: Prager Presse, 13. Oktober 1924, Nr. 283, Abend-Ausgabe, [1].

Anonym [G-lj.], Mehr Vorsicht!, in: Jugend. Münchner Illustrierte Wochenschrift für Kunst und Leben 29 (1924), Nr. 42, 1056.

Anonym [I. S. A.], Zur Völkerverständigung, in: Jugend. Münchner Illustrierte Wochenschrift für Kunst und Leben 29 (1924), Nr. 42, 1056.

Anonym [J. H.], Englands Nachruf auf Anatole France, in: Neue Zürcher Zeitung, 27. Oktober 1924, Nr. 1.665, Zweites Mittagsblatt, [1].

Beamt, Walter, Anatole France, in: Prager Presse, 22. April 1923, Nr. 109, Morgen-Ausgabe, Beilage Dichtung und Welt, Nr. 14, [I].

Blei, Franz, Anatole France, in: Prager Presse, 21. Dezember 1921, Nr. 266, Abend-Ausgabe, 4.

Blei, Franz, Grabschrift des Dichters für sich selber, in: Prager Presse, 22. April 1923, Nr. 109, Morgen-Ausgabe, Beilage Dichtung und Welt, Nr. 14, [I].

Bley [Blei], Franz, Brief an Arne Laurin [mit einem Passus an Otto Pick], undatiert und ohne Absender, in: Laurin-Nachlass, Literaturarchiv des Museums des nationalen Schrifttums Prag [Pamatník národního písemnictví], Mappe: I K 61 (1921–1926) – A. Laurin, Ex 21/C/27, Nr. 64/46.

Breton, André, Erstes Manifest des Surrealismus 1924, in: Die Manifeste des Surrealismus, übers. von Ruth Henry, Reinbek bei Hamburg 1968, 11–29.

Curtius, Ernst Robert, Marcel Proust, in: Neue Zürcher Zeitung, 30. März 1924, Nr. 467, Drittes Blatt, Literarische Beilage, [1]–2.

France, Anatole, Romane der Gegenwart (Die Ulme am Wall, Die Probierpuppe, Der Amethystring, Professor Bergeret), München 1920 und 1921.

Fromaigeat, E. H., Anatole France, in: Neue Zürcher Zeitung, 22. Oktober 1924, Nr. 1.577, Zweites Morgenblatt, [1]–2.

Fußballspiel Uruguy – Schweiz, 9. Juni 1924, Paris. Datencenter, Olympische Spiele 1924: URL:https://www.dfb.de/datencenter/olympische-spiele/1924-in-paris/finale/uruguay-schweiz-1689871 (Letzter Zugriff: 29.10.2022).

Gräfin Walewska (Napleons Liebe). Reg. Otto Rippert. Terra Film AG (Berlin) 1920. URL: https://www.murnau-stiftung.de/movie/4343 (Letzter Zugriff: 29.10.2022).

Herrmann-Neiße, Max, Kritiken und Essays (1909–1939). Kritische Edition, hg. von Sibylle Schönborn, 3 Bände, Bielefeld 2021–2022.

Höllriegel, Arnold, Filmet Agonie!, in: Prager Tagblatt, 14. November 1924, Nr. 267, Erste Ausgabe, 3–4.

In memoriam Anatole France. Aus seinen Schriften [Themenschwerpunkt], in: Prager Presse, 19. Oktober 1924, Nr. 289, Morgen-Ausgabe, Beilage Dichtung und Welt, Nr. 42, [I]–V.

Konzelmann, Max, Anatole France (zum achtzigsten Geburtstag), in: Neue Zürcher Zeitung, 16. April 1924, Nr. 564, Erstes Morgenblatt, [1]–2.

Kotzebue, August von, Menschenhaß und Reue. Schauspiel in fünf Aufzügen, Neue Aufl., Leipzig 1797.

Liebstoeckl, Hans, Anatole France, in: Die Stunde, 14. Oktober 1924, Nr. 484, 3.

M. K. [Max Konzelmann]: Eine Anatole France-Ehrung, in: Neue Zürcher Zeitung, 26. Mai 1924, Nr. 785, Zweites Abendblatt, 21.

Musil, Robert, Gesammelte Werke in neun Bänden, hg. von Adolf Frisé, Reinbek bei Hamburg 1978.

Proust, Marcel, Les Plaisirs et Les Jours. Précédé d’une Préface par Anatole France, 28. Aufl. [Vingt-huitième edition], Paris 1924.

Šalda, František Xaver, Anatole France, in: Prager Presse, 15. Oktober 1924, Nr. 285, Morgen-Ausgabe, [1]–2.

Soupault, Philippe (Hg.), Un Cadavre [Ein Kadaver], Pamphlet vom 18. Oktober 1924, Neuilly-sur-Seine (mit Texten von Philippe Soupault, Paul Éluard, Pierre Drieu La Rochelle, Joseph Delteil, André Breton, Louis Aragon). URL: https://collections.library.yale.edu/catalog/10604912 (Letzter Zugriff: 31.05.2022).

Valéry, Paul, Werke. Frankfurter Ausgabe in 7 Bänden, hg. von Jürgen Schmidt-Radefeldt, Frankfurt/Main 2021.

Walser, Robert, Kritische Ausgabe sämtlicher Drucke und Manuskripte [KWA], hg. von Wolfram Groddeck und Barbara von Reibnitz, Basel, Frankfurt/Main 2008 ff.

Walser, Robert, Werke. Berner Ausgabe, hg. von Lucas Marco Gisi, Reto Sorg, Peter Stocker und Peter Utz, im Auftrag der Robert Walser Stiftung Bern, Berlin 2018 ff.

Amunts, Katrin, Mein Hirn, Dein Hirn, das simulierte Hirn. Individuelle Vielfalt aus der Sicht der Neuroanatomie, in: Bewusstsein – Selbst – Ich. Die Hirnforschung und das Subjektive, hg. von Helmut Fink und Rainer Rosenzweig, Münster 2014, 37–49.

Benne, Christian, „Schrieb je ein Schriftsteller so aufs Geratewohl?“. Der surrealistische Robert Walser, in: Surrealismus in der deutschsprachigen Literatur, hg. von Friederike Reents in Zusammenarbeit mit Anika Meier, Berlin 2009, 49–70.

Bogner, Ralf Georg, Der Zeitungs-Nachruf oder das Fortleben von Leichenpredigt und Epicedium im Feuilleton, in: Die lange Geschichte der Kleinen Form. Beiträge zur Feuilletonforschung, hg. von Kai Kauffmann und Erhard Schütz, Berlin 2000, 212–228.

Brandes, Georg, Anatole France. Mit einem Lichtdruck, fünf Vollbildern und einem Faksimile, übers. von Ida Anders, Berlin [1905], 56–59.

Brunn, Stefan, Abschieds-Journalismus. Die Nachrufkultur der Massenmedien, Münster 1999.

Bunzel, Wolfgang, Das deutschsprachige Prosagedicht. Theorie und Geschichte einer literarischen Gattung der Moderne, Berlin 2005.

Denken zwischen Ästhetik und Ökonomie. Zur Lage des Feuilletons. Podiumsdiskussion mit Doris Akrap, Ekkehard Knörer, Sigrid Löffler und Lothar Müller, in: Kernmayer/Jung (Hg.), Feuilleton, 375–389.

Eickenrodt, Sabine, Lyrische Porträts im Feuilleton der *Prager Presse* – am Beispiel von Robert Walsers Gedicht „An Georg Trakl" (1928), in: Kernmayer/Jung (Hg.), Feuilleton, 151–179.

Genette, Gérard, Palimpseste. Die Literatur auf zweiter Stufe. Aus dem Französischen von Wolfram Bayer und Dieter Hornig, 8. Aufl., Frankfurt/Main 2018.

Gier, Albert, Der Skeptiker im Gespräch mit dem Leser. Studien zum Werk von Anatole France und zu seiner Rezeption in der französischen Presse 1879–1905, Tübingen 1985.

Havlin, Michael, Die Rede von der Schweiz. Ein medial-politischer Nationalitätendiskurs in der Tschechoslowakei 1918–1938, Frankfurt/Main 2011.

Kernmayer, Hildegard/Simone Jung (Hg.), Feuilleton. Schreiben an der Schnittstelle zwischen Journalismus und Literatur, Bielefeld 2017.

Le Goff, Marcel, Gespräche mit Anatole France, 1914–1924. Autorisierte Übertragung von Ernst Klarwill. Mit 4 Bildbeigaben, München 1925.

Segebrecht, Wulf, Steh, Leser, still! Prolegomena zu einer situationsbezogenen Poetik der Lyrik, entwickelt am Beispiel von poetischen Grabschriften und Grabschriftenvorschlägen in Leichencarmina des 17. und 18. Jahrhunderts, in: DVjS 52 (1978), H. 3, 430–468.

Stein, Stephan, Nachrufe in der Presse. Textsortenprofil und Textsortenvariation, in: Pressetextsorten jenseits der „News". Medienlinguistische Perspektiven auf journalistische Kreativität, hg. von Christian Groesslinger, Gudrun Held und Hartmut Stoeckl, Frankfurt/Main u. a. 2011, 123–138.

Walt, Christian, Improvisation und Interpretation. Robert Walsers Mikrogramme lesen, Frankfurt/Main, Basel 2015.

Teil II: **Epochenwahrnehmungen**

Inka Mülder-Bach

„Anwesend waren …“. Nekrologische Schreibweisen und Nachruf bei Robert Musil

Nachdem Robert Musil mit dem Novellenband *Vereinigungen* (1911) ein Fiasko erlebt hatte und der Versuch, seine materielle Existenz als freier Schriftsteller ausgerechnet auf die hermetische Prosa dieser Texte zu gründen, gescheitert war, notierte er im Dezember 1911 in seinem Tagebuch:

> Im Streben nach Verdienst nach Möglichkeiten gesucht, für Zeitungen u[nd] Zeitschriften zu schreiben. Der Feuilletonismus, selbst der in der Neuen Rundsch[au] oder im Pan ist mir zu ekelhaft. Wenn irgend ein mir ähnlicher Unbekannter meinen Namen so unter der u[nd] jener Unnotwendigkeit fände, ich würde mich schämen. Ich muß dies festhalten, hier ist ein Widerstand, über den ich nicht hinweg *soll.*[1]

Der Widerstand ging von einer Instanz aus, die Musil mit einem „Suchbegriff“, den er stets emphatisch verwendete, als Dichter bezeichnete.[2] In der Epoche der *Vereinigungen* definierte diese Instanz sein schriftstellerisches Selbstverständnis. Für sich selbst eine rote Linie zu ziehen, die nicht zu übertreten sei, wäre allerdings überflüssig gewesen, hätte es im inneren Parlament seines Schriftsteller-Ichs nicht konkurrierende Instanzen gegeben, die ihn zu diesem Übertritt drängten. Tatsächlich hatte Musil schon einige Monate zuvor in der von Alfred Kerr herausgegebenen Zeitschrift *Pan* den Essay „Das Unanständige und Kranke in der Kunst“ (1911) publiziert. In den beiden folgenden Jahren erschienen, teils anonym, teils namentlich gezeichnet, eine Reihe weiterer Aufsätze und erste Rezensionen vor allem in Franz Bleis Zeitschrift *Der Lose Vogel* sowie in der *Neuen Rundschau*, in deren Redaktion Musil kurz vor Kriegsausbruch eintrat. Zwischen 1916 und 1918 war er verantwortlicher Redakteur der Tiroler *Soldaten-Zeitung*, bevor er ins Kriegspressequartier nach Wien abkommandiert wurde. Dort lernte er Arne Laurin kennen, der 1921 Chefredakteur der *Prager Presse* wurde. Für diese war Musil von März 1921 bis August 1922 als Wiener Kunst- und Theaterreferent und Kulturkorrespondent regelmäßig tätig, in den Folgejahren setzte er die Zusammenarbeit

1 Robert Musil, Tagebücher, Bd. 1, hg. von Adolf Frisé, neu durchgesehene und ergänzte Aufl., Reinbek bei Hamburg 1983, 230–231 [Hervorhebung im Original].

2 Zu Musils „Suchbegriff“ der Dichtung und des Dichters: Roger Willemsen, Das Existenzrecht der Dichtung. Zur Rekonstruktion einer systematischen Literaturtheorie im Werk Robert Musils, München 1984, 19–28.

https://doi.org/10.1515/9783111106472-006

sporadisch fort;[3] auch in anderen tschechischen, österreichischen und deutschen Zeitungen und Zeitschriften veröffentlichte er insbesondere in der ersten Hälfte der 1920er Jahre regelmäßig Besprechungen, Berichte und Feuilletons. Die selbstgezogene rote Linie wurde also übertreten und diese Übertretung hatte Folgen. Nicht nur demonstrierte der asketische Dichter der *Vereinigungen* in seinen publizistischen Texten einen enormen Appetit auf die Welt. Als Essayist, Kritiker und Verfasser unfreundlicher Betrachtungen eignete Musil sich Materialien, Textsorten und Schreibweisen an, die auch in der Arbeit am *Mann ohne Eigenschaften* von zentraler Bedeutung wurden.

In dem Roman, so hat es Peter Henninger formuliert, fand Musil zu einem Kompromiss „zwischen dem solipsistischen, selbstbezogenen, unkommunikativen Schreiben des Dichters und dem (mit Maßen) kommunikativen des Feuilletonisten und Essayisten", der es ihm ermöglichte, „in breitere Leserschichten" vorzustoßen.[4] Der Konflikt blieb allerdings auch in diesem Kompromiss virulent und manifestiert sich im *Mann ohne Eigenschaften* ebenso wie in der Auswahl von Zeitungs- und Zeitschriftentexten, die Musil 1936 unter dem Titel *Nachlaß zu Lebzeiten* (1936) publizierte. Ob der Titel dieser Sammlung auch eine Antwort darauf ist, dass Carl Seelig 1933 erklärt hatte, Musil sei „vor wenigen Jahren" gestorben,[5] kann dahingestellt bleiben. Wenn Musil in der „Vorbemerkung" der Sammlung konstatiert, dass „die Lebzeiten den Nachlässen [günstig sind]", weil „der Dichter nach eigenem Maß", der keine Konfektionsware produziert, „beinahe allerorten in einer tiefen Abgeschiedenheit vom Leben [lebt]", dann meldet er sich nach jahrelangem Schweigen in der Öffentlichkeit jedenfalls als eine Figur zurück, die sich „schon längst überlebt [hat]", als Untoter, der „doch nicht mit den Toten die Kunst gemeinsam [hat]", „kein Haus" und „kein Essen und Trinken" zu brauchen.[6] Die Herausgabe des Nachlasses war von „allerhand Sorgen" begleitet, die die dichterische Qualität seiner „kleinen Arbeiten" betraf. Zwar hätten diese sich als „zeitbeständiger" erwiesen, als er befürchtet habe; da sie für den „dämmerig-großen Leserkreis" von Zeitungen geschrieben worden seien, mangele es ihnen aber an den

3 Robert Musil, Briefe nach Prag, hg. von Barbara Köpplová und Kurt Krolop, Reinbek bei Hamburg 1971, 9 [Zur Einführung]; Fabrizio Cambi, Robert Musil als Mitarbeiter der *Prager Presse*, in: Wo bleibt das „Konzept"? Festschrift für Enrico De Angelis/Dov'è il „concetto"? Studi in onore di Enrico De Angelis [deutsch/italienisch], hg. von Carlo Carmassi, Giovanna Cermelli, Marina Foschi Albert und Marianne Hepp, München 2009, 188–193.

4 Peter Henninger, Die Wende in Robert Musils Schaffen: 1920–1930 oder Die Erfindung der Formel, in: Robert Musil. Essays und Ironie, hg. von Gudrun Brokoph-Mauch, Tübingen 1992, 91–113, hier: 101.

5 Herbert Kraft, Robert Musil, Wien 2003, 207.

6 Robert Musil, Nachlaß zu Lebzeiten [1936], in: Gesammelte Werke, Bd. II: Prosa und Stücke, hg. von Adolf Frisé, Reinbek bei Hamburg 1978, 471–562, hier: 473.

„zusammenziehenden Kräften“ seiner „Hauptarbeiten“ ebenso wie an „abschließende[r] Vollständigkeit“.[7] Auch im *Mann ohne Eigenschaften* schwelt der Ambivalenzkonflikt weiter und bricht immer wieder durch. Einerseits demonstriert der Erzähler Verachtung für den Romancier, der eine „Wurstmaschine“[8] bedient und ein Gewerbe betreibt, das aufgrund seiner Affinität zu Presse und Massenmedien in die Nähe der Prostitution gerückt wird.[9] Andererseits führt er die journalistische Weltverfertigung als Komplizin der Mächte vor, gegen die *Der Mann ohne Eigenschaften* seinen Einsatz macht. Während der Schriftsteller Musil sich nicht erst im *Nachlaß zu Lebzeiten* in einer gespenstischen „Abgeschiedenheit vom Leben“ verortet,[10] wird die Presse in dieser Kritik sowohl mit dem Nekrolog im engeren Sinn als auch mit Schreibweisen identifiziert, die man in einem weiteren Sinn als nekrologisch bezeichnen kann. Das möchte ich im Folgenden zunächst an einigen Textstellen aus dem *Mann ohne Eigenschaften* zeigen, um anschließend mit dem Nekrolog auf Robert Müller den einzigen Feuilleton-Nachruf zu kommentieren, den Musil veröffentlicht hat.

7 Musil, Nachlaß zu Lebzeiten, 473–474.

8 Robert Musil, Briefe 1901–1942, Bd. 1, hg. von Adolf Frisé, Reinbek bei Hamburg 1981, 449 (Brief von Musil an Franz Blei vom 31. Juli 1929); auch Musil, Gesammelte Werke, Bd. I: Der Mann ohne Eigenschaften, hg. von Adolf Frisé, neu durchgesehene und verbesserte Ausgabe, Reinbek bei Hamburg 1978, 692. Zitate aus dem *Mann ohne Eigenschaften* werden künftig nach dieser Ausgabe mit der Sigle MoE und Seitenzahl im Text belegt; Kapitel (Kap.) werden mit der Sigle MoE, Buchnummer (römisch) und Kapitelnummer angeführt.

9 Inka Mülder-Bach, Robert Musil. *Der Mann ohne Eigenschaften.* Ein Versuch über den Roman, München 2013, 88–104.

10 Anfang der 1920er Jahre formulierte Musil im Entwurf einer Einleitung zu einer nicht verwirklichten Sammlung seiner Essays: „Ich brauche kaum zu sagen, daß ich das Werk eines Toten herausgebe. Man wird sehen, daß er nach seiner eigenen Definition schon tot war, als er manche seiner Ideen niederschrieb.“ Musil, Tagebücher, Bd. 1, 667. Die „Abgeschiedenheit vom Leben“, von der in der Vorbemerkung zum *Nachlaß zu Lebzeiten* mit Bezug auf den Dichter die Rede ist, kommuniziert natürlich mit dem einjährigen „Urlaub von seinem Leben“ (MoE, 47), den Ulrich zu Beginn des Romans *Der Mann ohne Eigenschaften* genommen hat; dabei handelt es sich ja weniger um Ferien, als – dem alten Wortsinn von Urlaub entsprechend – um die ‚Erlaubnis zu gehen‘, ‚Erlaubnis zum Abschied‘. Vgl. Jacob und Wilhelm Grimm, Deutsches Wörterbuch, Bd. 11, Abt. 3, Leipzig 1936, Nachdruck München 1984, Bd. 24, Sp. 2466–2477 („urlaub“), hier: 2471–2475.

1 „Präsenzlisten": historiographische Totenregister und journalistische Grabstätten

Die Thematisierung nekrologischer Schreibweisen ist im *Mann ohne Eigenschaften* untrennbar mit der Analyse jenes Mechanismus der sozialen Reproduktion verbunden, der geschehen lässt, was die Überschrift des zweiten Teils des Romans als „Seinesgleichen" ankündigt. Beharrung und Innovation, Zwang und Freiheitsdrang, Gewalt und Liebesbedürfnis greifen in diesem Mechanismus so ineinander, dass die „Renoviersucht des Daseins" zu einem sinnlosen „Perpetuum mobile" wird (MoE, 132). Indem „Seinesgleichen geschieht", wird die historische Dynamik unter Titeln wie „neue Generation, Väter und Söhne, geistige Umwälzung, Stilwechsel, Entwicklung, Mode und Erneuerung" (MoE, 132) zu einem „infinite[n] Leerlauf",[11] in dem Impulse erkalten und Verhältnisse versteinern. Dabei verschwinden nicht nur Einzelfälle in Verteilungskurven und Mittelwerten. Indem Lebensläufe, Charaktere, Sprachen und Empfindungen nach Maßgabe vorgefertigter Muster formatiert und standardisiert werden, werden psychische und soziale Durchschnitte als sozioplastisches Komplement zum Gesetz der großen Zahlen hervorgebracht. In dem Kapitel „Ein heißer Strahl und erkaltete Wände" (MoE I, Kap. 34) findet der Protagonist Ulrich bei seinem ersten Gang durch die Metropole Wien drastische Bilder für die mortifizierende Gewalt dieser Formierung, der er in seinem einjährigen „Urlaub von seinem Leben" (MoE, 47) um den Preis einer gespenstischen Suspension aller Lebensvollzüge zu entkommen sucht. Seine Überlegungen münden in eine Hypothese darüber, was eine zukünftige Geschichtsschreibung von seinen „Jugendfreunden" berichten wird:

> Er gedachte seiner Jugendfreunde; alle waren sie seine Jugendfreunde gewesen [...], die Rebellen, die neue Dinge und Menschen auf die Welt bringen wollten [...]. [Sie] waren inzwischen Professoren, Berühmtheiten und Namen, ein bekannter Teil der bekannten fortschrittlichen Entwicklung geworden, sie waren auf einem mehr oder weniger kurzen Weg aus dem Nebel ins Erstarren gelangt, und deshalb wird die Geschichte von ihnen gelegentlich der Schilderung ihres Jahrhunderts einst melden: Anwesend waren ... (MoE, 132–133)

Wenn Individualbiografie und „nekrologisches Denkmal"[12] im 18. Jahrhundert gemeinsam emergierten und Lebensgeschichten bedeutender Persönlichkeiten des bürgerlichen Zeitalters vielfach „aus dem Geist des Nekrologs" geschrieben wur-

---

11 Hartmut Böhme, Eine Zeit ohne Eigenschaften. Musil und die Posthistoire, in: ders., Natur und Subjekt, Frankfurt/Main 1988, 308–334, hier: 310.

12 Friedrich Sengle, Biedermeierzeit. Deutsche Literatur zwischen Restauration und Revolution 1815–1848, Bd. 2: Die Formenwelt, Stuttgart 1972, 318.

den,[13] werden die Züge bedeutender Zeitgenossen, die für die Nachwelt überlieferungswürdig und erzählenswert wären, auf dem „Weg aus dem Nebel ins Erstarren“ unkenntlich. Damit erübrigt sich nach Ulrichs Vermutung die biografische Narration als Baustein eines Epochenbildes. Die Geschichtsschreibung wird sich in der Repräsentation von historischen Persönlichkeiten mit einer Kurzform begnügen können, mit dem Katalog oder der Liste, einer parataktischen Form von unbegrenzter Erfüllungskapazität, in der das Erzählen durch das Aufzählen der Namen derjenigen ersetzt wird, die in der Epoche anwesend waren.

In einem modernen Gewand kehrt in diesen Listen wieder, was *das* Necrologium – im Unterschied zu *dem* Nekrolog – bis ins 18. Jahrhundert hinein bezeichnete, also ein „Catalogus oder Register der Todten“.[14] Anders als die kirchlichen Nekrologien, die alle Toten umfassten, würden die Totenlisten der Historiker allerdings nur diejenigen melden, die sich einst einen Namen gemacht hatten. Eben dafür wären sie nach Musils Beobachtung auf die Presse angewiesen. So findet Ulrichs Hypothese zur zukünftigen Geschichtsschreibung im Roman rund tausend Seiten später ein Echo in der Darstellung des zum Regierungsrat ernannten Hof- und Gesellschaftsberichterstatters Meseritscher. Zu ihren Quellen gehört ein 1921 in der *Neuen Freien Presse* erschienener Nekrolog auf Regierungsrat Ignaz Wilhelm, eine der seinerzeit „bekanntesten Erscheinungen des Wiener Zeitungswesens“,[15] Herausgeber der zeitgenössisch für Nachrichtendienste der Presse wichtigsten „nichtamtlichen, aber aus amtlichen Quellen schöpfenden Zeitungskorrespondenzen“[16] und „fleißig arbeitendes Ausschußmitglied“[17] des von Musil als „Nachahmung einer nachahmenden Gesellschaft“[18] und Inbegriff der Macht des Mittelmaßes verachteten Wiener Journalisten- und Schriftstellervereins „Concordia“. Die

13 Gerhart von Graevenitz, Geschichte aus dem Geist des Nekrologs. Zur Begründung der Biographie im 19. Jahrhundert, in: DVjs 54 (1980), H. 1, 105–170; siehe auch F. M. Eybl, Lemma „Nekrolog“, in: Historisches Wörterbuch der Rhetorik, Bd. 6: Must–Pop, hg. von Andreas Hettiger, Gregor Kalivoda, Franz-Huber Robling und Thomas Zinsmaier, Tübingen 2004, Sp. 207–210.

14 Johann Heinrich Zedler, Lemma „Necrologium“, in: Grosses vollständiges Universal-Lexicon Aller Wissenschaften und Künste, Bd. 23: N–Net, Halle, Leipzig 1740, Sp. 1538.

15 Anonym, Regierungsrat Ignaz Wilhelm, in: Neue Freie Presse, 18. Februar 1921, Nr. 20.286, Abendblatt, 4. Auf Ignaz Wilhelm als Vorbild Meseritschers hat zuerst Karl Corino, Robert Musil. Leben und Werk in Bildern und Texten, Reinbek bei Hamburg 1988, 395, hingewiesen. Der Nachruf aus der *Neuen Freien Presse* findet sich in Musils Nachlass, wurde aber, soweit ich sehe, noch nie ausgewertet, obwohl Musil ihn wörtlich zitiert. Robert Musil, Klagenfurter Ausgabe. Kommentierte digitale Edition sämtlicher Werke, Briefe und nachgelassener Schriften. Mit Transkriptionen und Faksimiles aller Handschriften, DVD-Version, hg. von Walter Fanta, Klaus Amann und Karl Corino, Klagenfurt 2009, M VII/1/102–103.

16 Anonym, Regierungsrat Ignaz Wilhelm, 4.

17 Ebd.

18 Musil, Tagebücher, Bd. 1, 372.

Romanfigur Meseritscher, die ebenfalls eine „nichtamtliche[], aber aus amtlichen Quellen schöpfende[] Berichterstattung" betreibt (MoE, 998) und im Vorstand „maßgeblicher Schriftstellervereine" (MoE, 999) sitzt, hat ihren einzigen Auftritt bei dem „‚Große[n] Abend'" (MoE, 994) der Parallelaktion, von dem die letzten publizierten Kapitel des *Mann ohne Eigenschaften* handeln. Als Stimme der öffentlichen Meinung und Verkörperung des „man" berichtet Meseritscher täglich von seiner Zeit, „daß sie da sei" (MoE, 999). Anders als der Erzähler vermag er „eine blendende Gesellschaftsschilderung bloß dadurch zu geben, daß man aufzählt: der und die waren da, hatten dies und das an und äußerten das und jenes" (MoE, 1014). Dass spätere Historiker für ihre Namenslisten auf derartige Kataloge angewiesen sein werden, liegt auf der Hand, zumal Meseritschers „Spezialität" – und auch diese Formulierung hat Musil wörtlich aus besagtem Nachruf übernommen – „[l]ückenlose Präsenzlisten" (MoE, 998) sind.[19] Aber diese Listen sind nicht nur zukünftige Quellen, sie bieten dem Geschichtsschreiber zugleich ein Modell. Zwar schildert der Historiker die Vergangenheit und verzeichnet die Namen von Toten, die einst anwesend waren, während Meseritscher über die Gegenwart berichtet und die Namen von Lebenden aufzählt. Allerdings lässt er Neues nur gelten, sofern es dem bekannten Alten gleicht, und hasst „das aufstrebende künstlerische Genie [...] so lange, bis es für die Rubrik der Personalnachrichten reif war" (MoE, 1000). Überdies ist er so davon durchdrungen, „in einer sehr wichtigen, sehr schönen und sehr großen Zeit" zu leben, dass er „die Vorstellung [nicht verträgt], daß in ihr noch etwas besonders Wichtiges, Schönes und Großes geschehen könnte" (MoE, 1002). Wenn die „Renoviersucht des Daseins" im Zeichen des Seinesgleichen zu einem „Perpetuum mobile" geworden ist, dann bringt die „gewandte Feder" (MoE, 996) Meseritschers diesen Leerlauf zum Stillstand. Er verkörpert die Meinung einer Öffentlichkeit, die sich, ohne es zu wissen, an das Ende der Geschichte gelangt

19 Anonym, Regierungsrat Ignaz Wilhelm, 4: „Sein Personengedächtnis und seine Personenkenntnis waren phänomenal und lückenlose ‚Präsenzlisten' galten als seine Spezialität." Ein eindrucksvolles Beispiel solcher Präsenzlisten bietet der große Artikel, in dem die *Neue Freie Presse* über den „glänzenden Verlauf" des Festbanketts der „Concordia" zum 50. Geburtstag des Schriftstellers und Burgtheater-Direktors Anton Wildgans berichtet. Musil hat die Feierlichkeiten zu diesem Geburtstag aufmerksam verfolgt (Musil, Tagebücher, Bd. 1, 821). Der Artikel in der *Neuen Freien Presse* könnte eine weitere Anregung für die Passagen des Romans sein, in denen die „gewandte Feder" (MoE, 996) Meseritschers simuliert und der „‚Große Abend'" als Presseereignis erzählt wird. Wendungen wie „Es waren erschienen" oder „Man sah" leiten dort Kataloge ein, die die Namen der Anwesenden – „eine große Zahl hervorragender Persönlichkeiten aus der offiziellen Welt, aus dem Reiche der Kunst und der Literatur" – nach der Rangfolge aufzählen: Anonym, Wildgans-Feier der „Concordia". Festbankett im Hotel Imperial, in: Neue Freie Presse, 16. April 1931, Nr. 23.918, Morgenblatt, 6–7, hier: 6.

sieht.[20] Im Licht der abgründigen Satire, in die die Erzählung des „Große[n] Abend[s]'“ getaucht ist, wird der „unermüdliche[] Chronist[]“ damit an sich selbst zu einem Totengräber (MoE, 999). So gleicht die „Präsenzliste“ dieses Abends einem Katalog, in dem „‚man'“ die „Spitzen der Aristokratie“, die diplomatische „‚Elite'“ und die führenden Vertreter „‚aus Industrie, Kunst und Wissenschaft'“ einzeln „bemerkte“ und in einer eigenen Kammer beisetzte (MoE, 996); wogegen die anderen „Spitzen der Gesellschaft und des Geistes [...] nicht mehr persönlich angeführt wurden, sondern bloß fürs Massengrab des ‚Alles, was Rang und Namen hat' bestimmt waren“ oder „überhaupt bloß in einem Augenwinkel verscharrt [wurden]“ (MoE, 997).

2 „Achtspännige Formeln“: der Leichenzug der Beiwörter

Neben den Totenregistern, in denen zukünftige Historiker melden werden, wer einst anwesend war, und den Präsenzlisten Meseritschers, die den Zeitgenossen eine Grabstätte zu Lebzeiten bereiten, wird im *Mann ohne Eigenschaften* im Zusammenhang mit dem Tod von Ulrichs und Agathes Vaters auch der Nekrolog als publizistisches Genre zum Thema. Zu dem Strom von Leuten, die Ulrich am „Morgen in einem Trauerhaus“ (MoE II, Kap. 3) aufsuchen, gehört der Journalist eines „Provinzhauptblatt[s]“, der „Auskünfte“ für einen solchen „Nekrolog“ bekommen will (MoE, 692). Wie der Leiter der Leichenbestattungsanstalt, mit dem Ulrich zuvor spricht, nimmt auch dieser Nekrologschreiber eine Bestattung vor. So bestaunt Ulrich das „kleine Häufchen Asche“, das in dem an Ort und Stelle und auf der Basis seiner Antworten verfassten Nachruf „von einem Leben übrigbleibt“ (MoE, 693). Dem widerspricht nicht, dass er, als er von den „Fragezangen einer beruflich auf das Wissenswerte geschulten Neugierde“ angefasst wird, „ein Gefühl“ bekommt, „als wohne er der Erschaffung der Welt bei“ (MoE, 692). Denn Erschaffung und Einäscherung bedingen einander, sind Kehrseiten desselben sprachlichen Geschehens.

Der Schlüssel zu diesem Geschehen liegt in den Eigenschafts- und Beiwörtern.[21] Bekanntlich ist es das in einem Sportbericht aufgelesene Wort „‚das geniale Rennpferd'“ (MoE, 44), das in Ulrich die „Erkenntnis“ reifen lässt, „ein Mann ohne Eigenschaften zu sein“ (MoE, 44). Das hat damit zu tun, dass dem Mann ohne Eigenschaften „eine Welt von Eigenschaften ohne Mann“ (MoE, 150) entspricht und dass das Pressewort dieser Welt entstammt. Denn wie der Erzähler in dem Kapitel

20 Hermann Bernauer, Zeitungslektüren im *Mann ohne Eigenschaften*, München 2007, 109 und 115.
21 Ebd., 121–122.

„Arnheim als Freund der Journalisten" (MoE I, Kap. 77) erläutert, manifestieren sich die Eigenschaften ohne Mann in einer Fülle „von großen Worten und Begriffen, die ihre Gegenstände verloren haben", aber noch „zu hunderten in den Köpfen der Schreibenden umher[hängen]" (MoE, 326).

> Die Attribute großer Männer und Begeisterungen leben länger als ihre Anlässe, und darum bleiben eine Menge Attribute übrig. Sie sind irgendeinmal von einem bedeutenden Mann für einen anderen bedeutenden Mann geprägt worden, aber diese Männer sind längst tot, und die überlebenden Begriffe müssen angewendet werden. Deshalb wird immerzu zu den Beiwörtern der Mann gesucht (MoE, 326).

Bleibt die Suche vergeblich und kommt es zur „Absatzstockung", kann es schon mal geschehen, dass man einen „Tennisstrategen abgründig oder einen Modedichter groß" nennt (MoE, 326). Oder eben, in der äußersten Not, das herrenlose Beiwort genial nicht mehr an den Mann, sondern ans Pferd bringt.

Nekrologe bieten eine gute Gelegenheit, um den Absatz zu steigern. Ihre Konventionen verlangen geradezu, sich der vorrätigen Attribute der Größe zu bedienen. Auch der Nekrologschreiber des Romans macht von diesem Reservoir ausgiebig Gebrauch. Während er einerseits „von dem Leben des alten Herrn die Späne" davonfliegen lässt (MoE, 692–693), bis nur die „Asche" toter Daten übrigbleibt, erschafft er andererseits aus dem Stoff der Auskünfte Ulrichs eine Welt des Seinesgleichen, die aus nichts anderem als Versatzstücken einer vorgefertigten Sprache besteht. Wie in der „statistische[n] Entzauberung" (MoE, 159), die eine Person in ihre allgemeinen, unpersönlichen Bestandteile zerlegt, sind diese Versatzstücke apersonal. Und sie bleiben es selbstverständlich auch dort, wo sie zu Phrasen wie „großer Gelehrter, geöffneter Weltsinn, vorsichtig-schöpferischer Politiker, universale Begabung und so weiter" (MoE, 693) aufgebauscht werden. Wenn der Erzähler diese Phrasen als „sechs- und achtspännige Formeln" (MoE, 693) bezeichnet, dann zitiert er seinerseits Versatzstücke einer vorgefertigten Sprache. Sie entstammen dem „Vertragsentwurf" des Leichenbestatters, in dessen „teilweise altertümelnden Bezeichnungen" eine bewusstlos tradierte „[j]ahrhundertalte Geschichte" zu einer „Warenbezeichnung" geronnen ist (MoE, 692), und beziehen sich dort auf alternative Grade der Pferdebespannung des Leichenwagens. Im Nekrolog erzeugt der aufgespannte Sprachschmuck den Schein einer Besonderheit, ein Simulacrum des Ohnegleichen. Das ändert nichts daran, dass auch er einen Leichenwagen zieht.

3 Ein „doppelt versuchtes Leben“: Musils Nachruf auf Robert Müller

Weder Meseritscher noch der anonyme Provinzjournalist schreiben fürs Feuilleton. Der eine schreibt für das Ressort der Hof- und Gesellschaftsberichte, das es nach 1918 nicht mehr gab, der andere liefert einen Nekrolog für die Personalnachrichten oder Tagesneuigkeiten. Das bedeutet nicht, dass nicht auch das Feuilleton als Ressort und Textsorte im *Mann ohne Eigenschaften* zum Thema würde. Platon etwa, den der Erzähler in einem aberwitzigen Gedankenexperiment in einer Zeitungsredaktion vorsprechen lässt, darf dort „zuweilen für die Unterhaltungsbeilage des Blattes ein hübsches Feuilleton“ über seine Ideen schreiben (MoE, 325). Doch ist in einem Roman, dessen Prosa unter anderem auf einer Anverwandlung feuilletonistischer Schreibweisen beruht, schwer auszumachen, wo die Parodie dieser Schreibweisen beginnt und wo sie endet. Die Hybridisierung von Stilen und Genres, von der mit Blick auf diese Anverwandlung gesprochen worden ist,[22] ist allerdings keine Einbahnstraße. Wenn der Roman sich einem Kompromiss von esoterischen und exoterischen Schreibweisen verdankt, so betreibt Musil umgekehrt auch in seinen Feuilleton-Texten Form- und Sprachexperimente und arbeitet mit Verfahren der Figuration, Abstraktion und Verrätselung, die nach seinem eigenen Verständnis poetisch bzw. „dichterisch“ sind. Zugleich nutzt er das Feuilleton-Ressort, um den für sein Schreiben zentralen Konflikt zu thematisieren und Institutionen, Strukturen, Akteure und Leitdiskurse des Literaturbetriebs unter verschiedenen Gesichtspunkten und mit durchaus wechselnden Einstellungen in einer breiteren Öffentlichkeit zur Diskussion zu stellen.

Musils Nachruf auf den österreichischen Schriftsteller Robert Müller bietet dafür ein ebenso eigentümliches wie eindrucksvolles Beispiel. Müller nahm sich am 27. August 1924 in Wien das Leben – es handelt sich bei dem einzigen Feuilleton-Nachruf aus Musils Feder also um einen Nekrolog auf einen Selbstmörder. Offenbar um möglichst zeitnah von Müllers Tod zu berichten, bat Arne Laurin Musil darum, ihm für die *Prager Presse* „telephonisch einen Nachruf über das Ableben Robert Müllers zukommen zu lassen“.[23] Musil ließ Laurin jedoch mitteilen, dass er an einem „längeren Aufsatz“ arbeite, den er, „um dem Andenken Müllers zu nützen“, an verschiedenen Orten veröffentlichen wolle.[24] Das Ergebnis war der „Versuch einer Würdigung“,[25] der einem Essay mittlerer Länge gleicht. Er erschien am 3. Septem-

22 Henninger, Die Wende in Musils Schaffen, 101.
23 Musil, Briefe, Bd. 1, 355 (Brief von Martha Musil an Arne Laurin vom 30. August 1924).
24 Ebd., 355–356.
25 Musil, Briefe, Bd. 1, 356 (Brief von Musil an Arne Laurin vom 31. August 1924).

ber 1924 im Feuilleton der *Prager Presse* und der *Arbeiter-Zeitung* in Wien und wurde zehn Tage später in Berlin in der Zeitschrift *Das Tage-Buch* nachgedruckt.[26]

Robert Müller zählte in den ersten Nachkriegsjahren zu Musils Freunden und engsten Weggefährten.[27] In den Revolutionstagen gehörten beide zu den Unterzeichnern des „Politischen Rats geistiger Arbeiter", einige Jahre später waren sie maßgeblich an der Erneuerung des „Schutzverbandes deutscher Schriftsteller in Österreich" beteiligt, als dessen stellvertretender Vorsitzender Musil von 1923 bis 1928 fungierte.[28] Müller war auch die treibende Kraft hinter verschiedenen Zusammenschlüssen in Wien, die die Durchschlagskraft aktivistischer Geistespolitik durch publizistische Kartellbildung zu steigern suchten. Dazu gehörte die 1918 gegründete Geheimgesellschaft „Katakombe", die in Musils Tagebüchern dieser Zeit auch als Romanchiffre zahlreiche Spuren hinterlassen hat.[29] Nach dem Zerfall der „Katakombe" gründeten Robert Müller und sein Bruder, der Wirtschaftsexperte Erwin Müller, 1919 die „Literarische Vertriebs- und Propagandagesellschaft m.b.H.", die als *Literaria* bekannt wurde.[30] Sie wuchs zwar kurzfristig von einem kleinen „Zeitschriftenvertrieb" zu einer „der größten Großbuchhändler- und Sortimenter-Firmen Wiens"[31] an; doch die Vorstellung, über den Buch- und Zeitschriftenvertrieb

---

26 Robert Musil, Robert Müller (Prager Presse, 3. September 1924; Arbeiterzeitung, 3. September 1924; Das Tage-Buch 5 [13. September 1924], H. 37), in: Gesammelte Werke, Bd. II, 1131–1137. Zitate aus dem Nachruf werden künftig nach dieser Ausgabe mit der Sigle NRM und Seitenzahl im fortlaufenden Text belegt.

27 Roger Willemsen, Die sentimentale Gesellschaft. Zur Begründung einer aktivistischen Literaturtheorie im Werk Robert Musils und Robert Müllers, in: DVjs 58 (1984), H. 2, 289–316.

28 Murray G. Hall, Robert Musil und der Schutzverband deutscher Schriftsteller in Österreich, in: Österreich in Geschichte und Literatur 21 (1977), 202–221; Karl Corino, Musil. Eine Biographie, Reinbek bei Hamburg 2003, 771–776.

29 Zur Geheimgesellschaft „Katakombe" Robert Müller, Aus Deutschösterreich, in: Der neue Merkur 3 (1919), H. 4, 236–243, sowie Müller, Literaria. Keine Geschichte mit beschränkter Haftung, in: Literaria-Almanach, Wien 1921, 105–108; zur gleichnamigen Romanchiffre siehe Musil, Tagebücher, Bd. 1, u. a. 395–396, 408–409, 415, 579, 581–583.

30 Zu Müllers unternehmerischer und verlegerischer Tätigkeit siehe Ernst Fischer, Ein doppelt versuchtes Leben: Der Verlagsdirektor Robert Müller (und der Roman „Flibustier"), in: Expressionismus – Aktivismus – Exotismus. Studien zum literarischen Werk Robert Müllers (1887–1924), hg. von Helmut Kreuzer und Günter Helmes, Göttingen 1981, 217–251.

31 Müller, Literaria. Keine Geschichte mit beschränkter Haftung, hier zitiert nach Musil, Tagebücher, Bd. 2, 1081. Eine erste Fassung des „Leona"-Kapitels im *Mann ohne Eigenschaften* (MoE I, Kap. 6) erschien unter dem Titel „Leona (Aus der Vorarbeit zu einem Roman)" im *Literaria-Almanach* 1921, in: Robert Musil, Gesamtausgabe, hg. von Walter Fanta, Bd. 9: Zeitungen und Zeitschriften I. Unselbständige Veröffentlichungen 1898–1921, Salzburg, Wien 2020, 460–467. Im selben Jahr wies Musil in einem Bericht über die „Wiener Theatermesse" (Prager Presse, 9. September 1921), in: Gesammelte Werke, Bd. II, 1503–1506), mit Nachdruck auf die Bedeutung des Unternehmens hin. Zu dem von Karl Oskar Piszk herausgegebenen *Künstlerhilfe-Almanach* der *Literaria* (Wien und Leipzig 1924)

aktivistische Kultur- und Geistespolitik befördern zu können, erwies sich als Illusion. Müller schied 1923 aus dem Unternehmen aus, noch bevor dieses Konkurs anmelden musste. Sein anschließender Versuch, mit einem eigenen Verlag, dem im Januar 1924 gegründeten „Atlantischen Verlag", als Verleger tätig zu werden, war von Anfang an ein finanzielles Desaster. Schon früh wurde spekuliert, dass es dieses Desaster war, das ihn in den Tod trieb.[32] Doch wie andere Freunde und Bekannte Müllers[33] hat Musil sich mit dieser Erklärung nicht zufriedengegeben.

In den ersten Sätzen seines Nachrufs führt Musil sich mit einer Ich-Figur als persönlichen Bekannten des Verstorbenen ein. Er verweist auf den gemeinsamen Erfahrungshintergrund – „Ich habe ihn kennengelernt, als wir aus dem Kriege heimkehrten" (NRM, 1131) – und erinnert sich an erste Eindrücke. Dazu gehört die physische Erscheinung des Heimkehrers. Ihre Beschreibung mündet in ein Zitat aus Müllers Roman *Tropen* (1915), das sich dort auf den Amerikaner Jack Slim bezieht und im Kontext des Nachrufs zu einer Prosopopöie wird, die dem Toten ein Gesicht gibt: „Sein Anblick enthüllte einen sachlichen, lebhaften und waghalsigen Blutmenschen" (NRM, 1131).[34] Zu den ersten Eindrücken gehören ferner Bemerkungen in einer von Robert Müller gemeinsam mit seinem Bruder herausgegebenen Wirtschaftszeitschrift. Sie fesselten durch eine „Maßlosigkeit der Ungeduld, welche das seriös tuende Geplauder des Wirtschaftsfeuilletons nicht ertrug" (NRM, 1132), einen unerhörten Ton, der den vorgegebenen publizistischen Rahmen sprengte und für den Musil „absichtlich das feinbürgerliche Wort Taktlosigkeit" wählt, „weil in Wien mehr als anderswo das Schicksal eines Schriftstellers davon abhängt, daß er den Ton der wohlerzogenen Mittelmäßigkeit trifft" (NRM, 1132). Er fährt dann fort:

---

steuerte er zwei zuvor bereits erschienene Texte bei, das Gedicht „Isis und Osiris" (Prager Presse, 29. April 1923), in: Gesammelte Werke, Bd. II, 465, sowie den Artikel „Wie hilft man Dichtern?" (Der Tag, 14. Oktober 1923), in: Gesammelte Werke, Bd. II, 1112–1116.

32 So etwa in dem Nachruf von Otto Flake, Robert Müller, in: Die neue Rundschau 35 (1924), Bd. 2, 1083–1084.

33 Karl Oskar Piszk, Robert Müller, in: Der Tag, 29. August 1924, Nr. 630, 3; Rudolf Kayser, Robert Müller, in: Berliner Tageblatt, 2. September 1924, Nr. 416, Morgen-Ausgabe, 2; Oskar Maurus Fontana, Nachruf für Robert Müller, in: Beilage des Berliner Börsen-Couriers, 2. September 1924, Nr. 411, [1]. Franz Blei, Vorschlag zur Güte, in: Berliner Tageblatt, 12. September 1924, Nr. 435, Abend-Ausgabe, 2–3; Arthur Ernst Rutra, Robert Müller, in: Das Dreieck 1 (1924), H. 3, hier zitiert nach: Kreuzer/Helmes (Hg.), Expressionismus – Aktivismus – Exotismus, 302–311. Drei Jahre nach Müllers Tod flammte die Kontroverse über die Gründe für seinen Selbstmord noch einmal in der *Literarischen Welt* auf; Arthur Ernst Rutra, Pionier und Kamerad, in: Die Literarische Welt 3 (1927), Nr. 34, [1]; Flake, Zuschrift, in: Die Literarische Welt 3 (1927), Nr. 37, 8.

34 Robert Müller, Tropen. Der Mythos der Reise. Urkunden eines deutschen Ingenieurs [1915], hg. und mit einem Nachwort von Günter Helmes, 2. Aufl., Paderborn 1991, 9.

> Im Grunde aber barg der kleine, sich dem ersten Blick darbietende Wesenszug den ganz [sic!] bedeutenden Menschen. Dieser Schriftsteller war entschlossen, das Leben unromantisch zu lieben, wie es ist, also auch einschließlich seiner Wirtschaftszeitschriften, aber es auch ebenso zu bekämpfen und den Ideen schließlich zum Sieg über das Getriebe zu verhelfen: von der ersten Zeile angefangen, die er schrieb, bis zu dem Schuß, der seinem Leben ein Ende machte. Das ist nur scheinbar ein Widerspruch, denn die Liebe wie die Feindschaft für die Welt liegt in der Seele jedes Künstlers. (NRM, 1132)

Den Konventionen des Feuilletons entsprechend, hebt Musils Nachruf eingangs einen kleinen Zug hervor, der von symptomatischer Bedeutung ist. In diesem Fall liegt der kleine Zug allerdings in einer Maßlosigkeit, die die Konventionen des Ressorts sprengt, und in einer Leidenschaft, die Extreme vereint. *Mutatis mutandis* ließe sich dasselbe von dem Wort „Taktlosigkeit" sagen, das ebenfalls den Charakter eines Symptoms hat. Seine Verwendung zeigt an, dass auch der Nachrufschreiber sich nicht scheuen wird, die Maßstäbe „wohlerzogener Mittelmäßigkeit" zu verletzen, um dem Verstorbenen gerecht zu werden.

Nach dieser Exposition erzählt Musil das „Schriftstellerleben" (NRM, 1135) Müllers als die Geschichte eines „doppelt versuchten Lebens" (NRM, 1137). In dem ersten der beiden Versuche übte der Schriftsteller Müller auch den Beruf des Schriftstellers aus. Musil beschreibt ihn in dieser Rolle als Multitalent und Vertreter der Avantgarde, als einen „Reporter" mit dem poetischen Sinn fürs Unfeste und einen „Dichter" mit der journalistischen „Lust am Tatsachenbericht" (NRM, 1132), ausgestattet mit einer beispiellosen Vitalität und einer unbändigen Tatkraft, einem „Sturm und Drang"-Temperament, das sich „in Überzeugungen und Ansichten austobte" und seine Gedanken in einem Tempo, das dem der Zeit entsprach, in das „Gebrodel der Welt" warf (NRM, 1133). Wobei er als eine „Vorhut" im buchstäblichen Sinn „niemals" im Wortsinn „nach[dachte]", niemals seine Zeit in einem „‚Nach-'", einem „Hinterdreindenken" verlor, so dass er sich „das Mißtrauen all jener zu[zog], deren Gedanken niemals ohne Hut auf die Straßen rennen" (NRM, 1133). Ein „Theoretiker" oder „Weltdenker" (NRM, 1133), für den der Essayist Müller sich manchmal hielt, war dieser in den Augen Musils also nicht. Auch der Erzähler Müller habe in seiner „Liebe für Galopp und Gedränge" (NRM, 1134) zumeist auf das zeitraubende Feilen und Überarbeiten verzichtet. Dennoch sei „keine seiner Erzählungen ohne Genialität", jede sei literarisch neu und zugleich „im gewöhnlichen Sinne sehr unterhaltend", jede zeuge von der Gabe, „den geistigen Charakter" eines Phänomens sinnlich-körperlich auszudrücken (NRM, 1134). Und sein Roman *Tropen*, in dem Müller einen „vollkommenen Ausdruck" (NRM, 1133) für die ihn bestimmenden Impulse gefunden habe, sei einer „der besten der neuen Literatur überhaupt" (NRM, 1134). „Diese Eigenschaften", so beschließt Musil seine Würdigung der Werke Müllers, „hätten genügen müssen, um ihm von allen Seiten Aufmerksamkeit zuzutragen" (NRM, 1134).

Wie der Konjunktiv irrealis anzeigt, wurde ihm diese Aufmerksamkeit nicht zuteil. Das rührt für Musil an „eine böse Schande und einen lächerlichen Widerspruch in einer Nation, die für die Anerkennung der Dichter mit Denkmälern, Seminararbeiten und großem Marktgeschrei sorgt, aber für ihre Erkennung fast nichts vorkehrt“ (NRM, 1134). Buchhandel, Zeitschriften, Zeitungen und Literaturkritik – sie alle haben aus Musils Sicht daran Anteil, dass „der Apparat der geistigen Erneuerung“ in Deutschland Seinesgleichen geschehen lässt, dass er nach „Provision“, „Zufall“ und „Gefälligkeit“ verfährt und – statt Interesse zu erwecken – dem Publikum täglich suggeriert, „es sei überhaupt nichts da, wofür man sich interessieren könne“ (NRM, 1134). Eine Kehrseite dieser Verhältnisse ist die „billig bespöttelte Konventikelbildung [...], durch die der junge Schriftsteller wie durch eine opiatische Wolke in den Himmel fährt, ohne die Wirklichkeit recht kennenzulernen“ (NRM, 1134). Diese Verhältnisse „[berauben] die Deutschen zu einem großen Teil der Vorteile [...], welche der Besitz einer literarischen Tradition für ein Volk haben kann“ (NRM, 1134–1135); sie verurteilen den „begabte[n] Schriftsteller“ dazu, sein Leben über weite Strecken in einem „Halbdunkel“ zu verbringen und „ein unsicheres, entbehrungsreiches und wirkungsloses Dasein“ zu führen (NRM, 1135).

Es ist diese „Wirkungslosigkeit“ (NRM, 1135), die der Aktivist und Avantgardist Robert Müller nach Musils Eindruck nicht ertrug. Aus der „gewonnenen Überzeugung heraus, daß in einer dem Kapitalismus unterworfenen Zeit ein Mann nur wirken könne, wenn er sich der Organisationskraft des Geldes bedient“, startete Müller einen zweiten Lebensversuch, in dem der „Dichter [...] Geschäftsmann“ wurde, „ohne es zu sein“ (NRM, 1135). Mit der Vertriebs- und Großbuchhandlung *Literaria* verfolgte er den Plan, „gewissermaßen ein Beelzebub zu werden, um den Teufel aus den Gefilden der Literatur zu vertreiben“ (NRM, 1135) und die Branche an ihrem eigenen Gift zugrunde gehen zu lassen. Doch die Branche war stärker. Statt die Lage der Schriftsteller zu verbessern und avancierte Literatur zu fördern, entfernte sich das Unternehmen immer weiter von seinen ursprünglichen Zielen. Es nährte nicht die notleidenden Autoren, sondern die parasitären Funktionäre des Betriebs, so dass man „wie an einem Präparat die entartete Struktur eines Bindegewebes“ studieren konnte, „welches das erstickte, was es tragen sollte“ (NRM, 1136). Aus dieser Erfahrung und der „anschauliche[n] Erkenntnis beider Seiten“ des schriftstellerischen Daseins heraus habe Müller die Konsequenz gezogen, „daß der Schriftsteller [...] heute in jeder Weise verurteilt sei, ein überflüssiges Anhängsel am Gesellschaftskörper zu bilden“ (NRM, 1136).

Musil ist überzeugt, dass diese zutiefst pessimistische Konsequenz Müller die „Freude an seinem Leben verdarb“ (NRM, 1136) und dass der späte Versuch, mit einem eigenen Verlag Wirksamkeit zu entfalten, daran nichts mehr zu ändern vermochte. Zugleich enthält er sich aber jeder Aussage darüber, was Müller in den Tod trieb, und weist alle entsprechenden zeitgenössischen Spekulationen zurück.

„Kein Mensch kennt den Grund seines Selbstmords, von den üblichen Gründen trifft keiner zu." (NRM, 1136) Sein Nachruf schließt mit den Worten:

> Als die Unkenntnis der Zeitungen unmittelbar nach seinem Selbstmord meldete, daß sich ein „Verlagsdirektor" Müller erschossen habe, hatte sie nicht so ganz falsch gemeldet: der Verlagsdirektor hatte am Ende eines doppelt versuchten Lebens den Dichter Müller getötet (NRM, 1137).

Musil lässt das doppelt versuchte Leben ein Ende nehmen, das zwischen Selbst- und Fremdtötung changiert. Statt Trost zu bieten, verschränkt sein Nekrolog die Totenklage mit einer Anklage. Sie gilt den literarischen und ökonomischen Zuständen der Zeit, welche sich in dem doppelten Lebensversuch spiegeln, und damit mittelbar den Zuständen der literarischen Öffentlichkeit, für die der Nachruf geschrieben wurde.

An den Zuständen hat sich dadurch nichts geändert. Aber immerhin scheint es Musil gelungen zu sein, eine Diskussion anzustoßen. Zehn Tage nach seinem Nachruf erschien im *Berliner Tageblatt* ein Aufsatz seines publizistischen Verbündeten Franz Blei, der unter der Überschrift *Vorschlag zur Güte* Müllers Selbstmord zum Anlass nahm, um ebenfalls mit den literarischen Verhältnissen in Deutschland ins Gericht zu gehen. Der Aufsatz ist kein Nekrolog – um als solcher im Feuilleton einer Tageszeitung zu fungieren, wäre er zu spät gekommen.[35] Doch wenn Blei eingangs erklärt, dem „Schuß", mit dem Müller sich das Leben nahm, „ein Echo" geben zu wollen, indem er „in seine Schallrichtung einige harte deutsche Tatsachen" rückt, „die nur mittelbar den deutschen Schriftsteller angehen, mittelbar das ganze deutsche Volk,"[36] dann spielt er auf eine alte Bedeutung von Nachruf als Nachhall oder Widerhall an.[37] Was Blei in diesem Echo vernehmbar machen will, ist „das Wolkenhafte einer falschen Vorstellung vom Dichter", die die Bedingungen, Aufgaben und Formen moderner Literatur verfehlt, eine Ideologie des Dichterischen, die „Weltkenntnis" mit „Weltanschauung" ersetzen zu können glaubt und den Schriftsteller dazu verurteilt, entweder in luftigen Höhen „das Asthma" zu bekommen und „platt und tot auf die Erde zu fallen" oder auf der Erde zu bleiben, und „am Ekel" zu „sterben".[38]

Von mangelnder Kenntnis der Wirklichkeit und einer „opiatischen Wolke", in der junge Schriftsteller gen Himmel fahren, war auch schon bei Musil die Rede.

---

35 Der von Rudolf Kayser verfasste Nekrolog auf Robert Müller war am 2. September im *Berliner Tageblatt* erschienen; siehe Anm. 33.

36 Blei, Vorschlag zur Güte, 2.

37 Deutsches Wörterbuch, Bd. 7, 1889, Nachdruck 1984, Bd. 13, Sp. 106 („nachruf").

38 Blei, Vorschlag zur Güte, 2.

Doch setzt seine Kritik des Literaturbetriebs nicht nur andere Akzente als Blei.[39] Als ein Nachruf im engeren Sinne, der die Kritik mit einer Würdigung der Person des Verstorbenen verschränkt, steht sein Text auch formal vor anderen Herausforderungen. Musil findet für diese Herausforderungen eine Antwort, die seinem Nekrolog in literarischer Hinsicht ein spezifisches Profil verleiht. Für die meisten anderen Nachrufschreiber lag die historische Bedeutung Müllers in dem „Typus“, den dieser verkörperte bzw. verkündete – wobei das Spektrum von dem „Typ“ des „große[n], politische[n] Schriftstellers“ nach englischem Vorbild[40] über den „neue[n] und radikale[n] Typus“ des „europäischen Amerikaners“[41] bis zum Typus des „neue[n] Kolumbus“ und „neuen Menschen“[42] reicht. Dagegen ist es für Musil der doppelte Versuch als Dichter und Verlagsdirektor, durch das Müllers Leben „als Ganzes die Bedeutung eines unsere Zeit beschreibenden Dokuments [gewann]“ (NRM, 1135). Diesen doppelten Lebensversuch stellt Musil im Medium einer Fallgeschichte dar, die in ihrer eigenen Form reflektiert, wovon sie handelt. Denn erst im Scheitern wird das „Schriftstellerleben“ Robert Müllers zu einem „Dokument“ der Zeit, erst die Resignation des Dichters, seine Abtötung durch den Verlagsdirektor, verleiht dem Leben des Individuums Müller die exemplarische Bedeutung eines Kasus, der als Fallgeschichte erzählt zu werden verlangt.

Literaturverzeichnis

Anonym, Regierungsrat Ignaz Wilhelm, in: Neue Freie Presse, 18. Februar 1921, Nr. 20.286, Abendblatt, 4.

Anonym, Wildgans-Feier der „Concordia“. Festbankett im Hotel Imperial, in: Neue Freie Presse, 16. April 1931, Nr. 23.918, Morgenblatt, 6–7.

Anonym [Robert Müller], Literaria. Keine Geschichte mit beschränkter Haftung, in: Literaria-Almanach 1 (1921), 105–108.

Blei, Franz, Vorschlag zur Güte, in: Berliner Tageblatt, 12. September 1924, Nr. 435, Abend-Ausgabe, 2–3.

Flake, Otto, Robert Müller, in: Die neue Rundschau 35 (1924), Bd. 2, 1083–1084.

Flake, Otto, Zuschrift, in: Die Literarische Welt 3 (1927), Nr. 37, 8.

---

39 Mit seiner Kritik an der Ideologie des Dichters, gegen die er namentlich die Schriftsteller Döblin und Musil ins Feld führt, berührt Bleis Aufsatz ja ein zentrales Problem von Musils Selbstverständnis. Musil hat den Aufsatz dann auch zum Anlass genommen, um in einer unveröffentlichten Notiz Blei zu widersprechen und Stichworte zu möglichen Modifikationen und Revisionen von dessen Positionen festzuhalten. Sie kreisen um das Problem: „den neuen Begriff des Dichters bestimmen.“ Musil, Dichter oder Schriftsteller (s. Blei, Vorschlag zur Güte) [ca. 1924], in: Gesammelte Werke, Bd. II, 911–912, hier: 912.

40 Fontana, Nachruf auf Robert Müller.

41 Kayser, Robert Müller.

42 Rutra, Robert Müller, zitiert nach: Kreuzer/Helmes (Hg.), Expressionismus – Aktionismus – Exotismus, 303.

Fontana, Oskar Maurus, Nachruf für Robert Müller, in: Beilage des Berliner Börsen-Couriers, 2. September 1924, Nr. 411, [1].
Grimm, Jacob und Wilhelm, Deutsches Wörterbuch, 16 Bände in 32 Teilbänden (1854–1960) und Quellenverzeichnis (Bd. 33, 1971), Leipzig 1854–1960, Nachdruck München 1984.
Kayser, Rudolf, Robert Müller, in: Berliner Tageblatt, 2. September 1924, Nr. 416, Morgen-Ausgabe, 2.
Künstlerhilfe-Almanach der Literaria. Bearbeitet von Karl Oskar Piszk, Wien, Leipzig 1924.
Müller, Robert, Aus Deutschösterreich, in: Der neue Merkur 3 (1919), H. 4, 236–243.
Müller, Robert, Tropen. Der Mythos der Reise. Urkunden eines deutschen Ingenieurs [1915], hg. und mit einem Nachwort von Günter Helmes, 2. Aufl., Paderborn 1991.
Musil, Robert, Briefe nach Prag, hg. von Barbara Köpplová und Kurt Krolop, Reinbek bei Hamburg 1971.
Musil, Robert, Gesammelte Werke, 2 Bände, hg. von Adolf Frisé, Bd. I: Der Mann ohne Eigenschaften, 2 Teilbände, neu durchgesehene und verbesserte Ausgabe, Reinbek bei Hamburg 1978, Bd. II: Prosa und Stücke, Reinbek bei Hamburg 1978.
Musil, Robert, Briefe 1901–1942, 2 Bände, hg. von Adolf Frisé, Reinbek bei Hamburg 1981.
Musil, Robert, Tagebücher, 2 Bände, hg. von Adolf Frisé, neu durchgesehene und ergänzte Aufl., Reinbek bei Hamburg 1983.
Musil, Robert, Klagenfurter Ausgabe. Kommentierte digitale Edition sämtlicher Werke, Briefe und nachgelassener Schriften. Mit Transkriptionen und Faksimiles aller Handschriften, DVD-Version, hg. von Walter Fanta, Klaus Amann und Karl Corino, Klagenfurt 2009.
Musil, Robert, Gesamtausgabe, hg. von Walter Fanta, 12 Bände, Salzburg, Wien 2016–2021.
Piszk, Karl Oskar, Robert Müller, in: Der Tag, 29. August 1924, Nr. 630, 3.
Rutra, Arthur Ernst, Robert Müller, in: Das Dreieck 1 (1924), H. 3, in: Kreuzer/Helmes (Hg.), Expressionismus – Aktivismus – Exotismus, 302–311.
Rutra, Arthur Ernst, Pionier und Kamerad, in: Die Literarische Welt 3 (1927), Nr. 34, [1].
Zedler, Johann Heinrich, Großes vollständiges Universal-Lexicon Aller Wissenschaften und Künste, Halle, Leipzig 1732–1754.

Bernauer, Hermann, Zeitungslektüren im *Mann ohne Eigenschaften*, München 2007.
Böhme, Hartmut, Eine Zeit ohne Eigenschaften. Musil und die Posthistoire, in: ders., Natur und Subjekt, Frankfurt/Main 1988, 308–333.
Cambi, Fabrizio, Robert Musil als Mitarbeiter der *Prager Presse*, in: Wo bleibt das „Konzept"? Festschrift für Enrico De Angelis/Dov'è il „concetto"? Studi in onore di Enrico De Angelis [deutsch/italienisch], hg. von Carlo Carmassi, Giovanna Cermelli, Marina Foschi Albert und Marianne Hepp, München 2009, 188–193.
Corino, Karl, Robert Musil. Leben und Werk in Bildern und Texten, Reinbek bei Hamburg 1988.
Corino, Karl, Robert Musil. Eine Biographie, Reinbek bei Hamburg 2003.
Eybl, F.M, Lemma „Nekrolog", in: Historisches Wörterbuch der Rhetorik, hg. von Gert Ueding, mitbegründet von Walter Jens, 12 Bände, Tübingen 1992–2015, Bd. 6, Sp. 207–210.
Fischer, Ernst, Ein doppelt versuchtes Leben: Der Verlagsdirektor Robert Müller (und der Roman „Flibustier"), in: Kreuzer/Helmes (Hg.), Expressionismus – Aktivismus – Exotismus, 217–251.
Graevenitz, Gerhart von, Geschichte aus dem Geist des Nekrologs. Zur Begründung der Biographie im 19. Jahrhundert, in: DVjs 54 (1980), H. 1, 105–170.
Hall, Murray G., Robert Musil und der Schutzverband deutscher Schriftsteller in Österreich, in: Österreich in Geschichte und Literatur 21 (1977), 202–221.
Henninger, Peter, Die Wende in Robert Musils Schaffen: 1920–1930 oder Die Erfindung der Formel, in: Robert Musil. Essays und Ironie, hg. von Gudrun Brokoph-Mauch, Tübingen 1992, 91–113.

Kraft, Herbert, Robert Musil, Wien 2003.

Kreuzer, Helmut/Günter Helmes (Hg.), Expressionismus – Aktivismus – Exotismus. Studien zum literarischen Werk Robert Müllers (1887–1924), Göttingen 1981.

Mülder-Bach, Inka, Robert Musil. *Der Mann ohne Eigenschaften.* Ein Versuch über den Roman, München 2013.

Sengle, Friedrich, Biedermeierzeit. Deutsche Literatur zwischen Restauration und Revolution 1815–1848, 3 Bände, Bd. 2: Die Formenwelt, Stuttgart 1972.

Willemsen, Roger, Das Existenzrecht der Dichtung. Zur Rekonstruktion einer systematischen Literaturtheorie im Werk Robert Musils, München 1984.

Willemsen, Roger, Die sentimentale Gesellschaft. Zur Begründung einer aktivistischen Literaturtheorie im Werk Robert Musils und Robert Müllers, in: DVjs 58 (1984), H. 2, 289–316.

Saskia Haag und Kurt Ifkovits

Über sich selbst. Hermann Bahrs Nachrufe im „Tagebuch" des *Neuen Wiener Journals*

Im Jahr 1909 veröffentlicht Hermann Bahr in der *Schaubühne* anlässlich des Todes des Schauspielers Adolf von Sonnenthal einen kurzen Text, der den Titel „Nekrolog"[1] trägt. Hier handelt es sich freilich um keinen Nachruf auf den verstorbenen Sonnenthal – ein solcher wird mit allem Nachdruck verweigert –, sondern um eine Reflexion über die Gattung und ihren pragmatischen Kontext: „Ich muß ans Telephon", schildert Bahr die eiligen Anfragen der Zeitungsredaktionen, „Sonnenthal ist tot, möchten Sie den Nekrolog für uns schreiben, noch zum Abendblatt zurecht? Es kommt ein Telegramm: Erbitten umgehend Nekrolog Sonnenthal? Und so geht's den ganzen Tag fort."[2] Bahr erteilt diesem Drängen jedoch eine Absage und hält in getragenem Ton fest: „Nicht durch dröhnendes Lob will ich den Toten ehren, sondern, wenn die Totenklagen verhallt sein werden, später einmal, wenn es auf seinem Grab zu blühen beginnt, durch die stille Stimme der Wahrheit."[3] Der Wahrheitsanspruch, den Bahr hier äußert, ist an einen Aufschub des Nachrufs gebunden. Zeitliche Distanz erklärt er als Bedingung für seine öffentliche Äußerung über den Verstorbenen, die er explizit nicht im tagesaktuellen Kontext tätigen möchte und die erst zu einem nicht näher bezeichneten späteren Zeitpunkt legitim sei. Nur die späte Ehrerbietung, die sich, wie die gewählten Bilder suggerieren, der ahistorischen, zyklischen Ordnung der Natur einfügte, würde dem Toten gerecht werden.

Diese Haltung, hier in Hinblick auf das publizistische Geschäft mit dem Nekrolog formuliert, hat weitreichende Bedeutung für Bahrs Schreiben überhaupt. Ist Hermann Bahr als umtriebiger Kritiker, Schriftsteller, Mentor des „Jungen Wien" und Propagator der „Moderne" gerade in den letzten Jahren des alten Jahrhunderts am Puls der Zeit, so werden Aktualitäten des Tages vor allem seit Ende des Ersten Weltkriegs hingegen zunehmend aus distanzierterer Perspektive kommentiert.

1 Hermann Bahr, Nekrolog, in: Die Schaubühne 5 (1909), Nr. 16, 459. Der Tod Sonnenthals am 4. April 1909 wird in den privaten Aufzeichnungen folgendermaßen vermerkt: „4. 4. 09 Auf den Semmering. Abends schreckt mich Benedikt noch telephonisch auf, weil Sonnenthal gestorben." Hermann Bahr, Aufzeichnungen [1909, hier 4. April 1909], Theatermuseum Wien, HS_VM797Ba. Bemerkenswerterweise hatte *Die Schaubühne* der Vorwoche bereits einen vom Theaterkritiker Willi Handl verfassten Nachruf auf Sonnenthal gebracht, auf den Bahr mit seiner Verweigerung unmittelbar reagiert. Willi Handl, Sonnenthal, in: Die Schaubühne 5 (1909), Nr. 15, 419–418. Dank an Ethel Matala de Mazza für diesen Hinweis.

2 Bahr, Nekrolog, 459.

3 Ebd.

https://doi.org/10.1515/9783111106472-007

Dem korrespondiert eine idiosynkratische Verwendung der Gattung Tagebuch, die er durch eine Art doppelte Buchführung seinen Bedürfnissen nutzbar macht: Auf der einen Seite private Aufzeichnungen, auf der anderen eine Zeitungskolumne namens „Tagebuch“. Dieses Zeitungstagebuch ist von den privat vermerkten Tagesereignissen deutlich entkoppelt, so dass letztere allenfalls in stark bearbeiteter Form den Weg an die Öffentlichkeit finden. Konkrete lebensweltliche Ereignisse wie Krieg und Revolution, persönliche Begegnungen oder eben der Tod großer Zeitgenossen werden von Bahr aus dem unmittelbaren historischen Kontext gelöst und in einen neuen und neu datierten Zusammenhang gestellt, der sich „Tagebuch“ nennt. Dass dies nicht bloß den pragmatischen Lebensumständen Bahrs oder den technischen Publikationsbedingungen der Wiener Presse geschuldet ist, lässt sich unter anderem gerade am Beispiel der Gattung Nekrolog beobachten, die in Bahrs Kolumne immer wieder auftaucht. Denn es geht ihm dabei weniger um eine zeitnahe Würdigung der verstorbenen Person; vielmehr verfolgt Bahr – so ist im Folgenden zu zeigen – eine eigene Agenda, indem er sich besonders nach dem Ende der österreichisch-ungarischen Monarchie mit seinen Nekrologen sukzessive in die Rolle des Nachlassverwalters einer vergangenen Epoche hineinschreibt.

1 Bahrs Tagebuch: zwischen privater Aufzeichnung und Zeitungskolumne

Was Hermann Bahr unter der Gattung „Tagebuch“ subsumierte, ist von großer Unschärfe: Zum einen führte er zeit seines intellektuellen Lebens tagebuchartige handschriftliche Aufzeichnungen, die sich zumindest in gewissen Lebensphasen durch eine starke Inhomogenität auszeichnen. Jene Stellen, die man im strengen Sinn als „Tagebuch“ bezeichnen könnte, sind durchmischt mit Szenarien, Entwürfen, Exzerpten, zeitweise nehmen sie sogar Briefform an,[4] beinhalten mitunter eingeklebtes bzw. eingelegtes Material. Diese Inhomogenität wird durch ein temporäres Lose-Blatt-System verstärkt, das die exakte Verortung der Texte ohnedies prekär erscheinen lässt.[5] Dieses Konvolut, das dem Nachlass unter der Bezeichnung

4 Hierzu Lukas Mayerhofer, Brief als Tagebuch – Tagebuch als Brief. Überlegungen zu einem Mischtypus im Werk Hermann Bahrs, in: Der Brief in der österreichischen und ungarischen Literatur, hg. von András F. Balogh und Helga Mitterbauer, Budapest 2005, 163–173.

5 Bahr selbst arbeitete mit einem Art Textbausteinsystem, das die Grenze von fiktional/nicht fiktional überwand. So wurden beispielsweise Exzerpte historischer Literatur umgehend in Romanentwürfe eingelegt und umgekehrt Szenarien für Romane im handschriftlichen „Tagebuch“: Kurt Ifkovits, Hermann Bahrs Dalmatinische Reise aus textgenetischer Sicht, in: Traditionsbrüche. Neue Forschungsansätze zu Hermann Bahr, hg. von Tomislav Zelić, Frankfurt/Main u. a. 2016, 119–137.

„Tagebuch" einverleibt wurde (wobei der Datumsvermerk wohl oftmals das einzig bestimmende Kriterium war), wurde unter der Leitung von Moritz Csáky unter dem Titel *Tagebücher, Skizzenbücher, Notizhefte* veröffentlicht; allerdings umfasst die Edition nur die Jahre 1885–1908, und dies lückenhaft. Aufgrund der Inhomogenität seien diese Texte folgend – gemäß dem aktuellen Archivgebrauch – „Aufzeichnungen" genannt.

Andererseits wurde von Hermann Bahr selbst die Gattung „Tagebuch" klar definiert. Seit ungefähr 1905 bestand bei ihm das Bedürfnis der Veröffentlichung von Texten unter der Bezeichnung „Tagebuch" in verschiedenen Organen wie *Der Weg* oder *Der Morgen.* Diese erschienen 1909 bei Paul Cassirer erstmals unter dem Titel *Tagebuch* in selbständiger Form, freilich angereichert mit unter anderen Titeln Erschienenem (etwa impressionistischen Stimmungsbildern in Briefform).[6] Dieser Wechsel der Organe, in denen Bahr seine „Tagebücher" publizieren konnte, behinderte freilich ein kontinuierliches Erscheinen. Sieht man einmal von einem Intermezzo in der sozialdemokratischen Zeitschrift *Der Strom*[7] ab, so sollte Hermann Bahr erst während des Ersten Weltkrieges ein Medium finden, in dem er sein Tagebuch regelmäßig publizieren konnte. Ende Dezember 1916 eröffnete die Tageszeitung *Neues Wiener Journal* eine Reihe, die bis zum Jahresende 1932 laufen sollte und die zwar regelmäßig, jedoch in zwangloser Folge sonntäglich erschien.[8] Diese Texte wurden schließlich ab dem Jahr 1918 in verschiedenen Verlagen publiziert[9] – mit Ausnahme der Jahre 1927 bis 1931, die erst posthum im Jahr 2015 in Buchform erschienen. Anfänglich führten auch diese Bücher Titel wie *1919* oder *Tagebücher 2*, erst später erhielten sie poetischere Titel wie *Der Zauberstab* oder *Liebe der Lebenden.*

Diese „Tagebücher" hatten mehrere Funktionen. Einerseits sicherten sie Hermann Bahr ein regelmäßiges Einkommen in finanziell zusehends problematischen Zeiten; 1931 wurden ihm immerhin 47 Mark pro Folge vergütet. Andererseits boten

6 Hermann Bahr, Tagebuch, Berlin 1909. Darin befinden sich neben Aufzeichnungen aus den Jahren 1905/06 und 1908 (die im *Weg* bzw. *Morgen* publiziert waren) auch in der *Neuen Freien Presse* sowie dem Berliner *Tageblatt* veröffentlichte Essays sowie „Drei Briefe an Franz Blei" aus der *Opale.*

7 Hermann Bahr, Tagebuch, in: Der Strom 1 (1911/12), 80–82 sowie 173–177.

8 Hermann Bahr, Tagebuch [vom 5., 7., 8., 9. und 14. Dezember 1916], in: Neues Wiener Journal, 24. Dezember 1916, Nr. 8.318, 7–8.

9 Hermann Bahr, 1917, Innsbruck, Wien, München 1918 [vom 5. Dezember 1916 bis 21. Dezember 1917]; Hermann Bahr, Tagebücher 2, Innsbruck, Wien, München 1919 [vom 22. Dezember 1917 bis 2. Dezember 1918]; Hermann Bahr, 1919, Leipzig, Wien, Zürich 1920 [vom 3. Dezember 1918 bis 10. November 1919]; Hermann Bahr, Kritik der Gegenwart, Augsburg 1922 [vom 16. November 1919 bis 14. Dezember 1920]; Hermann Bahr, Liebe der Lebenden. Tagebücher 1921/23. 3 Bände, Hildesheim [1925] [vom 15. Dezember 1920 bis 23. Dezember 1923]; Hermann Bahr, Der Zauberstab. Tagebücher 1924/1926, Hildesheim [1927] [vom 2. Januar 1924 bis 15. Dezember 1926].

sie ihm die Möglichkeit, sämtliche nicht fiktionalen Texte unterzubringen. Das „Tagebuch“ übernimmt zusehends die Funktion aller anderen explizit nicht fiktionalen unselbständig erschienen Texte – Buchbesprechungen, Stimmungsimpressionen, Kommentare zur politischen Lage, aber eben auch Nekrologe.

Wie sehr die Nekrologe vom „Tagebuch“ des *Neuen Wiener Journals* aufgesogen werden, zeigt die Abnahme von Nachrufen in anderen Organen. Nach 1916 weist eine Bahr-Bibliografie nur mehr zwei explizite nach, und zwar auf den deutschnationalen Politiker und Journalisten Engelbert Pernerstorfer und den Schriftsteller und Altgermanisten Edward Samhaber. Man müsste diese freilich ergänzen, etwa um jene auf Hugo von Hofmannsthal und Arthur Schnitzler, die wiederum auf Aufforderung verfasst wurden.[10]

Auffallend ist nun, dass die unter „Tagebuch“ publizierten Texte mitunter gar nichts mit den handschriftlichen Aufzeichnungen dieses Tages zu tun haben. Das von Bahr im *Neuen Wiener Journal* vorgegebene Ereignis hat in dieser Form oft gar nicht stattgefunden, zumindest nicht an diesem Tag, zumindest hat er es nicht notiert. Was er allerdings in den Aufzeichnungen festhielt, ist die Versendung des für das *Neue Wiener Journal* bestimmten „Tagebuchs“.

Diese Notizen verweisen auf eine weitere Besonderheit: Zumeist erschienen die „Tagebücher“ mehrerer Tage gesammelt an einem Tag: Das *Neue Wiener Journal* vom 1. Dezember 1929 druckt etwa drei „Tagebücher“ ab, nämlich vom 8., 12. und 14. November.[11] In den Aufzeichnungen hierzu liest man unter 9. November:

> 9. – K. – Diktiert Journaltagebuch (über Prinz
> Max von Baden[)]; über Südtirol; Dominikaner
> Gillet; Arno Holz; letztes Datum: 14. No-
> vember.) – Fronleichnamskapelle – Abendandacht
> in Sankt Ludwig. – Nachher noch weiter in
> der Odyssee.[12]

Das „Tagebuch“ für den 12. und 14. November war also bereits am 9. fertiggestellt. Die Datierung des publizierten „Tagebuchs“ kann in diesen beiden Fällen nichts mit einem äußeren Ereignis des Tages zu tun haben.

Das „Tagebuch“ des *Neuen Wiener Journals* verliert mithin das, was man dem Tagebuch gemeinhin nachsagt, nämlich die Darstellung des unmittelbar Erlebten.

---

10 Nicht zu vergessen sind allerdings jene Artikel, die Bahr zu runden Geburtstagen einzelner Personen verfasste und die – zumindest ab einem gewissen Zeitpunkt – durchaus den Charakter eines Nachrufs haben.

11 Hermann Bahr, Tagebuch, in: Neues Wiener Journal, 1. Dezember 1929, Nr. 12.942, 22.

12 Hermann Bahr, Aufzeichnungen [1927–1931, hier: 9. November 1929], Theatermuseum Wien, HS_VM2552 Ba.

Bahr verfasste die Texte beliebig und auch unter dem Gesichtspunkt der Publikation von mehreren Tagen an einem Tag. Dies ist für die Gattung der Nekrologe problematisch – würde man doch vermuten, dass die Notiz über den Tod eines Menschen relativ zeitnah zu erfolgen hätte.

Wie sehr sich das „Tagebuch" des *Neuen Wiener Journals* von den privaten handschriftlichen Aufzeichnungen unterscheidet, sei am Beispiel des Todes Hofmannsthals vorgeführt. Hofmannsthal war am 15. Juli 1929 überraschend auf dem Weg zum Begräbnis seines Sohnes verstorben. Bahr erfuhr davon erst einen Tag später und notierte unter dem 16.:

> 16. – K. – Mit Anna u. Nesti ins Naßfeld
> Wunderschöner Tag. – Abends Nachricht von
> Hugos Tod. Starker Choc. – Sechzehntes Bad.[13]

Dieser „Choc" generiert freilich noch keinen Text. Vielmehr findet sich erst im *Neuen Wiener Journal* vom 11. August ein erstes Echo auf Hofmannsthals Tod, und zwar in einem auf den 6. August 1929 datierten „Tagebuch".[14] Die handschriftlichen Aufzeichnungen des 6. August notieren die Niederschrift desselben, allerdings ohne die darin erwähnten Details zu verzeichnen.

> 6. – K. – An Anna, diktiert Journaltagebuch
> (über Hofmannsthal; geht heute noch ab.) – Brief
> an Christiane Zimmer-Hofmannsthal in Bad
> Aussee, Obertrassen 6, daß ich seine Briefe, die
> in Verwahrung Annas sind, erst nach ihrer Heimkehr senden kann. – Fronleichnams Kapelle. –
> […][15]

Ein weiterer Text über Hofmannsthals Tod findet sich am 18. August 1929, datiert auf den 14. August.[16] Dabei handelt es sich um eine Aneinanderreihung von Nachrufen auf Hofmannsthal anderer Autoren – wie etwa Max Rychners – mit einem kurzen Kommentar von Bahr und einem abschließenden Goethezitat. Die unmittelbaren Aufzeichnungen notieren für den 14. nach dem Vermerk der obligaten Kommunion lakonisch:

---

13 Hermann Bahr, Aufzeichnungen [1927–1931, hier: 16. Juli 1929], Theatermuseum Wien, HS_VM2552Ba (Abb. 1).

14 Hermann Bahr, Tagebuch, in: Neues Wiener Journal, 11. August 1929, Nr. 12.830, 14.

15 Hermann Bahr, Aufzeichnungen [1927–1931, hier: 6. August 1929], Theatermuseum Wien, HS_VM2552Ba.

16 Hermann Bahr, Tagebuch, in: Neues Wiener Journal, 18. August 1929, Nr. 12.837, 12–13.

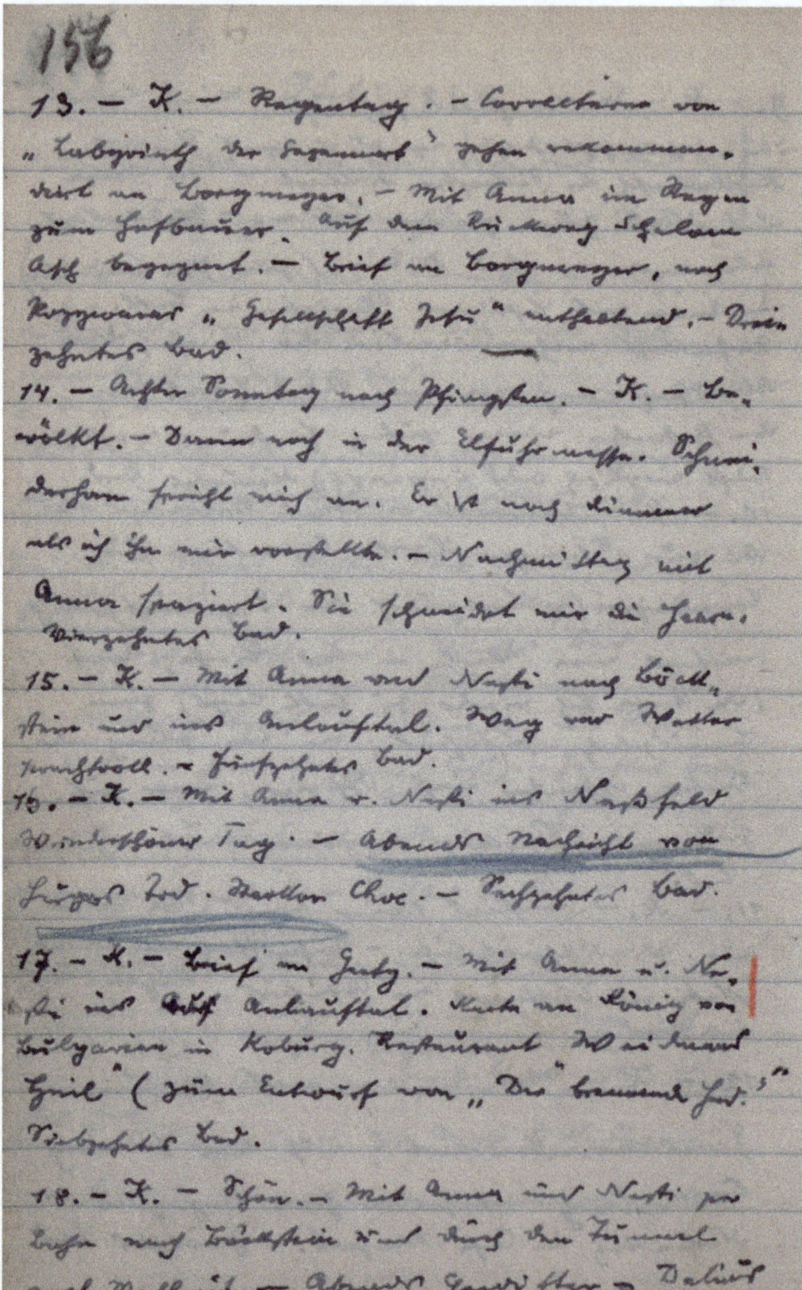

Abb. 1: Hermann Bahr, Aufzeichnungen [1927–1931, hier 16. Juli 1929]

> 14. – K. – Diktiert Schluß des Journaltagebuchs für Sonntag den 18. – Brief an Städt. Schauspiel in Baden-Baden, wo „Konzert" wieder aufgewärmt wird. – Mit [Lucie] im Englischen Garten. Ottilienkapelle. Abendandacht in St. Ludwig.[17]

Ähnlich auch im Falle des in unmittelbarer zeitlicher Nähe, nämlich am 26. Oktober 1929, verstorbenen Arno Holz: Am 10. November findet sich in *Neuen Wiener Journal* unter anderem ein auf den 28. Oktober datiertes Tagebuch, das vom „Entschwinden" Holzens berichtet.[18] An diesem Tag verzeichnen Bahrs handschriftliche Aufzeichnungen nichts, was an Arno Holz erinnert, erst am 29. Oktober notiert er, seiner Witwe kondoliert zu haben. Verfasst hat er an diesem Tag jedoch einen Text über Franz Werfel, der erst später erschien. Die Datierung des „Tagebuchs" im *Neuen Wiener Journal* erfolgte in diesem Fall also zeitnah, zwei Tage nach Holzens Tod, allerdings notieren die privaten Aufzeichnungen keinerlei Reaktion. Diese beiden exemplarischen Fälle zeigen, wie sehr Bahr die Gattung „Tagebuch" von ihrer Definition entfernt, sie nach seinem Gutdünken ‚verbiegt'. Letztlich desavouiert er damit auch die in diesem Rahmen erschienenen Nekrologe – zumal sich die Frage stellt, wie glaubwürdig ein exakt datierter Nekrolog ist, wenn schon das angeführte Datum nicht stimmt.

2 Nekrologe über Hofmannsthal und Holz

Dass Hermann Bahrs private „Aufzeichnungen" und sein im *Neuen Wiener Journal* veröffentlichtes sog. „Tagebuch" deutlich divergieren, wurde bereits dargestellt. Der „Choc", den seine privaten Notizen am Tag nach Hofmannsthals Tod verzeichnen, schlägt sich in keinem ausdrücklich ausgewiesenen Nachruf in der Zeitungskolumne nieder, ebenso wenig wie der Tod von Arno Holz drei Monate später einen solchen zur Folge hat[19] – ganz im Sinne des eingangs zitierten kurzen Textes „Ne-

17 Hermann Bahr, Aufzeichnungen [1927–1931, hier: 14. August 1929], Theatermuseum Wien, HS_VM2552Ba.

18 Hermann Bahr, Tagebuch, in: Neues Wiener Journal, 10. November 1929, Nr. 12.921, 14–15.

19 Hofmannsthal stirbt am 15. Juli 1929, Bezug darauf nimmt Bahr im *Neuen Wiener Journal* am 11. August; Holz am 26. Oktober 1929, Bahr erwähnt dessen Tod im *Neuen Wiener Journal* am 10. November 1929. Hermann Bahr, Tagebuch, 11. August 1929, 14; ders., Tagebuch, 10. November 1929, 14–15. Die im Folgenden relevanten Texte Bahrs für seine Kolumne in dieser Zeitung sind gesammelt zugänglich in: Hermann Bahr, Tagebuch aus dem „Neuen Wiener Journal" 1927–1931, hg. von Kurt Ifkovits, Weimar 2015, hier: 207–208 und 251–252. Einen ausführlichen Nachruf auf Hofmannsthal

krolog", in dem Bahr die umgehende publizistische Würdigung des Verstorbenen nicht nur als wenig erstrebenswert, sondern implizit auch als wenig wahrhaftig abqualifiziert. Stattdessen wird der Nekrolog im Zeitungstagebuch zu einem Element unter vielen, ohne dass es sich durch stärkeren Aktualitätsbezug von anderen abheben würde. Wie erwähnt, brachte Bahr in seiner Kolumne alles Mögliche unter.[20] Das „Tagebuch" erinnert in dieser Bereitschaft, verschiedenste Inhalte aufzunehmen, an „ein[en] große[n] Sack", wie Bahr 1926 das frühe französische Feuilleton bezeichnend beschreibt, ein Sack, „in den jedermann nach Willkür, was er eben zur Hand hatte, hineinwarf [...] durcheinander, je nach Lust und Laune, [...] ein [...] reizendes Unwesen [...], ohne jede Form."[21] Demgemäß absorbiert das „Tagebuch" neben Rezensionen und langen Zitaten, Anekdoten, Reflexionen und Kommentaren zur Tagespolitik auch alles Nekrologische und unterwirft es seiner Agenda, d. h. der Agenda des Hermann Bahr. An den erwähnten Beispielen Hugo von Hofmannsthal und Arno Holz ist folglich zu beobachten, wie Bahr das journalistische Totengedenken zu einem integralen Bestandteil seiner Selbststilisierung macht – war ihm doch „beschieden [...], entscheidenden Menschen, entscheidenden Zeiten, entscheidenden Ereignissen zu begegnen",[22] wie er im *Selbstbildnis* von 1923 schreibt.

Zwischen November 1929 und September 1930, also im Laufe eines knappen Jahres, verfasst Bahr ganze fünf „Einträge", die beiden verstorbenen Autoren *zugleich* gelten, ja in denen Hofmannsthal und Holz in programmatischer Weise zusammengespannt werden. Der erste dieser Einträge findet sich im „Tagebuch" des *Neuen Wiener Journals* vom 1. Dezember 1929, direkt anschließend an den Bericht einer späten Ehrenrettung des „exkommuniziert verstorbenen Molière".[23] Damit ist

---

veröffentlichte Bahr in der *Neuen Rundschau:* Hermann Bahr, Zum Gedächtnis, in: Die neue Rundschau (1929), Nr. 11, 625–630.

20 Kurt Ifkovits, Zur Einleitung, in: Bahr, Tagebuch aus dem „Neuen Wiener Journal", 9–51, hier: 13–15.

21 Hermann Bahr, Das Feuilleton, in: Das Unterhaltungsblatt der Vossischen Zeitung, 15. Januar 1926, [1]; auch Hermann Bahr, Feuilleton. Mitschi: „La-bas et ailleurs". Publications de la-Vie [!] Parisienne. E. Legouvé: „Fleurs d'hiver, nuits d'hiver, histoire de ma maison" P. Ollendorff, in: Freie Bühne für modernes Leben 1 (1890), Nr. 25, 23. Juli 1890, 665–667. Die jüngste Forschung zum Feuilleton erscheint in: Handbuch Feuilleton, hg. von Hildegard Kernmayer, Michael Pilz, Marc Reichwein und Erhard Schütz, Berlin 2023 [im Erscheinen]. – Am Wortlaut von Bahrs Charakterisierung des Feuilletons fällt im Übrigen die Nähe zu einer anderen kleinen Form auf, nämlich dem Quodlibet („was beliebt"), das im Wien des 19. Jahrhunderts auf dem Theater zu Popularität gelangte. Hierzu Saskia Haag, Der Bindezauber der Komödie. Quodlibets im Theater Johann Nestroys, in: Poetica 45 (2013), H. 1, 85–126, bes. 107–109.

22 Hermann Bahr, Selbstbildnis, hg. von Gottfried Schnödl, Weimar 2011, 1.

23 Hermann Bahr, Tagebuch, in: Neues Wiener Journal, 1. Dezember 1929, Nr. 12.942, 22, bzw. Bahr, Tagebuch aus dem „Neuen Wiener Journal", 257.

die bereits in Bahrs „Nekrolog" dargestellte Problematik der Zeitlichkeit des „Andenken[s]" eingeführt, das sich zwischen voreiligem Richten im hastig geschriebenen Nachruf einerseits und drohendem Vergessen andererseits bewegt. Letzteres veranlasst Bahr, die Nachwelt in die Verantwortung zu nehmen, und zwar indem er auf die späte Ehrung Hofmannsthals und die noch ausstehende des Arno Holz verweist:

> 14. November. Auch wir Österreicher warten mit Ehren für einen Dichter, bis er stirbt, aber in Deutschland muß er gar erst jahrelang begraben liegen, bis er des Nachruhms gewürdigt wird. Als wir Hofmannsthal verloren, erinnerten wir uns sogleich der Bedeutung dieses Verlustes, Deutschland aber scheint schon heute vergessen zu haben, wen es an Arno Holz besaß. Er war es, der in den Anfängen der achtziger Jahre den Auftakt zur neuen Besinnung gab. [...] Arno Holz war immer voran, Kraft ausstrahlend, sich verschwendend, zum Beginner geboren, gleichgültig, was von seinem Samen aufging, er streute indessen schon wieder neue Saat aus. Die Nachwelt, stets gerechter als die Mitwelt, wird erkennen, daß, wie das Zeitalter Goethes sich ohne Herder, das unsere sich ohne Arno Holz nicht denken läßt.[24]

Bahr schreibt beiden Autoren eine noch unzureichend erkannte „Bedeutung" für Innovationen in der deutschsprachigen Literatur des ausgehenden 19. und beginnenden 20. Jahrhunderts zu. Das „Zeitalter" entlang vorbildlicher literarischer Größen zu definieren, scheint auch Bahrs Absicht in den folgenden, sehr ähnlichen Passagen des „Tagebuchs" zu sein, die das hier entworfene Grundschema – der Österreicher Hofmannsthal neben dem Norddeutschen Holz – in minimaler Variation wiederholen und allesamt ein nekrologisches Element einschließen. In Summe ergibt sich der Eindruck einer Art fortlaufenden Nekrologs, der kein Ende markiert, sondern innerhalb des „Tagebuchs" immer wieder neu ansetzt und dessen Projekt weitertreibt. Wiederholt wird etwa die mentalitätsgeschichtlich gefasste Antithese zwischen Österreich und Deutschland, die beim Entwurf einer Landkarte der – nicht mehr als „modern" bezeichneten – Literatur eine zentrale Rolle spielt; auf ihr insistieren alle Einträge zu Hofmannsthal und Holz, wie der folgende, ebenfalls vom Dezember 1929 stammende, zeigt: In Wien, so Bahr, stünde „Hofmannsthals Kunst [...] leuchtend auf, während hinwieder Arno Holz schon fast vergessen scheint, das Tempo Berlins hält sich bei Toten nicht auf, es drängt über sie hinweg".[25] Im Juli 1930 greift Bahr diese Gegenüberstellung abermals auf und verweist ausgehend von einem Zitat Walter Brechts darauf, „daß Hofmannsthal zu-

24 Bahr, Tagebuch, 1. Dezember 1929, 22.

25 Hermann Bahr, Tagebuch, in: Neues Wiener Journal, 22. Dezember 1929, Nr. 13.321, 12–13, hier: 12, bzw. Bahr, Tagebuch aus dem „Neuen Wiener Journal", 263–264. Siehe auch Peter Sprengel/Gregor Streim, Berliner und Wiener Moderne. Vermittlungen und Abgrenzungen in Literatur, Theater, Publizistik, Wien u. a. 1998.

nächst ‚in vollem Gegensatz zur Epoche stand', die von Arno Holz, von Sudermann und dem jungen Hauptmann beherrscht wurde, während auf Loris eine ganz andere Tradition einwirkt, unsere, die Grillparzers"[26] – eine Tradition, die Bahr bekanntlich als „das Barock"[27] propagiert. So antipodisch dieses Verhältnis Holz – Hofmannsthal auch konstruiert ist: Worin der Preuße und der Wiener im „Tagebuch" zunehmend übereinkommen bzw. zusammengefasst werden, ist ihre literaturgeschichtliche Position als Innovatoren: „Beide fühlten sich als Beginner einer neuen Generation."[28] Und Bahr resümiert im September 1930, etwa ein Jahr nach deren Tod: „Nun sind die beiden Beginner unserer Generation entschwunden, im selben Jahre, 1929. Wann wird uns die nächste ein jener vergangenen würdiges Zeichen geben?"[29]

3 Der Hermann-Bahr-Weg

Aus der zeitlichen Nähe, in der Hofmannsthals und Holzens Tod stehen, wird im „Tagebuch" der Jahre 1929 und 1930 zusehends eine literarhistorische Verwandtschaft. Die beiden Autoren firmieren nun, gleichsam in perspektivischer Verkürzung, als Synonym für eine Generation, die bereits der Vergangenheit angehört. Bahr selbst geht inzwischen auf die Siebzig zu und die Frage, welche Rolle man für die Nachwelt noch spielen kann, nimmt eine dezidiert persönliche Note an. Ganz deutlich wird dies im „Tagebuch", das nur eine Woche nach dem zuletzt zitierten erscheint. In ihm berichtet Bahr davon, dass der Kurort Bad Tölz einen Weg nach ihm benannt habe. Sichtlich zufrieden, dass er, anders als viele andere, für diese öffentliche Würdigung nicht erst hatte sterben müssen, bemerkt er: „Wenn ich schon Ehren tragen soll, dann bitte gefälligst! zu Lebzeiten, damit meine Eitelkeit was davon hat."[30] Doch lässt Bahr es nicht bei dieser einfachen Eitelkeit bewenden. Denn diesem Hermann-Bahr-Weg in Bad Tölz wird eine besondere Aufgabe zugedacht, die sich in einer Vision äußert, die am Ende dieses „Tagebuchs" steht. Bahr

---

26 Hermann Bahr, Tagebuch, in: Neues Wiener Journal, 6. Juli 1930, Nr. 13.155, 12–13, hier: 12, bzw. Bahr, Tagebuch aus dem „Neuen Wiener Journal", 360–363, hier: 361.

27 Ifkovits, Zur Einleitung, 29–33; dazu zuletzt auch Gregor Streim, Abkehr von der Moderne? Hermann Bahrs Rede vom ‚zweiten Barock', in: Kulturkritik der Wiener Moderne (1890–1938), hg. von Barbara Beßlich, Heidelberg 2019, 25–47.

28 Hermann Bahr, Tagebuch, in: Neues Wiener Journal, 14. September 1930, Nr. 13.225, 16, bzw. Bahr, Tagebuch aus dem „Neuen Wiener Journal", 385–387, hier: 385.

29 Bahr, Tagebuch aus dem „Neuen Wiener Journal", 387.

30 Hermann Bahr, Tagebuch, in: Neues Wiener Journal, 21. September 1930, Nr. 13.232, 16–17, hier: 16, bzw. Bahr, Tagebuch aus dem „Neuen Wiener Journal", 388–390, hier: 390.

imaginiert einen „vor Überanstrengung erkrankten Germanisten“, der „zur Jodkur nach Tölz“ gekommen war:

> Bergan zu steigen wird ihm verordnet, je höher, je länger, desto besser. Gehorsam Tag für Tag kletternd, erblickt er gelegentlich meinen Namen an einem Baum. Er hat ihn vorher nie gehört. Nun regt sich sein Ehrgeiz, es ist vielleicht die Gelegenheit zur Entdeckung einer ganz verschollenen Epoche; derlei Fossilien werden von Gelehrten sehr geschätzt. Vielleicht wird in dieser fernen Zukunft die Literatur der Epoche, die mit dem Ostpreußen Arno Holz in Berlin, gleich darauf mit Hofmannsthal in Wien begann, längst im Gedächtnis der Wissenschaft so durchaus erloschen sein, daß der Entdecker meines Namens auf der Wegtafel von ihr aus eine seit hundert Jahren dem Gedächtnis der Zeiten entrückte Literatur zu neuem Ruhme bringt.[31]

Hermann Bahr, so die Vorstellung, weist der Nachwelt den Weg in eine vergessene Zeit. Auf seinen Spuren, auf seinem Weg soll eine Epoche erschlossen werden, deren Konstruktion er zeitlebens und zuletzt vor allem in seiner Kolumne im *Neuen Wiener Journal* selbst befördert hat und die mit den Namen ‚Hofmannsthal und Holz‘ untrennbar verbunden ist. Bahr erscheint damit zugleich als Urheber einer literaturgeschichtlichen Generation, „die mit dem Ostpreußen Arno Holz in Berlin, gleich darauf mit Hofmannsthal in Wien begann“, wie als deren Nachlassverwalter, der mit seinem „Namen[] auf der Wegtafel“ Vergangenheit und Zukunft zusammenführt. Die Tatsache der Neubenennung eines Weges durch die Kurgemeinde amplifiziert Bahr zur symbolträchtigen Szene eines germanistischen Spaziergangs, der Tölzer „Hermann-Bahr-Weg“ wird ihm Metapher für die eigene Führungsrolle – gut ein Jahr, nachdem er diese Ehrung in den privaten Aufzeichnungen notiert hatte.[32] Ins „Tagebuch“ eingetragen wird eine an die Öffentlichkeit gerichtete Bearbeitung: eine idealische Bergbesteigung, die kaum daran erinnert, was Bahr beim Besuch des Tölzer Pfads widerfahren war, nämlich dass er, offenbar desorientiert, da er den Weg seines Namens „abkürzen will“, diesen „plötzlich ganz verlier[t] und statt an seinen Anfang zurück ins Tal hinab gerate[n]“[33] sei.

Die Funktion der Nekrologe im „Tagebuch“ dürfte letztlich darin liegen, die eigene Rolle in der Geschichte der modernen Literatur wie eines gesamten intellektuellen Milieus am Anfang des 20. Jahrhunderts festzuschreiben. Dies trifft nicht nur auf die Äußerungen zu Hofmannsthal und Holz zu, sondern wird besonders deutlich im wiederholten Rekurs auf die ‚Toten von 1918‘: Engelbert Pernerstorfer, Viktor Adler, Gustav Klimt, Otto Wagner und Kolo Moser – sie alle sterben in diesem Jahr, in dem nicht nur der Erste Weltkrieg, sondern auch die österreichisch-ungarische Monarchie zu Ende geht. Aus seinen Nachrufen, die dem alten Österreich

31 Bahr, Tagebuch, 21. September 1930, 16.

32 Hermann Bahr, Aufzeichnungen [hier 12. August 1929], Theatermuseum Wien, HS_VM2552Ba.

33 Hermann Bahr, Aufzeichnungen [hier 11. September 1930], Theatermuseum Wien, HS_VM2552Ba.

ebenso wie den Kollegen und Weggefährten gelten, geht Bahr als *the only survivor* hervor.[34] Von ihm wird man sagen können, dass er dabei gewesen ist, ein Zeitzeuge, doch darüber hinaus sind die Nekrologe offensichtlich auch in eigener Sache geschrieben: Sie weisen einem künftigen Nachruf auf Hermann Bahr den Weg.[35]

Bahrs „Tagebuch" ist geprägt von einer Reihe von Spannungen, von denen hier jene zwischen dem Anspruch auf Überzeitlichkeit auf der einen Seite und der Suggestion einer konkreten Lebenssituation des Autors auf der anderen hervorzuheben ist. Es liegt auf der Hand, dass die Kolumne Bahrs mit seinen privaten diarischen Aufzeichnungen, die er Tag für Tag anfertigt, wenig zu tun hat, ja fast in Gegensatz dazu steht: „Nicht seine Meinung zum im Tage Erlebten und Erfahrenen, wie man es von einem Tagebuch erwarten würde, sondern die ewigen Konstanten seines damaligen Denkens sucht Bahr im Wechsel des Tages, im Gang der Zeit."[36] Sonntag für Sonntag werden der Leserschaft des *Neuen Wiener Journals* Variationen des Bekannten vermittelt, und in dem Maße, wie sich Themen und Namen beharrlich wiederholen, werden auch die Nekrologe auf die anderen zu kaum verschleierten Vorkehrungen für den eigenen. Während das „Tagebuch" also einerseits in verlässlicher Regelmäßigkeit vorgefertigte Anschauungen veröffentlicht, ja einzelne Textbausteine immer wieder unterbringt,[37] wird andererseits, dem Titel der Kolumne entsprechend, Unmittelbarkeit und Intimität suggeriert, nicht zuletzt durch die Datierung der „Einträge", die eine gewisse Lebensnähe versprechen. Rezensenten der ersten Buchausgabe des „Tagebuchs" 1909 loben nicht nur die Frische des Werkes, in dem man dem „blitzartige[n] Entstehen des Gedankens, des Gefühls, des Urteils" miterleben könne, sondern meinen sogar, selbst „dem geist-

34 Hermann Bahr, Tagebuch, in: Neues Wiener Journal, 24. November 1918, Nr. 9.002, 4. Der Nachruf auf Viktor Adler beginnt mit den Worten: „Pernerstorfer, Klimt, Otto Wagner, Kolo Moser und jetzt auch noch Viktor Adler, einen nach dem andern nahm mir dieses grausame Jahr, mein Innerstes entleert sich, bald bin ich ganz mit mir allein."

35 Ähnliches wurde für das 1923 erschienene *Selbstbildnis* gezeigt, in dem sich Bahr in einer Weise „der Identitäten und Erinnerungen von Holz, Dörmann oder Verkade bedient", die nahelegt, „nicht er wäre Zeitzeuge, sondern die Zeit dazu da, seine Existenz zu bezeugen". Martin Anton Müller, Das Selbstbildnis als Quelle, in: Hermann Bahr – Österreichischer Kritiker europäischer Avantgarden, hg. von Martin Anton Müller, Claus Pias und Gottfried Schnödl, Bern, Wien u. a. 2014, 165–184, hier: 182.

36 Ifkovits, Zur Einleitung, 20.

37 Dass darin auch die bei den privaten Aufzeichnungen wie auch der Zeitungskolumne involvierten Medien – Lose-Blatt-System und Diktat – eine Rolle spielen, steht zu vermuten. Vgl. Kurt Ifkovits, Hermann Bahrs Tagebücher und die Probleme ihrer Edition, in: Text. Kritische Beiträge 12 (2008), 123–145. Als Beispiel für mehrfach verwendete Textbausteine kann in Bezug auf Holz die Schilderung eines Besuches des Schriftstellers im winterlichen „Idyll" von Nieder-Schönhausen gelten, die sich drei Male im „Tagebuch" wie auch bereits im *Selbstbildnis* findet – und weniger auf eine tatsächliche Begebenheit als auf eine „Texterinnerung" zurückgeht. Müller, Das Selbstbildnis als Quelle, 169.

vollen, amüsanten Causeur zu lauschen“ oder aber „hinter der Tür [...] erlauschen [zu] dürf[]en, was er d'rin einsam zu sich selbst spricht“.[38] Wenn Bahr 1923 über die Gattung seines „Tagebuchs“ sowie dessen Wirkung reflektiert, beschreibt er es – anschließend an Überlegungen zum Feuilleton – als „Gespräch“, das einer persönlichen Begegnung mit ihm gleichkomme und an dem er dessen informellen Charakter bei gleichzeitiger läuternder Wirkung hervorstreicht. Er stellt fest,

> daß es, vor mich hingeschrieben, wie die Laune des Augenblicks es mir eingibt, oft geradezu künstlerisch gewissenlos, sozusagen im Schlafrock, eine Macht über Menschen hat, die meinem Lebenswerk: den Romanen bisher durchaus versagt geblieben ist. [...] Meine Kraft bewährt sich am besten unter vier Augen: ein Gespräch mit mir hat manchem auf Jahre geholfen. Und dieses Tagebuch scheint nun immer mehr gewissermaßen ein öffentliches Gespräch unter vier Augen zu werden.[39]

In der Fiktion eines solchen lebendigen „öffentliche[n] Gespräch[s] unter vier Augen“ in vertrautem Rahmen weist der Kolumnist dem lesenden Gegenüber den rechten Weg. Dies gilt auch für jene „Gespräche“, in denen Verstorbener gedacht wird, wie etwa bei Hofmannsthal und Holz. In der Wiederholung der Namen sichert und formt Bahr als priesterähnliche Instanz allsonntäglich in geradezu ritueller Weise die Erinnerung der Lesergemeinde. Statt der Aktualität des jeweiligen Tages ist dieses „Buch“ der periodischen Reaktualisierung von Namen und Ideen verpflichtet, die den Lesenden bereits bekannt sind wie die vertrauten Formeln einer Litanei.

Literaturverzeichnis

Bahr, Hermann, Feuilleton. Mitschi: „La-bas et ailleurs“. Publications de la-Vie [!] Parisienne. E. Legouvé: „Fleurs d'hiver, nuits d'hiver, histoire de ma maison“ P. Ollendorff, in: Freie Bühne für modernes Leben 1 (1890), Nr. 25, 23.7.1890, 665–667.

Bahr, Hermann, Tagebuch, Berlin 1909.

Bahr, Hermann, Nekrolog, in: Die Schaubühne 5 (1909), Nr. 16, 459.

Bahr, Hermann, Aufzeichnungen [1909], Theatermuseum Wien, HS_VM797Ba.

38 Max Messer, [Rezension „Tagebuch“ von Hermann Bahr], in: Neue Freie Presse, 27. Juni 1909, 34–35, hier: 34.

39 Hermann Bahr, Tagebuch, in: Neues Wiener Journal, 12. August 1923, Nr. 10.680, 10. Diese Passage druckt das *Neue Wiener Journal* zwei Jahre später anlässlich des Erscheinens einer weiteren Buchausgabe – *Liebe der Lebenden* – erneut ab; Bahrs „Tagebuch“ wird abermals als „Gespräch unter vier Augen“ definiert: Hermann Bahr und das „Neue Wiener Journal“. Seine gesammelten Tagebuchaufzeichnungen, in: Neues Wiener Journal, 14. November 1925, 5–6. Siehe auch die posthume Fortwirkung dieser Definition im *Neuen Wiener Journal*, wo man wieder darauf rekurriert: Paul Thun-Hohenstein, Hermann Bahr und sein „Tagebuch“, in: Neues Wiener Journal, 22. Juli 1936, 5.

Bahr, Hermann, Tagebuch, in: Der Strom 1 (1911/12), 3. Juni bzw. 6. September, 80–82 und 173–177.
Bahr, Hermann, Tagebuch, in: Neues Wiener Journal, 24. Dezember 1916, Nr. 8.318, 7–8.
Bahr, Hermann, Tagebuch, in: Neues Wiener Journal, 24. November 1918, Nr. 9.002, 4.
Bahr, Hermann, 1917, Innsbruck, Wien, München 1918.
Bahr, Hermann, Tagebücher 2, Innsbruck, Wien, München 1919.
Bahr, Hermann, 1919, Leipzig, Wien, Zürich 1920.
Bahr, Hermann, Kritik der Gegenwart, Augsburg 1922.
Bahr, Hermann, Tagebuch, in: Neues Wiener Journal, 12. August 1923, Nr. 10.680, 10.
Bahr, Hermann, Liebe der Lebenden. Tagebücher 1921/23. 3 Bände, Hildesheim [1925].
Bahr, Hermann, Das Feuilleton, in: Das Unterhaltungsblatt der Vossischen Zeitung, 15. Januar 1926, Nr. 24, Mittags-Ausgabe, Unterhaltungsblatt, [1].
Bahr, Hermann, Der Zauberstab. Tagebücher 1924/1926, Hildesheim [1927].
Bahr, Hermann, Aufzeichnungen [1927–1931], Theatermuseum Wien, HS_VM2552Ba.
Bahr, Hermann, Zum Gedächtnis, in: Die neue Rundschau 40 (1929), H. 11, 625–630.
Bahr, Hermann, Tagebuch, in: Neues Wiener Journal, 11. August 1929, Nr. 12.830, 14.
Bahr, Hermann, Tagebuch, in: Neues Wiener Journal, 10. November 1929, Nr. 12.921, 14–15.
Bahr, Hermann, Tagebuch, in: Neues Wiener Journal, 1. Dezember 1929, Nr. 12.942, 22.
Bahr, Hermann, Tagebuch, in: Neues Wiener Journal, 22. Dezember 1929, Nr. 13.321, 12–13.
Bahr, Hermann, Tagebuch, in: Neues Wiener Journal, 6. Juli 1930, Nr. 13.155, 12–13.
Bahr, Hermann, Tagebuch, in: Neues Wiener Journal, 14. September 1930, Nr. 13.225, 16.
Bahr, Hermann, Tagebuch, in: Neues Wiener Journal, 21. September 1930, Nr. 13.232, 16–17.
Bahr, Hermann, Selbstbildnis, hg. von Gottfried Schnödl, Weimar 2011.
Bahr, Hermann, Tagebuch aus dem „Neuen Wiener Journal“ 1927–1931, hg. von Kurt Ifkovits, Weimar 2015.
Handl, Willi, Sonnenthal, in: Die Schaubühne 5 (1909), Nr. 15, 419–418.
Hermann Bahr und das „Neue Wiener Journal“. Seine gesammelten Tagebuchaufzeichnungen, in: Neues Wiener Journal, 14. November 1925, Nr. 11.488, 5–6.
Messer, Max, [Rezension „Tagebuch“ von Hermann Bahr], in: Neue Freie Presse, 27. Juni 1909, Nr. 16.109, Beilage, 34–35.
Thun-Hohenstein, Paul, Hermann Bahr und sein „Tagebuch“, in: Neues Wiener Journal, 22. Juli 1936, Nr. 15.328, 5.

Haag, Saskia, Der Bindezauber der Komödie. Quodlibets im Theater Johann Nestroys, in: Poetica 45 (2013), H. 1, 85–126.
Ifkovits, Kurt, Hermann Bahrs Tagebücher und die Probleme ihrer Edition, in: Text. Kritische Beiträge 12 (2008), 123–145.
Ifkovits, Kurt, Zur Einleitung, in: Tagebuch aus dem „Neuen Wiener Journal“ 1927–1931, hg. von Kurt Ifkovits, Weimar 2015, 9–51.
Ifkovits, Kurt, Hermann Bahrs Dalmatinische Reise aus textgenetischer Sicht, in: Traditionsbrüche. Neue Forschungsansätze zu Hermann Bahr, hg. von Tomislav Zelić, Frankfurt/Main u. a. 2016, 119–137.
Kernmayer, Hildegard/Michael Pilz/Marc Reichwein/Erhard Schütz (Hg.), Handbuch Feuilleton, Berlin 2023 [im Erscheinen].
Mayerhofer, Lukas, Brief als Tagebuch – Tagebuch als Brief. Überlegungen zu einem Mischtypus im Werk Hermann Bahrs, in: Der Brief in der österreichischen und ungarischen Literatur, hg. von András F. Balogh und Helga Mitterbauer, Budapest 2005, 163–173.

Müller, Martin Anton, Das Selbstbildnis als Quelle, in: Hermann Bahr – Österreichischer Kritiker europäischer Avantgarden, hg. von Martin Anton Müller, Claus Pias und Gottfried Schnödl, Bern, Wien u. a. 2014 (= Jahrbuch für Internationale Germanistik: Reihe A, Kongressberichte 118), 165–184.

Sprengel, Peter/Gregor Streim, Berliner und Wiener Moderne. Vermittlungen und Abgrenzungen in Literatur, Theater, Publizistik, Wien u. a. 1998.

Streim, Gregor, Abkehr von der Moderne? Hermann Bahrs Rede vom ‚zweiten Barock', in: Kulturkritik der Wiener Moderne (1890–1938), hg. von Barbara Beßlich, Heidelberg 2019, 25–47.

Lucas Marco Gisi

Bekehrter Dadaist? Avantgardistische Heilige? Nachrufe auf Hugo Ball und Emmy Hennings

Am 14. September 1927 teilten Emmy Henning und ihre Tochter Annemarie ihrem Nachbarn Hermann Hesse in einem Telegramm mit, dass Hugo Ball in den Himmel gegangen sei.[1] Das Schriftstellerpaar hatte sich, nachdem es sich in München kennengelernt hatte, gemeinsam nach Zürich emigriert war und dort den Dadaismus mitbegründet hatte, 1920 im Tessin niedergelassen. In prekären Verhältnissen lebend, führten Ball und Hennings in der italienischen Schweiz nach ihrer Hinwendung zum Katholizismus ihre schriftstellerischen und publizistischen Arbeiten fort. Durch eine schnell fortschreitende Krebserkrankung wurde Ball im Alter von 41 Jahren aus dem Leben und aus seiner Arbeit gerissen.

Wenn eine in der Öffentlichkeit durch ihr Werk präsente und bekannte Person stirbt, dann fällt die Sorge um deren Wirkung in einem doppelten Sinn den anderen, den Lebenden, anheim. Erstens hängt ihre Präsenz bzw. die Präsenz ihres Werks über den Tod hinaus von vermittelnden Instanzen, Personen und Institutionen ab, die die Erinnerung daran wachhalten. Zweitens kommt ein Schaffensprozess zu einem Ende, von dem aus bzw. auf das hin das Leben und Wirken einer Person künftig bilanzierend erzählt wird. Diese Erzählung ist insofern geschlossen, als sie mit Leben und Tod einen äußeren Rahmen erhalten hat. Der Nachruf ist der Ort, an dem diese Ganzheit erstmals vorgestellt wird.

Diese narrative Engführung erweist sich im Fall von Ball als eine doppelte Herausforderung, da er relativ jung verstorben ist und sich mehrere radikale Wendungen in seiner Biografie finden. Ein Nachruf wird sich daher zu diesen Brüchen verhalten müssen. Im Folgenden soll durch eine systematische Analyse der Nachrufe untersucht werden, wie Abgebrochenes, Unfertiges und Unvereinbares zu einer Lebenserzählung oder vielmehr: zu konkurrierenden Lebenserzählungen zusammengefügt werden. In einem zweiten Teil werde ich die Nachrufe auf Emmy Hennings analysieren, die mehr als zwei Jahrzehnte nach ihrem Ehemann stirbt und deren mindestens ebenso wechselvolles Leben zu einem Ganzen zu fügen, wie zu zeigen ist, weit weniger kompliziert war.

1 Telegramm von Emmy Hennings und Annemarie Hennings an Hermann Hesse, 14. September 1927, in: Emmy Hennings, Werke und Briefe. Kommentierte Studienausgabe, Bd. 4.1: Ausgewählte Briefe I: 1906–1927, hg. von Franziska Kolp und Thomas Richter, Göttingen 2023, Nr. 158 [im Erscheinen].

https://doi.org/10.1515/9783111106472-008

1 „Einst radikaler Nihilist, wurde er nun radikaler Katholik". Nachrufe auf Hugo Ball

Im Nachlass von Emmy Hennings, der einen Kryptonachlass Hugo Balls einschließt, findet sich eine von der Autorin selbst angelegte Sammlung von ausgeschnittenen und in ein Heft eingeklebten Artikeln über Ball.[2] Es handelt sich teils um Zusendungen von Zeitungsausschnitt-Büros, teils um Artikel, deren Provenienz sich nicht feststellen lässt. Der Strich, mit dem das Feuilleton auf dem Zeitungsblatt abgetrennt ist, wird zur Schneidespur. Indem die Feuilletons dekontextualisiert und neu konstelliert werden, wird diese flüchtige Form durch eine Art Bricolage haltbar gemacht. Die folgende Analyse der Todesmeldungen und der eigentlichen Nachrufe basiert auf der genannten Sammlung, wobei spätere Gedenkartikel nicht berücksichtigt werden.[3]

Überliefert sind 36 Todesmeldungen, von denen der Großteil aus deutschen, drei aus Schweizer Zeitungen und eine aus einer österreichischen Zeitung stammen.[4] Sie sind, abgesehen von einer Meldung aus dem Tessin, alle in deutscher Sprache verfasst. Zunächst springt die Varianz der Meldungen ins Auge. Es werden unterschiedliche Eckdaten zu Leben und Werk genannt, auf die oft eine knappe Würdigung folgt. Daneben gibt es einen Text, der, besonders in Zeitungen im Raum um Leipzig, sieben Mal identisch abgedruckt wird, wobei nicht nur die Sachinformation, sondern auch die Bewertung von Balls Wirken übernommen wird. Außerdem wird ein Text aus der katholischen Luzerner Zeitung *Vaterland* dreimal übernommen (in Baden und in Augsburg). Die etwas ausführlicheren Meldungen thematisieren alle die Wandlungen Balls. Auffallend ist, dass zwei Drittel der Meldungen sich nicht auf sachliche biobibliografische Angaben und neutrale Aussagen zur Bedeutung des Autors bzw. seines Schaffens beschränken, sondern ein eigenes Werturteil fällen. In zwei Fällen werden Urteile aus anderen Zeitungen zitiert.

---

2 Schweizerisches Literaturarchiv, Nachlass Emmy Hennings, Signatur: SLA-HEN-D-04-c-01 bis 05. Im Folgenden wird lediglich die Signatur verwendet.

3 Da viele Artikel von Zeitungsauschnitt-Büros stammen und Hennings ihre Aufgabe als Nachlassverwalterin sehr ernst nahm, kann angenommen werden, dass die Sammlung die effektiv erschienenen Nachrufe relativ umfassend abdeckt. Die Ausschnitte wurden, wenn nicht anders angegeben, an den Zeitungsausgaben überprüft.

4 Da die Zeitungsausschnitt-Büros offenbar vor allem Artikel aus Deutschland zustellten, ergibt diese quantitative Auswertung möglicherweise ein verzerrtes Bild; bei den eigentlichen Nachrufen zeigt sich ein ausgewogeneres Verhältnis zwischen Veröffentlichungen in deutschen und in Schweizer Medien.

Bei diesen Gesamtbeurteilungen von Balls Schaffen ist erstens bemerkenswert, wie deutlich, ja zuweilen subjektiv diese formuliert sind – in einer um Objektivität bemühten Form der Todesmeldung, deren Verfasser bzw. Verfasserin anonym bleibt; zweitens, wie sehr die Urteile voneinander abweichen. Die meisten sind anerkennend positiv, einzelne ausdrücklich negativ; gerade letzteres erscheint aus heutiger Sicht eher überraschend.

Von Magdeburg über Berlin bis Frankfurt an der Oder war derselbe Text mit dem folgenden Urteil zu lesen: „Er war ein gedanklich in hohem Maße produktives Talent und gehörte zu den stärksten Hoffnungen der jetzigen Generation."[5] Durch die Verbindung von offensichtlicher Begabung und letztlich nicht erfüllten Erwartungen wird Balls Leistung ambivalent bewertet. Deutlich ausführlicher (schon fast ein eigentlicher Nachruf) ist die erwähnte Meldung in der Luzerner Zeitung *Vaterland*. Im Zentrum steht die intellektuelle Wandlung vom „geistigen Rebell[en]" zum „glühenden Verehrer der Autorität", von der Skepsis zum Katholizismus, um nicht dem „Wahnwitz" der Zeit zu verfallen.[6] Ball habe es mit seiner „inneren Wandlung" ernst gemeint: „Einst radikaler Nihilist, wurde er nun radikaler Katholik".[7]

Es sind auch entschieden kritische Töne herauszuhören, etwa wenn den Thesen Balls zwar Aktualität bescheinigt wird, da sie kontrovers diskutiert würden, diese aber im gleichen Atemzug als unhaltbar abgetan werden.[8] In der Zeitung *Die Menschheit* wird Ball als ein Gescheiterter verabschiedet, der ein „arbeits-, hoffnungs- und enttäuschungsreiche[s] Leben" hatte.[9] Keine Gnade findet der Verstorbene – insbesondere nicht seine Hinwendung zum Katholizismus – im Zentralorgan der kommunistischen Partei *Die Rote Fahne*, wo er als Opportunist ohne „revolutionäre Aktivität" nicht zu den progressiven Kräften gerechnet wird.[10] Auch die

5 Anonym, Hugo Ball †, in: B.Z. am Mittag, 16. September 1927, Nr. 243, Werktag-Ausgabe, Erstes Beiblatt, 6.

6 Anonym, † Hugo Ball, in: Vaterland, 16. September 1927, Nr. 218, 2.

7 Ebd.

8 Anonym, Hugo Ball †, in: Hamburger Fremdenblatt, 17. September 1927, Nr. 257, Abend-Ausgabe, 3: „Sein Werk ist wie am ersten Tage so noch heute heiß umstritten; und man darf behaupten, daß Hugo Balls Thesen sich in der Einseitigkeit, mit der sie vorgetragen werden, nicht verteidigen lassen."

9 Anonym, Hugo Ball, in: Die Menschheit. Pazifistische Zeitung, 30. September 1927 [bibliografische Angabe gemäß Druckbeleg im Nachlass].

10 Anonym, Hugo Ball gestorben, in: Die Rote Fahne, 17. September 1927, Nr. 219, Beilage Feuilleton, [11]: „Hugo Ball war im Grunde eine wurzellose Existenz, machte während des Krieges zwar nicht die nationalistische Hetze mit, hatte aber keinerlei revolutionäre Aktivität. Sein Abgang zum Neukatholizismus brachte ihm das *Opium*, das seine schwächliche und passive Natur gesucht hatte." [Hervorhebung im Original].

Neue Zürcher Zeitung – in der die früheste Meldung von Balls Tod erscheint – hebt die Wandlung vom abenteuerlichen Bohème zum „disziplinierten, eigenwilligen Denker und Schriftsteller" hervor, allerdings positiv, und nennt die Biografie „einen der merkwürdigsten Lebensromane".[11] Der italienische Artikel aus dem Tessin lässt als einer der wenigen Balls Katholizismus unerwähnt, zeigt aber die beste Kenntnis der lokalen Lebensumstände des Verstorbenen und feiert diesen als einen der raffiniertesten deutschen Autoren, als „vero stilista [wahren Stilisten]".[12]

Die systematische Analyse der Todesmeldungen zeigt, dass die Grundregel *De mortuis nil nisi bene* im Fall von Ball nicht immer befolgt wird. Die Unterscheidung zwischen objektiver, anonymer Todesmeldung und subjektiverem, wertendem und persönlicherem Nachruf lässt sich nicht halten. Vielmehr ist eine Integration von Urteilen, die eher aus Nachrufen bekannt sind, in die Todesmeldung zu konstatieren.

Überliefert sind nebst den Todesmeldungen vierzehn längere Nachrufe, die meisten in deutscher sowie je einer in italienischer und holländischer Sprache, wobei Umfang und Autorschaft (zumindest in Form eines Kürzels) als Kriterien für die Unterscheidung von der Todesmeldung gesetzt wurden. Aufschlussreich ist dabei, wie ein Leben retrospektiv erzählt wird, wie die Brüche in Balls Biografie narrativ zu einem Ganzen, einer ‚Lebensgeschichte', zusammengefügt werden. Sieben Nachrufe werde ich etwas genauer anschauen, um die Spannweite der unterschiedlich erzählten ‚Geschichten' aufzuzeigen.

Beinahe unheimlich ist die Präsenz Hermann Hesses in den Nachrufen auf Ball. Er wird als Freund, Nachbar oder Kollege erwähnt und die Hesse-Biografie wird oft als Balls erfolgreichstes und teilweise auch als sein wichtigstes Werk herausgehoben. Hesses eigener Nachruf wurde in der *Neuen Rundschau* veröffentlicht und später in die *Gedenkblätter* aufgenommen, ist aber auch als handschriftlich Hennings gewidmetes Typoskript überliefert. In dem „Nachruf an Hugo Ball" wird der Verstorbene direkt angesprochen; es handelt sich also um einen Nachruf im wörtlichen Sinn: „Lieber Hugo Ball[,] Da wir dich jetzt in dein Grab gelegt und von deinem lieben Anblick Abschied genommen haben, wollen wir uns nochmals dankbar dessen erinnern, was du uns gewesen bist." Hesse lobt das Denken, das Werk und das „Asketenleben" Balls, der nicht nur ein geschätzter Freund und Kollege, sondern auch ein „Vorbild" und „Beispiel" in schwierigen Zeiten gewesen sei. Hesse äußert seine Trauer über den Verlust, hebt aber zugleich hervor, dass der

---

11 Anonym, Hugo Ball †, in: Neue Zürcher Zeitung, 15. September 1927, Nr. 1.544, Abendausgabe, [1].
12 Anonym, La morte di Ugo Ball, in: Corriere del Ticino, 15. September 1927, Nr. 213, [2].

Tote „Unsterbliches“, „Unvergängliches“ hinterlassen habe.[13] Es handelt sich um den Nachruf mit der größten persönlichen Nähe, der mit der Doppeladressierung an den Verstorbenen und die Hinterbliebenen formal an eine Grabrede erinnert.

Mit Hesse äußerte sich der Freund und Vertraute der Tessiner Jahre, in denen sich Ball mit religionsphilosophischen Schriften beschäftigte; mit Richard Huelsenbeck kam ein Weggefährte aus Balls dadaistischer Zeit zu Wort, der in seinem Nachruf andere Akzente setzte. Huelsenbeck erinnert an die erste Begegnung 1911, die Zusammenarbeit für die Zeitschrift *Revolution*, an einen „Expressionistenabend“ in Berlin und insbesondere an den Zürcher Dadaismus. Dieser sei aus dem Widerstand gegen den Krieg hervorgegangen und habe das Ziel „einer Verinnerlichung und einer geistigen Neugeburt“ gehabt. Der Dadaismus musste als Widerstand „negativ“ sein; dass es dabei auch um „positive Werte“ ging, sei aus der „nun vollendeten Entwicklung Hugo Balls“ zu ersehen. Bemerkenswert ist die Beurteilung der Hinwendung zum Katholizismus. Ball sei nicht einfach ein Katholik gewesen – worauf Hennings gegen Huelsenbeck bestehen wird –, sondern habe nach „einer Art Urchristentum“ und einem „mystischen Gottglauben“ gestrebt. Er werde erst aus und in seinen Gegensätzen ganz zu fassen sein: „Da er in seinem Leben und in seinem Werk die unerhörtesten Gegensätze umfaßt, wird man, glaube ich, erst sehr spät und ganz langsam begreifen, wie überragend dieser Abseitige und Einsame war.“ Huelsenbeck geht noch weiter und ebnet die Konversion Balls geradezu ein, indem er den kritischen Impetus von Dadaismus und Katholizismus gleichsetzt und behauptet: „Unter den Folgen der Reformation verstand er alles, was unseres Dadaismus wert gewesen war.“[14]

Noch stärker als Dadaist porträtiert, wenn auch im negativen Sinn, wird Ball in einem Nachruf, der im Berliner *8 Uhr Abendblatt* unter dem Kürzel „H.M.“ erschienen ist. Ball sei ein „merkwürdiger Mann“ gewesen, wie der Verfasser anhand von Insider-Geschichten aus der Zürcher Varieté-Szene zu veranschaulichen versucht: „Man erinnert sich, wie man ihn in seiner Zürcher Vorstadtkneipe aufstöberte, wo er für Schmierentingeltangel-Fahrer Klavier spielte und ein elendes und unwürdiges Dasein führen musste.“ Die Biografie wird durch die prekären Verhältnisse geprägt: Das Cabaret Voltaire habe Ball aus Geldnot gegründet, erst nach

---

13 Hermann Hesse, Nachruf an Hugo Ball. Geschrieben am Tag des Begräbnisses in St. Abbondio, 16. September 1927, SLA-HEN-B-01-HESSE-01/48, als Privatdruck SLA-HEN-D-07-d-03, Erstdruck in *Die neue Rundschau*, Oktober 1927, aufgenommen unter dem Titel „Nachruf auf Hugo Ball“, in: Hermann Hesse, Sämtliche Werke, hg. von Volker Michels, Bd. 12: Autobiographische Schriften II, Frankfurt/Main 2003, 316–317.

14 Richard Huelsenbeck, In memoriam Hugo Ball, in: Berliner Tageblatt, 6. Oktober 1927, Nr. 422, Morgen-Ausgabe, 2.

seiner Konversion habe er „beinahe ein tägliches und anständiges Brot“ verdient, und auch sein Glaube gründet in dieser Perspektive auf einer materiellen Notlage.[15]

Zwei Nachrufe erscheinen aus Balls letztem geistigen Umfeld, die dementsprechend seine Hinwendung zum Katholizismus ganz anders beurteilten und weitgehend Emmy Hennings' Sicht entsprechen, auch wenn der handschriftliche Kommentar neben dem ins Heft eingeklebten Nachruf von Waldemar Gurian in der *Kölnischen Volkszeitung* – „Verräter Lügner Betrüger“[16] – auf einen Konflikt mit den Nachlassverwalterinnen hindeutet. Ball sei als „Sohn streng katholischer Eltern“ erst 1920 „nach einer langen Entwicklung“ wieder katholisch geworden.[17] Ästhetizismus, Dadaismus und politisches Engagement stehen gewissermaßen für Verirrungen, aus denen sich Ball durch seine Flucht in den Katholizismus befreit habe, um dann zu einem Weisen, einem „Führer zur Autorität hin“ zu werden.[18]

Auch Friedrich Fuchs erkennt in Ball vorrangig den katholischen Schriftsteller. Sein Nachruf erscheint in der Zeitschrift *Hochland*, für die Ball regelmäßig schrieb. Fuchs betrachtet Balls Leben von dessen Ende her und stellt bereits einleitend klar: „Katholisches wollte er schreiben, als katholischer Schriftsteller glaubte er eine Sendung zu haben, und als solcher wollte er fortleben.“[19] Es folgt dann ein kurzer theologischer Exkurs zu Balls Katholizismus:

> Ball hatte mit Dada Schluß gemacht; höchstens, daß er einmal in jungenshaftem Einfall die Jungens von Agnuzzo in groteskem Aufzug, Pelz und Schamanenhut, schreckte. Gewiß hat auch er, der mit 43 Jahren hinweggenommen wurde, noch an seinem alten Adam zu tragen gehabt.[20]

Die Reversion wird typologisch im Deutungshorizont eines Übergangs vom alten zum neuen Testament beschrieben. Der Radikalismus von 1917 habe Ball allerdings nie verlassen, „was sich änderte, waren nur die Vorzeichen.“ Dabei sei es so, dass, wer der Autorität entbehren musste und „in das Chaos hineingeblickt“ habe, diese Autorität schließlich stärker und überzeugter betone. Ball habe seinen „Radikalis-

---

15 Anonym [M. H.], Dichter, Abenteurer und Dadaist, in: 8 Uhr Abendblatt. National-Zeitung, 16. September 1927 [bibliografische Angabe gemäß Druckbeleg im Nachlass].

16 SLA-HEN-D-04-c-01.

17 Waldemar Gurian, Hugo Ball, in: Kölnische Volkszeitung, 25. September 1927, Morgenausgabe [bibliografische Angabe gemäß Druckbeleg im Nachlass].

18 Ebd. – „Was ist Hugo Ball eigentlich gewesen? Er war weder Gelehrter noch Dichter […]. Hugo Ball war ein Schriftsteller, ein katholischer Schriftsteller, der, von der Zeit ausgehend, zu einer überzeitlichen Weisheit gelangte. […] Und so wurde er vor dem Verhängnis bewahrt, in der Literatur stecken zu bleiben, so wurde er ein Führer zur Autorität hin, ein Mittler echter Erkenntnis.“

19 Friedrich Fuchs, In memoriam Hugo Ball, in: Hochland 25 (1927), H. 12, hier zitiert nach: Hochland, 25. Jg., Oktober 1927–März 1928, Kempten, München, Bd. 1, [o. J.], 289–292.

20 Ebd., 291.

mus“ zudem durch seine franziskanische Armut „vorgelebt“. Es sei aber keine „gewählte“, sondern eine durch die Zeitumstände „auferlegte“, also ‚richtige‘ Askese gewesen – Balls Religiosität erscheint Fuchs daher glaubwürdig.[21]

Die Darstellung Balls in den Nachrufen – entweder als avantgardistischer Dadaist oder als katholischer Theoretiker – stieß nicht nur auf Zustimmung. Bei der *Vossischen Zeitung* meldete sich unter dem Pseudonym „Künzelmann“ ein ehemaliger Redaktionskollege aus Balls Berner Zeit Ende des Ersten Weltkrieges mit einem Brief an die Redaktion. Ball sei in allen Nachrufen „als der tiefe Denker, der feine gütige Mensch, der Mitbegründer des Dadaismus gefeiert“ worden. Dieses Lob sei „verdient“, aber nebst dem Gang in die Irrealität des Dadaismus müssten auch „seine Rückkehr zur Realität und sein zäher, hingebungsvoller Kampf für die Freiheit“, d. h. sein politisches und publizistisches Engagement als Redakteur der *Freien Zeitung*, gewürdigt werden. Die ehemaligen Mitarbeiter der Zeitung setzten den Kampf gegen ein kriegerisch-nationalistisches Deutschland fort und sie täten das alle „im Sinne von Hugo Ball, wie er damals war, ehe er, wohl nicht zum mindesten unter dem Einfluß der liebenswerten Hysterikerin Emmy Hennings, in den Schoß der Kirche zurückkehrte“. Ball habe seine „Kampfzeit“ nie verleugnet und sich lediglich resigniert über die Entwicklung in Deutschland auf die Religion zurückgezogen, daher dürfe diese Zeit in den Nachrufen nicht fehlen.[22] Als eigentliches Anliegen Balls wird hier sein politisches Engagement ausgestellt, von dem er resigniert durch die Zeitumstände und abgelenkt von einer Frau abgefallen sei.

Einen ganz anderen Weg wählte schließlich der Literaturkritiker Otto Zinniker in seinem Nachruf für die Schweizer Zeitung *Der Bund*. Den „sachlich knappe[n] Zeitungsmeldung[en]“ und den unterschiedlichen Einschätzungen von Balls geistesgeschichtlicher Stellung stellt Zinniker den Bericht seiner eigenen Begegnung mit Ball entgegen. Der Text beschreibt den Ort und die Lebensumstände Balls („Was für eine schlimme, verlorene Zeit, die ihre Intellektuellen in solchen Löchern wohnen läßt!“) anlässlich eines Besuchs in Agnuzzo sowie die Physiognomie des „Asket[en] und Gottergebene[n]“ („Reinster Typus des geistig Angestrengten, des Philosophen und Dichters“), der an Mahatma Gandhi, Buddha oder einen Mönch erinnert habe. Seine Wandlung zum katholischen Glaube und „sein entsagungsvolles Einsiedlertum“ seien indes als Zeitkritik zu verstehen.[23] Um die Brüche in Balls Biografie nicht auflösen oder deuten zu müssen, vertraut Zinniker ganz dem Eindruck, den die Person auf ihn gemacht hat. Das hat zur Folge, dass Balls Leistungen gegenüber der Schilderung seiner Lebensumstände in den Hintergrund rücken. Doch auch eine

---

21 Ebd. 291–292.

22 Anonym [Künzelmann], Hugo Ball und die „Freie Zeitung“, in: Vossische Zeitung, 25. September 1927, Nr. 454, Sonntag (Morgen), Beilage Literarische Umschau, Nr. 39, 35–36.

23 Otto Zinniker, Bei Hugo Ball, in: Der Bund, 20. September 1927, Nr. 404, Abendblatt, [1]–2.

solche Darstellung ist nicht ohne Risiko, wie Hennings' kritischer Kommentar zur Bemerkung über das Hausen in einem Loch belegt.[24]

Selbstverständlich hat auch Hennings – teils im Hintergrund, teils öffentlich – den Chor der Nachrufe zu orchestrieren versucht. Dass Ball und Hennings mit einer Stimme sprechen, wird schon durch die Totengedichte vorbereitet, die Ball auf sich selbst verfasst.[25] Bekannt ist das *Epitaph*, das Hennings auch in ihre Schriften über Ball aufgenommen hat und in dem der „gute Mann, den wir zu Grabe tragen", und mit ihm der Autor des Gedichts in die Ewigkeit verabschiedet werden.[26] Nach Balls Tod beschloss Hennings, ein Buch über ihn zu schreiben, um die korrekte, d. h. ihre Sicht auf sein Wirken durchzusetzen, und veröffentlichte dieses 1931 unter dem Titel *Hugo Balls Weg zu Gott. Ein Buch der Erinnerung.*[27] Ihre Korrespondenz gibt Aufschluss über Hennings' Reaktionen auf die Nachrufe und ihre eigenen Bemühungen, das Andenken an Ball nach ihrem Bild auszurichten. Dabei zeichnen sich die Grundzüge einer eigentlichen Nachrufpolitik ab, die darauf abzielt, Balls Avantgardismus auszublenden. Hennings dankt Friedrich Fuchs in einem schwärmerischen Brief für das „Denkmal", das er Ball geschenkt habe, und lobt das einfühlsame Porträt: „Wie tief treffend ist, was Sie von der auferlegten Askese sagen, von unseren zurückgezogenen Leben auf dem Lande, und Ihre Worte fallen gross und schlicht."[28]

Auch bei Waldemar Gurian bedankt sich Hennings in einem Brief, den der Verstorbene mit ihr schreibe, für die „guten und schönen Worte", die er in seinem Nachruf gefunden habe.[29] Als Gurian sich dann für eine französische Übersetzung einsetzt, kommt es zum Streit. Hennings verbietet ihm, sich um das Erbe Balls zu kümmern, und stellt fest:[30] „Er gehörte mir … Noch heute gehört er mir."[31] Das Bild ihres Gatten sieht sie besonders durch die Nachrufe verfälscht:

---

24 Neben dem eingeklebten Artikel steht handschriftlich: „nur im ungebrauchten Zimmer die zerbrochene Fensterscheibe / ein Loch war es nicht!!! arm schon". SLA-HEN-D-04-c-02.

25 Hugo Ball, Sämtliche Werke und Briefe, Bd. 1: Gedichte, hg. von Eckhard Faul, Göttingen 2007, 143–145.

26 Emmy Hennings, Hugo Ball. Sein Leben in Briefen und Gedichten, Frankfurt/Main 1991, 245. Zur Tradition des Selbst-Epitaphs vergleiche den Beitrag von Helga Schwalm in diesem Band.

27 Bereits ein Jahr zuvor hatte sie eine kommentierte Sammlung von Lebenszeugnissen unter dem Titel *Hugo Ball. Sein Leben in Briefen und Gedichten* publiziert. Ebenfalls um 1930/1931 entstand das Typoskript *Rebellen und Bekenner. Aus dem Leben von Hugo Ball.* Lorella Bosco, Biographie als Möglichkeitsraum. Bitextualiät in Emmy Hennings' Hugo Ball-Erinnerungsbüchern jenseits von Faktenbezogenheit, in: Legitimationsmechanismen des Biographischen. Kontexte – Akteure – Techniken – Grenzen, hg. von Christian Klein und Falko Schnicke, Bern 2016, 339–367.

28 Emmy Hennings an Friedrich Fuchs (Dezember 1927), in: Hennings, Ausgewählte Briefe I, Nr. 174.

29 Emmy Hennings an Waldemar Gurian, Oktober 1927, in: Hennings, Ausgewählte Briefe I, Nr. 168.

30 Hierzu die Briefe von Hennings an Waldemar Gurian vom 1. und 5. November 1927, in: Hennings, Ausgewählte Briefe I, Nr. 170 und 171.

31 Emmy Hennings an Waldemar Gurian, 5. November 1927, in: Hennings, Ausgewählte Briefe I, Nr. 171.

> Alle Nachrufe, im Allgemeinen gesprochen, wirken auf mich seltsam, weil ich zufällig so gut Bescheid weiss. Hülsenbeck, der Dadaist, der Expressionist hebt das Mönchstum meines Mannes hervor. Ich habe noch nie soviel Unsinn in der Welt gelesen, als wie ausgerechnet über meinen lieben Mann.[32]

Hennings hatte Huelsenbeck offenbar auf seinen Nachruf hin einen „zornigen Brief“ geschrieben und ihn darin zurechtgewiesen.[33] Der Ärger über die falschen Darstellungen von Balls Wandlung, vor allem in Huelsenbecks Erinnerungen an die dadaistische Zeit, veranlasste Hennings – wie sie Balls Schwester Maria Hildebrand mitteilt – selbst ein Buch über Ball zu schreiben und sich damit dagegen zu wehren:

> [...] dass nicht das genannt wird, was für Hugo eine untergeordnete Rolle spielte, was Uebergang war, Politik, Dadaismus, Theater[,] und die Vertreter dieser Dinge, die Hugo doch vollkommen überwunden hat, haben immer Interresse [sic] das hervorzuheben, was Hugo stricktest abglehnt [sic]. Sein Byzanzbuch ist ja schon der Gegenbeweis, aber man hat, wenn ein Leben abgeschlossen ist vor allen Dingen auf die Krone dieses Lebens zu sehen. Auf das, was ein Mensch gewollt und erstrebt hat und darum tuts mir immer weh, wenn sogar viel genannt wird, was nicht die Hauptsache ihm war.
>
> Sein Ideal war von der Kirche gut geheissen und rezensiert zu werden und in seinem Willen muss man ihn anerkennen, in seinem Streben nach der Wahrheit. ich bekam jetzt wieder eine Zeitschrift zugeschickt mit dem dummen Quatsch, den Hugo längst vergessen hatte mit dem Dadaismus und dann soll man noch danke schön sagen dafür, ich kann das nicht.[34]

Ein dreiviertel Jahr nach Balls Tod veröffentlicht Hennings in der katholischen Zeitung *Vaterland* einen etwas seltsamen Artikel „Über Hugo Ball“. Sie stellt darin Balls Schicksal ganz ins Zeichen seines Buches *Zur Kritik der deutschen Intelligenz*, das er später überarbeitet nochmals unter dem Titel *Die Folgen der Reformation* veröffentlicht hatte. Die Kritik von katholischer Seite habe ihm den „Hals“ gebrochen und ihn zur ‚Flucht aus der Zeit‘ – so der Titel von Balls autobiografischem Buch – gezwungen.[35]

Den mehr oder weniger akklamierten Nachrufen stellte Emmy Hennings einen ganz eigenen Erinnerungstext entgegen, der eineinhalb Jahre nach Balls Tod in der Zeitschrift *Der Gral* erschienen ist. In dem Text erzählen Hennings als Erzählerin und Hugo Ball als Binnenerzähler ein Kindheitserlebnis Balls.[36] Das Kind will heimlich mit einem Küchensieb fischen gehen, begegnet einer weißen Taube, die es

---

32 Ebd.

33 Richard Huelsenbeck, Reise bis ans Ende der Freiheit. Autobiographische Fragmente, Heidelberg 1984, 101.

34 Emmy Hennings an Maria Hildebrand, o. D. [ca. 1928], SLA-HEN B-01-HILD-01/34.

35 Emmy Hennings, Ueber Hugo Ball, in: Vaterland, 29. Mai 1928, Nr. 126, [1]–2.

36 Emmy Hennings, Aus dem Leben Hugo Balls, in: Der Gral 23 (1928/1929), 552–556.

für den heiligen Geist hält. Die Taube ist zutraulich, lässt sich streicheln. Fische fängt das Kind hingegen keine und kehrt nass und schmutzig nach Hause zurück. Als Gegenstück erzählt Hennings dann, wie der erwachsene Ball im Lago Maggiore fischen zu können glaubte, indem er einfach ein Netz am Ufer befestigte. Sie habe dann heimlich drei Fische gekauft und ins Netz gelegt. Hennings verweist wiederholt auf die christliche Symbolik des Fischens und konstatiert, der Fisch habe für Ball als Mahlzeit wie als Motiv seiner Lyrik immer eine „sakrale Bedeutung" gehabt.[37] Die beiden erfolglosen Versuche, Fische zu fangen, kommentiert die Erzählerin folgendermaßen: „Ein tiefer Ernst liegt oft im kindlichen Spiel, sagt man. Ich glaube, stets ist das Spiel, wie jede frühe Beschäftigung prophetisch für die Zukunft, nur wird nicht jedes Rätsel gelöst."[38] Einer Biografie mit Brüchen und Wendungen hält Hennings eine Vita entgegen, in der sich erfüllt, was von Anfang an angelegt war. Leben, Schreiben und Glauben stehen in einem engen, wenngleich undurchschaubaren Zusammenhang. Das auf den ersten Blick Unvereinbare wird in eine religiöse Konversionsgeschichte integriert. Nach dem Vorbild der Hagiographie verweist das Frühere auf das Spätere, und alles Erlebte erscheint als Zeichen einer höheren Wahrheit.

Die Verfasser der analysierten Nachrufe hatten alle einen direkten Bezug zum Toten und standen in einer persönlichen oder professionellen Beziehung zu ihm. In den Nachrufen zeigt sich, wie die Biografie mit dem Tod zu einer geschlossenen Erzählung gestaltet wird, wobei jeweils unterschiedliche Lebensphasen den ‚Aufhänger' bilden. Sie lassen sich als Variationen von Konversionsgeschichten lesen, die mal säkularisiert ausgestaltet, mal religiös grundiert sind. Die Nachrufe entwickeln je ihr Narrativ, um überzeugend erzählen zu können, worin Ball seine eigentliche Aufgabe und Berufung gefunden habe, auch und gerade, wenn er zeitweise von dieser abfiel. Eine erste Konversionsgeschichte beschreibt die religiöse Entwicklung Balls, eine zweite die politische Entwicklung Balls, eine dritte die Entwicklung als Schriftsteller und eine vierte die persönliche Entwicklung. Mit der Konversionsgeschichte wird im feuilletonistischen Nachruf unerwartet eine Gattung aufgegriffen, die als überholt gelten mag, aber in den Nekrologen auf Stars in säkularisierter Form bis heute weiterlebt. Das wichtigste Element ist die Beglaubigung der Außerordentlichkeit des Wirkens durch enge Vertraute geblieben. Hennings versuchte als Nachlassverwalterin, Balls Vermächtnis ebenfalls mit literarischen Mitteln zu bewahren.

Aus heutiger Sicht fällt vor allem auf, was in den Nachrufen fehlt. Es findet sich keine Würdigung der literarischen Arbeiten im engeren Sinn, auch wenn Ball meist,

37 Ebd., 555.
38 Ebd.

Abb. 1: Emmy Hennings, am Kamin stehend vor Hugo Balls Totenmaske

wenn auch eher abwertend, als Mitbegründer des Dadaismus genannt wird. Vereinzelt wird Bewunderung für den beindruckenden Vortrag von Gedichten geäußert, jedoch nicht für die Gedichte selbst. Ball wird nicht als derjenige verabschiedet, als der er heute gilt. Dass er als bedeutender Autor und Begründer der Avantgarden in die Literaturgeschichten eingehen sollte, war bei seinem Tod offenbar noch nicht absehbar. Die Beschäftigung mit den Nachrufen macht aber deutlich, dass unsere heutige Wahrnehmung von Hugo Ball ebenfalls einer Konversionsgeschichte entspricht, die wir gleichsam unter verkehrten Vorzeichen erzählen: Er war ein bedeutender literarischer Avantgardist, der sich später in hermetische religiöse Studien verirrt hat.

2 „In allen Verwandlungen blieb sie doch sich selbst". Nachrufe auf Emmy Hennings

Emmy Hennings überlebt Hugo Ball um mehr als zwanzig Jahre. Als sie am 10. August 1948 stirbt, hat sie – meist weiterhin im Tessin lebend – einen zweiten Weltkrieg in der Schweiz erlebt und zahlreiche Texte in Zeitungen und Zeitschriften sowie verschiedene Bücher – über ihr eigenes Leben, Erinnerungsbücher über Hugo Ball sowie Bücher mit Märchen und Legenden von Heiligen – veröffentlicht.

Ihre Hinwendung zum Katholizismus äußert sich auch in den Publikationsorten und Inhalten ihrer publizistischen Arbeiten.

Angesichts der verschiedenen Wendungen in Hennings' Leben würde man erwarten, dass die Nachrufe den Fokus entweder auf die Kabarettkünstlerin und expressionistische Autorin oder auf die Auto- bzw. Hagiographin und christliche Publizistin legten oder zumindest den Bruch zwischen der ‚frühen' und der ‚späten' Hennings betonten. Eine Auswertung der fünfzehn im Nachlass überlieferten Nachrufe zeigt indes ein anderes Bild.[39] Fast durchgehend werden nicht die Brüche, sondern die sich durch das ganze Leben und Werk ziehenden Momente betont. Die namentlich gezeichneten Nachrufe, die teilweise in gleicher oder ähnlicher Form in verschiedenen Zeitungen erschienen sind, stammen von sieben Verfassern und einer Verfasserin, von denen die meisten der Autorin in ihrer Tessiner Zeit persönlich begegnet sind. Alle sind sich darin einig, dass es sich um eine beeindruckende Persönlichkeit und ein bleibendes Werk handle und dass es eine enge Verbindung zwischen Leben und Werk gebe. Hans Grossrieder bringt dies in den katholischen *Neuen Zürcher Nachrichten* wie folgt auf den Punkt: „In allen Verwandlungen blieb sie doch sich selbst, wie uns ihre Bücher zeigen."[40] Für Maria Dutli-Rutishauser, Autorin von christlich geprägter Heimatliteratur, ist Hennings, in der sie eine „verwandte Seele" gefunden habe, sich immer gleich, „immer jenes wanderselige, ewig ‚umziehende' Wesen geblieben, dem das Leben nicht mehr als ein ‚flüchtiges Spiel' war".[41] Es gebe keinen Gegensatz zwischen dem früheren Leben in der „großen Welt" und dem späteren Leben, das Hennings wie eine arme Bäuerin geführt habe; denn sie habe ungeachtet der schwierigen äußeren Umstände immer „eine namenlos schöne, innere Welt" gehabt.[42] Walter Ueberwasser spricht gar von einem „Phänomen dieses ewig jungen Lebens" und lässt diese Sichtweise in der Aussage kulminieren, Hennings sei als „Kind", als „ganz junge Seele" gestorben.[43]

---

39 Da Hennings' Tod erst nach dem Begräbnis öffentlich gemacht wurde, erschienen wohl keine Todesmeldungen. Unter den Nachrufen finden sich vergleichsweise wenige aus deutschen Zeitungen. Wie vollständig die Überlieferung im Nachlass ist, müsste anhand der zeitgenössischen Publizistik überprüft werden.

40 Hans Grossrieder, Zur Erinnerung an Emmy Ball-Hennings, in: Neue Zürcher Nachrichten, 3. September 1948, Nr. 206, 3. Blatt (Literatur), Nr. 36, o. S. – Am 4. September 1948 auch in den *Freiburger Nachrichten* und den *Neuen Berner Nachrichten*.

41 Maria Dutli-Rutishauser, Dem Andenken Emmy Ball-Hennings, in: Vaterland, 21. August 1948, Nr. 195, 3. Blatt [1]. Ohne Schlussabsatz später veröffentlicht als: Maria Dutli-Rutishauser, Emmy Ball-Hennings, in: Der Bund, 25. August 1948, Nr. 395, Morgenausgabe, 2.

42 Ebd.

43 Walter Ueberwasser, Eine Flamme erlischt. Geschrieben für Emmy Ball-Hennings, † am 10. August 1948, in: Basler Nachrichten, 19. August 1948, Beilage zu Nr. 351, Abendblatt, o. S.

Für den Journalisten und Schriftsteller Ernst Johann, der zwei Nachrufe schrieb, ist Hennings als Persönlichkeit „so anziehend“, weil sie sich einen „ungebrochenen, selbständigen Charakter“ bewahrt habe.[44] Sie habe eine „völlige Unabhängigkeit von den Rücksichten der Welt und den Gepflogenheiten des bürgerlichen Lebens“ erlangt, da sie immer „einer inneren ‚Stimme‘“ gefolgt sei und zugleich in „der kindlichsten Gläubigkeit“ auf Gott vertraut habe.[45] Hennings habe „im Gegensatz“ zu ihrer Zeit gelebt und für sich die vom bürgerlichen Zeitalter versprochene „individuelle Freiheit“ beansprucht, um ein den bürgerlichen Konventionen nicht entsprechendes Leben zu führen. Zugleich blieb die Religiosität, ihr Gottvertrauen, immer die „Mitte ihres Lebens“; sie war gleichermaßen „maßlos“ freiheitsliebend und gottergeben („so unbürgerlich und so fromm“).[46] Der Journalist und Publizist Carl Seelig bestätigt ebenfalls, dass Hennings, „unbürgerlich und verspielt, dem Reich der Träume oft näher als dem Diesseits“ stehend, auch unter schwierigsten äußeren Bedingungen ihre „Individualität“ bewahrt habe.[47]

Neben der Selbstbestimmung wird der Glaube als der – ihr ganzes Leben und Werk bestimmende – Wesenszug genannt. In der *National-Zeitung* werden Hennings’ anspruchsloses Leben und ihr autobiografisches Werk auf „ihre ganz eigenartige, von warmem Leben durchpulste Religiosität“ zurückgeführt.[48] Für den katholischen Journalisten Siegfried Streicher gibt letztlich nicht „das Dichterische“, sondern „das Christliche“ den Büchern von Hennings „Stimme und Gewicht“.[49]

Fast alle Nachrufe beziehen Hennings’ literarisches Werk auf ihre Biografie. Am Anfang des Nachrufs in *Die Welt der Frau* wird darüber sinniert, warum Frauen schreiben, um dann festzustellen, Hennings sei „durch die Verhältnisse ihres Lebens zum Schreiben gekommen“.[50] Hennings habe die „Poesie des Daseins“ in allem Lebendigem gesucht, und ihre Literatur sei folglich „Ausdruck ihrer Erlebnisse und Erfahrungen“.[51] Das Leben habe ihr die „reichste und wunderlichste Dichtung“ geboten.[52] Die Romane erzählten von ihrem ‚äußeren‘ Leben, die Gedichte von ih-

44 Ernst Johann, Blume und Flamme. Zum Tode von Emmy Ball-Hennings, in: Die Welt der Frau. Eine Monatsschrift für Kultur, Familie, Haus, Beruf 3, (1948), H. 4, 12–13, hier: 13.

45 Ernst Johann, Emmy Ball-Hennings. Ein Gedenkblatt zu ihrem Tod, in: Rheinischer Merkur, 11. September 1948, Nr. 37, Länderausgabe, Beilage Am Silbernen Strom, 5.

46 Johann, Blume und Flamme, 12.

47 Carl Seelig, Emmy Ball-Hennings †, in: Tages-Anzeiger, 12. August 1948, Nr. 188, 2. Blatt [recto]. Auch erschienen in: Tagblatt, 17. August 1948.

48 Anonym [S.], Abschied von Emmy, in: National-Zeitung, 16. August 1948, Nr. 376, Abendblatt, [1].

49 Siegfried Streicher, Emmy Ball-Hennings †, in: Schweizer Rundschau. Monatsschrift für Geistesleben und Kultur NF 48 (September 1948), H. 6, 496–497, hier: 496.

50 Johann, Blume und Flamme, 12.

51 Grossrieder, Zur Erinnerung an Emmy Ball-Hennings, o. S.

52 Streicher, Emmy Ball-Hennings †, 496.

rem „inneren Leben".[53] Im Nachruf für den *Rheinischen Merkur*, der neben einem Gedicht der Verstorbenen abgedruckt ist,[54] versucht Johann Hennings' Leben in literarischen Kategorien zu beschreiben. Es sei „kein Gedicht" gewesen, sondern äußerlich „ein Roman mit manchmal nahezu unglaubwürdigen, kolportagehaften Zügen" und innerlich „ein einziges zusammenhängendes Gebet", und „die Leistung ihres Lebens besteht darin, beides *vereinigt* zu haben".[55] Dieses „lückenlose Ineinandergreifen von Roman und Gebet" zeige sich insbesondere in den späten Werken. Das in ihren Werken ‚verewigte' eigene Leben habe durchaus exemplarischen Charakter: „Sie glaubte an ein neu heraufkommendes Zeitalter des Individualismus, und sie hielt es für wichtig und notwendig, einem Leben ein Denkmal zu setzen, das sich im Zeitalter der Maße die Unabhängigkeit bewahrt hatte. Es war zufällig ihr eigenes Leben."[56] Streicher lässt die Autorin hingegen geradezu hinter ihrem Werk verschwinden. Das Poetische sei bei ihr wie bei allen „echten Dichtern" nicht nur eine „Leistung", sondern ein „Zustand" gewesen, woraus folge, „daß ihre schönste Dichtung die war, die nie geschrieben wurde".[57]

Als eine der „eindrücklichsten und begabtesten Gestalten der deutschen Bohème" verortet einzig Seelig Hennings etwas breiter im Kontext der Avantgarden über ihre Beziehungen zu Else Lasker-Schüler, Ferdinand Hardekopf, Georg Heym, Frank Wedekind, Joachim Ringelnatz, Franz Werfel und Kurt Wolff.[58] Für Walter Ueberwasser wiederum steht Hennings stellvertretend für die nachexpressionistische Hinwendung einer jungen Generation zu einer „neuen Gesammeltheit" in der Vereinigung von Kunst und Leben und einem durch Gedanken von Rainer Maria Rilke und Albert Steffen angeregten „neuen Frommsein".[59]

In allen Nachrufen ist auch Hugo Ball mehr oder weniger präsent. Der „wesentliche und auch künstlerisch schöpferische Teil ihrer Existenz" habe mit der Begegnung mit Ball begonnen, dessen „Mitarbeiterin bei der Gründung des Dada-

53 Seelig, Emmy Ball-Hennings †, 2. Blatt [recto]. Seelig bezeichnet die unveröffentlichten „entzückenden Briefe" von Hennings als ihre bedeutendsten Texte.
54 Johann, Emmy Ball-Hennings, 5. Das Gedicht trägt den Titel „Die Siegel" und hat folgenden Wortlaut: „Ach, was soll mir all Bekennen, / Schönes Schweigen, hüll mich ein. / Trunken in mir selber brennen, / Will ich Rausch und Säule sein. / Wort und Namen – wozu nennen? / Nicht mehr hören, nicht mehr sehn, / Wenn des Lebens bunte Chöre / Klingend mir vorüberwehn. / Nur die Siegel mögen brennen / Tief in meiner Seele Grund. / Daß ich Katakombe wäre, / Flamme, Gold und Gottesmund [...]".
55 Ebd. [Hervorhebung im Original].
56 Johann, Blume und Flamme, 12.
57 Streicher, Emmy Ball-Hennings †, 496.
58 Seelig, Emmy Ball-Hennings †, 2. Blatt [recto].
59 Ueberwasser, Eine Flamme erlischt, o. S.

ismus“ Hennings gewesen sei.[60] Im Nachruf in der *Ostschweiz* wird Ball, dessen Wirken dann fast die Hälfte des Texts gewidmet ist, als Hennings’ „Schicksal“ und das „Denkmal“, das sie ihm mit dem Erinnerungsbuch errichtet hat, als ihr „wichtigstes Buch“ bezeichnet und geschlossen: „um dieser Liebe willen wird ihr Name unvergessen sein.“[61] Die Revision dieser (Vor-)Urteile dauert bis heute an.

Zusammenfassend lässt sich sagen, dass die meisten Nachrufe durch die persönlichen Begegnungen mit der ‚späten‘ Hennings geprägt sind und diese davon ausgehend primär als eine beeindruckende Persönlichkeit schildern. Während im Fall der Nachrufe auf Ball das Werk und die literaturgeschichtliche Stellung den Ausgangspunkt bilden, sind es in den Nachrufen auf Hennings die Person und die persönliche Beziehung. Auffallend ist, dass erstens durchwegs das Konstante – die Individualität, das reiche Innenleben, der Glaube – hervorgehoben wird: Mag sie auch auf ‚Abwege‘ geraten sein und in schwierigen Umständen gelebt haben, Hennings ist immer ‚sich selbst‘ geblieben. Eine Biografie voller Wendungen, Brüche und Neuanfänge wird in den Nachrufen in der Einheit und Ganzheit der Persönlichkeit aufgehoben. Hennings’ literarisches Werk wird zweitens durchgängig als Verarbeitung ihres ‚äußeren‘ und ‚inneren‘ Lebens aufgefasst. Was sie aus heutiger Sicht als Vorläuferin autofiktionalen Schreibens erscheinen lässt, ist genderspezifisch abwertend gemeint: statt Geistiges zu schaffen, wird aus einem bewegten Leben geschöpft. Aus der Kontinuität der Biografie und des autobiografischen Schreibens leitet sich drittens eine Einheit von Hennings’ literarischem Werk ab. Es erstaunt, wie expressionistische Gedichte, autofiktionale Romane, Reisefeuilletons, Legendensammlungen und Erinnerungsbücher als eine Einheit verstanden werden und die ‚Verwandlung‘ von der avantgardistischen Autorin und Künstlerin zur katholischen Publizistin offensichtlich nicht erläuterungsbedürftig erscheint. Der bleibende Wert von Hennings’ Werk wird in den Nachrufen festgestellt, muss aber verschiedentlich durch das Urteil des Gewährsmanns Hesse beglaubigt werden.[62] Zwar wird Hennings wiederholt in den Schatten ihres ‚großen‘ Gefährten Hugo Ball gestellt, aber sie erscheint nie als seine Muse, wie es das Klischee aus der Geschichte der Avantgarden erwarten ließe. Es ist im Gegenteil Ball, der Hennings’ schriftstellerische Tätigkeit initiiert haben soll.

Hennings wird somit – etwas paradox – als sich selbst treu gebliebene Verwandlungskünstlerin gewürdigt. Ihre Leistungen als eigentliche Performance-Künstlerin werden hingegen lediglich als biografische Station und nicht als künstlerische Leistung erwähnt. Das Ringen um einen adäquaten Platz innerhalb der

---

60 Anonym [S.], Abschied von Emmy, [1], Grossrieder, Zur Erinnerung an Emmy Ball-Hennings, o. S.
61 Anonym [L.], Emmy Ball-Hennings †, in: Die Ostschweiz, 18. August 1948, Nr. 384, Abendblatt, 2.
62 Anonym [S.], Abschied von Emmy, [1]; Johann, Blume und Flamme, 13; Ueberwasser, Eine Flamme erlischt, o. S.

Geschichte der Avantgarden, die im Fall Balls die Nachrufe und die Nachrufpolitik bestimmte, findet bei Hennings' Tod kein Echo. Ihr Werk erscheint bedeutend genug, um für sich zu sprechen, aber nicht genug bedeutend, um eine Neubewertung ihrer literaturgeschichtlichen Stellung als expressionistische Autorin und Mitbegründerin des Dadaismus zu veranlassen. Hennings' Bedeutung für die Ausbildung der Avantgarden herauszustellen, sollte künftigen Generationen vorbehalten bleiben.[63]

3 Schluss

Im Nachruf wird ein Leben erstmals als ein abgeschlossenes betrachtet und muss als ein Ganzes erzählt werden. Die Ausgangshypothese war, dass diese Herausforderung bei wechselvollen Biografien besonders groß ist. Der Fall von Hugo Ball und vor allem von Emmy Hennings hat jedoch gezeigt, dass diese narrative Geschlossenheit bei einem Leben mit Brüchen und einem heterogenen Werk im Gegenteil einfacher oder vielmehr wirkungsvoller herzustellen ist. Zunächst ist ein wechselvolles Leben als Erzählanlage selbstverständlich ergiebiger und potentiell spannend, da Veränderungen geschildert und Unerwartetes erklärt werden können. Schließlich entsteht Ganzheit dadurch, dass erstens das Entgegengesetzte eingeschlossen wird (wie in der Gattung der Autobiografie) und zweitens das Gleichbleibende in der Variation herausgestellt wird (wie in der Gattung der Hagiographie). Dabei handelt es sich um ein dem biografischen Narrativ inhärentes Verfahren, das die Gattungstraditionen der Heiligenlegende und der Konversionsgeschichte ebenso wie diejenigen der Autobiografie seit Augustinus oder des Bildungsromans prägt. Bei Ball und Hennings sind wir mit zwei Einzelbiografien konfrontiert, die deutlich machen, dass die Geschichten der Avantgarden nicht linear verliefen und oft viel widersprüchlicher sind, als wir annehmen. In diesem Sinn kann die Untersuchung von Nachrufen, insbesondere der Verfahren, anhand derer Brüche gekittet und scheinbar Unvereinbares integriert wird, zu einer Historiographie der Avantgarden beitragen und mitunter dazu, das eigene Sprechen über tote Dichterinnen und Dichter zu revidieren.

63 Christa Baumberger und Nicola Behrmann, Emmy Hennings Dada, Zürich 2015, insbes. 33–35; Nicola Behrmann, Geburt der Avantgarde – Emmy Hennings, Göttingen 2018.

Literaturverzeichnis

Anonym, Hugo Ball †, in: Neue Zürcher Zeitung, 15. September 1927, Nr. 1.544, Abendausgabe, [1].

Anonym, La morte di Ugo Ball, in: Corriere del Ticino, 15. September 1927, Nr. 213, unpaginiert [2].

Anonym, † Hugo Ball, in: Vaterland, 16. September 1927, Nr. 218, 2.

Anonym, Hugo Ball †, in: B. Z. am Mittag, 16. September 1927, Nr. 243, Werktag-Ausgabe, Erstes Beiblatt, 6.

Anonym, Hugo Ball †, in: Hamburger Fremdenblatt, 17. September 1927, Nr. 257, Abend-Ausgabe, 3.

Anonym, Hugo Ball gestorben, in: Die Rote Fahne, 17. September 1927, Nr. 219, Beilage Feuilleton, [11].

Anonym, Hugo Ball, in: Die Menschheit. Pazifistische Zeitschrift, 30. September 1927 [bibliografische Angabe gemäß Druckbeleg im Nachlass].

Anonym [H. M.], Dichter, Abenteurer und Dadaist, in: 8 Uhr-Abendblatt. National-Zeitung, 16. September 1927 [bibliografische Angabe gemäß Druckbeleg im Nachlass].

Anonym [Künzelmann], Hugo Ball und die „Freie Zeitung“, in: Vossische Zeitung, 25. September 1927, Nr. 454, Sonntag (Morgen), Beilage Literarische Umschau, Nr. 39, 35–36.

Anonym [L.], Emmy Ball-Hennings †, in: Die Ostschweiz, 18. August 1948, Nr. 384, Abendblatt, 2.

Anonym [S.], Abschied von Emmy, in: National-Zeitung, 16. August 1948, Nr. 376, Abendblatt, [1].

Ball, Hugo, Sämtliche Werke und Briefe, bisher 10 Bände, hg. von der Hugo-Ball-Gesellschaft, Göttingen 2003 ff.

Dutli-Rutishauser, Maria, Dem Andenken Emmy Ball-Hennings, in: Vaterland, 21. August 1948, Nr. 195, 3. Blatt, [1].

Dutli-Rutishauser, Maria, Emmy Ball-Hennings, in: Der Bund, 25. August 1948, Nr. 395, Morgenausgabe, 2.

Fuchs, Friedrich, In memoriam Hugo Ball, in: Hochland 25 (1927), H. 12, in: Hochland, 25. Jg., Oktober 1927–März 1928, Kempten, München, Bd. 1, [o. J.], 289–292.

Grossrieder, Hans, Zur Erinnerung an Emmy Ball-Hennings, in: Neue Zürcher Nachrichten, 3. September 1948, Nr. 206, 3. Blatt (Literatur), Nr. 36, o. S.

Gurian, Waldemar, Hugo Ball, in: Kölnische Volkszeitung, 25. September 1927, Morgenausgabe [bibliografische Angabe gemäß Druckbeleg im Nachlass].

Hennings, Emmy, Ueber Hugo Ball, in: Vaterland, 29. Mai 1928, Nr. 126, [1]–2.

Hennings, Emmy, Aus dem Leben Hugo Balls, in: Der Gral 23 (1928/1929), 552–556.

Hennings, Emmy, Hugo Ball. Sein Leben in Briefen und Gedichten, Frankfurt/Main 1991.

Hennings, Emmy, Werke und Briefe. Kommentierte Studienausgabe, bisher 4 Bände, hg. im Auftrag des Schweizerischen Literaturarchivs und des Vereins zur Förderung des Schweizerischen Literaturarchivs, Göttingen 2015 ff.

Hesse, Hermann, Nachruf auf Hugo Ball, in: Sämtliche Werke, 20 Bände (und Registerband), hg. von Volker Michels, Bd. 12: Autobiographische Schriften II, Frankfurt/Main 2003, 316–317.

Huelsenbeck, Richard, In memoriam Hugo Ball, in: Berliner Tageblatt, 6. Oktober 1927, Nr. 422, Morgen-Ausgabe, 2.

Huelsenbeck, Richard, Reise bis ans Ende der Freiheit. Autobiographische Fragmente, Heidelberg 1984.

Johann, Ernst, Blume und Flamme. Zum Tode von Emmy Ball-Hennings, in: Die Welt der Frau. Eine Monatsschrift für Kultur, Familie, Haus, Beruf 3, (1948), H. 4, 12–13.

Johann, Ernst, Emmy Ball-Hennings. Ein Gedenkblatt zu ihrem Tod, in: Rheinischer Merkur, 11. September 1948, Nr. 37, Länderausgabe, Beilage Am Silbernen Strom, 5.

Seelig, Carl, Emmy Ball-Hennings †, in: Tages-Anzeiger, 12. August 1948, Nr. 188, 2. Blatt [recto].

Streicher, Siegfried, Emmy Ball-Hennings †, in: Schweizer Rundschau. Monatsschrift für Geistesleben und Kultur NF 48 (September 1948), H. 6, 496–497.

Ueberwasser, Walter, Eine Flamme erlischt. Geschrieben für Emmy Ball-Hennings, † am 10. August 1948, in: Basler Nachrichten, 19. August 1948, Beilage zu Nr. 351, Abendblatt, o. S.

Zinniker, Otto, Bei Hugo Ball, in: Der Bund, 20. September 1927, Nr. 404, Abendblatt, [1]–2.

Baumberger, Christa und Nicola Behrmann, Emmy Hennings Dada, Zürich 2015.

Behrmann, Nicola, Geburt der Avantgarde – Emmy Hennings, Göttingen 2018.

Bosco, Lorella, Biographie als Möglichkeitsraum. Bitextualiät in Emmy Hennings' Hugo Ball-Erinnerungsbüchern jenseits von Faktenbezogenheit, in: Legitimationsmechanismen des Biographischen. Kontexte – Akteure – Techniken – Grenzen, hg. von Christian Klein und Falko Schnicke, Bern 2016, 339–367.

Erhard Schütz

Professionelle Melancholie. Victor Auburtin in Nachrufen und Nachworten

Seinerzeit war Victor Auburtin als ein ‚Meister des Feuilletons' ebenso bekannt und verehrt wie etwa Alfred Polgar. Doch trotz der verdienstvollen Sammlung seiner Feuilletons im Arsenal-Verlag[1] gehört der „Vierzigzeilen-Fontane"[2] inzwischen zu den unbekannten Größen des Feuilletons. Er wurde am 5. September 1870 in Berlin geboren und stammt aus einer aus Metz eingewanderten Familie. Der Großvater war Leibkoch bei Friedrich Wilhelm IV., der Vater nach allerlei Berufen Redakteur bei der *Berliner Börsen-Zeitung*, wo auch sein Sohn Victor anfangs veröffentlichte, nachdem er Germanistik und Kunstgeschichte in Bonn, Berlin und Tübingen studiert hatte und mit einer dramengeschichtlichen Arbeit promoviert worden war. Seit 1905 schrieb er für den *Simplicissimus*, veröffentlichte Novellen und zwei wenig erfolgreiche Dramen. Im Frühjahr 1911 holte ihn Theodor Wolff zum *Berliner Tageblatt*, für das er noch im Herbst als Korrespondent nach Paris ging. Bei Kriegsausbruch als vermeintlicher Spion verhaftet, wurde er erst in Besançon, dann auf Korsika interniert, wo er sich in der Haft ein schweres Nierenleiden zuzog. 1917 in die Schweiz entlassen, reiste er nach 1918 zunächst für das *Berliner Tageblatt* durch deutsche Urlaubsgebiete, 1923 durch Österreich und Ungarn, 1924 nach Griechenland, war dann bis 1927 Korrespondent in Spanien, von wo aus er nach Rom entsandt wurde. Dort erkrankte er und reiste zu seinem Bruder, einem Arzt, nach Partenkirchen, wo er am 28. Juni 1928 an den Folgen einer Urämie starb. Einen Großteil seiner kleinen Texte hat er kontinuierlich zwischen 1911 und 1928 in sieben Bänden veröffentlicht, dazu kam posthum 1930 noch ein Band mit Reisetexten.

1 Über Lebensende, Tod und Nachleben

Victor Auburtin hat, soweit zu sehen, selbst keine Nachrufe geschrieben, es sei denn, man nähme seine Eloge auf den „sterbende[n] Spazierstock"[3] als einen sol-

---

1 Victor Auburtin, Victor Auburtins gesammelte kleine Prosa. Werkausgabe in Einzelbänden, Bd. 1: Pfauenfedern. Miniaturen und Feuilletons aus der Nachkriegszeit, hg. von Peter Moses-Krause, Berlin 1995.

2 Walther Kiaulehn, Berlin. Schicksal einer Weltstadt, München und Berlin 1955, 503.

3 Victor Auburtin, Der sterbende Spazierstock, in: ders., Ein Glas mit Goldfischen, München 1922, 145–146.

https://doi.org/10.1515/9783111106472-009

chen. Oder man betrachtete sein gesamtes feuilletonistisches Werk als permanenten Nachruf auf eine vermeintlich dahingeschiedene Zeit. Allerdings hat er sich immer wieder neben der Lebensführung[4] – Diätetik ist ja die Pflichtübung jedes veritablen Feuilletonisten – mit dem Lebensende, dem Tod und dem Nachleben beschäftigt. Am prägnantesten 1923 in „Erlebnis mit dem Tode", worin er schildert, wie er und der Besitzer eines Delikatessengeschäfts um ein Haar durch die eiserne Rollgardine des Ladens erschlagen worden wären. Der Text endet damit, dass mutmaßlich Freunde und Bekannte im Ablebensfalle gesagt hätten: „Wie sollte er anders sterben als in einem Delikatessenladen!"[5] In einem seiner letzten Texte, „Reisevorbereitung" von 1928, erzählt er von seinem Besuch im Büro des Leichenverbrennungsvereins, um dort seinen Mitgliedsbeitrag zu bezahlen. Die Stippvisite endet nach allerlei Anekdotischem zum Thema Tod und Beisetzung mit einem Restaurantbesuch und einer teuren Flasche Wein.[6] In beiden Texten spielt Auburtin explizit auf seinen Ruf als Genießer an. Immer wieder geht es in seinen Texten über den Tod zugleich um die Lust an irdischen Genüssen, so 1922 in „Pflücke den Tag".[7] Umgekehrt dreht sich in „Das Leben" alles um ein Leben in schaffender Hektik und Rastlosigkeit, das am Ende doch „zwecklos"[8] gewesen sei. In „Gedenkfeiern" erinnert er sich an eine Situation in der Haft in Besançon. Als man in seiner Gegenwart davon sprach, ihn als Spion hinrichten zu lassen, habe er in der Lektüre Trost gefunden: Goethes *West-Östlicher Divan* und Verse aus dem *Buch der Betrachtungen* hätten ihm den Schrecken genommen.[9] In „Das schwarze Denkmal", einem seiner bittersten und bösesten Texte, prangert er die kolonialistische Arroganz und Hybris gegenüber den von Frankreich im Krieg geopferten Afrikanern an.[10] Ein Feuilleton zu den 125.000 Foliobänden österreichischer Generalstabsberichte unter dem Titel „Denkt an die Nachwelt" endet damit, dass es „in betreff der Nachwelt nur zwei

---

4 Dazu Christiane Zauner-Schneider, Die Kunst zu balancieren. Victor Auburtins und Franz Hessels deutsch-französische Wahrnehmungen, Heidelberg 2006; Dorota Tomczuk, Das Paradigma des Lebens im feuilletonistischen Werk Victor Auburtins und Alfred Polgars, Lublin 2008; Ying Ma, Kleine Formen im Vergleich. Victor Auburtins Feuilletons und Lin Yutangs *xiaopin wen*. Diss. HU Berlin 2019.

5 Victor Auburtin, Erlebnis mit dem Tode, in: ders., Einer bläst die Hirtenflöte, München 1928, 125–126.

6 Victor Auburtin, Reisevorbereitung, in: ders., Einer bläst die Hirtenflöte, 24–26.

7 Victor Auburtin, Pflücke den Tag, in: Victor Auburtin, Sündenfälle. Feuilletons, hg. von Heinz Knobloch, Berlin 1970, 341–342.

8 Victor Auburtin, Das Leben, in: ders., Die Onyxschale, München 1911, 84.

9 Victor Auburtin, Gedenkfeiern, in: ders., Der Feuilletonist greift in die Politik. oder: vergeblicher Versuch mit der Schreibmaschine die schöne neue Zeit aufzuhalten. Betrachtungen von der Seitenlinie, hg. von Hartmut Mangold, Berlin 2020, 69–70.

10 Victor Auburtin, Das schwarze Denkmal, in: ders., Ein Glas mit Goldfischen, 151–152; auch in Auburtin, Pfauenfedern, 195–196.

Möglichkeiten geben kann: entweder ist die Nachwelt genauso dumm wie wir; oder aber sie ist noch wesentlich dümmer geworden."[11] Etwas subtiler ist der Text „Ich fange ein neues Leben an", der mit den folgenden Worten schließt:

> [...] wenn ich sterbe, meine hinterlassenen Schriften dem Goethe-Schiller-Archiv in Weimar zu überweisen, wie das ja Wildenbruch mit seinen hinterlassenen Schriften gemacht hat. Jüngere Literaturhistoriker von Begabung werden dann meine Tagebücher sichten [...]. Aber Griechisch müssen diese jüngeren Literaturhistoriker verstehen, *viel Griechisch!*[12]

Hier, wie an vielen weiteren Beispielen, lässt sich erkennen, wie Auburtin seine Rezeption als Genießer, Philologe und Philosoph, die in den Nachrufen auf ihn eine zentrale Rolle spielen wird, zu einem Gutteil selbst gesteuert hat. Nämlich als ein durch klassische Bildung, genussfreudigen Lebensstil und ironische Distanz Unzeitgemäßer, als ein Entschleunigter in aufgedrehten Zeiten. Zweifellos verstand er es, sich als ein im Flüchtigen des Alltags wie der Zeitung temporär wie lokal Externer zu inszenieren. Ein exoterisch verständlicher Esoteriker der Zeitlosigkeit, der langen Dauer und des Ewigen.[13]

2 Die Nachrufe der anderen ...

„Seit altersher schreiben Zeitung und Zeitschrift als zuerst auftretende Sprecher Nachrufe für verdiente Männer"[14] – so Wilmont Haacke in seinem *Handbuch des Feuilletons.* Tatsächlich schreiben auch hier ausschließlich Männer über einen Mann. In der Abendausgabe des *Berliner Tageblatts* vom 28. Juni 1928, also an Auburtins Todestag, findet sich die Nachricht:

> **Victor Auburtin †.** Unmittelbar vor Redaktionsschluss erhalten wir aus Partenkirchen die erschütternde Mitteilung, dass unser Freund und Mitarbeiter Victor Auburtin dort im Sanatorium Wiggers, wo er seit zwei Wochen weilte und noch Heilung von einem grausamen Leiden zu finden hoffte, soeben gestorben ist. Wir mussten diesen Ausgang einer erschütternden Tragödie erwarten, aber die Nachricht, dass dieser ungewöhnlich liebenswerte Mensch, dieser Schriftsteller, der die Freude und das Entzücken seiner Leser war, durch die hingebungsvolle

11 Victor Auburtin, Denkt an die Nachwelt!, in: ders., Der Feuilletonist greift in die Politik, 71–72.

12 Victor Auburtin, Ich fange ein neues Leben an, in: Victor Auburtin, Seifenblasen, hg. von Erika Zeise, München 1956, 106–107 [Hervorhebung im Original].

13 Zur (A-)Temporalität des klassischen Feuilletons siehe Peter Utz, Auszeiten in der Zeitung: Zur Zeitökonomie im literarischen Feuilleton, in: Auszeiten. Temporale Ökonomien des Luxus in Literatur und Kultur der Moderne, hg. von Christine Weder, Ruth Signer und Peter Wittemann, Berlin, Boston 2022, 247–265, hier: 249 und 258.

14 Wilmont Haacke, Nachruf, in: Handbuch des Feuilletons, Bd. 2, Emsdetten/Westf. 1952, 237.

> ärztliche Pflege nicht gerettet werden konnte und, noch nicht 58 Jahre alt, dahinging, trifft uns unsagbar schwer.[15]

Neben der Berliner Tagespresse reagierten in Deutschland die *Frankfurter Zeitung,*[16] der *Hamburgische Correspondent*[17] und der *Lübecker Volksbote.*[18] Im Ausland das *Prager Tagblatt*[19] und die *Neue Freie Presse* in Wien. Diese notierte am 29. Juni auf Seite 11 unter dem Rubrum „Todesfälle", nachdem zunächst an den Todestag des ermordeten Thronfolgerpaares in Sarajevo 1914 erinnert und die Beisetzung einer Sängerin, der Tod eines Diplomingenieurs und eines Budapester Journalisten gemeldet worden waren:

> Der Schriftsteller Viktor Auburtin ist in Partenkirchen im 58. Lebensjahre gestorben. Auburtin entstammte einer französischen Familie, die vor hundert Jahren nach Berlin übersiedelte. Seit dem Jahre 1911 gehörte der Verblichene der Redaktion des ‚Berliner Tageblatt' an, für das er längere Zeit in Spanien, im vorigen Jahr einige Monate in Wien und zuletzt in Rom tätig war.[20]

Diese Würdigung ist insofern bemerkenswert karg, als Auburtins Feuilletons über Wien 1923 einen anhaltenden Wutausbruch von Karl Kraus stimuliert hatten.

> Der Berliner in Wien weiß nicht nur Bescheid, sondern wird auch frech. Es ist nämlich Herr Viktor Auburtin, der auf diesen Namen hört, weil er ganz Deutschland mit Esprit versorgt. Schon daß er die Ödigkeiten, die er dem Berliner Tagblatt in Fortsetzungen erzählt, „Wiener Spaziergänge" betitelt, muß man eingedenk des Umstandes, daß unter diesem Titel einmal auch Geist erschienen ist, als Unjebühr empfinden.[21]

Und diese Schmähung war in den Folgenummern der *Fackel* fortgesetzt worden:

> Es gibt in Berlin einen Feuilletonisten, der mit leichter Hand ganz appetitliche Windbäckereien zustandebringt, die substanzlos genug sind, um einem nicht im Magen liegen zu bleiben, und

---

15 Anonym, Victor Auburtin †, in: Berliner Tageblatt, 28. Juni 1928, Nr. 302, Abend-Ausgabe [1]. – Zur Entlastung des Anmerkungsapparats erfolgen nach dem jeweiligen Erstbeleg in den Fußnoten weitere Bezugnahmen auf die Nachrufe unter dem Namen der betreffenden Zeitung im laufenden Text.

16 Anonym, Victor Auburtin †, in: Frankfurter Zeitung und Handelsblatt, 29. Juni 1928, Nr. 480, Zweites Morgenblatt, 2.

17 Peter Sachse, Viktor Auburtin †, in: Hamburgischer Correspondent, 30. Juni 1928, Nr. 301, hier zitiert nach Hamburgisches Welt-Wirtschafts-Archiv – Personenmappen, Dokument Nr. 00747–0005–000 [o. S.].

18 Anonym, Viktor Auburtin gestorben, in: Lübecker Volksbote, 30. Juni 1928, Nr. 151, 6.

19 Anonym, Viktor Auburtin gestorben, in: Prager Tagblatt, 29. Juni 1928, Nr. 153, 4.

20 Anonym, Viktor Auburtin, in: Neue Freie Presse, 29. Juni 1928, Nr. 22.912, Morgenblatt, 11.

21 Karl Kraus, Er wird frech, in: Die Fackel 25 (1923), Nr. 622–631, 140–141, hier: 140.

> der heißt Auburtin. Der Mann übernahm sich, ging auf Reisen und ward, auf die satirische Betrachtung realer Verhältnisse angewiesen, zum Obertäng. Flacheres, Überheblicheres und unfreiwilliger Komisches ist selten produziert worden als diese Reisebriefe aus Wien und Budapest […].[22]

Bis auf *Vorwärts* und *Prager Tagblatt*, die titelten „Victor Auburtin gestorben",[23] trugen die Artikel allesamt die lapidare Überschrift „Victor Auburtin †".[24] Die meisten der Beiträge zwischen 20 und 50 Zeilen waren ungezeichnet, zwei mit Kürzeln und nur einer nannte den Namen des Berliner Korrespondenten (*Hamburgischer Correspondent*). Der Beitrag in der *Berliner Volks-Zeitung* war mit einem Foto versehen. Die Berliner Zeitungen berichteten schon in der Morgenausgabe des 29. Juni, auswärtige in der Abendausgabe, das *Prager Tagblatt* am 30. Juni. Charakterisiert wurde er als „einer der bekanntesten Berliner Journalisten" (*Berliner Börsen-Zeitung*), „einer der feinsten und geistvollsten Feuilletonisten"[25] (*Zeitungs-Verlag*), „einer der feinsten und geistvollsten Plauderer Deutschlands", als „Feuilletonist aus Passion" (*Vorwärts*), „der bekannte Schriftsteller", „einer der amüsantesten Berliner Feuilletonisten" (*Deutsche Allgemeine Zeitung*), eine der „feinsten Federn" der deutschen Literatur (*Vossische Zeitung*), einer der „liebenswürdigen Schriftsteller" (*Berliner Börsen-Courier*), „einer der besten deutschen Reiseschriftsteller" (*Prager Tagblatt*) – und besonders apart als „schönste Sordine der deutschen Journalistik" (*Hamburgischer Correspondent*). Auffällig ist, dass selbst wenn man ihn als Journalist apostrophierte, er im Feld der Literatur verortet wurde. Durchweg wurde die Erkrankung angeführt, oft in Verbindung mit seiner Internierung in Frankreich, nicht nur von den konservativen Zeitungen, sondern etwa auch vom *Vorwärts* (und identisch mit diesem im *Lübecker Volksboten*). Mehr oder weniger knapp wurden die Stationen seiner Arbeitsbiografie skizziert, immerhin nannten die *Deutsche Allgemeinen Zeitung*, der *Berliner Börsen-Courier* und die *Berliner Volks-Zeitung* auch Titel seiner Bücher.

---

22 Karl Kraus, Notizen, in: Die Fackel, Jg. 25 (1923), Nr. 632–639, 82.

23 Anonym, Viktor Auburtin gestorben, in: Der Abend. Spätausgabe des *Vorwärts*, 29. Juni 1928, Nr. 304, 3; Anonym, Viktor Auburtin gestorben, in: Prager Tagblatt, 4.

24 Anonym, Victor Auburtin †, in: Berliner Börsen-Courier, 29. Juni 1928, 1. Beilage, 5; Anonym, Viktor Auburtin †, in: Berliner Börsen-Zeitung, 29. Juni 1928, Nr. 299, Morgen-Ausgabe, 8; Anonym, Victor Auburtin †, in: Berliner Volks-Zeitung, 29. Juni 1928, Nr. 303, Morgen-Ausgabe, 2; Anonym [W.], Victor Auburtin †, in: Deutsche Allgemeine Zeitung, 29. Juni 1928, Nr. 299, Morgen-Ausgabe, 2; [–s], Victor Auburtin †, in: Vossische Zeitung, 29. Juni 1928, Nr. 303, Morgen-Ausgabe, Das Unterhaltungsblatt, Nr. 150, 10. – *Berliner Börsen-Zeitung*, *Vorwärts*, *Neue Freie Presse* und *Prager Tagblatt* schrieben seinen Vornamen mit k statt c.

25 Anonym, Berlin. In Partenkirchen […], in: Zeitungs-Verlag, 7. Juli 1928, Nr. 27, 1.485.

Was er geschrieben hatte, wurde mit einem erstaunlichen Spektrum an Genrezuschreibungen benannt: Seine Texte seien „klein[e] zierlich[e] Feuilletons" (*Berliner Börsen-Zeitung*) oder „Plaudereien" bzw. „Pastelle seiner Plaudereien" (*Hamburgischer Correspondent, Vossische Zeitung*), aber sie wurden auch annonciert als „knapp[e], geschliffen[e] Glossen" (*Frankfurter Zeitung*), „Skizzen" (*Berliner Börsen-Courier*), gar „Kurzgeschichten" und „Arabesken" (*Deutsche Allgemeine Zeitung*), „Aufsätze" (*Berliner Volks-Zeitung*), „Schilderungen" (*Prager Tagblatt*) – oder resümierend als „kleine wohlgeformte Kunstwerke"[26] (*Weltbühne*). Seine stilistischen Eigentümlichkeiten wurden – meist von konservativen Zeitungen, aber etwa auch von der liberalen *Vossischen Zeitung* – mit der Herkunft seiner Vatersfamilie begründet: Seine stilistische Eleganz war „Erbe seines romanischen Blutes" (*Berliner Börsen-Zeitung*), im „leichten Wurf" seiner Texte behielt er „immer den Schimmer seiner französischen Ahnen" (*Berliner Volks-Zeitung*), seine „romanische Grazie" zeugte, wie seine „feine Zunge" von der familialen Herkunft (*Vossische Zeitung*), ein „deutscher Franzose" (*Hamburgischer Correspondent*). Das *Prager Tagblatt* hingegen vermerkte ebenso zutreffend wie neutral: „Seine Wahlheimat waren die romanischen Länder". Die nationalkonservative *Deutsche Allgemeine Zeitung* scherte insofern aus, als sie ihn vor der Zwielichtigkeit eines feuilletonistischen Franzosentums zu bewahren suchte, indem sie ihm attestierte: Er „verband den Witz seiner Vaterstadt mit der Geschliffenheit einer tief humanistischen Bildung".

Überhaupt ist seine Bildung besonderer Erwähnung wert: Philologie kombiniert mit Philosophie. Ein „deutscher Humanist" (*Vossische Zeitung*) in seiner „Bildungsfülle" (*Prager Tagblatt*), in der „wahre[n] Freiheit seines Geistes" (*Vossische Zeitung*), „erkenntnishungrig zu den Quellen dringend" (*Frankfurter Zeitung*), in seiner „feinen Philosophie (*Prager Tagblatt*), der „Typ des nicht verbitterten Philosophen" (*Vorwärts*), der nicht durch die „Schulbrille der klassischen Philologie" sah (*Deutsche Allgemeine Zeitung*). Zugleich ein Epikuräer, ein Genießer *par excellence*, schlicht ein „Gourmet" (*Berliner Volks-Zeitung*), dessen Texte „den Feinschmeckern soviel Freude" bereiteten, wie er selbst „sie vor einem guten Glase Burgunder zu empfinden wußte" (*Vossische Zeitung*), kurz ein Mann, der „Delikatessen des Feuilletons" dichtete (*Hamburgischer Correspondent*).

Und dann natürlich die Grundsubstanz der Feuilletons, die Ironie. Die „leise Ironie", „leicht und beinahe tänzerisch" (*Berliner Börsen-Zeitung*), ein „echte[r] Ironiker und Polemiker" (*Frankfurter Zeitung*), eine „witzige und distanzierte Ironie" (*Berliner Börsen-Courier*), mit „lächelnder Skepsis" (*Deutsche Allgemeine Zeitung*) und der „seltene[n] Gabe des Humors" (*Vossische Zeitung*), mit „dem leise

26 Anonym, Freund Victor Auburtins, in: Die Weltbühne, 3. Juli 1928, Nr. 27, 38.

begütenden Lächeln“ (*Vorwärts*), im „leichten Wurf“ (*Berliner Volks-Zeitung*), mit „jener feinen Ironie, die der Melancholie entspringt“ (*Deutsche Allgemeine Zeitung*), in dessen „Graziöse[m]“ sich „Heiterkeit und Schmerz […] innig gemischt“ haben (*Weltbühne*).

Sodann wurde ihm sein Rang zugewiesen. Eine „kostbarste Seltenheit in Deutschland“ (*Berliner Börsen-Zeitung*), einer, dem sein Werk ihm „eine besondere Stellung im […] deutschen Schrifttum seiner Zeit zuwies“ (*Deutsche Allgemeine Zeitung*). Mit ihm, so das Branchenblatt *Zeitungs-Verlag*, „hat das deutsche Feuilleton einen seiner Großen verloren“.

Mehrfach werden sein Schreiben und seine Person polemisch abgesetzt gegen konträre Tendenzen der Presse und der Zeitläufte, nämlich in „einer Zeit kultureller und geistiger Anarchie“, so die *Deutsche Allgemeine Zeitung*, „im Zeitalter der durchs Telephon gepfiffenen Meldungen“ (*Weltbühne*), „ein Widersacher des Sports und des Amerikanismus, ein fröhlicher Verächter der Literatursnobs“ (*Vossische Zeitung*). „Das Tempo der Zeitung ist amerikanisiert, es züchtet jetzt Talente, die nicht die Sordine, sondern das Kalbfell meistern“ (*Hamburgischer Correspondent*).

So wird Auburtin exzeptionalisiert, zugleich aus den Tendenzen der Zeit wie aus dem Alltag der Presse heraus- und emporgehoben, ins Überzeitliche oder doch wenigstens über den Tag hinaus, in die Sphäre der Literatur, der Dichtung. Er habe nicht, so die *Berliner Volkszeitung*, zu jenen Schriftstellern gezählt,

> die kommen wie der Tag und gehen wie der Tag, um dann spurlos im Schatten der Vergessenheit zu verschwinden. Unvergesslich bleibt er uns und allen, die begeistert seine Arbeit verfolgten, unvergesslich bleibt uns übers Grab hinaus der Schriftsteller und Mensch Victor Auburtin.

Das *Prager Tagblatt* schließlich druckte am 7. Juli eine Reihe seiner Feuilletons aus *Ein Glas mit Goldfischen* denn gleich unter der Überschrift: „Victor Auburtin †: Wie ein Dichter die Welt sieht“.

3 … und im *Berliner Tageblatt*

Das *Berliner Tageblatt* hatte nicht nur die Meldung von Auburtins Tod zuerst gebracht, sondern ein Ensemble an Nachrufen, Würdigungen und persönlichen Erinnerungen. Auch hier konturiert sich die Figur eines konservativen Liebhabers alles Schönen, eines philosophierenden Hellenen – wie überhaupt eines liebenswürdigen, unaufdringlichen und zugewandten Menschen. Allen voran Theodor

Wolff als Chefredakteur gleich im Morgenblatt des 29. Juni 1928[27] in einer langen, sehr persönlich gehaltenen, zugleich in hohem Ton und mit pathetischen Umschreibungen gespickten Würdigung. Nach einem Einstieg der klassischen Beteuerung, dass nicht eigens gesagt werden müsse, wie „weh es den Freunden ums Herz ist", und dem Bekenntnis: „wir haben ihn sehr geliebt", beantwortet Wolff die angeblich oft nach Auburtins Aussehen gestellte Frage, um sogleich auf sein Genießertum und seine „unbetonte, leicht hinschreitende Ironie und die hellenische Einfachheit seiner Ausdrucksformen" zu kommen, auf seinen südlichen Schönheitssinn und seine Verbundenheit mit dem mediterranen Volk. Sodann spricht er über die Herkunft des Toten: Zwar distanziert sich Wolff von Stimmen, die die Lebenskunst des Enkels aus der Profession des Großvaters ableiten wollen („wer solche Zusammenhänge braucht"), will dann aber doch den „romanischen Ursprung" der – im Gegensatz zu Rokoko und Romantik – „schwebende[n] Grazie" der Texte Auburtins sehen. Er erinnert an dessen Anfänge bei der *Berliner Börsen-Zeitung* unter der Ägide seines Vaters: „Im April des Jahres 1911 holte ich ihn, aufmerksam geworden durch die Eigenart seiner Begabung", ans *Berliner Tageblatt*. Wolff rekapituliert Auburtins Leidensweg im Krieg, „von einer Festung und von einem Konzentrationslager in das andere verschleppt", und das Erlebnis der persönlichen Befreiung in den ihm anschließend ermöglichten Reisen, seine besondere Verbundenheit mit Spanien, „eine Herzensbeziehung zu dem spanischen Volke", „bis zuletzt ein gläubiger Katholik", seine Übersiedlung ins geliebte Rom, wo er unter dem geistigen Druck des Faschismus gelitten habe, bevor ihn seine Krankheit ereilte – „der Wurm, der, in der kostbarsten Stelle des Gehäuses eingenistet, die Werkstatt zerstörte, in der die anmutigsten, in spielerischer Leichtigkeit tiefen Gedanken und Einfälle sich bildeten und die bestrickende runde Form gewannen". Anschließend wird dann die Nachricht vom Tode Auburtins in Partenkirchen wiederholt und in das Fazit überführt: „Der alles auslöschende Vollbringer, den wir auf dem Wege zu ihm gewusst hatten, ist mit ganz schnellen Schritten gekommen."

Dieser langen Würdigung folgte am 30. Juni in der Morgen-Ausgabe der Abdruck eines Kondolenzschreibens des preußischen Kultusministers Carl Heinrich Becker. Er adressiert sich an Theodor Wolff und versichert ihn der Anteilnahme an dem Verlust, „den Sie, Ihre Zeitung, die deutsche Publizistik und alle Gebildeten durch den Tod dieses als Künstler und als Mensch gleich bedeutenden Mannes erlitten haben". Am 1. Juli dann unter dem Titel „Zum Tode Victor Auburtins" eine längere Notiz zu den vielen Beileidsschreiben aus „unserem Leserkreise" sowie aus der Presseabteilung der Reichsregierung durch Ministerialdirektor Dr. Zechlin, der den

27 Auch abgedruckt in: Theodor Wolff. Der Publizist. Feuilletons, Gedichte und Aufzeichnungen, hg. von Bernd Sösemann, Düsseldorf 1995, 360–362.

„Verlust dieses grossen Künstlers im deutschen Schifttum“ bedauert und sich erinnert, wie er Auburtins „Sächelchen“ immer als erstes im *Berliner Tageblatt* und „mit dem Behagen“ gelesen habe, „wie man eine seltene und köstliche Sache geniesst“.

Am 2. Juli erscheint Rudolf Oldens Bericht von der Beisetzung, „Victor Auburtins letzter Weg“, flankiert von Erich Burgers „Abschied von Victor Auburtin“, ebenfalls aus Partenkirchen geschrieben. Olden beschreibt den Friedhof in seiner Schlichtheit, würdigt die verständnisvollen Worte des Pfarrers, führt die Rede eines „der Kameraden“ an, wonach „das deutsche Schrifttum eine Zierde verloren hat“, schildert das edle Aussehen des Toten und endet mit der Aufzählung der Presseoffiziellen, die Kränze niederlegten. Erich Burger hingegen evoziert die dortige Landschaft und imaginiert, wie Auburtin sie genossen hätte, wäre er dazu noch in der Lage gewesen, wie die „Art dieses ausserordentlichen Schriftstellers“ sie dargestellt hätte, geht auf das vergebliche Bemühen der Ärzte ein, und bezeichnet die Beisetzung als einen „der schmerzvollsten Abschiede“, angefüllt „von einer lebendigen Kraft der Erinnerung, die in keiner kommenden Stunde aufhören wird, wach zu sein.“

Zwei Tage später folgen persönliche Erinnerungen. Zum einen recht ausführlich Fritz Stahl, der unter dem Titel „Dank für das letzte Mal“ sich an Begegnungen mit Auburtin in Paris und Rom erinnert und sich selbst dabei ausgiebig eine „Gemeinsamkeit des Lebensgefühls“ attestiert. „Während der waschechte Moderne immer auf der Jagd nach Neuem ist, pflegen wir Unmodernen den Garten unserer Erinnerungen.“ Und erinnert an Paris und Rom, wo Auburtins „Lebenskunst ausser den schönen Dingen noch gute Stätten“ der Gastlichkeit fand. Hans Theodor Joel erinnert von Madrid aus an „Victor Auburtin in Spanien“, einmal mehr an den „fröhliche[n] Geniesser“ und „Ironiker“ und dessen „kleine Erzählungen“, deren freundlicher Spott in Spanien, das er „geliebt wie kein anderes Land“, und im Portugal des Militärputsches öfters missverstanden worden sei. „Ein gütiger Mensch mit einem [reinen] schönen Herzen ist von uns gegangen. Und ein Meister des Stils und des feinen, gewogenen Wortes.“

Nach allen den Gedenkartikeln und in großem Abstand zu ihnen hat Feuilletonchef Fred Hildenbrandt am 7. Dezember eine Rezension von Auburtins letztem Büchlein, *Einer bläst die Hirtenflöte*, folgen lassen, die tatsächlich aber ein recht geschickter Nachruf war. Hildenbrandt beginnt mit einem Zitat aus dem zu besprechenden Band, mit dem Anfang des Textes „Reisevorbereitungen“, wo Auburtin seinen Besuch im Leichenverbrennungsbüro schildert, und fährt fort: „Es ist nicht so gekommen, wie er sich das vorgestellt hat. Es ist etwas anders gekommen.“ Dann folgt eine den Kitsch streifende Schilderung der Beisetzung auf „jenem stillen, oberbayerischen Friedhof“, Kinder mit fromm gefalteten Händen, der Priester mit einer beinahe zärtliche[n] letzten Rede, Regenwolken gingen über den Himmel, und die hohen Berge standen andächtig dabei. Ja, dieser blies die Hirtenflöte. In zarten, schönen Melodien kam eine lächelnde Weisheit aus dieser Flöte, eine ruhevolle Resignation und eine gelassene Lebensfreude.

Im Bändchen seien „die letzten kleinen Aufsätze aufgehoben". „Welch ein wahrhafter Schriftsteller! Was er auch anblickte und was er auch antastete, wurde lebendig und voller Beziehungen, bekam Sinn und Bedeutung." So und noch mehr in dieser Richtung von einem, den bereits die Zeitgenossen als Amerikanismus-Adepten *par excellence* ansahen, mithin schlechthin einem Antipoden Auburtins, einem schneidigen Reporter, der bald den Nazis zuneigte, der aber hymnisch den gebildeten Alteuropäer und seine Feuilletonkunst als „Sammlung von Kostbarkeiten der Sprache und der Lebensweisheit"[28] feiert.

Überblickt man von hierher noch einmal das Gros der Nachrufe, dann erscheinen insbesondere die Nachrufe in der Presse jenseits des *Berliner Tageblatts* relativ gleichförmig in ihrer Zusammensetzung. Sie skizzieren das Arbeitsleben, gehen auf die Krankheit und den plötzlichen Tod ein und versuchen, Person und Werk knapp zu charakterisieren. Die Artikel im *Berliner Tageblatt* sind ausführlicher und wesentlich persönlicher gehalten; auch sie würdigen die Person und charakterisieren ihr Werk. Dabei ist generell zumindest zweierlei auffällig: Zum einen gibt es keine irgend geartete einheitliche Genrebezeichnung dessen, was Auburtin schrieb, wenngleich die eingeschliffenen Charakteristika des Feuilletons als kleine Form dabei aufgerufen werden: das Kleine und Beiläufige, das Beschwingte, Unterhaltsame, der ironische Gestus und die unaufdringliche Lebensweisheit. Zum anderen führen alle Nachrufe Auburtin aus dem Tagesjournalismus bzw. aus dem Journalismus überhaupt heraus, werten ihn auf und weisen dem Feuilletonisten einen Platz auf dem Gipfel des ‚Schrifttums' zu, auf dem Terrain der kunsthaften Literatur und ihrer angeblich überzeitlichen Dauer. Man kann auch sagen: Sie nehmen reflexhaft auf, was Victor Auburtin in seinen Texten so gekonnt zu stilisieren wusste, indem sie ihn als Antipoden der Zeit (und der Zeitung) in der Zeitung und gegen die Zeitumstände würdigten.

Es ist dies sicherlich auch ein Moment der professionellen Melancholie angesichts des permanenten Beschleunigungsdrucks in den Medien gerade jener Jahre, aber es ist zugleich auch der Abgesang Jüngerer auf eine Generation und ein Genre zuvor, zugespitzt: der Reportage-Generation auf die des genuinen Feuilletons. Es fällt zwar auf, dass die Granden des Feuilletons, wie Alfred Kerr (Jg. 1867) oder Alfred Polgar (Jg. 1873), sich zu Auburtins Tod nicht geäußert haben, nicht einmal Adolf

28 Hi. [Fred Hildenbrandt], Victor Auburtin: Einer bläst die Hirtenflöte, in: Berliner Tageblatt, 7. Dezember 1928, Nr. 579, Abend-Ausgabe, 4.

Stein (Jg. 1871), der als Rumpelstilzchen stramm antisemitisch-chauvinistische Feuilletons schrieb, deren Sammelbände bis tief in die deutsche Provinz höchst populär waren. Für sie, die auch Reisende wie er waren, in deren Zentrum des Schreibens jedoch das Theater stand, war wohl Auburtin, der zwar von der Bühne herkam, aber sich dann gänzlich aufs Reisen und Auswärts verlegte, schlichtweg zu weit weg vom Berliner Journalistenalltag. Die Jüngeren erwiesen ihm zwar ihren Respekt, aber hatten längst ein anderes Verständnis von Zeitung und Zeitgemäßheit. So etwa Walther Kiaulehn (Jg. 1900), der 1957 eine Sammlung von Auburtins Feuilletons herausgab und allerlei erfundene Anekdoten über ihn in Umlauf brachte, die um seine Welt- und Zeitungsfremdheit kreisten. Er gehörte bis 1933 zu denen, die – wie Heinrich Hauser (Jg. 1891), Fred Hildenbrandt (Jg. 1892), Joseph Roth (Jg. 1894), Gabriele Tergit (Jg. 1894) – neben Feuilletons vor allem mit Reportagen reüssierten. Zwar schrieb er zunächst nach 1933 vorwiegend wieder Feuilletons,[29] veröffentlichte aber auch eins der damals beliebten ‚Tatsachenbücher'[30] und lieferte im Krieg dann Propaganda-Kompanie-Reportagen. Rudolf Olden (Jg. 1885) hatte sensibel von Auburtins Beisetzung berichtet. Betrachtet man indes seinen Nachruf auf Paul Schlesinger (alias „Sling", gest. am 22. Mai 1928), dann wird auch hier die größere Nähe des Gerichtsreporters Olden zum Gerichtsreporter Sling deutlich. Sein Nachruf beginnt persönlich gehalten als Brief:

> Lieber Sling! Wir haben in den letzten Jahren so oft in den Sälen der deutschen Strafgerichte Seite an Seite gesessen und haben dann immer Schulter an Schulter gekämpft, – Sie werden mir sehr fehlen, wenn wieder ein grosser Prozess mit seinen unerschöpflichen Möglichkeiten der Erkenntnis und Erregung mich ruft. Sie waren der natürliche Doyen der Gerichtsreporter, nicht durch Alter, noch weniger durch Ancienität, aber durch das Gewicht Ihrer Weisheit und Würde.

Und er endet so: „Wir werden Sie sehr vermissen. Wir: die deutsche Justiz und alle, die es aufrichtig mit ihr meinen. Das nächste Mal, wenn ein grosser Prozess ruft, werden Sie mir ganz persönlich schmerzlich fehlen."[31] Für diese Generation war Auburtin die – durch Internierung und durch seine Reisen allermeist abwesende – Legende einer Generation davor, ein liebenswerter Meister ironischer, epikuräischer Lebensweisheit und Diätetik, während sie selbst sich der Sozialbeobachtung und Zeitdiagnostik, somit der Reportage verschrieben hatten.

Mit dem 1930 posthum erschienenen Sammelband von Reisetexten[32] war dann erst einmal Schluss mit Auburtins Präsenz im Zeitungs- und Buchbetrieb – und auch

29 Walther Kiaulehn, Nach Lehnaus Trostfibel, Berlin 1932; ders., Lesebuch für Lächler, Berlin 1938.
30 Walther Kiaulehn, Die eisernen Engel, Berlin 1935.
31 Rudolf Olden, Ein Gentleman ging, in: Berliner Tageblatt, 24. Mai 1928, Nr. 242, Morgen-Ausgabe, 3.
32 Victor Auburtin, Kristalle und Kiesel. Auf Reisen gesammelt, München 1930.

mit der ihm so beredt attestierten Überzeitlichkeit. Zu seinem zehnten Todestag erschien im inzwischen gleichgeschalteten *Berliner Tageblatt* ein Artikel von Wilmont Haacke: „Victor Auburtin zum Gedächtnis". Darin hieß es unter Angabe eines falschen Todesdatums – 26. Juni 1928 – gleich eingangs: „Victor Auburtin ist fast vergessen." Haacke erinnert an seine „zärtlich-ironischen Reisebriefe", daran, dass er kein „Angreifer oder Prediger" war, „eher Betrachter, Zuschauer, Zeiger, Deuter, stiller Kommentator des Tages", attestiert ihm aber auch eine politische „Kurzsichtigkeit, die von heute aus schon als Schrulle aussehen könnte. Aber die Politik war weder seines Amtes noch seine Berufung."[33] 1940 brachte Haacke dann eine erste Auswahl seiner Feuilletons unter dem Titel des letzten Bandes zu Auburtins Lebzeiten heraus: *Einer bläst die Hirtenflöte.*[34] Er lieferte dazu ein ausführliches Nachwort.

4 Nachworte als erweiterte Nachrufe

Nachworte kann man als approbierende, posthum sich selbst autorisierende Nachrufe lesen. In ihnen sind die immediaten Nachrufe nun sedimentiert und breiter eingebettet. Sie fügen harmonisierend oder kontrastierend Person und Werk zusammen und betreiben – zumeist in vergleichender Vereinzigartigung – Intimisierung des literarischen Erblassers mit ihnen, den Auswählenden, Herausgebenden und Nachbewortenden sowie mit dem prospektiven Publikum. Sie sind mithin sowohl Ausarbeitungen von Lebensdaten, Werkcharakteristika und Zeitumständen als auch implizite oder explizite Einarbeitung der Nachrufe in ihre jeweils eigene Konstellierung von Biografie und Werk. Zugleich sind sie damit Umarbeitungen zur Anpassung an die jeweiligen literaturkonjunkturellen und politischen Zeitumstände.

In den Nachworten wiederholt sich zumeist die Beteuerung, die Haacke 1938 abgab, dass der Autor jetzt leider fast oder ganz vergessen sei. Bei den Anthologien folgt darauf die Hoffnung, dass das je vorliegende Buch nun gegen dieses Vergessen angehen wolle. Am pointiertesten, resignativ in diesem Falle, heißt es bei Georg Eyring: „Aber auch mit diesem Buch wird Victor Auburtin nicht wieder entdeckt

---

33 Wilmont Haacke, Victor Auburtin zum Gedächtnis, in: Berliner Tageblatt, 26. Juni 1938, Nr. 298, Beilage „Geistiges Leben", 18.

34 Victor Auburtin, Einer bläst die Hirtenflöte. Ausgewählte Feuilletons, hg. von Wilmont Haacke, Berlin 1940.

werden."[35] Zudem wird meist erklärt oder umschrieben, was ein Feuilleton, was die kleine Form[36] ist, und dass am angeblich schlechten Ruf den Genres – je nach politischem System – wahlweise der böse ‚Jude' in Gestalt von Börne, Heine, Polgar oder die kapitalistische Presse Schuld tragen soll. Wohingegen Auburtin ...

Die Nachworte setzen mithin die in den Nachrufen begonnene Aufwertung ins überzeitlich Literarische fort, indem sie ihn nun zusätzlich mit dem angeblich falschen, dem schlechten Feuilletonschreiben kontrastieren. Sie breiten die in den seinerzeit knappen Nachrufen skizzierten Aspekte ausführlicher aus, z. T. auch ausgeschmückt mit Anekdoten, etwa der – freilich von Walther Kiaulehn erfundenen –, dass Auburtin als Schlussredakteur 1911 die Bedeutung der Entdeckung des Südpols nicht erkannt und das *Berliner Tageblatt* als einzige Zeitung die Sensation nicht auf der ersten Seite, sondern nur als kleine Notiz gebracht habe. Oder man versucht sich an eigenen, nicht unbedingt das Niveau Auburtins treffenden, bildhaften Ausschmückungen. Hervorgehoben wird durchweg wieder der Sinnenfrohe, sein Faible für die Antike, die mediterrane Welt und die Romania, seine Bildung, die melancholische Heiterkeit und milde Ironie und nun noch stärker als zuvor: seine fein und leise betrachtende Insistenz gegen alles Laute, Hektische, Rasende.

Wilmont Haacke konturiert ihn 1940 zunächst als einen Idylliker, als einen, der mit „seinem geliebten Homer in der Tasche" durch „die Städte, Vorstädte und Dörfer" wanderte und nach der „abhanden gekommenen Natürlichkeit"[37] fragte. In der Zeit der Republik sei er zu „politischen Meinungsäußerungen gedrängt" und so zu „gelegentlichen Fehlurteilen verleitet" worden. So verbiegt Haacke Auburtins demokratische und pazifistische Einstellung, um ihn dann auf einen prospektiven Proto-Nazi zu trimmen: Man müsse nämlich ihm, „dem 1928 Verstorbenen, verzeihen", da er „das Jahr 1933 [...] nicht ahnen konnte, es sich aber in seinem Herzen ersehnen mochte".[38] So wird er nun der neuen Zeit „mit ihrer kräftigen Härte" anempfohlen, da gerade seine „Innerlichkeit" in der Zeit des Krieges, die jeden zwinge, „weniger anspruchsvoll zu sein", lehren könne, „weniger nach außen,

---

35 Georg Eyring, Nachwort, in: Victor Auburtin, Das Ende des Odysseus. 17 Geschichten von der Antike bis zur Zukunft, ausgesucht und mit einem Nachwort von Georg Eyring, Zürich 1986, 109–123, hier: 109.

36 Zu Haackes Strategien, in seiner *Feuilletonkunde* (1943) den Begriff ‚kleine Form' in eine ‚deutsche' Tradition des Feuilletons einzuordnen, siehe Bettina Braun, „Der neue Feuilletonist in Deutschland marschiert auf der Straße mit". Die Konzeption einer ‚deutschen' Textgattung in der zeitungswissenschaftlichen Forschung Wilmont Haackes, in: Feuilleton. Schreiben an der Schnittstelle zwischen Journalismus und Literatur, hg. von Hildegard Kernmayer und Simone Jung, Bielefeld 2017, 79–104; hier: 86–91.

37 Auburtin, Einer bläst die Hirtenflöte, hg. von Haacke, 205.

38 Ebd., 207.

stärker als je nach *innen* zu leben".[39] Es folgt eine Rechtfertigung des Feuilletons, das „in dieser Zeit eine erneute und vielleicht sogar höhere Daseinsberechtigung"[40] habe – ergänzt um eine Polemik gegen die „wort- und federgewandten Juden", die in der Linie von Börne und Heine „jahrzehntelang fast ausschließlich allein aus dem Mark unseres deutschen Wortschatzes geschrieben haben".[41] Auburtin sei gerade darum einer der „wichtigsten Belege" für die Notwendigkeit eines „empfindsam-persönlichen und zugleich sich an alle wendenden" Feuilletons, wie es in der jüngsten Gegenwart Autoren wie Rudolf Geck oder Ernst Kammerer schrieben; und es folgt noch einmal eine Polemik gegen das jüdische Feuilleton, diesmal Polgars, mit dem „das jüdische Feuilleton Kopf [stand] – aus absoluter intellektueller Negation zur Welt". Bei Auburtin hingegen werde „uns warm ums Herz. [...] Seine ganze Persönlichkeit war die Güte selbst", dessen Sehnsucht nach dem vergangenen Griechenland bedeutete, „ihm das Vaterland des eigenen Herzens anzunähern".[42]

Im Nachlassband *Schalmei*, den Haacke 1948 zum 20. Todestag Auburtins herausgab,[43] wird dieser, der ihm zehn Jahre zuvor noch als Herzens-Nazi galt, nun zum vorbildlichen „Europäer",[44] dessen Hirtenflöte man im NS-Staat vergeblich „zum Verstummen bringen"[45] wollte. Haacke erklärt kurz die – durch den Krieg – desolate Überlieferungslage, um alsbald sich neben Karl d'Ester und Emil Dovifat im Feld der getreuen, tapferen Verfechter des Feuilletons gegen dessen politischen Verächter zu positionieren, beruft sich nun gar auf Camus und Proust und attestiert Auburtin eine „bestürzende Intimität zu allem Irdischen".[46] „Unter den Feuilletonisten, von denen viele nur mit der Feder kratzen, doch nicht zaubern, war er ein Promethide."[47] Wieder wird Auburtin als stille Stehender gegen die Raser, wird seine „überzeitliche[e] Sicherheit"[48] gegen den Journalismus aufgeboten. Das endet schließlich nach weiteren Elogen: „Victor Auburtin war, was der Feuilletonist sein soll: im Vergänglichen Berichterstatter des Unvergänglichen."[49]

Fünf Jahre später legt Haacke unter dem Titel *Federleichtes* noch einmal eine Sammlung Auburtin'scher Texte vor.[50] Texte für „Feinschmecker", Texte eines

39 Ebd., 208 [Hervorhebung im Original].
40 Ebd., 209.
41 Ebd., 210.
42 Ebd., 212.
43 Victor Auburtin, Schalmei. Aus dem Nachlass hg. von Wilmont Haacke, Hamburg 1948.
44 Ebd., 267.
45 Ebd., 268.
46 Ebd., 273.
47 Ebd., 273.
48 Ebd., 277.
49 Ebd., 280.
50 Victor Auburtin, Federleichtes, hg. von Wilmont Haacke, München 1953, 5–6.

„Klassiker[s]" des Feuilletons „zwischen Impressionismus und ‚Neuer Sachlichkeit'". Wiederum wird das Lächelnde, Heitere und eben Federleichte gelobt, nun auch wieder unter aufgebotenen Franzosen – Voltaire und Flaubert diesmal –, aber ganz ohne Zeitpolemik.

Unter Weglassung der Ausgaben von Erika Zeise 1956[51] und Walther Kiaulehn 1957[52] springe ich zu denen von Heinz Knobloch und späteren. Im Nachwort zu *Sündenfälle*, 1970 von ihm in der DDR herausgegeben,[53] erläutert Knobloch zunächst die Herkunft und Geschichte des Feuilletons, jetzt unter einer zu Haackes seinerzeitiger umgekehrten Wertung, also Würdigung von Börne, Heine, dazu Georg Weerth und Daniel Spitzer. Es folgt Biografisches, das sich vor allem auf die Angaben des Neffen Auburtins in *Schalmei* stützt, dazu eine ausgiebige Würdigung von Haackes Verdiensten um das Werk Auburtins. Dieser ist auch hier der „Schönheitssucher",[54] dessen vermeintliches Unverhältnis zur Politik nun aber der näheren und rechtfertigenden Erläuterung bedarf. Er erscheint als Pazifist, als einer, der sich weigerte, politisch geforderte Lügen zu verbreiten, der über Diktatoren spottete, als ein „von den politischen Verhältnissen seiner Zeit hin und her gerissener Dichter",[55] der „Zeitungsdeutsch im besten Sinne" bot. „Sein Feuilleton ist klassisch, weil es Äußerungen enthält für den Menschen, wahrhaftige Bemerkungen, die einer zu seinen verschiedenen Lebzeiten benötigt. [...] er schrieb unbeirrt, um den Menschen aufgeschlossener und gütiger zu machen."[56]

Im Band *Bescheiden steht am Straßenrand* (1979)[57] meint Knobloch, etwas kritischer sein zu müssen: „All die auburtinsche Skepsis, die oft genug auf Unbelesenheit beruht, auf politischer Unbildung",[58] werde glücklicherweise übertönt von seinem Bekenntnis zur Demokratie. In der Neuausgabe der *Sündenfälle* im Jahr 2000,[59] deren Nachwort im Wesentlichen aus dem von 1970 besteht, wiederholt Knobloch zwar den Haackeschen Unfug, dass es unter dem Nationalsozialismus kein Feuilleton geben durfte.[60] Nun aber wird Auburtin ohne weitere Umstände als ein „unbeirrt gütiger Humanist"[61] tituliert.

51 Auburtin, Seifenblasen.
52 Victor Auburtin, Von der Seite gesehen. Eine Auswahl für alte und neue Auburtinisten, hg. von Walther Kiaulehn, Hamburg 1957.
53 Auburtin, Sündenfälle.
54 Heinz Knobloch, Nachwort, in: ebd., 389–405, hier: 400.
55 Ebd., 401.
56 Ebd., 404–405.
57 Victor Auburtin, Bescheiden steht am Straßenrand... Feuilletons und Geschichten, hg. von Heinz Knobloch, Berlin 1979.
58 Heinz Knobloch, Nachwort, in: ders. (Hg.), Bescheiden steht am Straßenrand, 248–249.
59 Victor Auburtin, Sündenfälle. Feuilletons, hg. von Heinz Knobloch, Berlin 2000.
60 Heinz Knobloch, Nachwort, in: ebd., 337–352, hier: 348.

Ergänzt wird das allerdings um eine geradezu detektivische Geschichte zur Grabplatte Auburtins, dem ein Ehrengrab in Partenkirchen verweigert und dessen Grabstelle 1978 eingeebnet worden war. Dank Knoblochs Insistenz und finanziellem wie politischem Engagement kam die Grabplatte, mit einem Reliefporträt von August Kraus nach der Zeichnung von Emil Orlik aus dem Jahr 1925 gefertigt (Abb. 1), schließlich 1990 ins Französische Gymnasium im damaligen Westberlin, wo Auburtin seinerzeit zwei Jahre länger als seine Mitschüler gebraucht hatte, um schließlich 1890 das Abitur zu bestehen.[62] Heute ist die Grabplatte dort nicht mehr auffindbar, über ihren Verbleib nichts bekannt.[63]

Abb. 1: Abguss der Grabplatte Victor Auburtins

Literaturverzeichnis

Anonym, Victor Auburtin †, in Berliner Tageblatt, 28. Juni 1928, Nr. 302, Abend-Ausgabe [1].
Anonym, Viktor Auburtin, in: Neue Freie Presse, 29. Juni 1928, Nr. 22.912, Morgenblatt, 11.
Anonym, Victor Auburtin †, in: Berliner Börsen-Courier, 29. Juni 1928. 1. Beilage, 5
Anonym, Viktor Auburtin †, in: Berliner Börsen-Zeitung, 29. Juni 1928, Nr. 299, Morgen-Ausgabe, 8.
Anonym, Victor Auburtin †, in: Berliner Volks-Zeitung, 29. Juni 1928, Nr. 303, Morgen-Ausgabe, 2.

61 Ebd., 346.

62 Dazu Christian Velder, Victor Auburtin. Feuilletonist, in: ders., 300 Jahre Französisches Gymnasium in Berlin, Berlin 1989, 357–363.

63 E-Mail vom 18. Februar 2022 der jetzigen Leiterin, Frau Ilka Steinke, an mich. Allerdings könnte im (teils noch unerschlossenen) Nachlass von Heinz Knobloch in der Staatsbibliothek Berlin eine Kopie existieren.

Anonym, Victor Auburtin †, in: Frankfurter Zeitung und Handelsblatt, 29. Juni 1928, Nr. 480, Zweites Morgenblatt, 2.
Anonym, Viktor Auburtin gestorben, in: Prager Tagblatt, 29. Juni 1928, Nr. 153, 4.
Anonym, Viktor Auburtin gestorben, in: Der Abend. Spätausgabe des „Vorwärts", 29. Juni 1928, Nr. 304, 3.
Anonym, Viktor Auburtin gestorben, in: Lübecker Volksbote, 30. Juni 1928, Nr. 151, 6.
Anonym, Freund Victor Auburtins, in: Die Weltbühne, 3. Juli 1928, Nr. 27, 38.
Anonym, Berlin. In Partenkirchen [...], in: Zeitungs-Verlag, 7. Juli 1928, Nr. 27, 1485.
Anonym [-s], Victor Auburtin †, in: Vossische Zeitung, 29. Juni 1928, Nr. 303, Morgen-Ausgabe, Das Unterhaltungsblatt, Nr. 150, 10.
Anonym [W.], Victor Auburtin †, in: Deutsche Allgemeine Zeitung, 29. Juni 1928, Nr. 299, Morgen-Ausgabe, 2.
Auburtin, Victor, Die Onyxschale, München 1911.
Auburtin, Victor, Der sterbende Spazierstock, in: Victor Auburtin, Ein Glas mit Goldfischen, München 1922, 145–146.
Auburtin, Victor, Einer bläst die Hirtenflöte, München 1928.
Auburtin, Victor, Kristalle und Kiesel. Auf Reisen gesammelt, München 1930.
Auburtin, Victor, Einer bläst die Hirtenflöte. Ausgewählte Feuilletons, hg. von Wilmont Haacke, Berlin 1940.
Auburtin, Victor, Schalmei. Aus dem Nachlass hg. von Wilmont Haacke, Hamburg 1948.
Auburtin, Victor, Federleichtes, hg. von Wilmont Haacke, München 1953.
Auburtin, Victor, Seifenblasen, hg. von Erika Zeise, München 1956.
Auburtin, Victor: Von der Seite gesehen. Eine Auswahl für alte und neue Auburtinisten, hg. von Walther Kiaulehn, Hamburg 1957.
Auburtin, Victor, Sündenfälle. Feuilletons, hg. und mit einem Nachwort von Heinz Knobloch, Berlin 1970.
Auburtin, Victor, Bescheiden steht am Straßenrand ... Feuilletons und Geschichten, hg. von Heinz Knobloch, Berlin 1979.
Auburtin, Victor, Das Ende des Odysseus. 17 Geschichten von der Antike bis zur Zukunft, ausgesucht und mit einem Nachwort hg. von Georg Eyring, Zürich 1986, 109–123.
Victor Auburtins gesammelte kleine Prosa. Werkausgabe in Einzelbänden, 3 Bände, hg. von Peter Moses-Krause, Berlin 1995.
Auburtin, Victor, Sündenfälle. Feuilletons, hg. und mit einem Nachwort von Heinz Knobloch, Berlin 2000.
Auburtin, Victor, Der Feuilletonist greift in die Politik oder: vergeblicher Versuch mit der Schreibmaschine die schöne neue Zeit aufzuhalten. Betrachtungen von der Seitenlinie, hg. von Hartmut Mangold, Berlin 2020.
Haacke, Wilmont, Handbuch des Feuilletons, 3 Bände, Emsdetten/Westf. 1951–1953.
Kiaulehn, Walther, Die eisernen Engel, Berlin 1935.
Hi. [Fred Hildenbrandt], Victor Auburtin: Einer bläst die Hirtenflöte, in: Berliner Tageblatt, 7. Dezember 1928, Nr. 579, Abend-Ausgabe, 4.
Kiaulehn, Walther, Lehnaus Trostfibel und Gelächterbuch, Berlin 1932.
Kiaulehn, Walther, Lebenslauf für Lächler, Berlin 1938.
Kiaulehn, Walther, Berlin. Schicksal einer Weltstadt, München und Berlin 1955.
Kraus, Karl, Er wird frech, in: Die Fackel, Jg. 25 (1923), Nr. 622–631, 140–141.
Kraus, Karl, Notizen, in: Die Fackel, Jg. 25 (1923), Nr. 632–639, 79–83.

Sachse, Peter, Viktor Auburtin †, in: Hamburgischer Correspondent, 30. Juni 1928, Nr. 301; hier zitiert nach Hamburgisches Welt-Wirtschafts-Archiv – Personenmappen, Dokument Nr. 00747–0005–000 [o. S.].

Wolff, Theodor, Der Publizist. Feuilletons, Gedichte und Aufzeichnungen, hg. von Bernd Sösemann, Düsseldorf 1995.

Braun, Bettina, „Der neue Feuilletonist in Deutschland marschiert auf der Straße mit". Die Konzeption einer ‚deutschen' Textgattung in der zeitungwissenschaftlichen Forschung Wilmont Haackes, in: Feuilleton. Schreiben an der Schnittstelle zwischen Journalismus und Literatur, hg. von Hildegard Kernmayer und Simone Jung, Bielefeld 2017, 79–104.

Ma, Ying, Kleine Formen im Vergleich. Victor Auburtins Feuilletons und Lin Yutangs *xiaopin wen*, Diss. HU Berlin 2019.

Tomczuk, Dorota, Das Paradigma des Lebens im feuilletonistischen Werk Victor Auburtins und Alfred Polgars, Lublin 2008.

Utz, Peter, Auszeiten in der Zeitung: Zur Zeitökonomie im literarischen Feuilleton, in: Auszeiten. Temporale Ökonomien des Luxus in Literatur und Kultur der Moderne, hg. von Christine Weder, Ruth Signer und Peter Wittemann, Berlin, Boston 2022, 247–265.

Velder, Christian, Victor Auburtin. Feuilletonist, in: Christian Velder, 300 Jahre Französisches Gymnasium in Berlin, Berlin 1989, 357–363.

Zauner-Schneider, Christiane, Die Kunst zu balancieren. Victor Auburtins und Franz Hessels deutsch-französische Wahrnehmungen, Heidelberg 2006.

Teil III: **Einschlüsse und Ausschlüsse**

Maddalena Casarini

„Der Nachruf steht schon als Leitartikel im Satz“. Nekrologie in Gabriele Tergits *Käsebier*-Roman

1 Der berühmte Gerichtsberichterstatter stirbt

Am 23. und 24. Mai 1928 erschienen zahlreiche Nachrufe auf den plötzlich verstorbenen Gerichtsberichterstatter Paul „Sling“ Schlesinger. Es waren Feuilletonisten, die um einen Feuilletonisten trauerten: Die Zeitungsredaktionen erinnerten an ihren frühzeitig verschiedenen Kollegen. Dabei wird im Nekrolog selbst eine reflexive Schleife sichtbar. Folgt man dem Zeitungswissenschaftler Wilmont Haacke und dem von ihm zitierten Robert Katschinka, weisen Nekrolog und Feuilleton schon immer eine enge Beziehung auf. Der Nekrolog habe sogar „mit seiner persönlichen Schreibweise den feuilletonistischen Stil mitgebildet.“ Persönlich zu schreiben scheint für Haacke allerdings keine uneingeschränkte Intimität zu verheißen. Es geht vielmehr darum, Stellung zu beziehen – und zwar als Journalist *und* Teil der Zeitungsredaktion. Denn ein Nachruf ermöglicht, sich in zweierlei Hinsicht gegenüber den verstorbenen „verdiente[n] Männer[n]“ zu positionieren: Sichtbar macht er „erstens, die besondere Einstellung der Zeitung, zweitens, de[n] Grad der Verehrung, den der Schreiber der Grabschrift gegenüber einem Dahingegangenen besaß.“ Obwohl Haacke die – wenn man so will: strategische – Funktion des Nachrufes betont, verzichtet er darauf, den Status eines „verdiente[n] Mann[es]“[1] näher zu definieren. Die Frage drängt sich auf, *wie* und *wann* man zu einer Person wird, deren Tod den Zeitungen und Journalisten Anlass gibt, an sie zu erinnern. Von Haacke, der seine *Feuilletonkunde* im Jahr 1944 veröffentlicht, wird nicht weiter hinterfragt, was jenen Ruhm eigentlich ausmacht, der Nekrologe provoziert und legitimiert, und was an solchen Nachrufen unweigerlich opportunistisch ist.[2] „Und wurde einer unter Sünden alt,/ sobald er starb, war's eine Lichtgestalt“,[3] spottete

1 Wilmont Haacke, Nachruf, in: ders., Feuilletonkunde. Das Feuilleton als literarische und journalistische Gattung, Bd. 2, Leipzig 1944, 520.

2 Zu Wilmont Haackes Antisemitismus siehe: Bettina Braun, „Der neue Feuilletonist in Deutschland marschiert auf der Straße mit“. Die Konzeption einer ‚deutschen‘ Textgattung in der zeitungswissenschaftlichen Forschung Wilmont Haackes, in: Feuilleton. Schreiben an der Schnittstelle zwischen Journalismus und Literatur, hg. von Hildegard Kernmayer und Simone Jung, Bielefeld 2017, 79–104.

3 Karl Kraus, Nachruf, in: Die Fackel 22 (1920), H. 531–543, 270.

https://doi.org/10.1515/9783111106472-010

Karl Kraus, der mit diesem Vers aus seinem satirischen Gedicht *Nachruf* bereits 1920 die Heuchelei nachträglicher Lobreden ins Visier nahm.

Wenn Nachrufe die „besondere Einstellung“ von Zeitungen und Journalisten zu einem berühmten Verstorbenen sowie zu seinen Leistungen offenlegen, dann nötigt der Tod eines Feuilletonisten wie Sling den journalistischen Betrieb zu einem selbstreflexiven Moment: Zeitungsredaktionen nehmen Stellung zum journalistischen Metier. Paul Schlesinger war nicht nur Journalist, ebenso hatte er um die Jahrhundertwende als Kabarettist im Münchner Kreis von Frank Wedekind gearbeitet. Später war er als Autor von Theaterstücken und Romanen wie als Musik- und Theaterrezensent für verschiedene Publikationsorgane tätig.[4] Nachdem er vor und während des Ersten Weltkriegs als Auslandskorrespondent für Ullstein gewirkt hatte, kehrte er in den 1920er Jahren nach Berlin zurück und begann, für die *Vossische Zeitung*, die zum selben Verlagshaus gehörte, Feuilletons zu veröffentlichen. Wie Moritz Goldstein erzählt, „kam er mit dem Plan […], ‚Berlin zu schreiben‘“. Dies tat Sling „mit kleinen Plaudereien“, die fast täglich erschienen und großen Erfolg hatten. Als er das Gefühl hatte, der Stoff könnte sich erschöpfen, fing er an, über Gerichtsverfahren zu berichten – „um weiter ‚Berlin zu schreiben‘“. Dabei trug Sling zur Verbreitung eines neuen Genres bei: eine Gerichtsberichterstattung mit literarischen Ansprüchen. „Sein Beispiel machte Schule“, schreibt Goldstein, „bald musste jede Berliner Zeitung ihren kleinen Sling haben“.[5]

Als Sling plötzlich starb, zelebrierten ihn die Nachrufe als „natürliche[n] Doyen der Gerichtsreporter“.[6] Dabei positionierten sie sich unterschiedlich zu seiner Arbeit. Die *Frankfurter Zeitung* widmete Sling 36 Zeilen, das *Berliner Tageblatt* 52, die *Deutsche Allgemeine Zeitung* 62 Zeilen. Wie zu erwarten, war der Nachruf der *Vossischen Zeitung*, der gleich am Abend seines Todes erschien, viel länger: 89 Zeilen – und wurde durch ein Foto begleitet (Abb. 1).

---

4 Die biografischen Angaben basieren u. a. auf der Rekonstruktion von Bernd Sösemann: Rechtsprechung im Feuilleton. Paul Schlesingers Beitrag zur Justizkritik in der Weimarer Republik, in: Berliner Profile, hg. von Hermann Haarmann, Erhard Schütz, Klaus Siebenhaar und Bernd Sösemann, Berlin 1993, 51–75, hier: 59–61.

5 Moritz Goldstein, Berliner Jahre. Erinnerungen. 1880–1933, München 1977, 122; auch Moritz Goldstein [Inquit], Begegnung mit Sling, in: Aufbau, 7. Mai 1948, Nr. 19, 11–12. Gabriele Tergit sagte im Gespräch mit Jens Brüning: „Ohne daß Sling aus den Gerichtsberichten Kunstwerke gemacht hat, hätten wir ja alle diesen Beruf nicht ergriffen“ (Brüning, Vorwort zu: Gabriele Tergit, Blüten der Zwanziger Jahre. Gerichtsreportagen und Feuilletons 1923–1933, hg. von Jens Brüning, Berlin 1984, 9–16, hier: 11). Zum literarischen Wert von Slings Gerichtsreportagen siehe auch Kate McQueen, Into the Courtroom. Paul „Sling“ Schlesinger and the Origins of German Literary Trial Reportage, in: Literary Journalism Studies 7 (2015), H. 2, 8–26.

6 Rudolf Olden, Ein Gentleman ging, in: Berliner Tageblatt, 24. Mai 1928, Nr. 242, Morgen-Ausgabe, 3.

Nr. 241
Mittwoch (Abend)

Beilage zur Vossischen Zeitung

Sling †

Heute nacht kurz nach 11 Uhr ist unser Mitarbeiter Paul Schlesinger-Sling in seinem Landhause zu Schlachtensee nach zweitägiger Krankheit einem Herzleiden erlegen.

Abb. 1: M. J. [Monty Jacobs], Sling †, in: Vossische Zeitung, 23. Mai 1928, Nr. 241, Beilage, Abend-Ausgabe, 5

Nicht alle Nachrufe zeigten denselben „Grad der Verehrung“.[7] Erich Eyck betonte in der wöchentlichen Beilage der *Vossischen Zeitung* „Recht & Leben“, dass „Berufsjuristen“ (wie er selbst) mit den Analysen des juristischen Laien Sling nicht immer einverstanden waren.[8] Die fehlende juristische Ausbildung sah Monty Jacobs, der Feuilletonchef der *Vossischen Zeitung*, hingegen als Teil von Slings Leistung. Endlich „hörte [man], auch im Ministerium, auf die Stimme aus der Zuschauerbank“.[9] Der Nachruf von Rudolf Olden, der „Schulter an Schulter“[10] mit Sling in den Berliner Gerichtssälen arbeitete, hat das Format eines intimeren Briefes an den Verstorbenen. Keiner dieser Nachrufe fragt nach dem Vorbild des Wiener Feuilletonisten Alfred Polgar, ob Sling gerne Mohnkuchen aß.[11] Nur über die beruflichen Leistungen des Verstorbenen schreiben seine Kollegen. Vielleicht liegt dies am Genre, vielleicht auch an Sling: „Leben und Arbeit, er trennte sie nicht. Dichter und Journalist, er schied es nicht. Kollege und Freund, er machte darin keinen Unterschied. Fachmann

7 Haacke, Nachruf, 520.

8 E. E. [Erich Eyck], Sling zum Gedächtnis, in: Vossische Zeitung, 24. Mai 1928, Nr. 242, Morgen-Ausgabe, Wochenbeilage „Recht und Leben“, 17.

9 M. J. [Monty Jacobs], Sling †, in: Vossische Zeitung, 23. Mai 1928, Nr. 241, Abend-Ausgabe, Beilage, 5.

10 Olden, Ein Gentleman ging, 3.

11 Alfred Polgar, „Mohnkuchen aß er gerne“, in: Berliner Tageblatt, 1. Januar 1926, Nr. 1, Morgen-Ausgabe, 2. – Vergleiche dazu die Beiträge von Peter Utz und Hildegard Kernmayer in diesem Band.

und Weltmann, sie gingen ihm ineinander über",[12] schrieb Manfred Georg in der *Badischen Presse.* Doch blieb der Lobpreis Slings nicht auf die Textsorte des Nekrologs beschränkt.

Sling starb wenige Tage nach seinem fünfzigsten Geburtstag an einem Herzanfall – gerade als er auf dem Höhepunkt seiner Karriere stand. Es ist nicht auszuschließen, dass diese Umstände zu seinem nachträglichen Erfolg beitrugen, denn erst nach seinem Tod fand sein Name Eingang in die Fachbücher der Publizistik. Als „Reformator der Gerichtsberichterstattung" bezeichnet ihn Otto Groth im ersten Band seines Grundlagenwerks *Die Zeitung. Ein System der Zeitungskunde,* der im Jahr von Slings Tod erschien.[13] Sling habe die Justizreportage „zu künstlerisch reifer Vollkommenheit entwickelt [...]", schrieb 1932 Franz Karl Heidelberg.[14] Emil Dovifat betonte 1937 in seiner *Zeitungslehre* Slings Fähigkeit, „[d]as feuilletonistische Element [...] zu Zwecken des gehobenen Gerichtsberichtes [zu meistern]".[15] In den 1940er Jahren erwähnten auch Carl Horstmann[16] und der schon genannte Wilmont Haacke den „unbezweifelbaren feuilletonistischen Reiz[]"[17] von Slings Gerichtsberichten. Die Zeiten hatten sich allerdings unübersehbar geändert. Horstmann und Haacke fanden nur mehr wenige lobende Worte für Sling. Ihr Anliegen war es vielmehr, ihm mit antisemitischen Argumenten Parteilichkeit und „Verfälschungen" vorzuwerfen.[18] Sie tadelten die „mangelnde dokumentarische Zuverlässigkeit" von Slings Berichten und einen „sie beherrschenden (typisch jüdischen) sittlichen Relativismus".[19] Immerhin wurde Sling in der früheren publizistischen Fachliteratur überhaupt genannt, anders als seine exilierten Kollegen Rudolf Olden, Gabriele Tergit oder Moritz Goldstein, deren Namen gar nicht erst auftauchten und so der Erinnerung entzogen wurden. Ist Sling also ‚rechtzeitig' gestorben?

Gabriele Tergit (Pseudonym von Elise Reifenberg, geborene Hirschmann, 1894–1982) hatte ihre Karriere als Konkurrentin Slings begonnen, denn sie wurde 1924 von Theodor Wolff beim *Berliner Tageblatt* mit der Aufgabe angestellt, „gute Ge-

---

12 Manfred Georg, Sling ist gestorben, in: Badische Presse, 26. Mai 1928, Nr. 245, Morgenausgabe, 2.

13 Otto Groth, Die Zeitung. Ein System der Zeitungskunde (Journalistik), Bd. 1, Mannheim, Berlin, Leipzig 1928, 422.

14 Franz Carl Heidelberg, Justizreportage. Journalistische Ziele und juristische Schranken. Inaugural-Dissertation zur Erlangung der Doktorwürde, Heidelberg 1932, 19.

15 Emil Dovifat, Zeitungslehre. Bd. 2, Redaktion – Die Sparten. Verlag und Vertrieb, Wirtschaft und Technik, Sicherung der öffentlichen Aufgabe, 3. neubearb. Aufl., Berlin 1955, 84.

16 Carl Horstmann, Lemma „Gerichtsberichtserstattung", in: Handbuch der Zeitungswissenschaft, Bd. 1: A–Greuelpropaganda, hg. von Walther Heide und Ernst Herbert Lehmann, Leipzig 1940, Sp. 1250–1262.

17 Haacke, Gerichtsbericht, in: ders., Feuilletonkunde, 487–489, hier: 489.

18 Haacke, Gerichtsbericht, 488; Horstmann, Lemma „Gerichtsberichtserstattung", Sp. 1258.

19 Horstmann, Lemma „Gerichtsberichtserstattung", 1258.

richtsberichte"[20] für den lokalen Teil der Zeitung zu schreiben.[21] Tergit erinnerte sich an Sling in einem Feuilletonartikel aus dem Jahr 1931: „Sling – während seines Lebens konnte man nur sagen: der bekannte Gerichtsberichterstatter, nach seinem Tode kann man sagen: der berühmte Gerichtsberichterstatter."[22] Slings Nachruhm wird für Tergit zu einem Paradebeispiel für die Wirkungsweise des Genres ‚Nekrolog'. Doch mehr noch: Wie im Folgenden zu zeigen ist, fließen viele Züge des verstorbenen Kollegen Sling in ihren Debütroman *Käsebier erobert den Kurfürstendamm* (1931) ein, insbesondere in die Figur Georg Miermanns.[23] In der fiktionalen Nekrologie des *Käsebier*-Romans spielt die posthume Monumentalisierung des Erfolgs eine zentrale Rolle.[24]

2 Die Nekrologie des *Käsebier*-Romans: Medienökonomie des Nachrufs

Auch wenn *Käsebier* von der Forschung immer wieder als kaleidoskopisch bezeichnet und der „Verzicht auf eine zentrale Gestalt"[25] hervorgehoben wird, ist der Redakteur Georg Miermann, wenn nicht *der* Protagonist, so doch zumindest eine der zentralen Figuren. Miermann, Redakteur bei der fiktiven Tageszeitung „Berliner Rundschau", ist dort für die „Donnerstagseite"[26] verantwortlich. Der aus dem Judentum ausgetretene Feuilletonist ist etwa fünfzig Jahre alt, hat „die Breite des Epikers und die Kahlheit des Humoristen".[27] Tergits Roman erzählt nicht nur die

20 Gabriele Tergit, Etwas Seltenes überhaupt. Erinnerungen, hg. von Nicole Henneberg, Frankfurt/Main 2018, 20.

21 Siehe Brünings Vorwort zu: Blüten der Zwanziger Jahre, 10–11.

22 Gabriele Tergit, Am Rande des Gerichts. Von Zuhörern und Wachtmeistern (Berliner Tageblatt, 2. September 1931), in: Vom Frühling und von der Einsamkeit. Reportagen aus den Gerichten, hg. von Nicole Henneberg, Frankfurt/Main 2020, 236–240, hier: 238.

23 Nicole Henneberg, Die sieben fetten Jahre im Leben einer Generation [Nachwort], in: Gabriele Tergit, Käsebier erobert den Kurfürstendamm, hg. von Nicole Henneberg, Frankfurt/Main 2016, 375–390, hier: 382.

24 Zur Rolle von „Ruhm" und „Prominenz" im Käsebier-Roman siehe Juliane Sucker, „Sehnsucht nach dem Kurfürstendamm". Gabriele Tergit – Literatur und Journalismus in der Weimarer Republik und im Exil, Würzburg 2015, 223–228; Erhard Schütz/Thomas Wegmann, Neue Sachlichkeit und Angestelltenliteratur, in: Handbuch Literatur & Ökonomie, hg. von Joseph Vogl und Burkhardt Wolf, Berlin, Boston 2019, 598–611, hier: 603–605.

25 Sucker, „Sehnsucht nach dem Kurfürstendamm", 110 und 108.

26 Tergit, Käsebier, 7–9. – Die „Donnerstagseite" fand eine Entsprechung in der Berliner Seite, die jeden Dienstag von Gabriele Tergit, Walter Kiaulehn und Rudolf Olden organisiert wurde.

27 Tergit, Käsebier, 9.

kurzweilige „Geschichte eines Berliner Ruhms“,[28] und zwar jene des Volkssängers Käsebier, sondern auch das Ende von Miermanns journalistischer Karriere und seinen Tod. Als „Satire auf den ‚Betrieb‘“[29] bringt der Roman zum einen verschiedene „Berliner Existenzen“[30] auf die Bühne, zum anderen aber auch typische journalistische Genres wie z. B. die Theaterrezension, den Spaziergang durch die Großstadt, den Leitartikel, die Reklame und – nicht zuletzt – den Nachruf. Gerade das Auftreten dieses letzten Genres verquickt sich mit der Geschichte Miermanns auf eigentümliche Art, denn Nachrufe stehen nicht nur am Anfang und am Ende des Handlungsstrangs, der sich um die Redaktion der „Berliner Rundschau“ rankt. Sie rahmen auch den gesamten Roman, was als ein Indiz für ihre poetologische Relevanz gelten darf. Das Genre des Nachrufs migriert dabei auf dreierlei Wegen durch den fiktionalen Kontext des *Käsebier*-Romans.

Sowohl Haacke als auch die neuere Forschung benennen als erstes Merkmal des Nachrufs seine Aktualität.[31] Und tatsächlich ist die Frage nach der Aktualität verschiedener journalistischer Genres im *Käsebier*-Roman höchst prominent. Denn ein Zeitroman ist *Käsebier* im doppelten Sinne. Einerseits erfüllt er die zeitgenössische Erwartung an die Literatur, sich mit ihrer eigenen Gegenwart intensiv auseinanderzusetzen.[32] Andererseits werden auch konkurrierende Zeitmodelle innerhalb des journalistischen Betriebs thematisiert. Im ersten Kapitel, als sich Miermann und sein Mitarbeiter Gohlisch Gedanken über die Zusammenstellung der wöchentlich erscheinenden Donnerstagseite machen, zielen sie auf eine besondere Art von anlassbedingter Aktualität: Der „Matschartikel“, der längst fertig ist, kann nur dann erscheinen, wenn Jahreszeit und Wetter dazu passen, also wenn „[e]s taut“.[33] Wochenlang darf Gohlisch an seinem Artikel über den noch unbekannten Volkssänger Käsebier arbeiten: „Ich kann nicht auf Befehl“, sagt er Miermann, „es muß über mich kommen“.[34] Als der Polizeireporter Meise eines Tages im selben Zimmer telefonieren muss, wird der Rhythmus der schnellen, auf Sensation abzielenden journalistischen Meldung mit der Langsamkeit der Donnerstagseite kontrastiert. Diese Opposition spitzt sich nicht zufällig anlässlich eines Nachrufs zu.

28 Tergit, Etwas Seltenes überhaupt, 119.

29 Ebd., 118.

30 Das war der Titel der Reihe von Tergit, die zwischen den Jahren 1926 und 1928 auf der *Berliner Seite* des *Berliner Tageblatts* erschien.

31 Ralf Georg Bogner definiert den Nekrolog als „sprachlich artikulierte Reaktionen auf den jeweils aktuellen Tod eines Menschen“: ders., Der Autor im Nachruf. Formen und Funktionen der literarischen Memorialkultur von der Reformation bis zum Vormärz, Tübingen 2006, 24.

32 Sucker, „Sehnsucht nach dem Kurfürstendamm“, 107–108. Zur Beschreibung von *Käsebier* als Zeitroman siehe auch: Erhard Schütz, Romane der Weimarer Republik, München 1986, 158–159.

33 Tergit, Käsebier, 28.

34 Ebd., 15.

Denn der Polizeireporter nutzt das Zimmer der Redakteure der Donnerstagseite, um sich nach einem Todesfall telefonisch zu erkundigen:

> Mittwoch vormittag schrieb Gohlisch den Artikel über den Volkssänger um. „Gestatten Sie", sagte der Chef des lokalen Teils, „daß Herr Meise hier telefoniert."
> „Ungern, aber wenn's nicht anders geht", sagte Gohlisch [...]
> „Herr Meise", sagte der Chef des lokalen Teils, [...], „Herr Meise, wir müssen unbedingt erfahren, wie es dem Professor Möller geht. Der Nachruf steht schon als Leitartikel im Satz. Ein Mann, der die Naturwissenschaften neu geschaffen hat, sozusagen, bei dem geht es auf keinen Fall, daß wir hinter den großen Blättern nachhinken oder es ihnen gar entnehmen. W. T. B. weiß noch nichts."
> „Ich werde sofort recherchieren", sagte Meise.[35]

Das Telefon ist die wichtigste Waffe des Reporters im Wettbewerb mit anderen Blättern und Nachrichtenagenturen. Als Medium der „Ent-Fernung" (Heidegger)[36] kann es als ein Gerät zum „Verschwindenmachen der Ferne"[37] betrachtet werden, das aber selbst meistens gar nicht auffällt. Wie Martin Heidegger in *Sein und Zeit* (1927) bemerkt, hat dieses „gebrauchte Zeug [...] so wenig Nähe, daß es oft zunächst gar nicht auffindbar wird. Das Zeug zum Sehen, desgleichen solches zum Hören, zum Beispiel der Hörer am Telephon, hat die gekennzeichnete Unauffälligkeit des zunächst Zuhandenen".[38] Dies gilt insbesondere dann, wenn der Umgang mit dem, woran man sich annähern möchte, kein „*umsichtige[s] Ent-fernen*"[39] ist, sondern vielmehr eine Annährung, die auf „Geschwindigkeit"[40] drängt. Eine derart schnelle „Überwindung der Entferntheit"[41] scheint Heidegger mit Pessimismus zu betrachten: Es handle sich um eine Entwicklung, die zur „Erweiterung und Zerstörung der alltäglichen Umwelt"[42] führe. Ähnlich wie in *Sein und Zeit* beschrieben, verschränken sich im *Käsebier*-Roman die technischen Medien mit den „Seinsweisen des Man",[43] also mit der Öffentlichkeit. Nichts veranschaulicht im Roman den ra-

35 Ebd., 28–29.
36 Heidegger, Sein und Zeit [1927], 19. Aufl., Tübingen 2006, 105; hierzu Sucker, „Sehnsucht nach dem Kurfürstendamm", 111.
37 Heidegger, Sein und Zeit, 105.
38 Ebd., 107.
39 Ebd., 106 [Hervorhebung im Original].
40 „Alle Arten der Steigerung der Geschwindigkeit, die wir heute mehr oder minder gezwungen mitmachen, drängen auf Überwindung der Entferntheit. Mit dem ‚Rundfunk' zum Beispiel vollzieht das Dasein heute eine in ihrem Daseinssinn noch nicht übersehbare Ent-fernung der ‚Welt' auf dem Wege einer Erweiterung und Zerstörung der alltäglichen Umwelt." Ebd., 105.
41 Ebd.
42 An dieser Stelle bezieht sich Heidegger auf den Rundfunk, ebd. 105.
43 Ebd., 127.

schen, technisch vermittelten und oberflächlichen Kommunikationsmodus der modernen Großstadt besser als die ständigen, phrasenhaften Telefongespräche der Figuren.[44]

Auch der Polizeireporter Meise nähert sich den (mutmaßlich) Toten keineswegs „umsichtig" an: Mit seinem Telefon versucht er, die Toten so schnell wie möglich zu ent-fernen. Der von Meises Telefonaten abgelenkte Feuilletonist Gohlisch wird – ebenso wie der Leser – mit den medienökonomischen Bedingungen des Sensationsjournalismus konfrontiert. Schon Karl Kraus hatte in der *Fackel* eine Glosse zum Thema „Nachruf" veröffentlicht, in der er mit den Nekrologen, die zum Tod Gustav Mahlers erschienen waren, und mit der Funktionsweise der Sensationsmaschinerie ins Gericht ging. „[S]ich hinzusetzen und in der einen Hand die Telephonmuschel dem Abonnenten zu antworten: Mahler geht's besser, und mit der andern zu schreiben: Mahler ist nicht mehr!", dies gehöre zum journalistischen Metier. „Wer's nicht nötig hat", so Kraus, „wird diesen Beruf nicht ergreifen".[45] Die umstandslose Ent-fernung des Toten qua Telefon bringt den problematischen Kern des Journalismus auf den Punkt.

Noch bevor sich Polizeireporter Meise über Professor Möller erkundigt, klingelt wiederholt das Telefon. Meise muss jedes Mal entscheiden, ob die Meldungen, die er bekommt, journalistisch verwertbar sind. Dies macht er vor allem davon abhängig, ob es Tote gab: „Wie, Autozusammenstoß? In der Pankstraße? Wieviel Tote? – Keine? Ohne Tote ist es ohne Interesse für uns."[46] In Ermangelung Toter sind zumindest ein paar „Schwerverletzte" nötig, um aus einem Unfall eine Zeitungsmeldung zu machen.[47] Zwischen dem Namen des Informanten Müller, der den Unfall bei Meise telefonisch meldet und sich „nach Erscheinen der Notiz das Geld an der Kasse abholen kann",[48] und jenem des im Sterben liegenden Professors Möller ist ein Vokal der einzige Unterschied. Die beiden Telefongespräche klingen somit wie die zwei Seiten einer Medaille. Im optimalen Fall muss sich der schnell agierende Journalist weder mit der Ansicht des Toten noch mit komplexen Gefühlen der Überlebenden beschäftigen. Das Telefon verringert den Kontakt auch mit den Quellen, dem Augenzeugen Müller und der Ehefrau des Professors Möller. Die rasche, telefonische Annährung des Reporters an den Toten hält diesen von ihm fern. Im Nachruf spitzen sich die medienökonomischen Bedingungen des gesamten journalistischen Betriebs zu. Sichtbar macht er sie aber erst, wenn ein Hindernis seiner Veröffentlichung im Wege steht:

44 Sucker, „Sehnsucht nach dem Kurfürstendamm", 111–112.

45 Karl Kraus, Der Nachruf, in: Die Fackel 13 (1911), H. 234–235, 8–9, hier: 8.

46 Tergit, Käsebier, 29.

47 Ebd.

48 Ebd.

„Ist dort Möller? Hier Meise, Berliner Rundschau. Wie? Gnädige Frau selbst, ach, verzeihen Sie bitte die Anfrage, ich wollte mich nur erkundigen, ob Ihr Herr Gemahl noch lebt?"
Nach einer Weile legte Meise den Hörer wieder auf.
„Na und?" fragte Gohlisch. „Die Frau Professor scheint angehängt zu haben", sagte Meise.
„Kann ich mir denken", sagte Gohlisch, „das nennst du vorsichtig recherchieren!"
„Also keine Sicherheit", sagte Meise beruhigt und ging.[49]

Der Nachruf braucht die durch verlässliche Zeugen bestätigte Gewissheit des Todes, und zwar nicht, um zu entstehen, sondern um journalistisch verwendbar zu sein. Das Telefongespräch gefährdet allerdings das Vertrauensverhältnis der Augenzeugen und dadurch die Zuverlässigkeit der Informationen. Nicht nur ohne den Tod, sondern auch ohne dessen recherchierte Faktizität erweist sich der Nachruf als „unverwendbar", und „[i]n solchem Entdecken der Unverwendbarkeit fällt das Zeug auf".[50] Solang die Gewissheit des Todes nicht eintritt, ist der Nachruf, der „als Leitartikel im Satz [steht]",[51] auf seine drucktechnische Materialität reduziert und behindert möglicherweise die Endgestaltung und den Druck der Zeitungsseite. Der Untote steht dem Nachruf so im Weg wie der Nachruf dem Setzer. Im Wettbewerb um die telefonische „Entfernung" des Toten werden somit Leiche und Nachruf beide auffällig unbrauchbares, aufsässiges „Zeug".[52] Genauso wie in Kästners Roman *Der Gang vor die Hunde*, in dem Justizrat Labude vom Tod seines Sohnes aus der Zeitung erfährt,[53] erzählt der ebenfalls 1931 erschienene *Käsebier* von einer Welt, in der der Tod im normalen Fall medial (und geschwind) vermittelt wird. Sowohl der Tod selbst als auch die Modalitäten seiner Vermittlung können erst bei einer Übertragungsstörung überhaupt auffallen. Dabei geht es aber nie um den Tod *irgendeines* Menschen. Nachrufe werden ja nicht auf die ‚kleinen Leute' geschrieben.

3 Mediensoziologie des Nachrufs

Nicht nur durch seine Unverwendbarkeit, auch durch sein Fehlen macht der Nachruf im Wettbewerb mit anderen Blättern auf sich aufmerksam, wenn der Tote

---

49 Ebd. 29–30.

50 Heidegger, Sein und Zeit, 73.

51 Tergit, Käsebier, 29.

52 Heidegger, Sein und Zeit, 73. „Die Modi der Auffälligkeit, Aufdringlichkeit und Aufsässigkeit haben die Funktion, am Zuhandenen den Charakter der Vorhandenheit zum Vorschein zu bringen" (ebd., 74).

53 „,Der Herr Justizrat ist noch immer nicht da', bemerkte der Diener. ‚Ich habe keine Ahnung, wo er sich aufhält. Aber er wird es ja in der Zeitung lesen.' ‚Es steht schon in der Zeitung?' fragte Fabian." Erich Kästner, Der Gang vor die Hunde [1931], 11. Aufl., Zürich 2013, 181.

ausreichende soziale Anerkennung genossen hat. Was sind die Bedingungen gesellschaftlichen und beruflichen Erfolgs? Und welche Rolle spielen Nachrufe bei einer mediensoziologischen Erkundung der Bedeutungslosigkeit? Dieser große Themenkomplex des Romans kondensiert sich in der Figur des Journalisten „Augur",[54] der eine Art menschliches Gegenstück zu Wolffs Telegraphischem Bureau darstellt. Er versorgt die Feuilletonisten der Donnerstagseite mit Neuigkeiten; wie eine Kassandra besitzt er aber auch eine gewisse Hellsichtigkeit, denn er spricht einen der Schlüsselsätze des ganzen Romans: „Der Erfolg ist eine Sache der Suggestion und nicht der Leistung".[55] Damit kündigt er proleptisch das Schicksal des Volkssängers Käsebier an. Als im letzten Teil des Romans die kleine Tochter Augurs nach einer langen Krankheit an Tuberkulose stirbt, erkundigt sich kein Polizeireporter danach. Der Tod eines kleinen Kindes ist keinen Nachruf wert. Auch erfahren Augurs Kollegen und Freunde vom Tode des Kindes nur deswegen, weil Augur nicht auftaucht. Als sein Fehlen auffällt, ruft ihn Gohlisch an und erfährt durch Augur vom Tod der Tochter.[56] Seine Freunde, die Feuilletonisten der Donnerstagseite, haben sich für die Krankheit des Kinds nicht genügend interessiert, wie Käte Herzfeld Miermann vorwirft:

> Miermann erzählte, daß Augurs kleine Tochter gestorben sei. „Wie?" sagte Käte, „und da hat alles bei Ihnen zugesehen, wie ein Kind langsam an Tuberkulose zugrunde ging? Da sind weder Sie noch Herr Gohlisch noch das Fräulein Doktor auf die Idee gekommen, sich zu kümmern?"[57]

Die eigene Blindheit gegenüber dem Leiden eines kleinen Kindes lässt Miermann verzweifeln und macht ihm seine eigene Bedeutungslosigkeit bewusst. Seine Hilflosigkeit drückt er bei der Leichenrede aus, die er als Parentator zum Begräbnis des Kindes hält und die sich antithetisch zum Nachruf verhält. Nicht von Leistungen wird gesprochen,[58] und weder wirtschaftliches Interesse noch politische Zugehörigkeit sind für die Würdigung der kleinen Eva-Maria Tradt von Belang. In einer „merkwürdig[en]" Rede wirft Miermann „alle Begriffe durcheinander[]", er hat sich nämlich „aus der griechischen Mythologie, aus dem christlichen Glauben, aus der Lehre Buddhas geholt, was er brauchte, um zu beweisen, daß dieses Kind weiterleben müsse".[59] Schließlich zeigt seine Trauerrede auch, dass er kein Journalist

54 Tergit, Käsebier, 24. – Zur Figur Augurs als „Enthüllungsjournalist" siehe auch: Sucker, „Sehnsucht nach dem Kurfürstendamm", 216–217.

55 Tergit, Käsebier, 28.

56 Ebd. 299.

57 Ebd., 300.

58 Bogner, Der Nachruf, 3.

59 Tergit, Käsebier, 307.

mehr ist. Damit „dankt[]“ er „ab“,[60] und tatsächlich wird er am Ende des Kapitels vom neuen Chef, dem „Konjunkteur“[61] August Frächter, einen Kündigungsbrief erhalten.

Zweimal versucht Miermann seine Bedeutungslosigkeit noch zu verleugnen. Zunächst weigert er sich, während der letzten Wochen seiner Mitarbeit in der „Berliner Rundschau“ Artikel zu veröffentlichen.

> Seit 18 Jahren waren die Leser der Berliner Rundschau an die kleinen Miermanns gewöhnt. […] Miermann schrieb nichts mehr. Er wartete auf das Echo des Publikums und des Verlages.[62]

Leider behält am Ende der Setzer der „Berliner Rundschau“ Miehlke Recht, der berüchtigt dafür ist, alle Artikel gnadenlos zu kürzen. „Sie glauben wohl, es merkt's einer von den Lesern? Och, Leser merken janischt, janischt merken Leser. Die Herren denken immer, es kommt druff an. Es kommt aber nich druff an.“[63] Miermann hatte Miehlke nie geglaubt. Für das eigene Scheitern machte er seinen alten Chefredakteur Mahlke verantwortlich. Mahlkes Name bildet nicht zufällig – genauso wie im Fall von Möller und Müller – ein phonologisches Minimalpaar mit jenem des Metteurs Miehlke. Paronomastisch[64] markiert Tergit das Verhältnis von Figuren, die auf dieselben Probleme reagieren, aber mit verschiedenen Implikationen. Mahlke habe, wie Miermann meint, seine Karriere zwanzig Jahre lang behindert, indem er ihm beim Kürzen „die Pointen gestrichen“[65] habe und es ihm verweigerte, „Miermann zu werden“.[66] Miermann dachte tatsächlich, der Erfolg sei eine Frage der Leistung. Mahlke verkörpert somit die ungerechte Beliebigkeit der medienökonomischen *contrainte* des Kürzens, die keine Rücksicht auf intellektuelle und berufliche Ambitionen nimmt und den Weg zum Erfolg gelegentlich versperrt. Der Metteur Miehlke steht hingegen für die produktive Seite des Kürzens. Schließlich ist es nicht so wichtig, was in den einzelnen Artikeln geschrieben oder ausgelassen wird: Hauptsache, die Zeitungsseiten werden typographisch gestaltet und gedruckt. Miehlkes Auftreten zwingt die Redakteure zur Produktivität. Die gemeinsame zynische Prämisse von Mahlke und Miehlke ist die Unaufmerksamkeit

---

60 Ebd.
61 Ebd., 280.
62 Ebd., 314.
63 Ebd., 10.
64 Die rhetorische Figur der Paronomasie betrifft die „Zusammenstellung von […] Wortkörpern mit gleichem oder ähnlichem Klang, aber unterschiedlicher Bedeutung.“ Ralf Georg Czapla, Lemma „Paronomasie“, in: Historisches Wörterbuch der Rhetorik, Bd. 6: Must–Pop, hg. von Andreas Hettiger, Gregor Kalivoda, Franz-Huber Robling und Thomas Zinsmaier, Tübingen 2004, Sp. 649–652, hier: 649.
65 Tergit, Käsebier, 106.
66 Ebd.

der Leser. Im Nachhinein muss Miermann aber einsehen, dass Miehlke und Mahlke richtig lagen: Die Leser merken gar nichts. Weder der Verlag noch das Publikum nehmen Miermanns Streik zur Kenntnis. Bitter kommentiert er das Schweigen seiner Leserschaft mit den Worten: „Keine Messe wird man singen, keinen [sic] Kaddisch wird man sagen. Nichts gesagt und nicht gesungen wird an meinem Sterbetage."[67]

Miermanns erster Versuch, sich seiner Prominenz zu vergewissern, ist somit gescheitert. Am Tag seiner Kündigung geht er mit seiner Frau spazieren. Plötzlich stürzt er zu Boden. Er spricht ein jüdisches Gebet – und stirbt.[68] Der tödliche Herzschlag ereilt ihn genauso, wie er Sling im Mai 1928 erwischt hatte. Emma Miermann will dem Gatten wenigstens posthume Genugtuung verschaffen. Als „Journalistenfrau" weiß sie genau, wie der Betrieb funktioniert.

> Da dachte sie daran, daß sie ihn rächen müßte an denen, die ihm so Böses getan hatten. Es erwachte der alte Kampfgeist Miermanns in ihr und sie rief bei Öchsli an. Sie sagte Öchsli das Vorgefallene und fügte hinzu, Öchsli möchte es doch noch allen Zeitungen melden, aber so, daß die Berliner Rundschau nichts erführe. [...] Alle Morgenblätter, bis auf die Berliner Rundschau, meldeten den Tod Miermanns. In allen Zeitungen waren ihm mindestens 20, in der Berliner Tageszeitung ein Aufsatz von 80 Zeilen gewidmet worden. Nur in der Berliner Rundschau stand kein Wort. Tatsächlich entstand darüber eine viel größere Aufregung als über Miermanns Tod. „Ich verstehe gar nicht, was wir für einen Nachrichtendienst haben", sagte Frächter zum Chef des lokalen Teils, „wir erfahren nicht, wenn der wichtigste Redakteur unseres Hauses stirbt."[69]

Wie Juliane Sucker anmerkt, wird diese Stelle in Tergits Autobiografie wieder aufgenommen, und zwar in Bezug auf Paul Cassirer, bei dessen Tod im Januar 1926 das *Berliner Tageblatt* zu spät reagiert hatte.[70] In beiden Fällen wird das aufdringliche Fehlen eines Nachrufs für die Redaktionen als Blamage wahrgenommen. Im Roman hat der *faux pas* zur Folge, dass darüber „eine viel größere Aufregung als über Miermanns Tod"[71] entsteht. Der Mechanismus der Suggestion wird in Gang gesetzt. Der tote Feuilletonist erreicht, was ihm im Leben verwehrt blieb: den Erfolg.

---

67 Ebd., 314–315.
68 Ebd., 326.
69 Ebd., 327–328.
70 Sucker, „Sehnsucht nach dem Kurfürstendamm", 220; Tergit, Etwas Seltenes überhaupt, 41.
71 Tergit, Käsebier, 327.

4 Metaphysik des Nachrufs

Das Grab scheint bei Miermann die einzig mögliche Zuflucht vor der „transzendentalen Obdachlosigkeit"[72] geworden zu sein. Miermann, ein aufgeklärter Selfmademan, der sich vom Judentum abgewandt hat, verliert auch seinen Halt im journalistischen Betrieb. Als ihm die eigene Bedeutungslosigkeit bewusst wird, trifft ihn der Schlag.

Beim Tod des Journalisten Sling, den Tergit schätzte, erschienen Nekrologe gleich in den ersten Tagen nach seinem Tod, und nach seinem Begräbnis veröffentlichten die Zeitungen weitere Nachrufe. Es gibt gute Gründe dafür anzunehmen, dass Sling ein Vorbild für die Figur Miermann war. Vergleicht man die historischen Nachrufe mit der fiktiven Erzählung von Miermanns Begräbnis, so liest sich insbesondere der Nekrolog der *Vossischen Zeitung* wie eine Blaupause für den Roman. Sowohl Sling als auch Miermann werden „auf dem Waldfriedhof" beigesetzt. Die „zahlreiche Trauergemeinde"[73] der Kollegen aus dem Verlag wird in beiden Texten erwähnt, samt einer detaillierten Liste der Anwesenden. „Frau Lotte Leonard" singt „[b]ei Beginn der Trauerfeier" Slings „die Bachsche Kantate ‚Komm, süßer Tod'". Und auch im Roman spielt die Orgel Bach. Für Sling spricht „der Chefredakteur der ‚Vossischen Zeitung', Georg *Bernhard* [...] warme und herzliche Worte des Gedenkens".[74] Im Falle Miermanns ist es der verhasste August Frächter, der „mit langsamen Schritten" vortritt und mit seiner Rede die Bedeutungslosigkeit des Verstorbenen zu unterstreichen scheint.[75] Die *Vossische Zeitung* erwähnt bei Sling die anwesenden Vorsitzenden und Vertreter, unter anderen „Dr. *Dovifat*, der Vorsitzende des Berliner Bezirksverbandes der Deutschen Presse", der „[d]en großen Journalisten und unermüdlichen Vorkämpfer des Journalismus würdigte".[76] Gerade die Lobreden von „Vorsitzende[n] und Vertreter[n]", die im Roman von den beiden Freunden Miermanns gnadenlos aufs Korn genommen werden, erzeugen in *Käsebier* die posthume Suggestion des Erfolgs.

> Denn in den Abendblättern des 2. September war Miermann bereits der „große Journalist". Beim Tode am 30. August noch 20 Zeilen „der bekannte Journalist". In den größeren Nachrufen

72 Georg Lukács, Die Theorie des Romans. Ein geschichtsphilosophischer Versuch über die Formen der großen Epik [1916], München 1994, 32.

73 Tergit, Käsebier, 328–331.

74 Anonym, Slings Beisetzung, in: Vossische Zeitung, 26. Mai 1928, Nr. 246, Morgen-Ausgabe, Erste Beilage, 5 [Hervorhebung im Original].

75 „Seine Bücher, seine feine Lyrik blieben ungelesen, um so gelesener war er als Journalist, denn er war Journalist aus Berufung, nicht aus Beruf." Tergit, Käsebier, 330.

76 Anonym, Slings Beisetzung, 5 [Hervorhebung im Original].

> bereits „der bedeutende Journalist". In den Berichten über die Beerdigung „der große Journalist", „der einzigartige Journalist". Gohlisch und Fräulein Kohler gingen an das Grab. Sie dachten an Miermann bei der Beerdigung von Augurs Kind und an den Jahrmarkt der Eitelkeit, der hier zwischen Bäumen, Vögeln, Blumen und einem Toten sich ausbreitete. „Es haben nur solche gesprochen, die er nicht ausstehen konnte", sagte Gohlisch. „Sie haben wieder mal völlig recht", sagte Fräulein Kohler.[77]

Der Pressebetrieb bietet eine ewige Heimstatt für seine Mitarbeiter, die sonst vom flüchtigen Ruhm des Tages leben; er verewigt Miermann sowie Sling, beide werden von „bekannte[n]" zu „berühmte[n]" Journalisten.[78] An dieser Stelle wirkt der Nachruf im Roman nicht mehr als störendes, enthüllendes Moment, mit dem die Raserei und der Zynismus des modernen Journalismus zutage treten. Vielmehr stellt hier dieses Genre ein selbstregulierendes Moment des Betriebs dar. Denn die ganze Reihe der „Vorsitzende[n] und Vertreter", die bei der Beisetzung Miermanns zu Wort kommen (ein „Vertreter der freien wissenschaftlichen Vereinigung [...], ein Vertreter des Berliner Magistrats, der Vorsitzende des Verbandes Berliner Theaterkritiker, ein Vertreter des Bühnenvereins, ein Vertreter des Schutzverbandes deutscher Schriftsteller, ein Vertreter des Reichsverbandes der deutschen Presse"[79]), wiederholen dieselben Worte: Sie betonen die Zugehörigkeit Miermanns zu ihren Verbänden, er sei „ein tätiges Mitglied" gewesen. Obwohl keiner dieser Verbände Miermann während seines Streiks und seiner Kündigung zur Hilfe gekommen ist, beanspruchen sie jetzt den Verstorbenen für ihre Reihen. Die heuchlerische Verehrung bei der Beisetzung steigert nochmals den lobenden Tonfall der Nachrufe: Miermanns journalistische Leistung wird somit posthum verewigt. Der Nekrolog schützt die Presse vor der Destabilisierung, und dies durch eine opportunistische Umschreibung der Vergangenheit. Der Ruhm wird Miermann erst dann vom Betrieb zugesprochen, als der Tod ihn zum Schweigen bringt.

Indem sich der *Käsebier*-Roman satirisch mit jenen Modernisierungs- und Sparmaßnahmen auseinandersetzt, die Karl Vetter und Hans Lachmann-Mosse Anfang der 1930er Jahre zum Umbau der Zeitungsredaktion dienten,[80] erkundet er

77 Tergit, Käsebier, 331.

78 Tergit, Am Rande des Gerichts, 238.

79 Tergit, Käsebier, 330.

80 Sucker, „Sehnsucht nach dem Kurfürstendamm", 206; Schütz, Romane der Weimarer Republik, 156; zum Umbau des *Berliner Tageblatts* siehe Peter de Mendelssohn, Zeitungsstadt Berlin. Menschen und Mächte in der Geschichte der deutschen Presse [1959], Berlin 2017, 460–464. Tergit erinnert in ihrer Autobiografie an diese Zeit, beispielweise an den Moment, als das Büro des Verlagsdirektors Carbe vom neuen Direktor Karl Vetter besetzt wurde: „Ich stand an der Tür des Zimmers, in dem sich zehn Handwerker im Wege standen. Ich stand wie an der Bahre eines geliebten Menschen. Ich hatte recht, es war das Ende des *Berliner Tageblatts* [...]." Tergit, Etwas Seltenes überhaupt, 113.

den Nachruf als ein Genre, das an der Geschichte der Presse mitschreibt. Für eine literarische Aufarbeitung der Konflikte im journalistischen Betrieb des Jahres 1931 erweist sich der Nachruf als besonders geeignet. Zu Recht betont die Forschung immer wieder, es sei irreführend, *Käsebier* als Schlüsselroman zu lesen.[81] Nicht nur Sling, auch andere zeitgenössische Intellektuelle kämen als Vorbilder für die Figur Miermann in Betracht.[82] Einige Passagen aus dem *Käsebier*-Roman lässt Gabriele Tergit in andere Romane oder auch in ihre Autobiografie wortwörtlich einfließen, und zwar mit einer doppelten Geste, die die Fiktion enthüllt und zugleich die Biografie verschleiert. Als Kondensate von Schicksalen, aber auch als literarisches Andenken an viele Gestorbene sind die Gestalten des Romans auszulegen.

Nicole Henneberg schlägt vor, den vor kurzem posthum erschienen Roman *So war's eben* „als Kaddisch“ zu lesen, als „ein Totengebet für die vielen, für die die Figuren dieses Romans stehen“.[83] Dasselbe lässt sich wahrscheinlich für alle drei Romane Tergits sagen. In *Käsebier* nimmt jedoch das Kaddisch die Form kurzer und aufsässiger journalistischer Nachrufe an, die den Betrieb zur Selbstreflexion zwingen. Denn der Roman wird – wie jeder gute Nachruf – rechtzeitig zum Zeitpunkt des Todes verfasst: in einem Moment des Bruchs, in dem der Tod eine ganze journalistische Szene ereilt. Genauso wie Miermann mit einer Trauerrede das Ende seiner journalistischen Existenz besiegelt, ist die Leichenrede in Romanform auf ein aussterbendes journalistisches Ideal auch für Tergit ein Weg, als Reporterin abzudanken – egal, ob freiwillig oder nicht. Mit der Veröffentlichung dieses Romans gehen für die Autorin die „sieben fetten Jahre im Leben einer ganzen Generation“[84] zur Neige.

---

81 Sucker, „Sehnsucht nach Kurfürstendamm“, 101; Erhard Schütz, Von Fräulein Larissa zu Fräulein Dr. Kohler? Zum Status von Reporterinnen in der Weimarer Republik. Das Beispiel Gabriele Tergit, in: Autorinnen der Weimarer Republik, hg. von Walter Fähnders und Helga Karrenbrock, Bielefeld 2003, 215–237, hier: 232.

82 Vor allem Rudolf Olden, aber auch der schon erwähnte Paul Cassirer. Erhard Schütz hat zudem einmal Victor Auburtin als mögliches Vorbild ins Spiel gebracht: ders., Von Fräulein Larsissa zu Fräulein Dr. Kohler, 232.

83 Nicole Henneberg, Die Vertriebenen, Nachwort zu: Gabriele Tergit, So war's eben, hg. von Nicole Henneberg, Frankfurt/Main 2021, 607–618, hier: 618; auch Sucker, „Sehnsucht nach dem Kurfürstendamm“, 87.

84 Tergit, Etwas Seltenes überhaupt, 22.

Literaturverzeichnis

Anonym, Slings Beisetzung, in: Vossische Zeitung, 26. Mai 1928, Nr. 246, Morgen-Ausgabe, Erste Beilage, 5.

E. E. [Erich Eyck], Sling zum Gedächtnis, in: Vossische Zeitung, 24. Mai 1928, Nr. 242, Morgen-Ausgabe, Wochenbeilage „Recht und Leben", 17.

Georg, Manfred, Sling ist gestorben, in: Badische Presse, 26. Mai 1928, Nr. 245, Morgenausgabe, 2.

Goldstein, Moritz, Berliner Jahre. Erinnerungen. 1880–1933, München 1977.

Goldstein, Moritz [Inquit], Begegnung mit Sling, in: Aufbau, 7. Mai 1948, Nr. 19, 11–12.

Kästner, Erich, Der Gang vor die Hunde [1931], 11. Aufl., Zürich 2013.

Kraus, Karl, Der Nachruf, in: Die Fackel 13 (1911), H. 234–235, 8–9. URL: https://fackel.oeaw.ac.at/f/324,008.

Kraus, Karl, Nachruf, in: Die Fackel 22 (1920), H. 531–543, 270. URL: https://fackel.oeaw.ac.at/f/531.

M. J. [Monty Jacobs], Sling †, in: Vossische Zeitung, 23. Mai 1928, Nr. 241, Abend-Ausgabe, Beilage, 5.

Olden, Rudolf, Ein Gentleman ging, in: Berliner Tageblatt, 24. Mai 1928, Nr. 242, Morgen-Ausgabe, 3.

Polgar, Alfred, „Mohnkuchen aß er gerne", in: Berliner Tageblatt, 1. Januar 1926, Nr. 1, Morgen-Ausgabe, 2.

Tergit, Gabriele, Blüten der zwanziger Jahre. Gerichtsreportagen und Feuilletons 1923–1933, hg. von Jens Brüning, Berlin 1984.

Tergit, Gabriele, Käsebier erobert den Kurfürstendamm [1931], hg. von Nicole Henneberg, Frankfurt/Main 2016.

Tergit, Gabriele, Etwas Seltenes überhaupt. Erinnerungen, Frankfurt/Main 2018.

Tergit, Gabriele, Vom Frühling und von der Einsamkeit. Reportagen aus den Gerichten, hg. von Nicole Henneberg, Frankfurt/Main 2020.

Tergit, Gabriele, So war's eben, hg. von Nicole Henneberg, Frankfurt/Main 2021.

Bogner, Ralf Georg, Der Autor im Nachruf. Formen und Funktionen der literarischen Memorialkultur von der Reformation bis zum Vormärz, Tübingen 2006.

Braun, Bettina, „Der neue Feuilletonist in Deutschland marschiert auf der Straße mit". Die Konzeption einer ‚deutschen' Textgattung in der zeitungswissenschaftlichen Forschung Wilmont Haackes, in: Feuilleton. Schreiben an der Schnittstelle zwischen Journalismus und Literatur, hg. von Hildegard Kernmayer und Simone Jung, Bielefeld 2017, 79–104.

Czapla, Ralf Georg, Lemma „Paronomasie", in: Historisches Wörterbuch der Rhetorik, hg. von Gert Ueding, mitbegründet von Walter Jens, 12 Bände, Tübingen 1992–2015, Bd. 6, Sp. 649–652.

Dovifat, Emil, Zeitungslehre. 2 Bände [1937/1955], 3. neubearb. Aufl., Nachdruck Berlin 2019.

Groth, Otto, Die Zeitung. Ein System der Zeitungskunde (Journalistik), 4 Bände, Mannheim, Berlin, Leipzig 1928.

Haacke, Wilmont, Feuilletonkunde. Das Feuilleton als literarische und journalistische Gattung, 2 Bände, Leipzig 1944.

Heidegger, Martin, Sein und Zeit [1927], 19. Aufl., Tübingen 2006.

Heidelberg, Franz Carl, Justizreportage. Journalistische Ziele und juristische Schranken. Inaugural-Dissertation zur Erlangung der Doktorwürde einer Hohen Juristischen Fakultät der Badischen Ruprecht-Karls-Universität zu Heidelberg, Heidelberg 1932.

Horstmann, Carl, Lemma „Gerichtsberichterstattung", in: Handbuch der Zeitungswissenschaft, hg. von Walther Heide und Ernst Herbert Lehmann, 2 Bände, Leipzig 1940–1943, Bd. 2, Sp. 1250–1256.

Lukács, Georg, Die Theorie des Romans. Ein geschichtsphilosophischer Versuch über die Formen der großen Epik [1916], München 1994.

McQueen, Kate, Into the Courtroom. Paul „Sling“ Schlesinger and the Origins of German Literary Trial Reportage, in: Literary Journalism Studies 7 (2015), H. 2, 8–26.

Mendelssohn, Peter de, Zeitungsstadt Berlin. Menschen und Mächte in der Geschichte der deutschen Presse, Berlin 2017.

Schütz, Erhard/Thomas Wegmann, Neue Sachlichkeit und Angestelltenliteratur, in: Handbuch Literatur & Ökonomie, hg. von Joseph Vogl und Burkhardt Wolf, Berlin, Boston 2019, 598–611.

Schütz, Erhard, Von Fräulein Larissa zu Fräulein Dr. Kohler? Zum Status von Reporterinnen in der Weimarer Republik. Das Beispiel Gabriele Tergit, in: Autorinnen der Weimarer Republik, hg. von Walter Fähnders und Helga Karrenbrock, Bielefeld 2003, 215–237.

Schütz, Erhard, Romane der Weimarer Republik, München 1986.

Sösemann, Bernd, Rechtsprechung im Feuilleton. Paul Schlesingers Beitrag zur Justizkritik in der Weimarer Republik, in: Berliner Profile, hg. von Hermann Haarmann, Erhard Schütz, Klaus Siebenhaar und Bernd Sösemann, Berlin 1993, 51–75.

Sucker, Juliane, „Sehnsucht nach dem Kurfürstendamm“. Gabriele Tergit – Literatur und Journalismus in der Weimarer Republik und im Exil, Würzburg 2015.

Irina Wutsdorff

„Der arme Richard“. Karel Čapeks Nekrolog auf Richard Weiner

1 Ein Nachruf im Diminutiv

„Chudák Richard“, „Der Arme Richard“, so ist der Nachruf Karel Čapeks auf Richard Weiner überschrieben, der am 5. Januar 1937 in der damals wohl wichtigsten tschechischen Tageszeitung *Lidové Noviny* [*Volkszeitung*] erscheint. Bereits mit der Überschrift ist der Gestus des Textes angekündigt: Die Nennung des Verstorbenen beim Vornamen suggeriert eine gewisse Nähe, hat aber auch etwas Paternalistisches oder zumindest Verniedlichendes, um nicht zu sagen Despektierliches, vor allem im Zusammenklang mit „der Arme“, wie man es von Kindern sagt, denen Pech oder Unbill zugestoßen ist. Der Nachruf ist kurz und sei hier in Gänze in der deutschen Übersetzung zitiert:

> Zum erstenmal bekam er den Namen, als er im ersten Kriegsjahr von der Front kam, nervlich zerrüttet vom Entsetzen über all das Blutige und Grauenhafte, das er, ein Dichter und hochempfindsamer Mensch, hatte sehen und erleben müssen. In seinen dunklen Augen brannten atemloser Schmerz und schreckliche Verwundung. So was ist nichts für den armen Richard, sagten seine Freunde; die Spur der seelischen Erschütterung fanden wir in seinem Kriegsbuch *Die Furie*, aber gewichen ist sie wohl nie.
>
> Nach dem Umsturz 1918 entschwand er nach Paris; wir lasen seine unzähligen Nachrichten und Artikel, die gleichermaßen von journalistischer Gewissenhaftigkeit und poetischer Liebe zur Pariser Kulturszene diktiert waren; von Zeit zu Zeit bekamen wir seine nervösen, schwierigen Bücher in die Hand, innerlich gespaltene Gedichte und Prosawerke. Ein oder zweimal trafen wir uns in Paris, in seinem kleinen Zimmer am Montmartre oder in einem kleinen Café; immer war er ein wenig kauzig einsam, zerstreut und unstet. Der arme Richard ist hier doch nicht zu Hause, sagten wir uns. Und wenn er im Urlaub nach Böhmen kam, war er noch unsteter und fühlte sich noch einsamer. Der arme Richard war zu lange weg, und er war viel zu sensibel, als daß ihm nicht allzu bewußt geworden wäre, daß sich die Fäden und Verbindungen mit der Zeit gelockert hatten; er hatte einfach auch zu Hause aufgehört, sich zu Hause zu fühlen. Es war Einsamkeit unter Menschen, die ihn gern hatten und nicht wußten, was sie tun mußten, um die Empfindsamkeit des scheuen und sanften Sonderlings nicht zu verletzen.
>
> Schließlich kehrte er als physisch gebrochener Mensch zurück. Wir wußten schon, daß es schlimm um ihn stand; doch er arbeitete noch emsiger, den körperlichen Schmerz überwindend, suchte sich letztmals tiefer und zutraulicher in unsere Lebenswelt zu versenken, als er schon langsam und unabänderlich zum anderen Ufer hinüberging. Und dann war es nur noch der bleiche, silberhaarige Schatten eines Menschen auf dem Krankenlager, mit großen, fast unnatürlichen Augen, unendlich geduldig und so liebenswürdig, wie nur ein großer Dulder sein kann. Der arme Richard verdiente seinen freundschaftlichen Spitznamen bis zuletzt, um ihn

https://doi.org/10.1515/9783111106472-011

> aufs höchste zu erfüllen mit seinem Leiden und seiner ergreifenden Liebe. Mit Richard Weiner ist ein Schmerzensmann gestorben.[1]

Dieser Nachruf entspringt einer spezifischen, durchaus spannungsreichen Konstellation: Hier schreibt ein Autor, der Schriftsteller und Journalist ist, über einen Autor, der ebenfalls in beiden Registern tätig war, dessen Schaffen ebenfalls zwischen Literatur und Journalismus angesiedelt war, an der Schnittstelle zwischen beidem oder auf beiden Gebieten gleichermaßen. Čapek schreibt hier also – zugespitzt gesagt – über einen Konkurrenten. Dabei mag es nicht nur oder sogar weniger um die Konkurrenz zu einem Literaten- bzw. Journalisten-Kollegen gegangen sein, als mehr noch um die Unterschiede im Selbstverständnis, wie die beiden Tätigkeitsfelder miteinander in Beziehung zu setzen sind. Denn – dies sei als These vorausgeschickt – Weiner gelten Literatur und Journalismus eher als getrennt voneinander betrachtete Tätigkeiten, während sie bei Čapek ineinander übergehen. Was dies für das literarische und journalistische Schreiben beider, aber auch für ihr Ethos als Publizisten und Künstler in der Tschechoslowakischen Republik nach 1918 jeweils bedeutete, will ich zumindest in Grundzügen erläutern.

Es geht mir insofern um mehr als die bereits mehrfach aufgeworfene Frage, ob dieser Nachruf im Diminutiv von einem eher blasierten oder einem eher von Anteilnahme geprägten Mitleid zeugt. So hatte die Schriftstellerin und ehemalige Dissidentin Eva Kantůrková die Titulierung „armer Richard" als Ausdruck eines „herablassenden Mitleids" [„blahosklonné lítosti"[2]], letztlich als Ausdruck einer „Überheblichkeit des erfolgreichen Schriftstellers" [„povýšenost úspěšného spisovatele"[3]] bezeichnet – ein Vorwurf, den der Čapek-Forscher Jiří Opelík vehement zurückwies. Er argumentierte mit einer buchstabengetreuen Lesart des Nekrologs, demzufolge die Bezeichnung „Chudák Richard" nicht Čapeks Erfindung und insofern auch nicht herablassend gewesen sein könne, sondern eine unter den Freunden und Generationsgenossen übliche Art, von Weiner zu sprechen, nachdem dieser aufgrund eines Nervenzusammenbruchs 1915 von der serbischen Front zurückgekehrt war.[4]

---

1 Karel Čapek, Der Arme Richard. Übers. von Eckhard Thiele, in: Kreuzungen des Lebens. Erzählungen, Essays, Feuilletons, Briefe. Ausgewählt und kommentiert von Steffi Widera, München 2005, 283–284.

2 Eva Kantůrková, Řekni mi, kdo jsi!, Praha 2012, 28.

3 Jiří Opelík, Chudák Karel, in: Zprávy Společnosti bratří Čapků 108 (2013), H. 3.

4 Opelík argumentierte (ebd.) weiter, dass die Formulierung „der Arme" ja keinesfalls pejorativ gemeint sein müsse, sondern auch „Ausdruck von Schmerz, Bedauern, Mitleid, Anteilnahme, Verständnis" sein könne. [„Ostatně ‚chudák' není přece výhradně pejorativum, může být i výrazem

2 Weiner und Čapek: Gemeinsamkeiten und Unterschiede der Lebens- und Schaffenswege

Ein gewisses Konkurrenzverhältnis zwischen beiden Autoren allerdings ist nicht von der Hand zu weisen – auch wenn Weiner eigentlich nie eine wirkliche Bedrohung für den in jeglicher Hinsicht wesentlich arrivierteren Čapek darstellte. Wohl aber waren beide auf ähnlichem Terrain aktiv. Beide schrieben Prosa – Čapek Erzählungen, Romane, auch Dramen; Weiners Prosastücke sind meist kürzer und sehr dicht komponiert und nehmen lyrische Elemente auf. Beide Autoren waren für verschiedene Tageszeitungen tätig, hauptsächlich aber für die *Lidové noviny*.

Hinzu kommen biografische Ähnlichkeiten, jedoch auch Unterschiede: Sowohl Čapek als auch Weiner entstammen bürgerlichen Familien außerhalb Prags und gehören in etwa derselben Generation an – Čapek wurde 1890 in eine Arztfamilie im Vorland des Riesengebirges geboren, Weiner 1884 in eine wohlhabende jüdische Fabrikantenfamilie. Für Weiner als ältesten Sohn war eigentlich die Rolle des Fabrikerben vorgesehen, die er mit einem Chemie-Studium in Prag, Zürich und Aachen und anschließend mit Beschäftigungen als Chemie-Ingenieur in Pardubice, Freising und Allach bei München zunächst auch anzunehmen suchte, ehe er – bestärkt durch den führenden tschechischen Literaturkritiker F. X. Šalda, der sein Debüt als Lyriker positiv würdigte – 1912 nach Paris ging, um sich ganz dem Schreiben zu widmen und seinen Lebensunterhalt als Korrespondent zu verdienen. Nachdem er noch im selben Jahr während des Balkankrieges zum Wehrdienst an der bosnisch-serbischen Grenze eingezogen worden war, kehrte er 1913 nach Paris zurück, um als Korrespondent für die *Lidové noviny* zu arbeiten, wurde 1914 bei einem Besuch in der Heimat vom Kriegsausbruch überrascht, eingezogen und an die serbische Front geschickt, wo es zu dem im Nachruf beschriebenen Nervenzusammenbruch kam. Nach einigen Arbeiten für andere Zeitungen trat er 1918 wieder in die Redaktion der *Lidové noviny* ein, für die er ab 1919 dann als Korrespondent in Paris tätig war.

Bei Karel Čapek verlief der Weg zum Schriftsteller und Journalisten geradliniger: Er legte nach mehreren Umzügen mit der Familie sein Abitur bereits in Prag ab und begann dort ein Studium an der philosophischen Fakultät, wo er die Fächer Philosophie, Kunstgeschichte und Ästhetik, außerdem auch Französische, Englische und Deutsche Philologie belegte. 1915 schloss er mit einem Doktorat in Philosophie

bolu, politování, soucitu, účasti, pochopení].“ [Übersetzungen aus dem Tschechischen, soweit nicht anders angegeben, von mir, I.W.].

ab. 1918 erschien sein Buch *Pragmatismus oder Philosophie des praktischen Lebens* [*Pragmatismus čili Filozofie praktického života*].

Weiner und Čapek debütierten als Literaten noch vor dem Ersten Weltkrieg, weshalb Weiner oft der später so genannten Čapek-Generation zugeordnet wurde,[5] die im Herbst 1913 mit dem *Almanach na rok 1914* [*Almanach auf das Jahr 1914*] in Erscheinung trat und für eine moderne tschechische Literatur und Kunst eintrat. Während Čapek jedoch als einer der Organisatoren dieses programmatischen Almanachs fungierte, war Weiner in ihm gar nicht vertreten. Zu einem geplanten zweiten Band hätte er beitragen sollen, dieser kam aber aufgrund des Ausbruchs des Ersten Weltkriegs nicht mehr zustande. Auch in seinem weiteren künstlerischen Leben schloss Weiner sich mit einer kurzen Ausnahme nie einer Künstlergruppierung an.

Čapeks Position war insgesamt im Vergleich zu der Weiners stets die wesentlich gefestigtere, besser vernetzte, selbstverständlichere. In der Ersten Republik war er einer der angesehensten Autoren, während Weiner tendenziell immer den Status des Einzelgängers oder gar des Außenseiters innehatte – was Čapek in seinem Nachruf ja deutlich markiert. Vereinfacht wurde Weiners Position sicherlich auch nicht dadurch, dass er homosexuell und jüdischer Herkunft war. Abseits des Prager Geschehens befand er sich zudem schon in räumlicher Hinsicht, durch die Wahl von Paris als Wohnort, von wo er in den verschiedensten journalistischen Formaten über eine Vielfalt von Themen, die von Politik und Wirtschaft über Kultur und Alltag bis zu Mode reichten, berichtete. Teils erschienen seine Arbeiten unter variierenden Pseudonymen, so zeichnete er Mode-Artikel mit dem weiblichen Namen Filína. Marie Langerová schätzt für die Zeit zwischen 1912 und 1936 die Zahl der allein in den *Lidové noviny* erschienenen Artikel auf rund 3000.[6]

Čapek trat zwar erst 1921 in die Redaktion der im Jahr zuvor gegründeten Prager Filiale der *Lidové noviny* ein, avancierte dort aber rasch zu einem der führenden Autoren des Feuilletons. Er entfaltete hier eine äußerst große Produktivität, schrieb in einer Vielzahl von kleineren Textsorten, publizierte aber auch seine Romane wie *Továrna na absolutno* [*Die Fabrik des Absoluten*] (1922), im Untertitel direkt als „román-fejeton" [Roman-Feuilleton] bezeichnet, und *Krakatit* (1924) in Fortsetzung in den *Lidové noviny*, ehe sie in Buchform erschienen, und fasste auch

5 František Götz behandelte beide Čapek-Brüder und Weiner 1922 in seiner Schrift *Anarchie v nejmladší české poesii* [*Anarchie in der jüngsten tschechischen Poesie*], Brno 1922, hier: 52. In einem Vortrag, den er am 13. Oktober 1931 in der Prager Stadtbücherei hielt und der anschließend in der Zeitschrift *Přítomnost* [*Gegenwart*] viii (1931) publiziert wurde, sprach er von der „sogenannten Čapek-Generation" [„takzvaná generace čapkovská"]. Zu diesen Angaben siehe Petr Málek, Allegories of Absence. Richard Weiner and Karel Čapek, in: Central Europe 9 (2011), H. 2, 83–107, hier: 84.
6 Marie Langerová, Weiner, Brno 2000, 3.

mehrfach Artikelserien zu Buchpublikationen zusammen, so seine zahlreichen Reisefeuilletons: *Italské listy* [*Blätter aus Italien*] (1923), *Anglické listy* [*Blätter aus England*] (1924), *Výlet do Španěl* [*Ausflug nach Spanien*] (1930), *Obrázky z Holandska* [*Bilder aus Holland*] (1932), *Cesta na sever* [*Reise in den Norden*] (1936), aber auch seine Feuilletons zur Gärtnerei als *Zahradníkův rok* [*Das Jahr des Gärtners*] (1929) oder den Zyklus *O nejbližších věcech* [*Über die nächsten Dinge*] (1925).

3 Karel Čapek als typischer Schriftsteller-Journalist der Zeitung *Lidové noviny*

Jiří Opelík spricht mit Blick auf die in der Redaktion gepflegte Verbindung von Journalismus und Belletristik von einer „Schule der *Lidové noviny*“ [„škola *Lidových novin*“[7]] und von Karel Čapek als deren prägnantem Vertreter. Prägend für diese Ausrichtung sei der Chefredakteur Arnošt Heinrich gewesen, der für die Zeitung ein enges Wechselverhältnis von Literatur und Journalismus konzipierte, womit er auf eine breite Schichten ansprechende Volksbildung in demokratischem Geist zielte: Zum einen legte Heinrich großen Wert auf das literarische und sprachliche Niveau auch des nachrichtlichen Teils der Zeitung, zum anderen öffnete er diese für Belletristik, und zwar sowohl durch die Förderung feuilletonistischer Genres auch außerhalb der Rubrik „unterm Strich“ als auch durch die Einrichtung direkt belletristischer Sparten und Beilagen.[8]

> Es gab immer viele Belletristen, die von der Zeitung lebten, aber künstlerisch ernähren mussten sie sich außerhalb ihrer – die Zeitung war nur der Broterwerb, der es ihnen ermöglichte, „nach der Arbeit“ für die „wahren“, d. h. künstlerischen Ziele zu arbeiten. Die *Lidové noviny* mit ihrer Heinrich'schen Praxis förderten hingegen die Konvergenz von Belletristik und Journalismus. Und es war gerade diese beidseitige Determiniertheit – der Zeitung durch die Schriftsteller und der Schriftsteller durch die Zeitung –, die die Bedingungen für die Entstehung der Schule der *Lidové noviny* schuf.[9]

---

7 Jiří Opelík, Škola Lidových novin, in: Uklizený stůl aneb moje druhá knížka o Karlu Čapkovi a opět s jedním přívažkem o Josefovi, Praha 2016, 109–204.

8 Ebd., 112–113.

9 Ebd., 114: „Vždycky se mnoho beletristů živilo v novinách, ale umělecky se museli vyžívat mimo ně – noviny byly jen chlebařina umožňující jim ‚po práci' pracovat pro ‚pravé', tj. umělecké cíle. Lidové noviny svou heinrichovskou praxí naopak podporovaly konvergenci beletrie a žurnalistiky. A byla to právě tato oboustranná determinovanost – novin spisovateli a spisovatelů novinami –, která vytvářela podmínky pro vznik školy Lidových novin.“

Karel Čapek selbst artikulierte sein Selbstverständnis als Schriftsteller-Journalist in einem Artikel in den *Lidové noviny*, in dem er den Adressatenbezug seines Schreibens hervorhob, das in demokratischem Geist an alle gerichtet sei, keinesfalls an einen snobistischen Kreis ausgewählter Intellektueller:

> Jemand, der über Jahre mit einem bestimmten Bewusstsein für die Zeitung schreibt, gewöhnt sich daran, an die Menschen zu denken, für die er schreibt; er findet heraus, dass seine verantwortungsvolle Aufgabe eher etwas wie Brotbacken für alle ist als Kulturcocktails für irgendeinen Kaffeehaustisch zusammenzumischen. [...] Ich sage, dass der ein schlechter Journalist und ein schlechter *Zeitungsschriftsteller* ist, der sich selbst in irgendeine enge geistige Spezialisierung einschließt. In der Zeitung sein und für die Zeitung zu schreiben, das heißt vor allem, eine Beziehung zu allem zu haben, was ist; ein lebendiges, direktes, demokratisches Interesse für die gesamte Wirklichkeit zu finden ohne intellektuelle Protzerei [...]. [...] Ich halte es für ungeheuer „wichtig für das Volk", wie die Zeitungen gemacht werden; ob gut und verantwortungsvoll oder schlecht und unter Verwendung kulturell und moralisch niedrigstehender Mittel.[10]

Opelík macht darauf aufmerksam, wie sehr Čapek mit dieser Positionsbestimmung, die an seinen bereits 1919 formulierten Dreiklang „zábavnost, lidovost, moralismus" [„Unterhaltsamkeit, Volkstümlichkeit, Moralismus"] erinnert, dem Programm des Chefredakteurs der *Lidové noviny*, Heinrich, entsprach, demzufolge die Zeitung für alle Schichten gemacht werden sollte, so dass sowohl die journalistischen Texte als auch die in den *Lidové noviny* publizierte Belletristik alle Leserschichten zufrieden stellen sollten und insofern mehrschichtig sein mussten, nämlich gleichermaßen der volkstümlichen wie der Hochkultur angehören sollten.[11]

---

10 Karel Čapek, O kočičce, pejskovi a květinkách. [Lidové noviny, 21. Januar 1934], in: Spisy XIX: O umění a kultuře III, Praha 1986, 524–526: „Člověk, který po léta s jistým vědomím píše pro noviny, zvykne si myslit na lidi, pro které píše; shledává, že jeho odpovědný úkol je spíše cosi jako péci chleba pro všechny než míchat kulturní koktejly pro nějaký kavárenský stolokruh. [...] Pravím, že je špatným novinářem a špatným *spisovatelem novin*, kdo uzavírá sebe sama v jakoukoliv uzoučkou duchovní specializaci. Být v novinách a psát pro noviny, to znamená mít především vztah ke všemu, co jest; nalézt živý, přímý, demokratický zájem o celou skutečnost bez intelektuálního fouňovství [...]. [...] Považuju za nesmírně „důležité pro národ", jak se dělají noviny; zda dobře a odpovědně, nebo zda špatně a s použitím prostředků kulturně a mravně nízkých." [Hervorhebung im Original].

11 Opelík, Škola Lidových novin, 137. Ähnlich attestiert Eva Strohsová Karel Čapek für seine journalistischen Texte, die auch seinen schriftstellerischen Stil prägten, eine enge Orientierung am Leser: „Všechny formy a všechny tematické okruhy Čapkovy publicistiky spojuje úsilí o bezprostřední kontakt se čtenářem. Právě v novinách si Čapek vypracoval základní rys svého slohu, totiž hovorovost, spočívající jak v užívání hovorového jazyka, tak i ve vnější formě ‚rozhovoru' se čtenářem." Eva Strohsová, Karel Čapek [1969], in: Dějiny české literatury, Bd. IV: Literatura od konce 19. století do roku 1945, hg. von Zdeněk Pešat und Eva Strohsová, Praha 1995, 586–605, hier: 596. [„Alle Formen und alle Themenkreise von Čapeks Publizistik eint das Bemühen um einen unmittelbaren Kontakt mit dem Leser. Gerade in der Zeitung erarbeitete Čapek sich einen grundlegenden Zug

Die zitierte Positionierung Čapeks entstammt allerdings einer polemischen Antwort auf eine in der Zeitschrift *Volné směry* [*Freie Richtungen*] erschienene Kritik an seinem Bruder Josef, der sich als Maler lieber der Illustrierung von Kinderbüchern zu „Kätzchen und Hündchen“ widme als sich mit der aktuellen Produktion seiner Künstlerkollegen zu befassen. (Abb. 1).

Abb. 1: Povídání o pejskovi a kočičce, jak spolu hospodařili a ještě o všelijakých jiných věcech. Pro děti napsal a nakreslil Josef Čapek [Geschichten vom Hündchen und vom Kätzchen, wie sie zusammen wirtschafteten und noch über alle möglichen anderen Dinge. Für Kinder geschrieben und gezeichnet von Josef Čapek], Praha 1937

Gemeint sind die *Geschichten vom Hündchen und vom Kätzchen* [*Povídání o pejskovi a kočičce*] (1937), jene gleichermaßen auf ein Kinderpublikum wie auf die vorlesenden Erwachsenen zielenden Geschichten, die ein allerlei Alltagsschwierigkeiten bewältigendes und dabei einfach und fröhlich miteinander lebendes, ungleiches Paar von Hund und Katze in einem der tschechoslowakischen Wirklichkeit der Zeit ähnelnden Setting präsentieren – besonders edukativ im Geiste der neu gegründeten Republik ist dabei die Geschichte, wie Katz und Hund am Jahrestag der Republikgründung den Nationalfeiertag begehen, „Jak pejsek s kočičkou slavili 28. říjen“ [„Wie Hündchen und Kätzchen den 28. Oktober feierten“].

Nicht auf ein Kinderpublikum, sondern auf ein schichtenübergreifendes (oder auch auf das breite tschechische Garten-affine kleinbürgerliche) Publikum zielen

seines Stils, nämlich eine Art Mündlichkeit, die sowohl in der Verwendung der gesprochenen Sprache als auch in der äußeren Form eines ‚Gesprächs‘ mit dem Leser bestand“].

die unter dem Titel *Zahradníkův rok* [*Das Jahr des Gärtners*] (1929) zusammengestellten Gartenwesen-Feuilletons Karel Čapeks ab, die ebenfalls mit Illustrationen seines Bruders Josef in Buchform erschienen. (Abb. 2). Auf sie spielt Čapek mit dem Titel seiner Reaktion auf die Kritik der *Volné směry* an: „O kočičce, pejskovi a květinkách" [„Über Kätzchen, Hündchen und Blümchen"].

Abb. 2: Karel Čapek, Zahradníkův rok, Praha, 1941, Umschlag mit Zeichnung von Josef Čapek

4 Weiners Stilkritik an Čapek

Kritik an der künstlerischen (Un-)Tiefe der, wenn auch aus einer demokratischen Gesinnung motivierten, volksnahen Fabulierweise Čapeks war aber auch früher schon laut geworden. Kein anderer als Richard Weiner hatte sie pointiert artikuliert in einer Kritik zu den *Povídky z jedné kapsy* [*Geschichten aus der einen Tasche*] (1929), denen noch im selben Jahr die *Geschichten aus der anderen Tasche* [*Povídky z druhé kapsy*] folgten,[12] jenen Detektiv-artigen Geschichten Čapeks, in denen es meist

12 Opelík führt auch diese Erzählungen als typisches Beispiel für die von ihm der „Schule der *Lidové*

um die Möglichkeit oder Unmöglichkeit der Lösung eines kniffligen, gar nicht unbedingt durchweg detektivischen Falls geht[13] (Abb. 3).

Vor allem kritisiert Weiner an diesen „Geschichten" eine künstlerische und philosophische Verflachung, da Čapek in ihnen zur Verkündung einer, wie Weiner es nennt, „offiziellen tschechoslowakischen Philosophie" neige, die „irgendein Realismus [ist], der metaphysische Meditation auf eine propädeutische Arbeit zur Installierung ziviler Moral, ad usum eines großherzigen und optimistischen Laientums reduziert hat".[14] Sehr direkt spielt Weiner dabei auf Čapeks Position als gewissermaßen staatstragender Autor an, die ihm mit seiner Nähe zum tschechoslowakischen Präsidenten T. G. Masaryk und damit als Vertreter „der Burg", also des politischen Lagers des Präsidenten, nachgesagt wurde. Čapek pflegte nämlich ab 1926 enge Kontakte zu Masaryk, der ab März 1927 regelmäßig an einer Versammlung Intellektueller und Künstler teilnahm, die sich freitags im Hause der Čapek-Brüder zusammenfand und daher die Bezeichnung „pátečníci", „die Freitägler" trug. Aus diesen Treffen mit dem Präsidenten gingen Čapeks *Hovory s T. G. Masarykem* [*Gespräche mit T. G. Masaryk*] hervor, die er in drei Bänden zwischen 1928 und 1935 veröffentlichte. Weiner nimmt seine Kritik zu Čapeks *Povídky* zum Anlass für eine Generalabrechnung mit der Philosophie des Pragmatismus, die auch Čapek vertrat und die gewissermaßen zur staatstragenden erklärt worden sei.

---

noviny" zugeordnete Art von Literatur an, als ein Beispiel für jenen „Typ von Erzählungen, nach dem in der Redaktion der *Lidové noviny* maximale Nachfrage herrschte" [„právě po takovém typu povídek byla v redakci Lidových novin maximální poptávka."]: „autor jimi chtěl pobavit a skrze zábavu zaujmout i vyššími otázkami čtenáře Lidových novin, kde jednotlivé povídky vycházely skoro týden co týden hlavně v nedělním čísle". Opelík, Škola Lidových novin, 140 [„Der Autor wollte mit ihnen erfreuen und mittels Pläsier die Leser der Lidové noviny, in denen einzelne Erzählungen beinahe Woche für Woche vor allem in der Sonntagsnummer schienen, auch für höhere Fragen interessieren"].

13 Weiner allerdings äußert sich zu der Gattungszuordnung kritisch: „To je hyperbola. I tehdy, jestliže bychom označení detektivní povídka svedli také na ony, kde nejde o žádný případ policejní, nýbrž o obecnou, víceméně záhadnou zápletku s víceméně překvapujícím rozuzlením, je mezi Povídkami z jedné kapsy poměrně málo takových, jež vznikly z prosté potřeby fabulační." Richard Weiner, Karel Čapek. Povídky z jedné kapsy (Lidové noviny, 18. April 1929), in: Spisy IV: O umění a lidech. Z novinářské činnosti, Praha 2002, 334–339, hier: 334. [„Das ist eine Hyperbel. Auch dann, wenn wir die Bezeichnung Detektivgeschichte auch auf jene anwenden würden, wo es um keinen Polizeifall geht, sondern um eine allgemeine, mehr oder weniger rätselhafte Verwirrung mit mehr oder weniger überraschender Auflösung, sind unter den Geschichten aus der einen Tasche relativ wenige, die aus reiner Fabuliernotwendigkeit entstanden sind"].

14 Weiner, Karel Čapek, 337 f.: „Touto oficiální filozofií je jakýsi realismus, jenž redukoval metafyzickou meditaci na průpravnou práci k instaurování civilní morálky, ad usum velkomyslné a optimistické laicity."

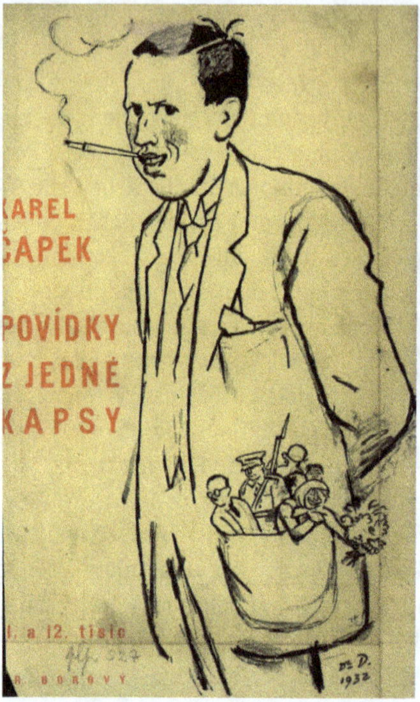

Abb. 3: Karel Čapek: Povídky z jedné kapsy [Geschichten aus der einen Tasche], Praha 1934, Umschlag von Josef Čapek

Und er macht diese Verflachung, als die er Čapeks künstlerische Entwicklung ansieht, sehr scharfsichtig an zwei Kurzerzählungen beinahe gleichen Titels fest, die sich einmal in Čapeks frühem Erzählzyklus *Boží muka* [*Die Gottesmarter*] (1917) und in den *Povídky* finden. In beiden Fällen geht es um rätselhafte Spuren im Neuschnee: in der Version „Šlépěj" [„Die Spur"] aus *Boží muka* um einen übergroßen Fußabdruck inmitten eines ansonsten unberührten Feldes, über dessen Unerklärlichkeit sich zwei im Schneetreiben einander zufällig Begegnende austauschen; in der Version „Šlépěje" [„Spuren"] in den *Povídky* um menschliche Fußspuren, die kurz vor dem Tor des Protagonisten auf unerklärliche Weise enden.[15] Er ruft den

15 Von Weiner stammt eine Erzählung, die thematisch ähnlich rätselhaft, aber wesentlich expliziter als Čapeks etwa zeitgleich entstandene Erzählung metapoetisch angelegt ist: „Prázdná židle" [„Der leere Stuhl"] (1919) ist laut Untertitel eine „Analyse einer ungeschriebenen Erzählung" [„Rozbor nenapsané povídky"], die in zunehmende Involviertheit des Erzählenden übergeht, der zunächst im Konjunktiv über etwas berichtet, was er hätte erzählen können, eine Begebenheit, die er zunächst in heterodiegetischer Erzählsituation wiedergibt, ehe ein Umschlag in Homodiegese erfolgt. Die so dann doch erzählte Begebenheit ist eine Zufallsbegegnung zweier alter Bekannter. Während der eine nur noch rasch etwas besorgen will, um das Wiedersehen zu feiern, wartet der andere vergeblich in seiner nahegelegenen Wohnung, die er bereits hergerichtet hat, auf den Besucher; der Stuhl bleibt

Polizeiinspektor herbei, der davon aber völlig unberührt bleibt, weil durch diesen Sachverhalt, wie er in langen Ausführungen erläutert, „die Ordnung“ in keinster Weise gestört sei; und dies allein wäre für die Polizei ein Anlass einzuschreiten. Die dann doch zumindest durcheinander gebrachte Ordnung wird am Ende dadurch wieder hergestellt, dass der auf seiner nächtlichen Patrouille gerade vorbeikommende Diensthabende die so merkwürdig endende Spur weiterführt und neben den zuvor fortsetzungslosen Fußabdruck seinen eigenen setzt. Weiner zieht hier einen sehr direkten Bezug zu Čapeks (staats)politischem Standpunkt:

> Irre ich mich, wenn ich urteile, dass jene „Spuren“ den Schlüssel zu den *Geschichten aus einer Tasche* bilden, darüber hinaus jedoch Čapeks einstige dichterische Freiheit von seiner sozialen Dienstbarkeit jetzt trennen? In der *Gottesmarter* eine Spur Gottes, der unbekannt, unerklärt, beunruhigend, aber keinesfalls untergrabend bleibt, in den *Geschichten aus einer Tasche* nur noch die Fußstapfen von jemandem skandalös Rätselhaften, der „die Ordnung“ stört.[16]

Abschließend kommt Weiner noch einmal auf den Pragmatismus zurück, von dem Maritain richtig gesagt habe, dessen Übel bestehe darin, davon zu entwöhnen, Erscheinungen auf das Absolute zu beziehen.

> Die Tschechoslowakei leidet geistig daran, dass sie sich sagt: „Das Leben muss man *gerade deshalb* hier auf Erden erfüllen, weil weiter niemand sieht.“ Bis sie sagen wird – wenn es denn jemals dazu kommt – „das Leben muss man hier auf Erden erfüllen, *obwohl* weiter niemand sieht“, wird das Leben dieses Landes unverhältnismäßig gewaltigere Schwingungsweiten gewinnen [...].[17]

---

leer, und eine Erklärung für das Verschwinden des anderen lässt sich auch durch Befragung der Nachbarschaft nicht finden.

Auf die durchaus auch bei Čapek vorhandene metapoetische Dimension (die den Spuren der Schrift auf einem weißen Blatt ähnelnde(n) Fußspur(en) auf der unberührten Schneefläche) hat sehr vehement Matthias Freise verwiesen – wobei er sie als Spur des realen Autors liest: ders., Auf den Spuren von Karel Čapek (von „Šlépěj“ zu „Šlépěje“), in: Zeitschrift für Slavistik 40 (1995), H. 2, 145–156. Reinhard Ibler hat Čapeks „Šlépěj“ und Weiners „Prázdná židle“ vergleichend gelesen. Ibler, Die Entlarvte Kausalität. Zu einem Erzählmotiv bei Karel Čapek („Šlépěj“) und Richard Weiner („Prázdná židle“), in: Zeitschrift für Slavische Philologie 55 (1995), H. 2, 323–342. Mit Benjamins Allegorie-, Melancholie- und Ironiebegriff operierend hat Petr Málek die beiden Erzählungen in der sich selbst kritisch werdenden Moderne der späten 1910er Jahre des 20. Jahrhunderts kontextualisiert und damit eine Ähnlichkeit der beiden Schriftsteller, die später so unterschiedliche Wege gingen, zu dieser Zeit herausgearbeitet (Málek, Allegories of Absence).

16 Weiner, Karel Čapek, 336: „Mýlím se, soudím-li, že ony Šlépěje tvoří klíč k Povídkám z jedné kapsy, nadto však rozvodí mezi Čapkovou básnivou svobodou a jeho sociální služebností dnes? V Božích mukách šlépěj Boha, jenž trvá neznán, nevysvětlen, znepokojivý, ale nikoliv podlamující, v Povídkách z jedné kapsy už jen šlápoty kohosi skandalózně záhadného, jenž ruší ‚pořádek‘.“

17 „Československo strádá duchově tím, že si říká: ‚Život třeba naplnit zde na zemi *proto právě*, že dál nikdo nevidí.‘ Až bude říkat – dojde-li kdy k tomu – ‚život třeba naplnit zde na zemi *přesto*, že dál

Was also Čapek als Volksnähe und demokratischen Geist des eigenen Schreibens ansah und verstanden wissen wollte, urteilt Weiner als Verflachung und Einschränkung des geistigen Horizonts ab. Immerhin – denn ganz so eindeutig sind die *Povídky* dann doch nicht – gesteht er Čapek zu, dass die Geschichten Spuren seines Schwankens hinsichtlich der „Wahl zwischen zwei fundamentalen Standpunkten, dem pragmatischen und dem mystischen" („volb[a] mezi dvěma fundamentálními postoji, pragmatickým a mystickým") seien, aber:

> Diese Geschichten sind eigentlich verkappte Quälgeist-artige Dialoge eines asozialen Spiritualisten mit einem dieser Welt verschriebenen Tribun, in denen der Tribun, wenn auch mit Zaudern, allmählich die Oberhand gewinnt; mit Zaudern, denn sie treffen sich keineswegs außerhalb von Čapek, sondern in ihm.[18]

Weiners Kritik gilt also einerseits dem Publizisten Čapek, der sich, so ließe sich sagen, sein demokratisches Ethos auf eine womöglich allzu bequeme Art und Weise zurechtgelegt hat, indem er sich in positiver Grundstimmung dem annähert, was er für die Anschauungsweise des Volkes hält. Dem Dichter Čapek andererseits gilt Weiners Kritik, weil die künstlerische Qualität seiner Erzählungen unter dieser Vereinfachung leidet. Fragwürdig wird für Weiner somit sowohl die ethische als auch die ästhetische Position, die Čapek mit den *Povídky* bezieht.

5 Republikanisches Ethos bei Weiner

Ein mit der neu gegründeten Tschechoslowakischen Republik verbundenes staatsbürgerliches Ethos war Weiner dabei aber gar nicht fremd. Er hatte ein solches in einer Reihe von Feuilletons unter dem Titel *Třásničky dějinných dnů* [*Fransen historischer Tage*] zum Ausdruck gebracht.[19] Diese Feuilletons erschienen fast von der

---

nikdo nevidí', nabude život této země výkyvů nepoměrně mohutnějších […]." Weiner, Karel Čapek, 338 [Hervorhebung im Original].

18 „Tyto povídky jsou vlastně zakuklenými trapičskými dialogy asociálního spiritualisty s tribunem zapsaným tomuto světu, v nichž tribun, byť se zdráháním, nabývá zvolna vrchu; se zdráháním, neboť potýkají se nikoliv mimo Čapka, nýbrž v něm." Ebd., 336.

19 Zu den folgenden Ausführungen siehe die detaillierteren Darlegungen in meinem Artikel Irina Wutsdorff, „Volej to po mně!" Weinerovy fejetony k vzniku republiky", in: Obrazy kultury a společnosti v období první republiky. Periodický tisk v letech 1918–1938, hg. von Tomáš Kubíček und Jan Wiendl, Brno 2018, 143–152. Zu Weiners Feuilletons zur Republikgründung auch: Kathrin Janka, Prag zwischen Gründungsmythos und Abgesang. Positionen (trans-)kultureller (Selbst-)Verortung im Moment der tschechoslowakischen Staatsgründung 1918. Überlegungen zu Richard Weiners *Trás-*

Geburtsstunde der Republik an, ab dem 3. November 1918, also ab dem sechsten Tag nach der Proklamation des neuen Staates, in den *Lidové noviny* und bereits im folgenden Jahr in Buchform. Sie sind – ganz im Gestus des Feuilletons – nicht um objektive Berichterstattung bemüht, sondern geben zu einer Zeit, in der die Ereignisse sich beständig zu überschlagen scheinen und die Berichterstattung gar nicht Schritt halten kann, in einem ästhetisierten Modus Eindrücke wieder, die als subjektiv markiert und dabei doch signifikant sind. Den Beobachter, der sich durch die Stadt bewegt, inszenieren sie dabei durchaus auch in einer edukativen Weise – worin eine Parallele zu Čapeks Gestus besteht. Auffällig ist die beinahe leitmotivisch wiederkehrende Anrufung als „Bürger" [„občan"], die der die Stadt Durchstreifende (in dem die Reihe eröffnenden Feuilleton „Opona se zdvíhá" [„Der Vorhang hebt sich"]) von der ausgelassen feiernden Menge immer wieder auffängt. Wenn zudem in „Na Hradě" [„Auf der Burg"] mehrfach die Bezeichnung des neuen Staates als Republik wiederholt wird, zielt Weiner dabei auf ein republikanisches, offensichtlich – so wird in dem kurzen Text „A Francie?" [„Und Frankreich?"] klar – am Vorbild Frankreich orientiertes Verständnis dieses Wortes und setzt so gleich zu Beginn ein Zeichen gegen ein national fundiertes Verständnis von Staatsbürgerschaft: er spricht den Mitbürger an, den *citoyen*, nicht hingegen den tschechischen Volksgenossen, der die Verwirklichung des Traums von der nationalen Unabhängigkeit feiert.

> Altstädter Ring. Eine Sonderausgabe der „Národní listy". „Bürger, was ist los?" – Woher kam dieses „Bürger!"? […] Ein Polizist tritt von einem Bein aufs andere. „Extraausgabe ‚Bohemia'." – „Keine deutsche", sagt der Polizist. „Heute ist das gleich, *Bürger* Polizist! Bitte keine Provokation!" – Der Polizist lacht.[20]

Weiner hatte bereits vor der Republikgründung, in einem im Juni 1918 in der Zeitschrift *Národ* [Volk/Nation] erschienenen Artikel die titelgebende Frage „Kde moje místo?" [„Wo ist mein Platz?"] mit einem gleichermaßen humanistischen wie republikanischen Ethos beantwortet und dabei aber auch deutlich gemacht, dass die Frage nach der eigenen Position bzw. eher die nach der eigenen Positionierung

---

ničky dějinných dnů, in: Prager Moderne(n). Interkulturelle Perspektiven auf Raum, Identität und Literatur, hg. von Manfred Weinberg, Irina Wutsdorff und Štěpán Zbytovský, Bielefeld 2018, 165–197.

20 Richard Weiner, Fragmente historischer Tage. Teilübersetzung von Silke Klein, in: Kreuzungen des Lebens. Erzählungen, Essays, Feuilletons, Briefe. Ausgewählt und kommentiert von Steffi Widera, München 2005, 171–184, hier: 171–172; tschechisches Original: Richard Weiner, Třásničky dějinných dnů [1919], in: Spisy IV: O umění a lidech. Z novinářské činnosti, Praha 2002, 9–55, hier: 9: „Staroměstské náměstí. Zvláštní vydání Národních listů. ‚Občane, co je?' – Kde se vzalo ‚občane!'? […] Strážník přešlapuje na stanovišti. ‚Extraausgabe Bohemia.' – ‚Německé ne,' povídá strážník. ‚Dnes je to jedno, *občane* strážníku! A neprovokujte!' – Strážník se směje" [meine Hervorhebung, I. W.].

einer permanenten Aufgabe gleichkommt. Anlass für seine Selbstverortung in diesem Artikel war der kürzlich an die „tschechische[n] Jude[n] oder jüdische[n] Tscheche[n]"[21] herangetragene Zweifel an ihrer Zugehörigkeit zum tschechischen Volk, das gerade für seine Sache streitet; einer solchen auf rassischen Kriterien fußenden Beurteilung spricht Weiner jede Berechtigung ab: „Solange ich lebe, habe ich mir von niemandem mein Nationalgefühl sanktionieren lassen wollen; doch heute finde ich den Gedanken lächerlich, daß mir womöglich jemand diese Sanktion geben – oder absprechen möchte."[22] Weiners Frage nach dem eigenen Platz meint nicht solche kollektiven Identitäten oder gar Identitätszuschreibungen. Für ihn stellt sie sich als individuelle ethische im Horizont eines humanistischen republikanischen Wertmaßstabs:

> Diese Zeilen schreibt ein tschechischer Schriftsteller und Jude. Denn es ist Zeit, daß man jeden einzelnen – ob Jude oder Nichtjude – nach seinem Platz fragt. Daß jeder einzelne genau wissen muß, wo sein Platz ist, und daß er diese Bilanz vor allem in voller Verantwortung für seine Menschenwürde zieht; aber auch nur für sich selbst und für niemand anderen. Die Frage, wo mein Platz ist, gehört zu den wichtigsten Fragen des Lebens überhaupt. Das Gefühl der Zugehörigkeit zu einem Ort oder einer Sache verankert den Menschen moralisch. Nur uns selbst – und niemand anderen – sind wir bei der Antwort auf die Frage nach unserem Platz verantwortlich.[23]

Es ist diese Konsequenz und auch Unerbittlichkeit, der Weiner treu blieb und die ihn zum Ende der Republik hin zu einem nicht gehörten Mahner werden ließ. Seine

---

21 Weiner bezieht sich auf einen Artikel im *Český Socialista* [Tschechischer Sozialist], in dem ein Kritiker sich über das nationale Themen aufgreifende Drama Otokar Fischers *Přemyslovci* [Die Přemysliden] (1918) dahingehend „geäußert hat, ein Tscheche und Jude – oder, wenn Sie so wollen, ein tschechischer Jude oder jüdischer Tscheche – sei als Mitarbeiter und Mitstreiter willkommen, ohne daß ihm dafür das Recht auf nationale Zugehörigkeit zustehe". Richard Weiner, Wo ist mein Platz? Übers. von Silke Klein, in: Kreuzungen des Lebens, 45–52, hier: 50–51; tschechisches Original: Richard Weiner, Kde moje místo?, in: Národ 2 (3. Juni 1918), Nr. 23, 293–295, hier: 294: „[...] nedávno v ‚Českém Socialistovi' se referent o Fischerově Přemyslovcích vyslovil v ten smysl, že Čech a žid – či chcete-li český žid nebo židovský Čech – může býti vítán jako spolupracovník a spolubojovník, aniž se mu za to přizná právo národní náležitosti, [...]."

22 Weiner, Wo ist mein Platz?, 52; tschechisches Original: Weiner, Kde moje místo?, 294: „Co živ jsem se nedožadoval ničí sankce pro své národní cítění; ale dnes je mi směšnou myšlenka, že by se snad vyskytl kdosi, kdo by mi onu sankci chtěl buď dáti – nebo odepříti."

23 Weiner, Wo ist mein Platz?, 45; tschechisches Original: Weiner, Kde moje místo?, 293: „Řádky tyto píše český spisovatel a žid. Neboť jest doba, kdy každému jednotlivci – židu, nežidu – jest se tázati po jeho místě. Kdy každému jednotlivci jest přesně věděti, kam patří, a kdy súčtování toto konati jest především s plným pocitem odpovědnosti za svou lidskou důstojnost; ale také jen za sebe a za nikoho jiného. Otázka po tom, kam patřím, je z nejzávažnějších otázek životních. Pocit náležitosti někam a k něčemu člověka mravně zakotvuje. Jen sobě – a nikomu jinému jsme odpovědni za odpověď na otázku po svém místě."

politischen Analysen, in denen er die tschechoslowakische Außenpolitik wegen ihrer zu großen Orientierung an Frankreich kritisierte und hellsichtig vor jener Gefahr warnte, die mit dem Münchner Abkommen dann Realität gewann, wurden ab Mitte der 1930er Jahre in den *Lidové noviny* ebenso wie in der Wochenzeitung *Přitomnost* [Gegenwart] kaum oder gar nicht mehr gedruckt. Steffi Widera hat „über 40 Artikel“ gezählt, die „die Zeitung *Lidové Noviny* vom 20. März bis zum 2. Dezember 1935“ nicht publizierte.[24] Weiners Enttäuschung darüber, mit seinen Berichten und Analysen nicht mehr vorzudringen, spricht sehr deutlich aus zwei – allerdings nicht abgesandten – Briefen an Redakteure, die sich in seinem Nachlass fanden.[25] Eduard Bass gegenüber beschwert Weiner sich, dass „die ‚Lidové noviny‘ [...] nun keinen einzigen meiner Artikel, so sie die Politik betreffen, [veröffentlichen].“[26] Er warnt vor einer nationalen Katastrophe, die die dem tschechischen Bewusstsein so tief eingebrannte Niederlage in der Schlacht am Weißen Berg um ein Vielfaches übertreffen würde, und wirft den *Lidové noviny* vor, eher um das Image des Präsidenten Edvard Beneš, den er als „eitlen und größenwahnsinnigen Diplomaten“[27] bezeichnet, besorgt zu sein, denn um die „unangenehmen Tatsachen“,[28] mit denen das Land konfrontiert ist. Ähnlich kritisch äußert er sich in dem an den Beneš nahestehenden Chefredakteur der Wochenzeitschrift *Přítomnost*, Ferdinand Peroutka, gerichteten Briefentwurf, in dem er noch einmal an seine schon häufiger geäußerte, aber meist ungehört und ungedruckt gebliebene Mahnung erinnert, eine eigene Deutschlandpolitik zu entwickeln:

> Versuchen wir auch, uns mit dem Gedanken abzufinden, daß wir den Frieden nur dann aufrechterhalten können, wenn wir uns wenigstens mit einer gewissen Saturierung des Deutschtums einverstanden erklären, statt einer solchen ständig im Wege zu stehen – bis sich Hitler ohne zu fragen bedient.[29]

In dem Brief hebt er auch die Verantwortung hervor, die sich für ihn mit der journalistischen Tätigkeit verband: Jene Artikel, die ihm nicht mehr veröffentlicht

24 Steffi Widera, Deserteur seiner Generation, in: Weiner, Kreuzungen des Lebens, 169–170, hier: 169.

25 Richard Weiner, Drei Briefe zur Politik [1935]. Teilübersetzung von Silke Klein, in: ebd., 185–193 (An Ferdinand Peroutka, 185–189; An Eduard Bass, 189–192).

26 Weiner, An Eduard Bass, 189.

27 Ebd., 192.

28 Ebd., 191.

29 Weiner, An Ferdinand Peroutka, 189.

wurden, habe er aufbewahrt. „Irgendwann werde ich, tot oder lebendig, sie als Alibi haben.“[30]

Weiner war auch, was sein literarisches Schaffen betrifft, ein strenger Richter mit sich selbst. Zwei Jahre vor der so scharfen Kritik an Čapeks *Geschichten* hatte er nach einer mehrjährigen Pause überhaupt erst wieder angefangen, sich literarisch zu betätigen. Dem Lyrikband *Rozcestí* [*Scheideweg*] (1918) und dem Prosaband *Škleb* [*Die Fratze*] (1919) folgte erst 1928 der Lyrikband *Mnoho nocí* [*Viele Nächte*], der Weiners spätes, hoch komplexes und vielfach von metapoetischen Reflexionen durchzogenes (so v.a. *Lazebník* [*Der Bader*], 1929) Schaffen eröffnete. Der Volkstümlichkeit oder Volksnähe, aber auch deutlichen politischen Engagiertheit des erzählerischen und dramatischen Werks Čapeks stehen Weiners literarische Werke fern. Weiner war zwar wie Čapek Literat und Journalist, aber er war nie wie dieser Zeitungs-Schriftsteller.

6 Zuneigen, Verneigen oder Herabneigen: Zum Gestus von Čapeks Nachruf

Das Spezifische und Interessante an Čapeks Nachruf auf Weiner ist, dass der Nachrufende hier – anders als sonst meist bei Nekrologen im literarischen Feuil-

---

30 Ebd., 185. František Šebesta erwähnt neben den nicht abgesandten Briefen, dass Weiner „sich in der Zeit eine sechsseitige Liste anlegte von Artikeln aus weniger als einem ganzen Jahr, die ihm die *Lidové Noviny* nicht abgedruckt hatten oder deren Sinn sie verändert hatten“ (tschechisches Original: „V té době si také sepsal šestistránkový seznam článků za dobu necelého roku, které mu Lidové noviny neotiskly nebo změnily jejich smysl.“. Frantšek Šebesta, Novinář, který bojoval s Čapkem i Peroutkou. Příběh Richarda Weinera, spisovatele, jenž dříve než jiní cítil blížící se válečnou katastrofu, in: Lidové Noviny, 20. Juli 2001, Nr. 167, 16). Zu den beiden Briefen an Bass und Peroutka siehe auch Langerová, Weiner, 99–100. Sie bezeichnet Weiner und Peroutka als „zwei Gegenpole“ „im tschechischen Zwischenkriegsjournalismus“; tschechisches Original: Langerová, Weiner, 100: „Weiner a Peroutka představují v českém meziválečném žurnalismu dva protipóly.“ Zur Situation Mitte der dreißiger Jahre merkt sie an: „Weiners politische Kommentare haben eine analytische Durchdringlichkeit und den für Weiner zugleich charakteristischen Sinn fürs Detail. Diese Eigenschaften allerdings konnten schon in den dreißiger Jahren, als die Situation mit dem weit verbreiteten Faschismus immer weniger übersichtlich wird und die Lidové noviny (ebenso wie die Přítomnost) noch dazu die Notwendigkeit empfinden, die Politik der Burg zu verteidigen, in diesem Umfeld randständig und überflüssig wirken.“; tschechisches Original: Langerová, Weiner, 99: „Weinerovy politické komentáře mají analytickou pronikavost a pro Weinera rovněž charakteristický smysl pro detail. Tyto vlastnosti se ovšem už ve třícatých letech, kdy se s bujícím fašismem stává situace stále méně přehledná a Lidové noviny (stejně jako Přítomnost) navíc pociťují potřebu obhajovat politiku Hradu, mohly zdát v tomto prostředí okrajové, nadbytečné.“

leton[31] – alles andere als ein ‚kleiner‘ Feuilleton-Schreiber ist, der versuchen würde, mit der Würdigung eines verstorbenen ‚großen‘ Literaten an dessen Prestige zu partizipieren. Was diesen speziellen Nekrolog aber mit den ‚klassischen‘ des Feuilletons eint, ist eine zumindest implizite Reflexion des Status des eigenen Schreibens. Allerdings geht es hier nicht allein um den Stellenwert des Feuilletons gegenüber der Literatur, vielmehr steht die Auffassung und Ausfüllung des Dreiecks-Verhältnisses Politik, Literatur, Feuilleton bei der Person des Verstorbenen wie des Nachrufenden zur Verhandlung.

Vor diesem Hintergrund betrachtet ist die tendenziell verkleinernde Rede vom Verstorbenen als „chudák“,[32] zumal in Verbindung mit der Nennung beim Vornamen Richard, die ihn gewissermaßen wieder zum Kind werden lässt, dem man sich mitleidig zuwendet, ein bestätigendes Festschreiben der eigenen Größe. Hinzu kommt, dass das tatsächlich durchaus schwer zugängliche literarische Schaffen Weiners – sowohl seine Lyrik wie auch seine Prosa sind von großer poetischer Dichte – in dem Nachruf als Folge, als „Spur der seelischen Erschütterungen“ [„stop[a] toho duševního otřesu“] durch die frühe Kriegserfahrung erscheint, von der Weiner „nervlich zerrüttet vom Entsetzen über all das Blutige und Grauenhafte“ [„nervově zdrcen děsem z toho krvavého a ohavného“] zurückgekehrt sei – und nicht etwa als Ausdruck einer eigenen, äußerst avancierten Poetik gewürdigt wird. Die Charakterisierung als „nervöse[], schwierige[] Bücher“, „innerlich gespaltene Gedichte und Prosawerke“ [„knížky nervozních, bolavých, vnitřně rozpolcených básní a próz“] wendet der Nekrolog aber nicht nur auf das tatsächlich von der Kriegserfahrung geprägte Frühwerk, das „Kriegsbuch *Die Furie*“ [„válečn[á] kni[ha] Lítice“], an, sondern auch auf die späteren Werke Weiners. Suggeriert wird nun, dass ihre Hermetik auf Weiners Entfernung und Entfremdung von der Heimat zurückzuführen sei, „entschwand“ er doch „[n] ach dem Umsturz 1918 [...] nach Paris“ [„Po převratu nám zmizel v Paříži“], wo er immer „ein wenig kauzig einsam, zerstreut und unstet“ [„trochu podivínsky osamělý, roztržitý a těkavý“] gewirkt habe. Deutlich spricht hier der zu Hause Gebliebene, aus dessen Welt Weiner

---

31 Vergleiche den Beitrag von Peter Utz in diesem Band, der den Nekrolog im literarischen Feuilleton als ein doppeltes „von unten“ charakterisiert: Die Grundgeste der Verbeugung schließe stets auch Selbstaffirmation und Selbstreflexion ein, was mit der für das Feuilleton spezifischen Position unter dem Strich zusammenhänge, muss es sich doch von dort ‚unten‘ aus immer wieder sowohl gegen die ‚große‘ Welt der Politik oben auf der Zeitungsseite als auch gegen die ‚hohe‘ Welt der Literatur behaupten und verorten.

32 Das Substantiv ‚chudák‘ leitet sich von dem Adjektiv ‚chudý, -á, -é‘ – ‚arm‘ ab. Das Suffix ‚–ák‘ zeigt Herkunft oder Zugehörigkeit an. Ein ‚chudák‘ wäre also ein zu den bedauernswerten Armen Gehörender; bei der Übersetzung ins Deutsche erfolgt deshalb meist eine Ergänzung durch ein Substantiv, etwa ‚armer Kerl‘.

„entschwand" und der zum Leser von Weiners „unzähligen Nachrichten und Artikel[n]" [„bezpoč[et] jeho zpráv a článků"] aus einer anderen Welt, aus Paris wurde. Beides wird in der Wir-Form vorgebracht (wörtlich heißt es: „er entschwand *uns*"[33] [„*nám* zmizel"]), somit die mit dem Nekrolog adressierte Zeitungsleserschaft als Kollektiv in die eigene Sichtweise einschließend. Betont wird so auch die räumliche und axiologische Nähe des Schreibenden zu seiner heimischen Leserschaft – und implizit Weiners Abstand zu dieser. Mit der mehrfachen Wiederholung, Weiner habe sich nicht zu Hause gefühlt – weder in Paris noch während seiner Besuche in der alten Heimat, der er fremd geworden war („Der arme Richard war zu lange weg, [...]; er hatte einfach auch zu Hause aufgehört, sich zu Hause zu fühlen" [„Chudák Richard byl příliš dlouho pryč [...]; prostě i doma se přestal cítit doma"])[34] – wird genau dieser Abstand noch einmal unterstrichen und die eigene Verbundenheit mit der Leserschaft *ex negativo* umso deutlicher: Auf der einen Seite steht somit Čapek, der als Feuilletonist wie Literat, aber auch als sich des Zeitungsmediums bedienender Mittler zwischen Politik (der „Burg") und seiner Leserschaft mit dieser die Lebens- und Erfahrungswelt teilt, die er zwar manchmal ironisch, aber doch milde lächelnd beobachtet und beschreibt; auf der anderen Seite Weiner, der dem überschaubaren heimischen Umfeld das groß- und weltstädtische von Paris vorgezogen hat und dabei doch nie glücklich geworden, sondern stets der „arme Richard" [„chudák Richard"] geblieben ist: Wenn im letzten Absatz Weiners durch schwere Krankheit erzwungene Rückkehr als ein Versuch geschildert wird, sich „tiefer und zutraulicher in unsere [heimatliche] Lebenswelt zu versenken" [„snažil zapustit se hlouběji a důvěrněji do našeho domácího a živého prostředí"], markiert dies einmal mehr den ‚Fremden und fremd Bleibenden'. Sein Schriftstellertum verschwindet geradezu in dem indirekten Hinweis, er habe „noch emsig[]" gearbeitet [„ještě horlivě pracoval"]. Der Akzent liegt ganz auf dem körperlichen Verfall, dem der von der Krankheit Gezeichnete am Ende seines Lebens ausgesetzt war, so dass der Text wie schon eingangs gegenüber dem seelisch Erschütterten den Gestus eines Sich-Herabbeugens zu diesem „Schatten eines Menschen auf dem Krankenlager" einnimmt, zumal dabei der Mensch Richard Weiner nur mehr metonymisch über Körpermerkmale, über seine „silbergrauen Haare" und seine „großen, fast unnatürlichen Augen"[35] beschrieben wird [„stříbrovlasý stín člověka na lůžku, s velkýma, skoro nepřirozenýma očima"[36]].

Dieser Nachruf, so lässt sich resümieren, ist zwar ein Zeugnis der Zuneigung, weniger aber eine Verneigung vor dem Verstorbenen. Statt von einer Geste der

33 Čapek, Der Arme Richard, 283.
34 Karel Čapek, Chudák Richard, in: Spisy XIX: O umění a kultuře III, Praha 1986, 731–732, hier: 731.
35 Čapek, Der Arme Richard, 284.
36 Čapek, Chudák Richard, 732.

Verbeugung ist Čapeks Nachruf eher von der eines mitleidvollen Herabbeugens gekennzeichnet. Allzu deutlich ist ihm eine Bewegung von oben nach unten eingeschrieben, so dass er gar zur leicht herablassenden Zu-Neigung wird. Da hier ein Feuilletonist, Journalist und Literat über einen anderen schreibt, der ebenfalls, aber eben auf eine andere Weise, all dies war, ist auch dieser Nekrolog eine Positionsbestimmung: Gegen den Strich gelesen, sagt er beinahe mehr über Čapek als über Weiner aus, über Čapeks Verankerung in jenem „zu Hause“ [„doma“], dem er Weiner entfremdet sah, über Čapeks Verbundenheit mit der Leserschaft seiner Feuilletons wie seiner Belletristik, die er Weiner für dessen journalistische Arbeiten zugesteht, in Bezug auf die Hermetik seiner literarischen Werke aber abspricht, und der sich gar auch hierin mit seinen Leserinnen und Lesern geeint sieht, indem er sie in ein ‚wir‘ einschließt. Čapeks so harmonisierend vereinnahmender Nachruf auf den an Magenkrebs zugrunde gegangenen Weiner mag insofern doch auch ein – womöglich unreflektierter – Versuch gewesen sein, dem stets sperrigen Zeit- und auch Weggenossen etwas von dem Stachel zu nehmen, der er für Čapek immer wieder gewesen sein dürfte, hatte Weiner doch stets eine andere Umgangsweise mit den Rollen des Schriftstellers, Journalisten und Republikaners, ein anderes Ethos in der Art und Weise, diese Aufgaben in ein Verhältnis zueinander zu setzen, vor Augen geführt.

Literaturverzeichnis

Čapek, Karel, O kočičce, pejskovi a květinkách [Lidové noviny, 21. Januar 1934], in: Spisy XIX: O umění a kultuře III, Praha 1986, 524–526.

Čapek, Karel, Chudák Richard [Lidové Noviny, 5. Januar 1937], in: Spisy XIX: O umění a kultuře III, Praha 1986, 731–732. [dt.: Der Arme Richard. Übers. von Eckhard Thiele, in: Weiner. Kreuzungen des Lebens, 283–284].

Weiner, Richard, Kde moje místo?, in: Národ 2 (3. Juni 1918), Nr. 23, 293–295 [dt.: Wo ist mein Platz? Übers. von Silke Klein, in: Weiner, Kreuzungen des Lebens, 45–52].

Weiner, Richard, Třásničky dějinných dnů [1919], in: Spisy IV: O umění a lidech. Z novinářské činnosti, hg. von Zina Trochová, Praha 2002, 9–55. [dt.: Fragmente historischer Tage. Teilübersetzung von Silke Klein, in: Weiner. Kreuzungen des Lebens, 171–184].

Weiner, Richard, Karel Čapek. Povídky z jedné kapsy [Lidové noviny, 18. April 1929], in: Spisy IV: O umění a lidech. Z novinářské činnosti, hg. von Zina Trochová, Praha 2002, 334–339.

Weiner, Richard, Drei Briefe zur Politik [1935]. Teilübersetzung von Silke Klein, in: Richard Weiner. Kreuzungen des Lebens. Erzählungen, Essays, Feuilletons, Briefe. Ausgewählt und kommentiert von Steffi Widera, München 2005, 185–193.

Weiner, Richard, Kreuzungen des Lebens. Erzählungen, Essays, Feuilletons, Briefe. Ausgewählt und kommentiert von Steffi Widera, München 2005.

Freise, Matthias, Auf den Spuren von Karel Čapek (von „Šlépěj“ zu „Šlépěje“), in: Zeitschrift für Slavistik 40 (1995), H. 2, 145–156.

Ibler, Reinhard, Die Entlarvte Kausalität. Zu Einem Erzählmotiv bei Karel Čapek („Šlépěj") und Richard Weiner („Prázdná židle"), in: Zeitschrift für Slavische Philologie 55 (1995), H. 2, 323–342.

Janka, Kathrin, Prag zwischen Gründungsmythos und Abgesang. Positionen (trans-)kultureller (Selbst-) Verortung im Moment der tschechoslowakischen Staatsgründung 1918. Überlegungen zu Richard Weiners *Třásničky dějinných dnů*, in: Prager Moderne(n). Interkulturelle Perspektiven auf Raum, Identität und Literatur, hg. von Manfred Weinberg, Irina Wutsdorff und Štěpán Zbytovský, Bielefeld 2018, 165–197.

Kantůrková, Eva, Řekni mi, kdo jsi! Praha 2012.

Langerová, Marie, Weiner, Brno 2000.

Málek, Petr, Allegories of Absence. Richard Weiner and Karel Čapek, in: Central Europe 9 (2011), H. 2, 83–107.

Opelík, Jiří, Chudák Karel, in: Zprávý Společnosti bratří Čapků 108 (2013), H. 3. URL: http://www.ipsl.cz/index.php?id=313&menu=echa&sub=echa&str=aktualita.php. Weblog 2013 (Letzter Zugriff: 26.07.2022).

Opelík, Jiří, Škola Lidových novin, in: Uklizený stůl aneb moje druhá knížka o Karlu Čapkovi a opět s jedním přívažkem o Josefovi, Praha 2016, 109–204.

Strohsová, Eva, Karel Čapek [1969], in: Dějiny české literatury, hg. von Jan Mukařovský, Bd. IV: Literatura od konce 19. století do roku 1945, hg. von Zdeněk Pešat und Eva Strohsová, Praha 1995, 586–605.

Šebesta, František, Novinář, který bojoval s Čapkem i Peroutkou. Příběh Richarda Weinera, spisovatele, jenž dříve než jiní cítil blížící se válečnou katastrofu, in: Lidové Noviny, 20. Juli 2001, 16.

Wutsdorff, Irina, „Volej to po mně!". Weinerovy fejetony k vzniku republiky, in: Obrazy kultury a společnosti v období první republiky. Periodický tisk v letech 1918–1938, hg. von Tomáš Kubíček und Jan Wiendl, Brno 2018, 143–152.

Ethel Matala de Mazza

Ende eines Mordsgeschäfts. Nachrufe auf Edgar Wallace

1 Tod in Hollywood

Edgar Wallace lebte noch nicht lange in Hollywood, als er sich zu Beginn des Jahres 1932 eine Erkältung zuzog. In den ersten Februartagen klagte er über Husten, dann heftige Migräne, die auch nicht verschwand, als er abends mit einer Dosis von 27 Aspirin-Tabletten und Unmengen von Zigaretten versuchte, die lästigen Schmerzen zu bekämpfen. Früh morgens fand sein Hausbedienter Robert Downs ihn fiebrig, durstig und völlig entkräftet im Bett. Ein rasch hinzugezogener Arzt konnte nur noch eine schwere Diabetes und eine doppelseitige Lungenentzündung diagnostizieren. Keines der verabreichten Medikamente schlug mehr an. Kurz darauf fiel Wallace ins Koma. Seine Frau, die sich aus geschäftlichen Gründen noch in London aufhielt, aber ihre geplante USA-Reise nun eilig vorzog, erhielt die Telegrammnachricht vom Tod des Gatten noch an Bord des Schiffs.[1] Auf die schlimmen Folgen des Infekts war sie genauso unvorbereitet wie die britische Presse, in der die Schlagzeile seiner Erkrankung bereits am Vortag die Runde gemacht hatte und die Ankündigungen der Premiere seines letzten Theaterstücks begleitete. Als nur knapp zwölf Stunden später Wallaces Tod publik wurde, mussten die internationalen Blätter umso schneller reagieren.

Von der Mühe, mit dem Tempo dieser Unglückmeldungen Schritt zu halten, zeugte in Wien das Morgenblatt der *Neuen Freien Presse* vom 11. Februar 1932, in dem die Telegramme über den kritischen Zustand Wallaces nur mehr als Randnotizen zum Nachruf erschienen, der bereits die Spalte beherrschte. Der Nachruf selbst drückte nicht allein Betroffenheit über den frühen Tod des Autors aus, sondern spiegelte auch die Perplexität der Redaktion angesichts des raschen Hinfällig-Werdens der Depeschen, die der England-Korrespondent erst am Vortag abgesetzt hatte und die man jetzt der Ordnung halber am Kolumnenende nachreichen musste, damit das Blatt der Leserschaft die Information nicht schuldig blieb, die der Nekrolog bereits voraussetzte. Dass „der Nachricht von seiner schweren Erkran-

1 Ausführliche Darstellungen bieten die einschlägigen Biographien von Margaret Lane, Edgar Wallace. Das Leben eines Phänomens [1938], übers. von Wilm Wolfgang Elwenspoek, mit einem Vorwort von Graham Greene, Hamburg 1966, 437–445, und Neil Clark, Stranger Than Fiction. The Life of Edgar Wallace, the Man Who Created King Kong, Stroud 2014, 237–240.

https://doi.org/10.1515/9783111106472-012

kung […] erschütternd jene von seinem Tod auf dem Fuße“[2] folgt, ließ sich dadurch performativ nachvollziehen (Abb. 1).

Anders als die Wiener *Neue Freie Presse* hatte in Berlin die *Vossische Zeitung* die Neuigkeit aus Hollywood bereits am Todestag vermeldet und sie auf der Frontseite der Abend-Ausgabe als einen ihrer Aufmacher prominent platziert. Dem weiteren Gedenken des Autors war in der Morgen-Ausgabe des Folgetags nahezu das ganze Feuilleton gewidmet.[3] Aus der Riege der Nachrufe auf Wallace stach der Beitrag auch durch seinen ironischen Tonfall heraus. Der Verfasser, ein Literaturkritiker namens Harry Schreck, konnte sich die Bemerkung nicht verkneifen, dass der Mann, in dessen Büchern es von obskuren Mordopfern nur so wimmelte, selbst auf weit geheimnislosere Weise gestorben war als die Mehrzahl seiner Romanakteure.

> Soviel man weiß, hat ihn keine Höllenmaschine umgebracht. Auch trieb ihn kein steuerloser Wagen dem gähnenden Abgrund zu. Nicht einmal ein Mörder, der aus einer verschobenen Geheimtür trat und ein Messer zückte, war im Spiel. Seinen schlichten Tod indeß überdauert sein Bild: Klein und beleibt – die lange Zigarettenspitze, die sich vom Mundstück aus kegelförmig erweiterte, in den Lippenwinkel gekerbt – schritt er durch diese Welt, von der ihm bekannt war, daß sie es dem Verlauten nach für unmöglich hielt, nicht von ihm gefesselt zu werden: er durchschritt sie in dem Bewußtsein, die mürrische Langeweile jeder Eisenbahnfahrt in ihr schmackhaftes Gegenteil verkehren zu können und durchaus imstande zu sein, die gestreckten Stunden einer schlaflosen Nacht zu knappen schlanken Minuten zu verkürzen.[4]

Mit der Attitüde schnoddriger Herablassung, die den Erzählerton der Wallace-Krimis parodierte, baute Schreck den Nachruf vor allem aus Klischees auf und rückte bei der Würdigung des Toten die ikonische Fotografie ins Zentrum, der man, speziell in Deutschland, notorisch auf dem Umschlag aller Wallace-Bände begegnete. Das Porträt zeigte den rauchenden Autor mit Krawatte, weißem Hemd und seriösem Anzug in der Pose eines kultivierten Lesedrogendealers. Den Slogan „It is impossible not to be thrilled by Edgar Wallace“ hatte der deutsche Verleger Wilhelm Goldmann sich kurzerhand bei Wallaces englischem Hausverlag Hodder & Stoughton geborgt. Die griffige Verkaufsformel sollte sich auch hierzulande schnell bezahlt machen und dem kleinen Haus über Jahrzehnte höchste Absatzzahlen garantieren (Abb. 2).

Als Wilhelm Goldmann 1922 in Leipzig seinen Verlag gründete, hatte er zunächst ein anderes Programm im Sinn. Die ersten Titel – schöne, aber in der Herstellung aufwendigen Bildbände über „Kultbauten des Islam“ oder „Javanische

---

2 Anonym, Edgar Wallace gestorben, Neue Freie Presse, 11. Februar 1932, Nr. 24.214, Morgenblatt, 5.

3 Anonym, Edgar Wallace †, in: Vossische Zeitung, 10. Februar 1932, Nr. 69, Abend-Ausgabe, [1]; Harry Schreck [Helmut Georg Rosenthal], Zum Tode Edgar Wallaces, in: Vossische Zeitung, 11. Februar 1932, Nr. 70, Morgen-Ausgabe, 3.

4 Schreck, ebd.

Nr. 24214 Wien, Donnerstag

Edgar Wallace gestorben.

Wien, 11. Februar.

Edgar Wallace ist kaum 57 Jahre alt gestorben. Der Nachricht von seiner schweren Erkrankung folgt erschütternd jene von seinem Tod auf dem Fuße. Mit Wallace scheidet mehr als einer der erfolgreichsten Schriftsteller, mehr als ein unfaßbares Phänomen an Arbeitskraft, an schöpferischer Phantasie, an analytischem Scharfsinn aus dem Leben. Man kann seelenruhig die Behauptung aufstellen, daß Edgar Wallace in gar keiner anderen Epoche auftreten konnte als in der unseren. Seine Bücher entsprachen, und man kann wohl hinzusetzen entsprangen, dem Bedürfnis der Welt von heute. Sie waren literarisches Rauschgift, ohne aber schädigende oder gar zerstörende Wirkungen zu hinterlassen. Sie halfen Zahllosen ihre Nerven abzureagieren, und anderen, mindestens ebenso vielen, boten sie wohltätige und wohltuende Abwechslung in dem nüchternen Einerlei mechanischer Arbeitsfron. Er hat sich in aller Herren Ländern die Leser ohne Unterschied des Alters, des Standes, der intellektuellen und seelischen Einstellung widerstandslos unterworfen. Sogar jene, die über die Flüchtigkeit seiner Konzeption, die Wahllosigkeit im Gebrauch der literarischen Mittel hochmütig die Nase rümpften, haben im stillen Kämmerlein die Werke dieses Schriftstellers verschlungen. In Millionen von Exemplaren sind seine Bücher verbreitet. Das Ladenmädchen, das am Morgen zur Arbeit hastet, hält in der frosterstarrten Hand einen Band Wallace, um während ihrer kurz bemessenen Mittagspause einige Seiten zu lesen. Beim Bücherstand in der Bahnhofhalle greift beinahe jeder Käufer mit Selbstverständlichkeit zuerst nach dem neuesten Wallace. Es gab nicht wenig Leser, die an den bedeutendsten Erscheinungen der zeitgenössischen Literatur achtlos vorübergingen, die auch in der literarischen Vergangenheit keineswegs zu Hause sind, und jedes der Hunderte von Wallace-Büchern kannten, mit den mehr als 14.000 Personen, die angeblich in seinen Romanen und Kurzgeschichten vorkommen, auf du und du standen.

Dieser Schriftsteller war dem lesenden Publikum auch in seiner äußeren Erscheinung wohlbekannt. Es ist vielleicht mehr als ein bloßer Zufall, daß jeder Wallace-Band den glattgeschornen Kopf des Autors mit den ein wenig tiefliegenden, spöttisch zwinkernden Augen, mit dem langen Zigarrenspitz im Munde zeigt. Es galt doch, den Leuten klarzumachen, daß Edgar Wallace nicht etwa eine Bezeichnung für eine G. m. b. H. eines Dutzend Schriftsteller war, sondern der Name, den ein einzelner aus Fleisch und Blut trug. Es lag nur allzu nahe, daran zu zweifeln, daß wirklich die über 140 und mehr Romane, diese Dutzende von Theaterstücken, diese Hunderte von Erzählungen einen und denselben Autor hatten. Edgar Wallace selbst hat die Verwunderung darüber belächelt. Er könnte noch mehr schreiben, hat er behauptet, wenn er nur Zeit genug hätte. An Stoff mangle es ihm niemals, höchstens an Konzentration, um eine der Ideen, die ihm in verwirrender Fülle zuflogen, in dramatische oder Romanform zu bringen. Und dann gefiel er sich wieder in statistischen Spielereien, sprach davon, daß er eigentlich ein halber Müßiggänger sei, da er doch nie mehr als eine Million Worte im Jahr schreibe.

Immerhin begreiflich, daß es Edgar Wallace an Zeit mangelte. Er war nämlich alles eher denn ausschließlich Schriftsteller und Theaterautor. Außerdem Regisseur und Bühnenleiter, liberaler Politiker, Chef einer großen Sonntagszeitung und Rennstallbesitzer. Ueber alle diese Berufe hinaus übte er noch einen weiteren aus. Und der war nicht gerade der unwichtigste. Er war nämlich sein eigener Generalmanager und verstand es vorzüglich, sich und sein Schaffen in das richtige Licht, natürlich war es bengalisches Blitzlicht, zu stellen.

Edgar Wallace ist vom Journalismus ausgegangen. Er war Kriegsberichterstatter im Burenkrieg und später Gerichtssaalreporter großer Londoner Zeitungen. Diese letztere Betätigung war für ihn schicksalgebend. Wie eine Stichflamme loderte sein Interesse an kriminellen Dingen auf. Und zugleich erwuchs ihm die sieghafte Ueberzeugung, daß er es dem Leben nachmachen, dieses sogar übertreffen könne. Bald begnügte er sich nicht mehr mit dem Studium der kriminalistischen Rätsel der Wirklichkeit, sondern konstruierte diese Rätsel und ihre Lösung selbst. Ueberflüssig, den gewaltigen Schiffskatalog seiner Werke aufzublättern, Büchertitel aufzuzählen, die ohnehin jedem Leser geläufig sind. Schon diese Titel sind für ihn charakteristisch. Sie greifen mit ehernen Fingern nach dem Leser und halten ihn fest. „Das rote Kreuz" und „Die blaue Hand", „Die Bande des Schreckens" und „Die seltsame Gräfin" (in vier Tagen verfaßt), „Der Kalender" (in einem Berliner Hotel auf Telegrammformularen in weniger als einer Woche niedergeschrieben) und so fort in unübersehbarer Reihe. Von seinen Detektivdramen war wohl „Der Hexer" das populärste, auch dem Wiener Theaterpublikum bekannteste.

Edgar Wallace ist ein Einmaliger gewesen. An Nachahmungen, an Wallace-Surrogaten herrscht wahrlich kein Mangel. Aber der Unterschied zwischen dem Original und den Kopien springt nur allzusehr ins Auge. Soweit man sich umsieht, unter den Lebenden ist keiner, der berufen wäre, den Platz einzunehmen, der durch das Hinscheiden Edgar Wallaces frei geworden ist.

Die Todesnachricht.

Telegramm unseres Korrespondenten.

Newyork, 10. Februar. Edgar Wallace ist heute an einer doppelseitigen Lungenentzündung in Beverly-Hills (Kalifornien) gestorben, die er sich durch eine Erkältung am Sonntag zugezogen hatte. Er stand im 57. Lebensjahre. Vor einigen Monaten war er nach Kalifornien gekommen, um hier Filmstücke zu schreiben.

Die Familie Edgar Wallaces.

Telegramm unseres Korrespondenten.

London, 10. Februar. Edgar Wallaces Gattin, die auch sein Kompagnon in seinen Theaterunternehmungen war, hatte sich auf die erste Nachricht von seiner schweren Erkrankung hin heute um 1 Uhr mittags auf der „Majestic" nach Newyork eingeschifft. Eine Stunde später erreichte sie an Bord das Radiogramm mit der Todesnachricht. Außer ihr hinterläßt Edgar Wallace zwei Töchter und zwei Söhne.

Abb. 1: Nachruf und Todesnachricht in der *Neuen Freien Presse* vom 11. Februar 1932, Nr. 24.214, Morgenblatt, 5

Abb. 2: Cover früher Wallace-Krimis im Leipziger Goldmann Verlag nach dem ikonischen Serien-Design des damaligen Hausgrafikers Heinrich Hußmann

Schattenspiele" – rechneten sich jedoch schlecht, so dass er, weil der „Massenerfolg" der „Tarzanbücher von Edgar Rice Burroughs" ihm imponiert hatte, rasch auf Abenteuerromane umschwenkte. An Edgar Wallace geriet er nur durch Zufall. Ein ehemaliger „Bezirksamtmann der früheren deutschen Kolonie Togo" hatte dessen Afrikaromane übersetzt und Goldmann sein Manuskript aufgedrängt, das der Jungverleger erst widerstrebend annahm, dann begeistert las und unter dem Titel „15 Jahre bei den Kannibalen in Zentralafrika"[5] abdruckte, womit er 1925 im Weihnachtsgeschäft einen Verkaufshit landete. Goldmann witterte weitere Goldgruben, nahm dem Hobbyübersetzer die literarische Kolonialware *en gros* ab und sah auf den Umschlägen der englischen Originalbände Verlagsanzeigen von Kriminalgeschichten desselben Autors, die seine Neugier weckten. Mit diesen Bänden ging es im Verlag dann wirtschaftlich steil bergauf. 1927 brachte Goldmann die ersten sechs Wallace-Krimis, 1928 sechzehn, 1929 zehn, 1930 zwölf. Schon „im August 1929" betrug die Gesamtauflage von Wallace-Titeln im deutschen Buchhandel „1,5 Millionen Exemplare".[6] In der Weimarer Republik gehörte der britische Er-

5 Wilhelm Goldmann, Kleine Geschichte meines Verlages, in: Wilhelm Goldmann Verlag 1922–1962, München 1962, 7–42, hier: 13–14.

6 Kornelia Vogt-Praclik, Bestseller in der Weimarer Republik. Eine Untersuchung, Herzberg 1984, 106. – Die statistischen Angaben der Verfasserin zu den Wallace-Büchern, die bei Goldmann zwischen 1925 und 1930 erschienen sind, habe ich auf der Basis eigener Literaturauswertungen und mit dem Fokus auf die Krimis korrigiert.

folgsautor damit zu den absoluten Bestsellern. In Großbritannien soll zur selben Zeit jedes vierte gedruckte und verkaufte Buch ein Buch von Edgar Wallace gewesen sein.[7]

Wallace selbst hat nie geleugnet, dass er nicht für die Nachwelt, sondern für die Mitwelt schrieb. Die Popularität beim internationalen Massenpublikum war ihm wichtiger als das Lob von anspruchsvollen Literaturkritikern, die von der Romanlektüre Anderes erwarteten als Thrill und gute Unterhaltung. Wie seine Verleger betrachtete er die Massenproduktion von Krimis als lukratives Gewerbe in einem Wachstumsmarkt, der nach beständigen Neuerscheinungen verlangte, ohne dafür immer Originelles zu benötigen. Im Feuilleton der Weimarer Republik wurde dieser Trend schon seit der zweiten Hälfte der 1920er Jahre kontrovers diskutiert. Der Tod von Wallace bot dafür neuen Anlass, wobei die Nachrufer sich einig waren, dass der Verlust des prominenten Zeitgenossen keineswegs das Ende einer Ära einleitete und sein Erstauftritt als Phänotyp des unternehmerischen Selbst, als Repräsentant des „Großindustriellen der Belletristik“[8] für die Gegenwartsdiagnostik von erheblicherer Tragweite war als sein Abgang.

An den Nachrufen auf Wallace fällt denn auch der Gestus der neuen Sachlichkeit auf, mit dem die Verfasser das literarische Gewicht des Autors ermaßen. Kennzeichnend dafür ist – wie Helmut Lethen bemerkt hat – das „Einwandern der Zahl in den Text“.[9] Erschienen seien „in deutscher Sprache bisher zwölf afrikanische, ein autobiographischer und weit über fünfzig Kriminalromane“,[10] gab Erik-Ernst Schwabach in der *Literarischen Welt* an, während der London-Korrespondent der *Kölnischen Zeitung* auf eine Gesamtbilanz von „150 Romane[n], 12 Theaterstücke[n] und mindestens 300 Kurzgeschichten“ kam, „ganz abgesehen von Hunderten von Aufsätzen in Zeitungen und Zeitschriften über alle möglichen Gegenstände“.[11] Andere verwiesen unsentimental darauf, dass Krimi-Liebhaber dem Toten kaum nachtrauern müssten, da nicht zu befürchten stand, dass ihnen der Stoff für spannende Lektüren ausging. Die Frage nach dem Nachleben des Autors im kulturellen Gedächtnis erhielt durch solche Erwägungen einen verschobenen Akzent,

7 Richard Bleiler, Edgar Wallace (1875–1932), in: Mystery and Suspense Writers. The Literature of Crime, Detection, and Espionage, Vol. 2: Ross MacDonald to Women of Mystery, hg. von Robin W. Winks und Maureen Corrigan, New York 1998, 943–955, hier: 953.

8 Emil Faktor, Edgar Wallace gestorben, in: Berliner Börsen-Courier, 11. Februar 1932, Nr. 69, Morgen-Ausgabe, [1]. Beilage, 5.

9 Helmut Lethen, Der Habitus der Sachlichkeit in der Weimarer Republik, in: Literatur der Weimarer Republik 1918–1933, hg. von Bernhard Weyergraf, München, Wien 1995, 371–446, hier: 431.

10 Erik-Ernst Schwabach, Edgar Wallace †, in: Die Literarische Welt 8 (1932), Nr. 8/9, 2.

11 Anonym, Edgar Wallace (Telegramm unsers eignen Berichterstatters), in: Kölnische Zeitung, 11. Februar 1932, Nr. 83, Abend-Ausgabe, 2.

denn so absehbar es allen Nachrufschreibern erschien, dass Wallaces Bücher ihren Verfasser nicht allzu lange überlebten, so wenig bezweifelten sie, dass das Genre selbst auch künftig glänzend gedeihen würde.

Weil Spekulationen über den Nachruhm des Toten damit müßig wurden, rückte in den Nekrologen die Fama in den Mittelpunkt, die der Autor sich bereits zu Lebzeiten erworben hatte, und zwar vor allem dadurch, dass er die globale Öffentlichkeit in Hochfrequenz sowohl mit Geschichten *von* sich als auch mit Geschichten *über* sich belieferte. Durch seine Omnipräsenz in zeitgenössischen Medien war die Legendenbildung längst im Gang und Teil des Kapitals, das Wallaces Geschäftsmodell alimentierte. Das erklärt, warum in den Nachrufen der Journalisten primär das Presseecho der Vorjahre nachhallte, dem Wallace seinen Nimbus als *Celebrity* verdankte. Ohne die Zeitungswelt und deren ökonomisches Eigeninteresse an der Serienproduktion von Neuigkeiten und guten Stories hätte Wallace diesen Status schwer erreicht. In den Nekrologen überlagerte die Kolportage von Wallace-Anekdoten, die dort zirkulierten, die Reminiszenz an seine Romane. Im Diminutiv der kleinen biografischen Geschichten, hinter denen die Krimis selbst zurücktraten, spiegelte sich die zwiespältige Haltung des Feuilletons gegenüber einem Autor, den man kannte – und kennen musste, da Zeitungsschreiber nicht schlechter informiert sein durften als ihre Zeitungsleser –, aber eher als abenteuerlichen Unternehmer ansah denn als guten Literaten. Nahe legten diese Sichtweise dessen sagenhafte Profitraten.

2 Krimi-Literatur als Industrie

Die frühesten Krimis hat Edgar Wallace bereits vor dem Ersten Weltkrieg geschrieben, nach der Rückkehr aus Südafrika, wo er den Burenkrieg zunächst als Soldat miterlebte, dann als Berichterstatter für das britische Massenblatt *Daily Mail* begleitete. Lukrativer wurde die Kriminalschriftstellerei für ihn Anfang der 1920er Jahre, als er sich – mit mittlerweile mehr als zehnjähriger Erfahrung als Buchautor sowie als routinierter Fabrikant von Erzählungen und Zeitungsserien – mit einem Agenten zusammentat, der ihm einen Vertrag bei Hodder & Stoughton mit attraktiven Garantien für Tantiemen verschaffte. Wallace steigerte seinen Ausstoß sprunghaft, verknüpfte Auftragsarbeiten für die Tages- und Magazinpresse jetzt systematisch mit den Buchveröffentlichungen. Der Durchbruch gelang ihm 1922 mit *The Crimson Circle.* Als Fortsetzungsgeschichte war der Roman zunächst im populären *Daily Express* zu lesen. Im Anschluss verkaufte er sich als *yellow jacket* zum Niedrigpreis von zwei Schilling zigtausendfach. Fortan nutzte der Verlag den roten Kreis auch für die Folgebände als Signet, versah den Kreis mit einem Wallace-Autogramm als zusätzlichem Gütesiegel und vertrieb die Wallace-Krimis so als hauseigene Marke.[12] Einen engeren, über den Genretyp hinausreichenden Konnex zwischen den Bänden gab es kaum, denn Ermittlerfiguren, die bei den Fällen für personelle Kontinuität sorgten, waren bei Wallace – anders als bei Arthur Conan Doyle oder Agatha Christie – nicht die Regel, sondern die Ausnahme.[13]

Wilhelm Goldmann lancierte die Wallace-Krimis auf dem deutschen Buchmarkt nach demselben Prinzip. Er verkaufte der *Münchner Illustrierten Presse* für 8.500 Mark die Rechte für den Vorabdruck der *Bande des Schreckens,* bescherte dem Blatt einen „glänzenden Erfolg",[14] ließ dann umgehend die Buchausgabe erscheinen. Noch besser schlug *Der Hexer* ein. Im Deutschen Theater inszenierte Max Reinhardt 1927 die Bühnenfassung des Romans und landete einen Berliner Publikumsrenner, der den Verkauf des Buchs mächtig ankurbelte.[15] Für weiteren Nachschub sorgte Goldmann, indem er „[a]lle vier bis sechs Wochen"[16] einen neuen Wallace herausbrachte. Hinzu kam 1929 ein monatlich erscheinendes illustriertes Kriminal-Magazin in großer Auflage, bei dem der Verlag mit Wallace als Herausgeber warb, regelmäßig kürzere Kriminalerzählungen des Starautors veröffentlichte, daneben Kriminalisten vom Fach zu Wort kommen ließ, von aktuellen Rechtsfällen und Fahndungserfolgen berichtete, Anekdotisches aus der Unterwelt kolportierte und über verbreitete Betrügertricks aufklärte. Für Wallace-Fans gab es Fotos und Porträtzeichnungen ihres Idols, Artikel über Verfilmungen seiner Romane mit Film-Stills und Schnappschüssen vom Set – so vom *Roten Kreis,* der 1929 in

---

12 Siehe das Kapitel „The Fiction Factory" bei Clark, Stranger Than Fiction, 157–166, außerdem David Glover, Looking for Edgar Wallace: the Author as Consumer, in: History Workshop Journal 37 (1994), H. 1, 143–167, hier: 148–149.

13 Detektive wie Superintendent Elk (*The Nine Bears* [1910], *The Fellowship of the Frog* [1925], *The Joker* [1926], *The Twister* [1928], *White Face* [1930]), Inspector T.B. Smith (*The Nine Bears* [1910], *The Secret House* [1917], *Kate Plus Ten* [1919]) , Superintendent Minter (*The Man From Morocco* [1926], *Big Foot* [1927], *The Lone House Mystery* [1929]), Inspector Wade (*The Feathered Serpent* [1929], *The India Rubber Men* [1929]) oder John Gray Reeder (*Room 13* [1924], *The Mind of Mr. J.G. Reeder* [1925], *Terror Keep* [1927], *Red Aces* [1929], *The Guv'nor* [1932], *The Man Who Passed* [1932]) sind denn auch nur Insidern bekannt. Hierzu Clark, Stranger Than Fiction, 173. Weitere strukturelle Unterschiede zu den Klassikern der Detektivgeschichte aus den 1920er und 1930er Jahren, dem „Golden Age" des Genres, arbeitet Margaret Lane heraus (Edgar Wallace, 317).

14 Goldmann, Kleine Geschichte meines Verlages, 19. – Das englische Original des Romans war im Vorjahr unter dem Titel *The Terrible People* publiziert worden.

15 Ursprünglich hieß der Roman *The Gaunt Stranger.* Das darauf basierende, aber völlig umgearbeitete Stück trug dann im englischen Original den Titel *The Ringer.* Aus ihm wiederum entstand in der Folge ein neuer Roman gleichen Namens.

16 Goldmann, Kleine Geschichte meines Verlages, 22.

Berliner Ateliers gedreht wurde, oder vom *Frosch mit der Maske*, der 1930 in die Kinos kam – und Verlagsanzeigen für den jeweils nächsten Wallace-Band.[17]

Als erster hatte diesen Stil des Buchmarketings in Deutschland, noch zur Zeit des Kaiserreichs, der Berliner Ullstein Verlag eingeführt, der dafür als expandierendes Zeitungshaus eine ideale Infrastruktur mitbrachte.[18] Für die breite Angebotspalette an Blättern und Magazinen, zu denen die *Berliner Illustrirte Zeitung*, die *Berliner Morgenpost*, die *B. Z. am Mittag*, die *Vossische Zeitung* und *Tempo* zählten, außerdem der *UHU* und der *Querschnitt*, hatte der Verlag per se einen großen Literaturbedarf, so dass die Serienproduktion von Büchern nicht nur aus technischen Gründen nahelag – wegen der Rotationsmaschinen, die erst bei hoher Auslastung profitabel waren –, sondern sich auch ökonomisch als ein einträgliches Zweitverwertungsgeschäft der Zeitungsromane aufdrängte. Umgekehrt waren die Ullstein-Zeitungen und -Zeitschriften eine mächtige Werbetrommel für die Ullstein-Bücher, denen dort auch in Rezensionen eine durchweg gute Presse gewiss war.[19] Kein anderer Verlag hatte vergleichbare Ressourcen für ein effizientes Merchandising von Texten und Bildern, mit dem der Berliner Konzern während der 1920er Jahre Traumgewinne erwirtschaftete, zumal er es verstand, die „Großstadt als Bühne für die Inszenierung seiner dynamischen Leistungsfähigkeit und zeitgemäßen Programme" zu nutzen. Ullstein-Romane sollten „stets für den sukzessiven Vorabdruck, den Buchdruck und eine spätere Verfilmung geeignet sein, das Anwachsen populärwissenschaftlicher Beiträge in den Zeitungen und Zeitschriften zog folgerichtig verlagseigene Sachbuchreihen nach sich und umgekehrt waren die entstehende Filmindustrie, die Revuepaläste und Sportevents auf die publizistische Begleitung durch Printmedien, vor allem der Illustrierten, angewiesen."[20]

---

17 Das Kriminal-Magazin erschien von 1929 bis 1931. Die Hefte sind vollständig digitalisiert (https://www.arthistoricum.net/themen/textquellen/illustrierte-magazine-der-klassischen-moderne/die-zeitschriften/das-kriminal-magazin, letzter Zugriff: 5. Mai 2022). Über die Dreharbeiten zum *Roten Kreis*, die in Berliner Ateliers unter der Regie von Friedrich Zelnik und Sinclair Hill stattfanden, berichtet gleich die Pilotnummer des Magazins. – Finanziell war das Kriminal-Magazin übrigens ein Verlustgeschäft, das Goldmann mit den Gewinnen aus den Wallace-Romanen quersubventionieren musste, bevor er die defizitäre Zeitschrift im dritten Jahrgang einstellte. Dazu Goldmann, Kleine Geschichte meines Verlages, 25.

18 Hierzu Thomas Wegmann, Die Henne annonciert, die Ente drückt sich. Bücher und Werbung im Medienverbund, in: Ullstein-Chronik 1903–2011, hg. von Anne Enderlein unter Mitarbeit von Ulf Geyersbach, Berlin 2011, 83–94. Den Aufstieg des Verlags zum führenden Medienunternehmen rekapitulieren Hedda Panke, Die Familie und der Zeitungs- und Zeitschriftenverlag, in: ebd., 9–22, und Ute Schneider, Lektüre für die Metropole. Der Ullstein Buchverlag 1903–1918, in: ebd., 27–62.

19 Erhard Schütz, Ullstein-Buchabteilung 1918 bis 1933, in: ebd., 95–128, hier: 109.

20 David Oels/Ute Schneider, Masse, Mobilität, Moderne – Zur Einleitung, in: dies. (Hg.), „Der ganze Verlag ist einfach eine Bonbonniere". Ullstein in der ersten Hälfte des 20. Jahrhunderts, Berlin, München, Boston 2015, 1–15, hier: 2.

Bookstall Salesman. "SEEN THE MID-DAY WALLACE, SIR?"

Abb. 3: Ricardo Brook, „Seen the mid-day Wallace, Sir?“, in: Punch 87 (29. Februar 1928), Nr. 9, 252

Die Möglichkeiten des Goldmann Verlags in Leipzig waren, daran gemessen, weit bescheidener. In Wallaces Fall kam dem Verleger jedoch zugute, dass sein Starautor spätestens mit dem Bühnenerfolg des *Hexers* in Deutschland wie zuvor bereits in England zum Lieblingsthema von Karikaturisten avanciert war, denen sein rasantes Schreibtempo Stoff für immer neue Witze bot – wodurch sie seine Popularität nur steigerten. Berühmtheit erlangte etwa der Cartoon, der 1928 in der beliebten Londoner Satirezeitschrift *Punch* erschien und das geflügelte Wort vom „mittäglichen Wallace“ prägte, der begierige Käufer im Tagesrhythmus mit blutiger Frischware versorgte (Abb. 3).[21]

Wallace hat diese Legendenbildung von sich aus mit bedient, indem er der Presse offenherzig Einblick in sein reges Arbeits- und Jet-Set-Leben gewährte. Als er sich 1927 in Berlin aufhielt, ließ er „Reporter, Fotografen, Karikaturisten, Agenten, Verleger und Übersetzer“ im „stetigen Strom“ durch seine „Suite im Hotel Adlon“ ziehen. Die schiere Zahl der Zeichnungen, die dann gedruckt wurde, überraschte

21 Zum verkaufsfördernden Effekt von Wallace-Witzen auch Lane, Edgar Wallace, 311, und Goldmann, Kleine Geschichte meines Verlages, 21.

ihn selbst. Auch „jede Berliner Revue enthielt Anzüglichkeiten auf ihn“,[22] berichtet seine Biografin Margaret Lane. In England kamen Home Stories dazu: exklusive Reportagen über seinen Landsitz in Buckinghamshire mit Details zum aufwendigen Design des Arbeitszimmers, wo schalldichte und doppelt verglaste Fenster neben einer dick gepolsterten Tür für die erwünschte Ungestörtheit sorgten, wenn Wallace sich um vier Uhr früh, gehüllt in seinen seidenen Schlafrock, ans Werk machte und sich von seinem Diener im Halbstundenrhythmus süßen Tee einschenken ließ, pro Tag zudem 80 bis 100 Zigaretten verbrauchte.[23]

Dank der hohen Medienpräsenz des Autors war deshalb der Fundus groß, aus dem die Nekrologschreiber schöpfen konnten, als Wallace starb. Wer in den Jahren seit dem Sensationserfolg des *Hexers* regelmäßig die Presseberichte verfolgt hatte, erfuhr durch das Gros der Nachrufe kaum noch Neues, sondern begegnete einem *Best of* von viel zitierten Anekdoten. Wiederholt zu lesen war bei diesem Anlass beispielsweise von der modernen Bürotechnik, mit der Wallace, unterstützt von einem kleinen Team, dem sein langjähriger Sekretär Robert Curtis ebenso angehörte wie die Stenotypistin und spätere Gattin Violet King, sein Arbeitstempo maximal beschleunigen konnte. „Alle seine Arbeiten diktierte Wallace“, hob die *Kölnische Zeitung* hervor, und „brachte es dabei bis auf 4.000 Wörter in der Stunde“.[24] Wenn es sein musste, gab er letzten Akt eines Dramas auch schon einmal „auf Anruf gleich durchs Telefon durch“.[25] Die Wiener *Neue Freie Presse* erwähnte gleich mehrere Romane, die Wallace nach eigenem Bekunden unter besonders hohem Zeitdruck produziert hatte: *Die seltsame Gräfin* zum Beispiel, die „in vier Tagen“ entstand, oder den *Kalender*, der „in einem Berliner Hotel auf Telegrammformularen in weniger als einer Woche niedergeschrieben“[26] wurde. Im *Berliner Tageblatt* verwies der Nachrufschreiber auch auf den ausgeprägten Geschäftssinn, mit der Wallace den Vertrieb seiner Produkte immer wieder selbst in die Hand nahm. „Wallace druckte, Wallace dramatisierte, Wallace

22 Lane, Edgar Wallace, 386.

23 Clark, Stranger than Fiction, 217. Siehe außerdem das Erinnerungsbuch von Robert Curtis, Edgar Wallace: Each Way, London 1932, 69.

24 Anonym, Edgar Wallace (Telegramm unsers eignen Berichterstatters), 2. – Auf die Arbeit mit dem Diktaphon verweisen auch Schreck, Zum Tode Edgar Wallaces, 3, und Faktor, Edgar Wallace gestorben, 5.

25 Anonym, Edgar Wallace †, in: Berliner Tageblatt, 11. Februar 1932, Nr. 70, 3. – Einen entsprechenden Vorfall kolportierte im Vorjahr eine Glosse in der Wochenschrift *Tagebuch*: Paul Elbogen, Wallace telephoniert, in: Das Tagebuch 12 (1931), H. 7, 272–273.

26 Anonym, Edgar Wallace gestorben, Neue Freie Presse, 5. – Der Roman *The Strange Countess* erschien 1925 und drei Jahre später in deutscher Übersetzung. Das Stück *The Calendar* feierte am 18. September 1929 in Wyndham's Theatre in London Premiere. Margaret Lane nennt *Platz und Sieg* – so später der deutsche Titel der Kriminalkomödie im Milieu des Pferderennsports – „zweifellos eins der besten Stücke von Wallace“ (dies., Edgar Wallace, 362).

führte Wallace auf, Wallace verfilmte Wallace, er machte alles auf eigenes Risiko, er wurde Unternehmer, er beschäftigte Hilfskräfte, er hatte durchaus kein Wallace-Monopol, aber er war selbst ein ganzer Konzern."[27] Nicht minder bewunderte die *Literarische Welt* die „reine Arbeitsleistung".[28] Im *Simplicissimus* nahm der Karikaturist Olaf Gulbransson diesen Fleiß aufs Korn, indem er einen himmlischen Wallace imaginierte, der sich erschöpft, aber selig auf seinem Wolkenthron räkelt und Mußestunden entgegensieht, die sein Erdenleben „vor lauter Arbeit" nicht zuließ. Nun könne er seine Bücher endlich „mal lesen" (Abb. 4).

Abb. 4: Olaf Gulbransson, Seliger Wallace, in: Simplicissimus 36 (1932), H. 49, 585

27 Anonym, Edgar Wallace †, in: Berliner Tageblatt, 3. – Wallace hat sich dabei allerdings des Öfteren verspekuliert. Legendär ist die Geschichte seines ersten Romans *The Four Just Men* (1905), dessen Verkauf er durch eine aufwendige Werbekampagne sowie ein Preisausschreiben ankurbeln wollte. Weil ihm die Kosten, insbesondere für die Gewinnausschüttung, über den Kopf wuchsen, wurde der Roman für ihn trotz guter Absätze zum Verlustgeschäft. Details dazu bei Lane, Edgar Wallace, 202–217, und Clark, Stranger than Fiction, 95–100.

28 Schwabach, Edgar Wallace †, 2.

Mit weitergehenden Prognosen über das irdische Nachleben von Wallaces Romanen hielten sich die Nekrologe hingegen zurück. „Er wird Nachfolger finden“,[29] meinte Harry Schreck in der *Vossischen Zeitung* kühl. Noch direkter äußerte der Theaterkritiker Emil Faktor im *Berliner Börsen-Courier* seine Skepsis. „Trotz des großen Umfanges der Manuskripte hat Edgar Wallaces Schaffen bloß dem Bedürfnis des Tages gedient. Er war alles in allem eine Modeerscheinung“,[30] stellte er fest. In der *Literarischen Welt* urteilte Erik-Ernst Schwabach freundlicher, erinnerte zudem daran, dass selbst der Ruhm ehrwürdiger Dichterfürsten flüchtig sei und sich der Kreis von Kennern, die Bewährtes ehrten, früher oder später auf wenige Experten beschränke. Für künftige Bilanzen von Fachhistorikern schrieb er den Toten noch nicht ab. „Heute, wenige Tage nach seinem Tode, werden mehr Menschen den Namen Wallace kennen als den Namen Goethe; in wenigen Jahren schon wird er fast verschollen sein“, prophezeite er. „Dafür wird man ihn dann in einer Literaturgeschichte finden, neben den Verfassern romantischer Räuberromane als Klassiker der Kolportage, der er gewesen ist.“[31]

3 Goethe contra Wallace. Humanisten-Dämmerung im Feuilleton

Der Vergleich mit Goethe war in diesem Kontext keineswegs polemisch. Für Schwabach lag er nah, weil der Todestag des Klassikers aus Weimar sich nur wenige Wochen nach dem Tod des Krimiautors zum hundertsten Mal jähren sollte und die *Literarische Welt* schon Monate zuvor bei zeitgenössischen Autoren – darunter Schwergewichten wie Emil Ludwig, Thomas Mann und Jakob Wassermann – nachgefragt hatte, ob das Goethe-Jahr 1932 gefeiert werden solle. In den Augen der Redaktion sprach gegen weihevolle Jubiläumsfeiern, dass von wissenschaftlicher Seite „nach einem Jahrhundert intensivster Detailforschung“ kaum Neues zu erwarten sei und Goethe hohle „Festreden“ nicht brauche. Wo „schwerste materielle und politische Sorgen“ das Land belasteten, seien Andachtszeremonien zu Ehren des großen Dichters, dessen Poesie der „erdrückenden Majorität“ inzwischen nichts mehr sage, nur Zeitverschwendung und „Sparsamkeit“ das Gebot der Stunde. Der

29 Schreck, Zum Tode Edgar Wallaces, 3.
30 Faktor, Edgar Wallace gestorben, 5.
31 Schwabach, Edgar Wallace †, 2.

„drohenden Phraseninflation" begegne man am besten „rechtzeitig" und „nicht erst, wie die Reichsbank, in der allerletzten Minute".[32]

Die *Literarische Welt* tat sich seit ihrer Gründung 1925 mit solchen Rundfragen regelmäßig hervor.[33] Das entsprach der Ambition ihres Herausgebers Willy Haas, Literaturjournalismus auf der Höhe des Zeitgeists zu machen und dem demokratischen Pluralismus personell und ästhetisch Raum zu geben. Auch die Folgen des wirtschaftlichen Aufs und Abs für das Kulturleben der Weimarer Republik wurden in den Kolumnen des Blatts von Beginn an rege debattiert. Traditionsverleger und Buchhändler litten unter einbrechenden Umsätzen und klagten über eine „Bücherkrise",[34] in der sich nicht nur die ökonomische Zukunft der Branche entscheide, sondern auch die geistige des ganzen Lands, weil das Buch in einer amerikanisierten Welt des Sports, des Kinos, Radios und der bunten Magazine vorwiegend als billige Gebrauchsware konsumiert, als hehres Bildungsgut hingegen nur mehr in schnell schrumpfenden bürgerlichen Nischen geschätzt werde. Um derartige Kollateralschäden wirtschaftlicher Notlagen abzuwenden, war Goethes Todestag Ende der 1920er Jahre schon einmal symbolisch besetzt worden: als „Tag des Buches", den man auf Betreiben des Börsenvereins des Deutschen Buchhandels am 22. März 1929 erstmalig beging. Ziel der Initiative war es, ein Aktionsbündnis aus Städten, Ge-

32 Rundfrage: Soll das Goethe-Jahr 1932 gefeiert werden?, in: Die Literarische Welt 7 (1931), Nr. 38, 1–2 und 7–8. Wiederabdruck in: Zeitgemäßes aus der „Literarischen Welt" von 1925–1932, hg. von Willy Haas, Stuttgart 1963, 377–384, hier: 377–379. – In einer späteren Nummer der Zeitung stellte Willy Haas dann klar, dass der Aufruf sich „gegen die Inszenierung von Goethe-Feiern", nicht jedoch gegen ein „Bekenntnis zu Goethe" gewendet habe, den man im Goethe-Jahr *„durch eine Tat, also ohne große Worte"* ehren könne: ders., Kulturabbau und Goethe-Jahr, in: Die Literarische Welt 7 (1931), Nr. 42, [1]–2. Im Sinne diese Plädoyers veröffentlichte die *Literarische Welt* zum hundertsten Todestag selbst eine auf zwei Ausgaben verteilte Sondernummer „Zum Goethe-Tag": Die Literarische Welt 8 (1932), Nr. 13 und Nr. 14.

33 Dazu Marc Reichwein, „Was verdanken Sie dem deutschen Geist?" Die Rundfrage als Paradedisziplin der *Literarischen Welt* (1925–1933), in: Zwischen Literatur und Journalistik. Generische Formen in Periodika des 18. bis 21. Jahrhunderts, hg. von Gunhild Berg, Magdalena Gronau und Michael Pilz, Heidelberg 2016, 266–283.

34 Etwa Samuel Fischer, Bemerkungen zur Bücherkrise, in: Die Literarische Welt 2 (1926), Nr. 43, 1–2, zit. nach: Weimarer Republik. Manifeste und Dokumente zur deutschen Literatur 1918–1933, hg. mit einer Einleitung und Kommentaren von Anton Kaes, Stuttgart 1983, 276–278. – Zum Kontext: Herbert G. Göpfert, Die „Bücherkrise" 1927 bis 1929. Probleme der Literaturvermittlung am Ende der zwanziger Jahre, in: Das Buch in den zwanziger Jahren. Vorträge des 2. Jahrestreffens des Wolfenbütteler Arbeitskreises für die Geschichte des Buchwesens, hg. von Paul Raabe, Hamburg 1978, 33–45; Ernst Fischer, Marktorganisation, in: Geschichte des deutschen Buchhandels im 19. und 20. Jahrhundert, Bd. 2: Die Weimarer Republik 1918–1933, Teil 1, hg. von Ernst Fischer und Stephan Füssel im Auftrag der Historischen Kommission des Börsenvereins des deutschen Buchhandels, München 2007, 265–304, hier: 273–277.

meinden, Schulen, Volksbüchereien, Volksbildungsverbänden, Theatern, Sportverbänden und Rundfunkanstalten zu schmieden, das Lektüre und Verkauf des „guten Buches“ durchs angeleitete „Nachdenken über seine Bedeutung für die Menschheit“[35] bei deutschlandweiten Veranstaltungen fördern sollte.

In der *Literarischen Welt* stießen solche einfallslosen, rückwärtsgewandten Bestrebungen damals aber nur auf Spott, und Haas hielt es für wichtiger, sich über Trends und aktuelle Geschmacksvorlieben des zeitgenössischen Lesepublikums zu orientieren.[36] Seit Oktober 1927 veröffentlichte die Zeitung, dem Vorbild Englands und Amerikas folgend, im Monatsrhythmus Bestsellerlisten,[37] die den Eindruck einer Bücherkrise widerlegten, und ging dem „Rätsel des Publikumserfolges“ weiter auf den Grund, indem sie damalige Marktführer wie Hedwig Courths-Mahler und Lion Feuchtwanger um Auskunft bat, warum ihre Bücher viel gelesen wurden.[38] Dazu kamen Beiträge – von Haas selbst und von Heinrich Mann –, die sich der Popularität von Detektivromanen und den Erfolgsformeln ihres seinerzeit „erfolgreichsten Vertreter[s]“[39] Edgar Wallace widmeten. Andernorts tat das auch Siegfried Kracauer, der Krimi-Serien in der *Frankfurter Zeitung* seit 1925 regelmäßig besprach und in Sammelrezensionen offenlegte, wie breit er Neuerscheinungen dieses Typs zur Kenntnis nahm. Die immense Marktmacht, die sich Wallace in Deutschland

---

35 Dr. [Walter] Dietze, Der Tag des Buches, in: Börsenblatt für den Deutschen Buchhandel 96 (1929), Nr. 22, 101–103, hier: 101–102.

36 Willy Haas, Ein „Tag des Buches“?, in: Die Literarische Welt 5 (1929), Nr. 4, [1]–2. Ähnlich kritisch begegneten dem „Tag des Buches“ in der *Weltbühne* Wieland Herzfelde und Carl von Ossietzky sowie in der *Frankfurter Zeitung* Siegfried Kracauer. Wieland Herzfelde, Wer das Buch liebt, verbietet es, in: Die Weltbühne 25 (1929), Nr. 12, 440–441; Carl von Ossietzky, Ketzereien zum Büchertag, in: ebd., 441–445, Wiederabdruck in: Kaes (Hg.), Weimarer Republik. Manifeste und Dokumente, 311–315; Siegfried Kracauer, Für die ewig reifere Jugend. Anmerkungen zu dem erstmalig für den 22. März 1929 geplanten „Tag des Buches“ (Frankfurter Zeitung, 12. März 1929), in: Werke, Bd. 5.3: Essays, Feuilletons, Rezensionen 1928–1931, hg. von Inka Mülder-Bach unter Mitarbeit von Sabine Biebl, Andrea Erwig, Vera Bachmann und Stephanie Manske, Frankfurt/Main 2011, 120–124.

37 Die erste Liste ist samt Editorial abgedruckt in: Kaes (Hg.), Weimarer Republik. Manifeste und Dokumente, 291. Original in: Die Literarische Welt 3 (1927), Nr. 41, 10. Zur Geschichte solcher Listen auch Laura J. Miller, The Best-Seller List as Marketing Tool and Historical Fiction, in: Book History 3 (2000), 286–304.

38 Warum werden Ihre Bücher viel gelesen? Das Rätsel des Publikumserfolges, in: Die Literarische Welt 4 (1928), Nr. 21/22, 3–6. Wiederabdruck der Rundfrage in: Haas (Hg.), Zeitgemäßes aus der „Literarischen Welt“ von 1925–1932, 189–193.

39 Heinrich Mann, Detektiv-Romane, in: Die Literarische Welt 5 (1929), Nr. 34, [1]–2; vorher bereits Willy Haas, Ein paar Notizen über Edgar Wallace und die Kriminalliteratur überhaupt, in: Die Literarische Welt 5 (1929), Nr. 26, 5–6; Wiederabdruck unter dem Titel „Die Theologie im Kriminalroman“ in: Willy Haas, Gestalten. Essays zur Literatur und Gesellschaft. Mit einer Einführung von Hermann Kesten und einem Nachwort von Walter Benjamin, Berlin, Frankfurt/Main, Wien 1962, 163–169.

innerhalb von nur drei Jahren erobert hatte, frappierte ihn nicht minder und ließ ihn mutmaßen, das „von Wallace ausgeschickte Detektivkorps" habe „offenbar nicht allein die Verbrecher, sondern auch die konkurrierenden Detektive zur Strecke gebracht", da „überall, in der Öffentlichkeit der Bahnhöfe sowohl wie in der Abgeschiedenheit der Sortimentsbuchhandlungen", stets die „gleichen Bände" anzutreffen seien, „auf deren gefährlich bunter Umschlagseite der Mann mit der langen Zigarre [sic] abgebildet war".[40]

Daneben beschäftigte Wallace das Feuilleton mit meinungsstarken Äußerungen zu Zeitfragen, die auch die deutsche Presse druckte. Einen dieser Kommentare hatte Alfred Polgar gelesen und mit einer bissigen Glosse beantwortet, die am 19. April 1930 in Leopold Schwarzschilds *Tagebuch* erschien, wodurch die Sache weitere Kreise zog. Als Wallace-Kenner rechne man mit Unerwartetem, ätzte Polgar dort, da es in den Büchern „auf der folgenden Seite immer anders" komme „als die vorhergehende, wenn man so sagen darf, denkt". Aber „eine größere Überraschung" habe der Krimiautor „seinen Lesern nie bereitet als jetzt durch den Artikel in einer Berliner Zeitung, in dem er seinen heftigen Abscheu vor Verbrechen und Verbrechern Wort werden läßt und sich als leidenschaftlicher Anhänger der Prügelstrafe [...] bekennt."[41] Den Artikel hatte unter dem Aufmacher „Eine Stimme für die Prügelstrafe" im Vormonat die *Berliner Montagspost* gebracht, im Nachgang zu Berichten über einen realen Kriminalfall in London, der über England hinaus hohe Wellen schlug.[42] Ein Zimmermann mit Vorstrafen hatte einen bewaffneten Raubüberfall verübt und eine Strafe von zehn Jahren Zuchthaus, dazu fünfzehn Hieben mit der „neunschwänzigen Katze" erhalten. Der Auspeitschung entzog er sich nach Haftantritt jedoch durch einen Todessprung in den Gefängnisinnenhof.[43] Englands

---

40 Siegfried Kracauer, Neue Kriminal-Romane (Frankfurter Zeitung, 28. September 1930), in: Werke, Bd. 5.3, 333–336, hier: 333.

41 Alfred Polgar, Mr. Wallace ist für die Prügelstrafe, in: Das Tagebuch 11 (1930), H. 16, 620–622. Derselbe Artikel erschien am selben Samstag auch im Prager Tagblatt, 19. April 1930, Nr. 94, 3; sowie kurz darauf in der Wiener Zeitung Der Tag, 4. Mai 1930, Nr. 2.587, 3. Wiederabdruck in: Alfred Polgar, Bei dieser Gelegenheit, Berlin 1930, 332–337, und ders., Kleine Schriften, Bd. 1: Musterung, hg. von Marcel Reich-Ranicki und Ulrich Weinzierl, Reinbek 1982, 414–417.

42 Eine Stimme für die Prügelstrafe. England braucht die „Katze"! Von Edgar Wallace, in: Berliner Montagspost, 10. März 1930, Nr. 10, Erstes Beiblatt, 5–6. Details zum Fall waren im selben Blatt drei Wochen vorher in der Rubrik „Der Kriminalist" enthüllt worden. Siehe Dr. Paul Raché, Endlich Abschaffung der Knute in England. Selbstmord eines Gefangenen aus Furcht vor der Leibesstrafe, in: Berliner Montagspost, 17. Februar 1930, Nr. 7, 14. – Ich danke Jonas König herzlich für die ausführliche Recherche in verschiedenen Zeitungsarchiven und die Pressedokumentation.

43 Der Täter war der 37-jährige James Edward Spiers. Mit ihm stand ein Komplize vor Gericht. In England hatte der *Manchester Guardian* über den Fall seit der Verurteilung der beiden am 31. Januar 1930 breit berichtet: Anonym, „Cat" for Attack on Cashiers. Two Men Sent to Penal Servitude, in: The Manchester Guardian, 1. Februar 1930, Nr. 26.027, 10; Anonym, Wandsworth Gaol Suicide. Prisoner's

„[m]ittelalterliche“[44] Strafjustiz stand seither in der Kritik. Wallace warf sich zu einem ihrer wenigen Verteidiger auf.

Sein markiges Plädoyer fand Polgar deswegen obszön, weil der Krimiautor im Milieu der Unterwelt sonst beste Geschäfte machte und seinen ‚Verbündeten‘ nun in den Rücken fiel, indem er die Knute wegen ihrer abschreckenden Wirkung als Wundermittel der Verbrechensbekämpfung pries. In Polgars Augen hätte gerade Wallace, der „die gruseligsten Verbrechen am laufenden Band für den laufenden Band“ herstellte, vehement aufstehen und die Quälerei von Straftätern selbst geißeln müssen – „als kleiner Dankeszins vom Kapital, das er aus ihrer Zunft herausschlägt“. Umso weniger verzeihlich erschien ihm jetzt die Illoyalität. Er schloss empört: „Mr. Wallace ist für die Katz“, nicht ohne maliziös hinzuzufügen: „Manche sagen, sie hätten das schon längst, ehe er es öffentlich bekannte, aus seinen Büchern herausgespürt.“[45]

Polgars Glosse zog Leserbriefe mit weiteren belastenden Wallace-Fundstellen nach sich, trieb Schweizer Buchhändler zum Wallace-Boykott und hallte Monate später noch in der *Weltbühne* nach, wo Kurt Tucholsky auf die Unsummen zu sprechen kam, die der Goldmann Verlag „dem bekannten Anhänger der Prügelstrafe, Edgar Wallace“[46] eingetragen habe. Vor dem Hintergrund der Negativschlagzeilen, für die Wallace mit seiner Polemik gegen die „Humanitätsbeflissenen“[47] sorgte, hätte man erwarten können, dass die Angelegenheit 1932, anlässlich von Wallaces Tod, erneut zum Thema würde. Mit seinem Nicht-Bekenntnis zur Menschenfreundlichkeit hatte er zu viele herb enttäuscht, die nicht per se ausschließen mochten, dass sich auch moderne Starautoren für gute Zwecke engagie-

---

Jump from Balcony. Penal Servitude and „Cat“ Sentence, in: The Manchester Guardian, 4. Februar 1930, Nr. 26.029, 5. Weitere Berichte – unter anderem über Erfahrungen von Häftlingen beim Auspeitschen – brachte die *Daily News and Westminster Gazette*: Anonym, Special Inquiry into „Cat“ Sentence Sensation. Convict's Death Leap Inside Prison. Brooding over Ten Years Sentence and his 15 Lashes. Terrors of Flogging, in: Daily News and Westminster Gazette, 4. Februar 1930, Nr. 26.147, 7; Anonym, What the ‚Cat‘ Means. Feelings of a Man who Went Through it, in: ebd., 8.

44 So die Schlagzeile im *Vorwärts*: Anonym, Die „neunschwänzige Katze“. Mittelalterliche Folter in britischen Gefängnissen, in: Vorwärts, 16. Februar 1930, Nr. 79, Morgenausgabe, 2. Das sozialdemokratische Parteiblatt berichtete wie viele Zeitungen in Deutschland mehrfach über den Fall und zitierte dabei aus den genannten Quellen.

45 Polgar, Mr. Wallace ist für die Prügelstrafe, 620–622.

46 Peter Panter [Kurt Tucholsky], Hering ist gut – Schlagsahne ist gut – wie gut..., in: Die Weltbühne 26 (1930), Nr. 37, 422. – Der Leserbrief von „Dr. W. A.“ aus Düsseldorf, der auch den Boykott des Schweizer Buchhändlers erwähnt, findet sich ebenfalls im *Tagebuch:* W. A., Mr. Wallace ist auch für die Todesstrafe!, in: Das Tagebuch 11 (1930), H. 19, 762.

47 Wallace, Eine Stimme für die Prügelstrafe, 5.

ren und Zivilisierungsmissionen mitbefördern konnten, obwohl ihnen der normative Kompass der Antike, der einst Goethe leitete, fern lag.

4 „Es lebe Wallace!"

Nachtragende Nekrologe blieben 1932 aber aus. Der einzige, der noch einmal auf die Affäre zurückkam, war Siegfried Kracauer, dessen Nachruf drei Tage nach Wallaces Tod in der Samstagsausgabe der *Frankfurter Zeitung* erschien. Kracauer wollte dessen Äußerungen zur Folter weder kommentieren noch skandalisieren, aber Polgar wenigstens nicht das letzte Wort über Wallaces Krimis überlassen und deren Generalverurteilung diskret zurechtrücken. Anders als das Gros der übrigen Nekrologe war der Kracauers namentlich gekennzeichnet und stach aus der Riege auch dadurch heraus, dass in ihm ein Ich hervortrat, das sich als genauer Kenner auswies und das Genre schätzte, von dem es sprach. Mehr noch als eine Hommage an Wallace selbst verstand sein Nachruf sich dabei als Sympathiebekundung für das Stammpersonal von Wallaces Romanen, auch als Solidaritätsbeweis mit ihren ungezählten Lesern.

In anderen Fällen tat sich Kracauer mit den Lektürevorlieben des breiten Publikums schwerer. Zu der Serie „Wie erklären sich große Bucherfolge?" etwa, die im Vorjahr in der *Frankfurter Zeitung* erschien, hatte er gleich zwei Artikel beigesteuert, für die er sich durch tausendfach verkaufte Romane und Aufsatzbände von Richard Voß und Frank Thieß quälte.[48] Bei der Kolportage, die auf „Spannung"[49] abstellte und bei Wallace davon lebte, dass „äußerst komplizierte Missetaten schlechter Menschen durch äußerst komplizierte Gegenzüge guter Menschen ver-

---

48 Siegfried Kracauer, Richard Voß: „Zwei Menschen" (Frankfurter Zeitung, 1. März 1931), in: Werke, Bd. 5.3, 455–462; und ders., Bemerkungen zu Frank Thieß (Frankfurter Zeitung, 3. Mai 1931), ebd., 508–514. – Weitere Beiträger der Serie waren Friedrich Burschell (über Stefan Zweig; Frankfurter Zeitung, 16. März 1931), Efraim Frisch (über Erich Maria Remarque, Frankfurter Zeitung, 5. April 1931), Erich Franzen (über Jack London, Frankfurter Zeitung, 13. April 1931) und Walter Benjamin (über den Schweizer Pfarrer Johann Künzle und sein „praktisches Heilkräuterbüchlein"). Sein Artikel ist nachzulesen in: Walter Benjamin, Wie erklären sich große Bucherfolge? „Chrut und Uchrut" – ein schweizerisches Kräuterbuch (Frankfurter Zeitung, 14. Juni 1931), in: Gesammelte Schriften, Bd. 3: Kritiken und Rezensionen, hg. von Hella Tiedemann-Bartels, Frankfurt/Main 1972, 294–300. Auf Benjamins Analyse des skurrilen Ratgebers geht Kracauer in seinem Fazit „Über Erfolgsbücher und ihr Publikum" allerdings nicht ein – vermutlich, weil die „Bewußtseinsstruktur der neubürgerlichen Schichten" dort nicht im Fokus steht: Siegfried Kracauer, Über Erfolgsbücher und ihr Publikum (Frankfurter Zeitung, 27. Juni 1931), in: Werke, Bd. 5.3, 568–577, Zitat: 577.

49 Kracauer, Richard Voß: „Zwei Menschen", 460.

eitelt oder zumindest aufgedeckt und der Bestrafung zugeführt werden",[50] lag die Antwort klarer auf der Hand und war in Essays über die Konjunktur und Zugkraft von Detektivromanen zudem bereits vorweggenommen worden. Dass Kracauer sich in die Diskussionen um Erfolgsbücher und ihr Publikum so beharrlich einbrachte, hatte dennoch nicht allein mit seinem Interesse an der Alltagssoziologie der „anonymen Massen"[51] zu tun. Im Fall der Krimis rührte seine Neugierde daher, dass er das Faible für haarsträubende Geschichten, die nicht mit Einzigartigkeit und Realismus punkten mussten, solange sie gut gemacht waren, mit diesen Massen teilte.

Zum verteidigenden Gestus seines Nachrufs steht nicht im Widerspruch, dass Kracauer andere Krimiautoren wie die Skandinavier Frank Heller und Sven Elvestad eigentlich lieber las und neue Wallace-Bücher in seinen Rezensionen nur sporadisch berücksichtigte, weil die minimale Varianz des Serienschemas häufige Besprechungen nicht rechtfertigte. „Denn kennt man ein Buch von Wallace, so kennt man sie nahezu alle, da ihre Täter und Untaten, ihre Helden und Heldenbräute einander zum Verwechseln ähnlich sind",[52] schrieb er 1930, als er in Berlin die Auslagen der Buchläden für Reiselektüren musterte, und hatte bereits bei früherer Gelegenheit bemerkt, dass die „bunten Umschlagseiten" bei „Wallace und Konsorten" fast „immer aufregender" seien „als der Inhalt".[53]

In seinem Nekrolog trat der wählerische Kritiker jedoch hinter den genügsamen Privatmann Kracauer zurück, der sich für den Hausgebrauch auch gern mit dem eindeckte, was die „Leihbibliothek" ihm lieferte, und es hinnahm, dass man ihn bei seinen Klagen über „den Mangel an Detektivromanen [...] regelmäßig mit dem Hinweis auf einen neuen Wallace" hinwegtröstete, der bald tatsächlich für ihn bereit lag. „Und dann kam wirklich eines Tages wieder ein Band, auf dessen Umschlag links unten eine endlose Zigarettenspitze prangte, die seinem Gesicht entfuhr. Er sah gewitzt und ein wenig grobschlächtig aus und war berühmt wie Odol."

Die aus diesen Lektüren bezogene Sachkenntnis bestimmt auch die folgenden Abschnitte seines Nachrufs, der Biografisches zum Autor jenseits dieser dürren Physiognomik für unmaßgeblich erachtet, aber genauso wenig um die Fama gibt, die zu Lebzeiten um dessen Person entstand, und stattdessen geradewegs auf die Leitmotive und „Typenfabrikate" seiner Romanfiktionen zusteuert. Kracauer hält sich weder bei den „Schauermärchen" auf, die über Wallaces „unheimliche Pro-

50 Polgar, Mr. Wallace ist für die Prügelstrafe, 620.

51 Als „Beitrag zum Verständnis der anonymen Massen" wurde die Erfolgsbuch-Serie im Editorial der *Frankfurter Zeitung* annonciert. Siehe den Kommentar zu Kracauer, Richard Voß: „Zwei Menschen", 462, Anm. 1.

52 Kracauer, Neue Kriminal-Romane, 333.

53 Siegfried Kracauer, Reiselektüre (Frankfurter Zeitung, 1. Juni 1930), in: Werke, Bd. 5.3, 243–245, hier: 243.

duktivität" kursierten, noch beziffert er die „Unsummen" genauer, die das lukrative „Großunternehmen" für den Autor abwarf, sondern richtet seinen Fokus einzig auf die wiederkehrenden Handlungsschablonen in Wallaces Büchern: die exotischen Afrika-Geschichten zum Beispiel, die „wie blutiges Roastbeef" schmeckten, mit den englischen Kolonialbeamten Sanders und Bones in festen Hauptrollen oder im Fall der Detektivromane die notorische „Beziehung zwischen dem Detektiv und einem Mädchen". „Das Mädchen taucht gewöhnlich unter verdächtigen Umständen in einem üblen Milieu auf, aber der Detektiv entlarvt seine Unschuld und heiratet es dann".[54] Ein komplementäres Schema sieht Kracauer in den *Drei Gerechten* vorgeprägt.[55] „Die Helden dieser Serie sind Männer, deren Ehrgeiz es ist, einen längeren Arm zu haben als das Gesetz. Sie züchtigen, auf skrupellose Weise allerdings, Verbrecher, die ihrer Strafe entgangen sind, und machen es ihnen unmöglich, sich länger ihres Reichtums und ihrer Würden zu erfreuen."

Kracauer bieten diese einschlägigen Plots, in denen verfolgte Unschuldige und unverfolgte Schuldige zentrale Rollen spielen, auch die Gelegenheit, um über sie die Frage nach der Inkriminierung Wallaces neu aufzuwerfen. Der sei zwar „für die Todesstrafe und die Prügelstrafe eingetreten", habe aber seinen fiktiven Akteuren größeren Handlungsspielraum gelassen und sie mit einem Gerechtigkeitssinn ausgestattet, dank dessen „die aus seinem Betrieb hervorgegangene Unterhaltung stellenweise doch eine Art von sozialem Gewissen" verrate. Eine pauschale Mitverurteilung träfe die Krimis darum unverdient. Durch den Tod des Autors würden Liebhaber des Genres ohnehin neu schätzen lernen müssen, was sie an ihm hatten. Schließlich sei die bisherige Versorgungssicherheit mit stetem Nachschub jetzt nicht länger garantiert. „Wallace ist tot, und viele werden fortan unverrichteter Dinge aus den Leihbibliotheken und den Bahnhofsbuchhandlungen abziehen müssen."[56]

Seinen enormen Eigenbedarf an Lesestoff aus „Bücherserien niederen Rangs" hatte Kracauer dabei schon vorher offengelegt und etwa in einem vorweihnachtlichen Prosastück über „Serienbändchen" unter anderem sein ständiges „Rendezvous mit den Kriminalromanen des Verlags *Georg Müller*" sowie eine nebenher

54 Siegfried Kracauer, Edgar Wallace, in: Frankfurter Zeitung, 13. Februar 1932, Nr. 116/117, Abendblatt und Erstes Morgenblatt, 3. Wiederabdruck als „Edgar Wallace †" in: Werke, Bd. 5.4: Essays, Feuilletons, Rezensionen 1932–1965, hg. von Inka Mülder-Bach unter Mitarbeit von Sabine Biebl, Andrea Erwig, Vera Bachmann und Stephanie Manske, Frankfurt/Main 2011, 37–38.

55 Tatsächlich handelt es sich bei den *Three Just Men* (1926) um die Fortsetzung einer Serie, die Wallace 1905 mit seinem Krimi-Erstling *The Four Just Men* begann und in großen zeitlichen Abständen weiterspann. 1908 folgte *The Council Of Justice*, 1921 *The Just Men of Cordova*, 1921 der Kurzgeschichtenband *The Law of the Four Just Men.* Allerdings wich der Goldmann Verlag bei den Übersetzungen von der ursprünglichen Chronologie ab und publizierte 1927 *Die drei Gerechten* zuerst.

56 Kracauer, Edgar Wallace, 3.

gepflegte „lose Beziehung zu den kleinen gelben *Ullsteinromanen*“[57] zugegeben. Wenige Monate zuvor hatte er außerdem eine Eloge auf die neu eröffnete „kleine Leihbibliothek“ in seiner Nachbarschaft verfasst, die neue Krimis für den Herbst erwartete, und beglückt erklärt: „Ich freue mich schon darauf, denn die alten habe ich alle gelesen.“[58] Dass unter diesen Neuzugängen gleich mehrere Goldmann-Serienbändchen gewesen sein dürften, geht aus einer bald danach erschienenen Rezension von neuen Krimis hervor. Als Vorreiter für eine aktuell sich abzeichnende Trendwende im Genre weg vom „verbrecherischen Einzelgänger“ hin zur „wohlorganisierte[n] Verbrecherbande“ führte er dort besonders zwei Wallace-Bände an, an denen ihm die „nette Kollektion von Hochstaplernovellen“ gefiel.

> Sie heißen: *„Der Brigant“* und *„Der Preller“* und sind erst vor kurzem erschienen: aber bei der Produktivität von Wallace ist anzunehmen, daß sie dennoch bereits zu seinen längstvergangenen Werken gehören. In beiden betrügen Betrüger Betrüger. Umständlicher ausgedrückt: ein ehemaliger Offizier, der keine ehrliche Arbeit findet, kommt auf den glücklichen Gedanken, im Verein mit einigen Kriegs- und Leidensgefährten vermögende Leute der Gesellschaft zu brandschatzen, deren Reichtum nachweisbar nicht die Frucht ehrlicher Arbeit ist. Es läßt sich nicht leugnen, daß er seine Übungen in praktischer Gesellschaftskritik amüsant durchexerziert und die gewählten Beispiele der Wirklichkeit ziemlich entsprechen.[59]

Das wohlwollende Urteil über die Kurzgeschichten nimmt Kracauer 1932 in seinem Nekrolog gleich noch einmal auf, um der Leseempfehlung aus dem Vorjahr Nachdruck zu verleihen und die Serie eigener Feuilletons zur Serienliteratur auf diese Weise mit einer neuerlichen Apologie der Kolportage fortzuschreiben. Mit dem Nach- und Ausruf „Es lebe Wallace!“ endet sein Text.

Tatsächlich war der Goldmann Verlag auf ein solches Nachleben durch abgeschlossene Lizenzverträge bestens vorbereitet. Vierzig weitere Wallace-Romane warteten auf Übersetzung. Zudem bot die stattliche Backlist eine Basis für einträgliche Nachdrucke und Neuauflagen.[60] Am anhaltenden Erfolg der Krimis, meinten einige deshalb schon bald, könnten auch Kulturverleger von Goethes Werken nicht auf Dauer vorbeisehen, da Gedenkjahre und Buchfeiertage allein kaum hinreichten, um die Bände des Klassikers aus dem Schattendasein elitärer Nischenprodukte zu erlösen. Wenn es stimmte, dass es weiterhin unmöglich war, von Wallace nicht gefesselt zu sein,

57 Siegfried Kracauer, Serienbändchen (Frankfurter Zeitung, 6. Dezember 1931), in: Werke, Bd. 5.3, 712–715, hier: 714.

58 Siegfried Kracauer, Eine kleine Leihbibliothek (Frankfurter Zeitung, 12. August 1931), in: Werke, Bd. 5.3, 615–619, hier: 619.

59 Siegfried Kracauer, Detektivromane (Frankfurter Zeitung, 25. Oktober 1931), in: ebd., 687–688, hier: 688. – Unter den Titeln *The Brigand* und *The Mixer* waren die beiden Kurzgeschichtenbände im englischen Original 1927 erschienen.

60 Goldmann, Kleine Geschichte meines Verlages, 27.

sollte es wenigstens möglich sein, einen Teil von Goethes Problemen durch mutigere Anpassungen seiner Titel zu lösen. Erich Schillings Karikatur aus dem *Simplicissimus*, die am Ende des Goethe-Jahrs die Zukunft des Klassikers in der literarischen Welt der Gegenwart zu einer Frage des zeitgemäßen Marketings erklärte (Abb. 5),[61] unterstrich dabei auch, dass das Nachleben von Autoren weder allein in den Händen von Nachrufschreibern noch in denen späterer Historiker lag, sondern mindestens so sehr in denen von lesefreudigen Buchkäufern und Bibliotheksnutzern: *common readers.* In deren Gunst hatte der andere prominente Tote von 1932, Edgar Wallace – wie schon Kracauer bemerkt hatte –, klare Vorteile. Jedenfalls bis auf Weiteres.

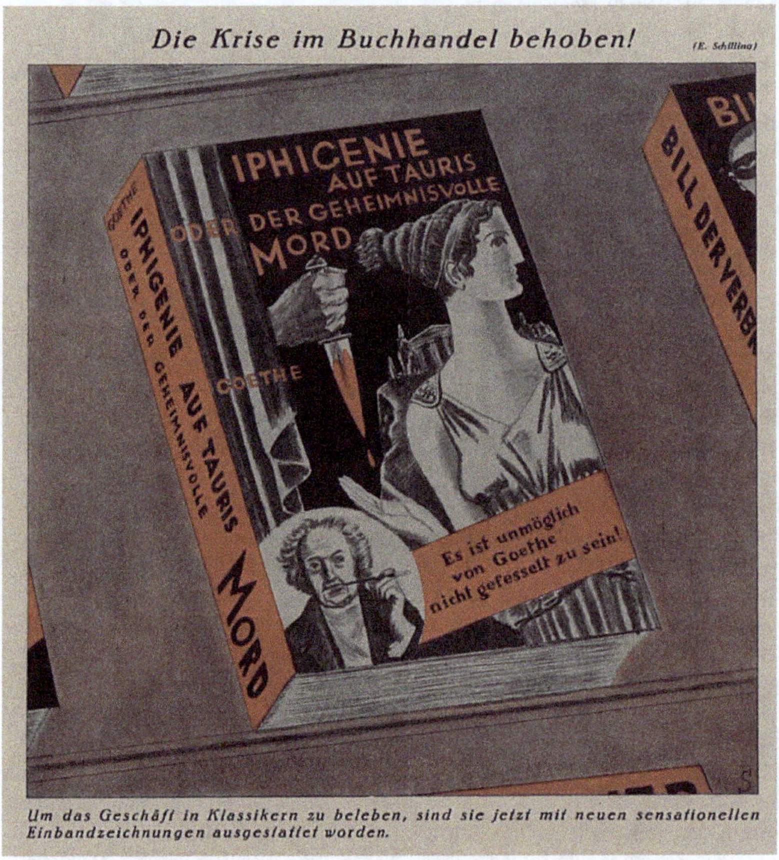

Abb. 5: Erich Schilling, Die Krise im Buchhandel behoben!, in: Simplicissimus 37 (1932), H. 38, 448

61 Für den Hinweis auf die Wallace-Karikaturen im *Simplicissimus* danke ich Sabine Eickenrodt.

Literaturverzeichnis

Anonym, „Cat“ for Attack on Cashiers. Two Men Sent to Penal Servitude, in: The Manchester Guardian, 1. Februar 1930, Nr. 26.027, 10.

Anonym, Special Inquiry into „Cat“ Sentence Sensation. Convict's Death Leap Inside Prison. Brooding over Ten Years Sentence and his 15 Lashes. Terrors of Flogging, in: Daily News and Westminster Gazette, 4. Februar 1930, Nr. 26.147, 7.

Anonym, Wandsworth Gaol Suicide. Prisoner's Jump from Balcony. Penal Servitude and „Cat“ Sentence, in: The Manchester Guardian, 4. Februar 1930, Nr. 26.029, 5.

Anonym, What the ‚Cat‘ Means. Feelings of a Man who Went Through it, in: Daily News and Westminster Gazette, 4. Februar 1930, Nr. 26.147, 8.

Anonym, Die „neunschwänzige Katze“. Mittelalterliche Folter in britischen Gefängnissen, in: Vorwärts, 16. Februar 1930, Nr. 79, Morgenausgabe, 2.

Anonym [W. A.], Mr. Wallace ist auch für die Todesstrafe!, in: Das Tagebuch 11 (1930), H. 19, 762.

Anonym, Edgar Wallace †, in: Vossische Zeitung, 10. Februar 1932, Nr. 69, Abend-Ausgabe, [1].

Anonym, Edgar Wallace †, in: Berliner Tageblatt, 11. Februar 1932, Nr. 70, 3.

Anonym, Edgar Wallace (Telegramm unsers eignen Berichterstatters), in: Kölnische Zeitung, 11. Februar 1932, Nr. 83, Abend-Ausgabe, 2.

Anonym, Edgar Wallace gestorben, Neue Freie Presse, 11. Februar 1932, Nr. 24.214, Morgenblatt, 5.

Benjamin, Walter, Gesammelte Schriften, hg. unter Mitwirkung von Theodor W. Adorno und Gershom Scholem von Rolf Tiedemann und Hermann Schweppenhäuser, 7 Bände und Supplement-Bände, Frankfurt/Main 1974.

Dietze, Dr. [Walter], Der Tag des Buches, in: Börsenblatt für den Deutschen Buchhandel 96 (1929), Nr. 22, 101–103, hier: 101 f. URL: https://digital.slub-dresden.de/data/kitodo/Brsfded_39946221X-19290126/Brsfded_39946221X-19290126_tif/jpegs/Brsfded_39946221X-19290126.pdf (letzter Zugriff: 25. Mai 2022).

Elbogen, Paul, Wallace telephoniert, in: Das Tagebuch 12 (1931), H. 7, 272 f.

Faktor, Emil, Edgar Wallace gestorben, in: Berliner Börsen-Courier, 11. Februar 1932, Nr. 69, Morgen-Ausgabe, 1. Beilage, 5.

Haas, Willy, Ein „Tag des Buches“?, in: Die Literarische Welt 5 (1929), Nr. 4, [1]–2.

Haas, Willy, Die Theologie im Kriminalroman [1929], in: Willy Haas, Gestalten. Essays zur Literatur und Gesellschaft. Mit einer Einführung von Hermann Kesten und einem Nachwort von Walter Benjamin, Berlin, Frankfurt/Main, Wien 1962, 163–169.

Haas, Willy, Kulturabbau und Goethe-Jahr, in: Die Literarische Welt 7 (1931), Nr. 42, [1]–2.

Haas, Willy (Hg.), Zeitgemäßes aus der ‚Literarischen Welt‘ von 1925–1932, Stuttgart 1963.

Herzfelde, Wieland, Wer das Buch liebt, verbietet es, in: Die Weltbühne 25 (1929), Nr. 12, 440–441.

Kaes, Anton (Hg.), Weimarer Republik. Manifeste und Dokumente zur deutschen Literatur 1918–1933, mit einer Einleitung und Kommentaren von Anton Kaes, Stuttgart 1983, 276–278.

Kracauer, Siegfried, Werke, 9 Bände, hg. von Inka Mülder-Bach und Ingrid Belke, Frankfurt/Main 2004–2012.

Mann, Heinrich, Detektiv-Romane, in: Die Literarische Welt 5 (1929), Nr. 34, [1]–2.

Ossietzky, Carl von, Ketzereien zum Büchertag [1929], in: Kaes (Hg.), Weimarer Republik. Manifeste und Dokumente zur deutschen Literatur 1918–1933, 311–315.

Panter, Peter [Kurt Tucholsky], Hering ist gut – Schlagsahne ist gut – wie gut..., in: Die Weltbühne 26 (1930), Nr. 37, 422.

Polgar, Alfred, Bei dieser Gelegenheit, Berlin 1930.

Polgar, Alfred, Kleine Schriften, 6 Bände, hg. von Marcel Reich-Ranicki und Ulrich Weinzierl, Reinbek 1982.

Raché, Paul, Endlich Abschaffung der Knute in England. Selbstmord eines Gefangenen aus Furcht vor der Leibesstrafe, in: Berliner Montagspost, 17. Februar 1930, Nr. 7, 14.

Schreck, Harry [Helmut Georg Rosenthal], Zum Tode Edgar Wallaces, in: Vossische Zeitung, 11. Februar 1932, Nr. 70, Morgen-Ausgabe, 3.

Schwabach, Erik-Ernst, Edgar Wallace †, Die Literarische Welt 8 (1932), Nr. 8/9, 2.

Wallace, Edgar, Eine Stimme für die Prügelstrafe. England braucht die „Katze"!, in: Berliner Montagspost, 10. März 1930, Nr. 10, Erstes Beiblatt, 5–6.

Bleiler, Richard, Edgar Wallace (1875–1932), in: Robin W. Winks und Maureen Corrigan (Hg.), Mystery and Suspense Writers. The Literature of Crime, Detection, and Espionage, 2 Volumes, Vol. 2: Ross MacDonald to Women of Mystery, New York 1998, 943–955.

Clark, Neil, Stranger Than Fiction. The Life of Edgar Wallace, the Man Who Created King Kong, Stroud 2014.

Curtis, Robert, Edgar Wallace: Each Way, London 1932.

Enderlein, Anne [unter Mitarbeit von Ulf Geyersbach] (Hg.), Ullstein-Chronik 1903–2011, Berlin 2011.

Fischer, Ernst, Marktorganisation, in: Geschichte des deutschen Buchhandels im 19. und 20. Jahrhundert, Bd. 2: Die Weimarer Republik 1918–1933, Teil 1, hg. von Ernst Fischer und Stephan Füssel im Auftrag der Historischen Kommission des Börsenvereins des deutschen Buchhandels, München 2007, 265–304.

Glover, David, Looking for Edgar Wallace: the Author as Consumer, in: History Workshop Journal 37 (1994), H. 1, 143–167.

Goldmann, Wilhelm, Kleine Geschichte meines Verlages, in: Wilhelm Goldmann Verlag 1922–1962, München 1962.

Göpfert, Herbert G., Die „Bücherkrise" 1927 bis 1929. Probleme der Literaturvermittlung am Ende der zwanziger Jahre, in: Das Buch in den zwanziger Jahren. Vorträge des 2. Jahrestreffens des Wolfenbütteler Arbeitskreises für die Geschichte des Buchwesens, hg. von Paul Raabe, Hamburg 1978, 33–45.

Lane, Margaret, Edgar Wallace. Das Leben eines Phänomens [1938], übers. von Wilm Wolfgang Elwenspoek, mit einem Vorwort von Graham Greene, Hamburg 1966.

Lethen, Helmut, Der Habitus der Sachlichkeit in der Weimarer Republik, in: Literatur der Weimarer Republik 1918–1933, hg. von Bernhard Weyergraf, München, Wien 1995, 371–446.

Miller, Laura J., The Best-Seller List as Marketing Tool and Historical Fiction, in: Book History 3 (2000), 286–304.

Oels, David/Ute Schneider, Masse, Mobilität, Moderne – Zur Einleitung, in: dies. (Hg.), „Der ganze Verlag ist einfach eine Bonbonniere". Ullstein in der ersten Hälfte des 20. Jahrhunderts, Berlin, München, Boston 2015, [1]–15.

Panke, Hedda, Die Familie und der Zeitungs- und Zeitschriftenverlag, in: Enderlein (Hg.), Ullstein-Chronik 1903–2011, 9–22.

Reichwein, Marc, „Was verdanken Sie dem deutschen Geist?" Die Rundfrage als Paradedisziplin der *Literarischen Welt* (1925–1933), in: Zwischen Literatur und Journalistik. Generische Formen in Periodika des 18. bis 21. Jahrhunderts, hg. von Gunhild Berg, Magdalena Gronau und Michael Pilz, Heidelberg 2016, 266–283.

Schneider, Ute, Lektüre für die Metropole. Der Ullstein Buchverlag 1903–1918, in: Enderlein (Hg.), Ullstein-Chronik 1903–2011, 27–62.

Schütz, Erhard, Ullstein-Buchabteilung 1918 bis 1933, in: Enderlein (Hg.), Ullstein-Chronik 1903–2011, 95–128.

Vogt-Praclik, Kornelia, Bestseller in der Weimarer Republik. Eine Untersuchung, Herzberg 1984.

Wegmann, Thomas, Die Henne annonciert, die Ente drückt sich. Bücher und Werbung im Medienverbund, in: Enderlein (Hg.), Ullstein-Chronik 1903–2011, 83–94.

Helga Schwalm

‚Best of …'. *Books of Obituaries* und literarische Nachrufe in englischen Zeitungen der 1920er und 1930er Jahre

1 Der britische Nekrolog als literarische Form

Dass Nachrufe bestimmten kulturellen Traditionen folgen, versteht sich fast von selbst; dem britischen *obituary* – auch *obit* oder *necrologue* – bescheinigte entsprechend die Literaturwissenschaftlerin Elaine Showalter eine ganz besondere Qualität: „[S]ince the 18th century, with its gazettes and Gentleman's Magazine, British newspapers have excelled at the journalism of death".[1] Ob journalistische Gebrauchsform oder kleine Form mit literarischen Ambitionen, enorm populär sind *obituaries* im Vereinigten Königreich noch heute; ihre Erfolgsgeschichte dürfte sich nicht zuletzt der Bandbreite der Nachgerufenen verdanken. So heißt es 1994 in einer Bestandsaufnahme des *Economist:*

> Here also, in an almost random international cavalcade, its composition determined by the combined whims of the Grim Reaper and the editor responsible, may be found circus performers, jazz musicians, squires, poets, eccentrics and rogues, from Marshal Akhromeyev of the Red Army to Frank Zappa, late of the unconventional musical group, the Mothers of Invention.[2]

Ungeachtet seiner Popularität ist die Forschung zum *obituary* überschaubar. Was dieser mit der klassischen Biografie teilt, ist, dass es gerade die Praktizierenden bzw. Herausgeberinnen und Herausgeber sind, die sich theoretisch-poetologisch dazu äußern, nicht immer mit scharfem Blick für den eigenen *bias.* Kleine Form, Prägnanz, öffentliche Relevanz, Zeitgenossenschaft,[3] „Pietätsmaxime",[4] das sind Stichworte, die das erklärte Selbstverständnis des Nachrufs bestimmen, gebunden

1 Elaine Showalter, Way to Go. On Why Obituaries are a Business in the US and an Art in the UK, in: The Guardian, 2. September 2000, Saturday Review Section, 7.

2 Anonym, Lives after Death, in: The Economist, 24. Dezember 1994, Nr. 333, H. 7.895, o. S.

3 So sagt William Haley zur Zeitgenossenschaft: „It is our immediate contemporaries whom we are reading about. They have lived through the same times as we have." William Haley, Rest in Prose. The Art of the Obituary, in: American Scholar 46 (1977), H. 2, 206–211, hier: 211. Hierzu auch Marysa Demoor, From Epitaph to Obituary, in: Biography 28 (2005), H. 2, 255–275.

4 Anna Hanus, Kritischer Nachruf – Eine Neue Textsortenvariante?, in: Colloquia Germanica Stetinensia 25 (2016), 265–283, hier: 273.

https://doi.org/10.1515/9783111106472-013

an seine hohe Aktualitätsbindung bzw. *timeliness* – kaum eine Erzählung zum Nachruf, die nicht die editorische Dringlichkeit, pünktlich zu liefern, schilderte, einschließlich der notorischen Praxis, Nachrufe im Voraus in der Schublade bereitzuhalten. Medium, Format und Temporalität spielen offenkundig zusammen. Dazu gesellt sich, zumindest für den angloamerikanischen Nachruf, das Bekenntnis zum ambitionierten Stil – „anecdotal, discursive, yet elegantly concise; learned, touching, and, in a kindly way, often extraordinarily funny".[5]

Dass die Norm sprachlicher Eleganz im Auftrag biografischer Kondensationstechnik stehe, formulierte Alden Whitman, jenseits des Atlantik lange Jahre verantwortlich für die *obituary column* der *New York Times*, programmatisch: „[An obituary] should be constructed as a whole and written with grace, capturing, ideally, its subject's unique flavour." Diese Norm markiert den *obituary* als distinkte biografische Form: „An obit is a form of biography, of course, yet it is not a biography, which is ordinarily quite detailed and which usually takes a point of view".[6]

Neben dem Diktat des eleganten Stils tritt hier, zur metaphorischen Formel verdichtet („its subject's unique flavour"), das Primat zutage, den Verstorbenen in seiner Individualität in komprimierter Form zu erfassen, ohne dass Whitman zufolge ein subjektiver Blickwinkel des Biografen in die Quere käme. Nicht allein die Kürze respektive Länge, sondern auch die (Null-)Perspektivierung trennen den Nachruf von der Form der Biografie. So fraglich und kontrovers der merkwürdige Anspruch auf Verzicht auf einen *point of view* sein mag,[7] so wird dies in der Praxis traditionell durch Anonymität der Autorschaft signalisiert,[8] eine Anonymität, die lange Zeit offenbar eine gewissermaßen *trans*-subjektive, kollektive Stimme der Zeitgenossen suggerieren sollte.

Dessen ungeachtet formen nicht allein der Wille zum Stil und das Urteil der Zeitgenossen den *obituary*. Als kleine journalistische, bisweilen para-literarische Form erscheint er, unter höchstem Aktualitätszwang, eingebettet in eine mediale

---

5 Anonym, Lives after Death, o.S.

6 Alden Whitman, The Obituary Book, London 1971, 9.

7 Selbstverständlich ist dieser Punkt nicht unkontrovers. Relativer – und scharf gegen einen herabwürdigenden, unzeitgemäßen Nachruf auf James Joyce in *The Times* gerichtet – fasste es T. S. Eliot: „The first business of an obituary writer is to give the important facts about the life of the deceased, and to give some notion of the position which he enjoyed. He is not called upon to pronounce summary judgement (especially when his notice is unsigned), though it is part of his proper function, when his subject is a writer, to give some notion of what was thought of him by *the best qualified critics of his time*" [meine Hervorhebung, H. S.]; Thomas S. Eliot, A Message to the Fish, in: Horizon 3 (März 1941), H. 15, 173–175, hier: 174.

8 *The Times* und *The Daily Telegraph* praktizieren diese Anonymität noch heute, während *The Guardian* namentlich zeichnet.

Umgebung – traditionell in eine Zeitung oder Zeitschrift. Zwangsläufig mischt sich so die editorische Politik des Blattes in die Praxis des *obituary* ein – wer eines Nachrufs für würdig befunden wird, welcher Raum (im materiellen und übertragenen Sinne) ihm oder ihr zuteil wird, welcher Art Urteil über ein Leben gefällt wird, in welchem Maße der Nachruf mit literarischem Anspruch erscheint, das alles ist kaum frei von redaktioneller Steuerung. Zugleich bietet sich der Nachruf als biografische Kleinform zur Re-Kontextualisierung an, insbesondere im Zusammenschluss zu populären *collective biographies* jenseits des enzyklopädischen Feldes. Genau dafür stehen die eingangs zitierten diversen *Books of Obituaries* im Sinne von *Best of*-Anthologien. Gleichermaßen zelebrieren sie merk-würdige Leben und die kleine Form des Nachrufs mit deren *appeal* zwischen konservativer Konstruktion von großer Geschichte des 20. Jahrhunderts, Bekenntnis zu – bzw. Bewusstsein von – *Englishness/Britishness* und literarischer Ambition.

In diesem Sinne möchte ich im Folgenden dem Nachruf bzw. Nekrolog in Bezug auf drei Aspekte (bzw. Komplexe) in rückwärtiger Richtung nachgehen: Auf den historischen Zeitraum der 1920er und 1930er Jahre steuere ich von der Gegenwart aus zu, nämlich mit Blick auf die jüngere Anthologisierung von Nachrufen in *Books of Obituaries.* Vor dem Hintergrund von deren Selektionsstrategien springe ich in einem zweiten Schritt in die 1920er und 1930er zurück und skizziere Kanonisierungspraktiken des *obituary* in ausgewählten großen Zeitungen im Kontext von Aspekten von Format und Umgebung.[9] Zuletzt schließen sich daran kleine Beobachtungen zu einer (impliziten) modernen Ästhetik des *literary obituary* an.

2 ‚Best of …‘. *Books of Obituaries*

Zur (autodiegetisch erzählten) Vorgeschichte der Anthologisierung von Nachrufen auf dem gegenwärtigen Markt gehört, dass Hugh Massingberd 1986 im Zuge der neuen Besitzverhältnisse des *Daily Telegraph* eine Reform der *obituary*-Praxis, bislang „the journalistic equivalent of Outer Siberia“,[10] unternahm: „I determined to dedicate myself to the chronicling of what people were *really* like through informal anecdote, description and character sketch rather than merely trot out the bald

---

9 Dies kann keine umfassende Analyse sein; was die 1920er und 1930er Jahre betrifft, beschränkt sich mein Beitrag auf die großen konservativen Blätter *The Times* (sowie *The Times Literary Supplement*), *The Daily Telegraph* und – gewissermaßen als punktuelles kritisches Korrektiv – *The Guardian.*

10 The Daily Telegraph Book of Obituaries. A Celebration of Eccentric Lives, hg. von Hugh Massingberd [1995], London 1996, v.

curriculum vitae […]".[11] Damit gehe eine neue Haltung hervor: „The tone I sought was sympathy, not sycophancy. Obits have their own peculiar, and enjoyable, form. Understatement is the golden rule".[12] Deutlich wird hier eine – britisch konnotierte – Diskursivität der Gefälligkeit und des Understatement beschworen.

Auf jeden Fall bekam *The Daily Telegraph* erst mit Massingberd, dem „father […] of the humorous obituary" laut Urteil der linksliberalen Konkurrenz *The Guardian*,[13] seine eigene, feste *obituary*-Rubrik. Massingberds Statement rekapituliert nicht nur die Erneuerung des eigenen Blatts, sondern zielt zugleich gegen den Rivalen *The Times*, der bislang den *obituary* komplett und exklusiv vereinnahmt hatte (etwa zeitgleich ging die neue Tageszeitung *The Independent* an den Start, ebenso mit unkonventionelleren Nachrufen).[14] In einer diffusen Gemengelage von sich neu sortierenden *broadsheet*-Konkurrenzen, der Verschiebung von Klassenverhältnissen, von sozialen und nationalen Identität(en) und zugleich fortdauernder britischer Beschwörung einer großen Vergangenheit wetteifern *The Times* und *The Daily Telegraph* im Geschäft der populären Anthologisierung von Nachrufen in *Books of Obituaries*.[15] Die Spannbreite reicht von groß angelegten Titeln, die eine Gesamtschau auf das 20. Jahrhundert im Sinne einer populären Kanonbildung[16] versprechen (*The Times Great Lives. A Century in Obituaries* [2005] und *The Daily Telegraph Fifth Book of Obituaries Twentieth-Century Lives* [2000]), über devolu-

---

11 Massingberd (Hg.), The Daily Telegraph Book of Obituaries, vi [Hervorhebung im Original].

12 Ebd., ix.

13 Stanley Reynolds, Hugh Massingberd. Journalist, Author and Editor of Burke's Peerage, He Reinvented the Daily Telegraph's Obituaries Page, in: The Guardian, 31. Dezember 2007, 32.

14 So die Darstellung im *Economist:* „In 1985 Conrad Black, a Canadian industrialist, acquired control of the Telegraph group: a feature of his new regime was the appointment of Mr Massingberd to develop a more eclectic and literary approach to obituaries, and so outflank The Times, the most respectable paper in Rupert Murdoch's British stable, which had long been unrivalled in the obituaries field but had adhered to a subfusc prose style and favoured a relatively narrow selection of subjects. This was also the time of Mr Murdoch's assault on the British printing-industry trade unions, the success of which drove down the cost of newspaper production and so made possible the launch of a new quality newspaper, the Independent, which likewise recognised the obituaries page as a hitherto neglected opportunity. The Independent appointed as its obituaries editor a former antiquarian bookseller, Jamie Fergusson, who encouraged informal writing and unconventional photographs" (Anonym, Lives after Death, o. S.). – *The Economist* führte 1995 seine eigene obituary-Rubrik ein.

15 Die Anthologisierung von Nachrufen geht bereits auf Ende des 19. Jahrhunderts zurück, siehe die sechs Bände *Eminent Persons. Biographies Reprinted from The Times* (1880–1892).

16 „One characteristic of the obituary is that these lives are *selected* as particularly memorable, distinguished or newsworthy. For figures in the arts in particular, the obituary features as a crucial benchmark of later consecration or canonisation". Bridget Fowler, The Obituary as Collective Memory, New York, London 2007, 7.

tionär angelegte Bände (z. B. *The Times Great Scottish Lives. Obituaries of Scotland's Finest* [2017]) oder bewusste ‚Retro-Englishness' (*Chin up, Girls! A Book of Women's Obituaries: From The Daily Telegraph* [2005]) zu speziell anmutenden militärischen Gruppenbildungen wie *The Daily Telegraph Book of Military Obituaries* (2003), *The Daily Telegraph Book of Airmen's Obituaries* (2002) usw., die an die lange Tradition von *naval* und *military memoirs* anknüpfen.[17] Die sonderbare Mischung aus patriotischem Bekenntnis zur britischen Armee und Liebe zur (britischen) Exzentrik der *military obituaries* überbietet noch einmal der Band *A Celebration of Eccentric Lives* des *Daily Telegraph Book of Obituaries* (1995). Solche Anthologien von Nachrufen im Sinne einer *Best of*-Sammlung konstruieren eine lange Geschichte bzw. diverse Geschichten des 20. Jahrhunderts als Summe großer, prominenter, aber auch kleiner, (beinah) unbemerkter Leute – „capturing for posterity some little-known, or half-forgotten figure who has made a hitherto undervalued contribution to some aspect of our times".[18]

Die hier formulierte demokratisch-meritokratische Agenda ist durchaus prominent; sie ist das moderne, populäre Pendant zum aufklärerischen Topos der biografischen Dignität eines jeden Lebens, gepaart mit dem Willen zur nationalen Kanonbildung mit Hilfe diverser *collective biographies.* Dieser frisch bemühte alte Topos will gleichwohl nicht ganz zu Massingberds lockerem Eingeständnis passen: „I confess to a particular spot for colourful aristocrats whose idiosyncrasies illustrate that P. G. Wodehouse [der humoristische Romancier, H. S.] was not quite such a fantasist as the more earnest literary critics like to believe".[19] Mag Massingberds Selektion exzentrischer Lebensgeschichten gerade nicht bzw. nicht vorrangig den „Great and the Good" oder „too obviously famous and notorious"[20] Tribut zollen wollen, so offenbaren seine Präferenzen doch unverhohlen eine politische Schlagseite: Ungeachtet oder vielleicht gerade angesichts der bevorzugten Spielweisen des Humors tritt der alte *Tory bias* zutage. Nicht anders *The Times:* Wenngleich der *obituary editor* Ian Brunskill seine bunte Mischung von „foreign firebrands as well as British worthies, women as well as men, villains as well as heroes, artists and entertainers as well as heads of states"[21] preist und bereits sein Vorgänger William Haley (*The Times*-Herausgeber 1952–66) „only achievement" zum Maßstab gemacht

17 Siehe schon Robert Beatson, Military and Naval Memoirs of Great Britain, from the year 1727 to 1783, Bd. 1–6, London 1804.

18 Massingberd (Hg.), The Daily Telegraph Book of Obituaries, x.

19 Ebd., x.

20 Ebd., xii.

21 The Times Great Lives. A Century in Obituaries, hg. von Ian Brunskill, London 2005, viii.

haben wollte,[22] hindert dies Letzteren nicht, zum Stichwort „cooperation“ folgende Anekdote zu bemühen:

> One piece of cooperation was unique. Many years ago my telephone rang near midnight. The caller was Lord X's butler with an urgent message. „Lord X presents his compliments to the editor of The Times. He wishes Sir William to know that he does not think he will last the night.“ He did not. But he had made certain of a fitting obituary in the morning.[23]

Das eingespielte Netzwerk des Establishment als zentraler Schauplatz der *obituary*-Praxis ist offenkundig. Dass die Reklamation sozialer Ausgewogenheit seitens der Herausgeber einer quantitativen Überprüfung tatsächlich nicht standhält, hat die Soziologin Bridget Fowler mit Bezug auf Bourdieu und Judith Butlers vielzitierte Kritik der Hierarchie von „grievable lives“ im Einzelnen nachgewiesen. Demnach offenbart nicht nur die Tory-Presse, allem deklarierten Selbstverständnis zum Trotz, noch die Spuren der traditionellen Disbalancen. Mag die Tendenz kaum überraschen, so frappiert doch das schiere Ausmaß des *upper class*-Übergewichts in der *Times* über lange Zeit. Trotz aller unbestrittenen „democratisation“ der *obituary column* seit den 1970ern, beginnend schon nach 1945, sei diese Rubrik nach wie vor der Ort einer „ongoing class or elite reproduction“, und dies mit vergleichsweise wenig Fokus auf den Künsten. „[T]here is a noticeable discrepancy between the views of the obituary editors that these columns have been opened out to anyone who had had a memorable life and the social reality that has been uncovered here“, stellt die Studie Fowlers fest. So lautet ihr Ergebnis: „Despite certain elements of undoubted democratisation of the obituary since 1900, our assessment suggests that the group with ‚grievable lives‘ still remains socially very limited.“[24] In Bezug auf *The Times* fomuliert Fergusson noch pointierter: „‚for many years [*The Times*] was the only place to be seen dead in‘“.[25] Für die 1920er und 1930er Jahre galt diese

22 Haley, Rest in Prose, 207.

23 Weiter heißt es: „Famous last words are legion. This was a last act to ensure some remembrance. Whether Lord X had ever read *Urn Burial* I do not know. He did seek to make as good provision for his name as he did for his relics. And the old-world courtesy of the words in which he did it is a pleasing memory. Possibly something of the same nature is what causes some men – I have never known a woman to do it – to ask permission to read their obituaries. We refused to allow this, without exception“. Haley, Rest in Prose, 208.

24 Fowler, The Obituary as Collective Memory, 8 und 16. – Eine weitere soziologisch-diskursanalytische Studie untersucht die „hidden ideology“ des *Economist* im Sinne eines „complex set of beliefs and values“. Stephen Moore, Disinterring Ideology from a Corpus of Obituaries. A Critical Post Mortem, in: Discourse and Society 13 [2002], H. 4, 495–453, hier: 495–496.

25 James Fergusson, Death and the Press, in: Secrets of the Press. Journalists on Journalism, hg. von Stephen Glover, London 1999, 148–160, hier: 152.

elitäre Schlagseite allemal. Einher ging sie mit einer gewissen genealogischen Obsession, während diskrete Verschleierungstechniken („he was unmarried" als prominente Formel) die Stellung sicherten.

Wenn *The Times Great Lives* also für die Periode der 1920er und 1930er Jahre zwar symptomatisch mit Lord Kitchener – Earl, Oberbefehlshaber der indischen Armee und Kriegsminister – startet, spiegelt die Anthologie-Auswahl mit zwei Komponisten, einem bildenden Künstler und zwei Autorinnen, dazu noch Lenin und Freud als historischem *rogue* respektive Diskursbegründer eine zu den Künsten und Wissenschaften hin nachträglich verlagerte Selektion (ganz abgesehen von der neuen Präsenz von Frauen, gar Frauenrechtlerinnen). Die anthologische Selektion der *Times* übernimmt retrospektiv die Korrektur der *upper class/Establishment*-Schlagseite zugunsten der *professions*, Wissenschaften und Künste. Angesichts der fortlaufenden Gegenwart gilt zudem ein fortlaufendes Revisionsdiktat. So formuliert Anna Temkin in ihrem Vorwort zur Neuauflage der *Times Great Lives* von 2015:

> Choosing which to add and which, very reluctantly, to remove meant avoiding a number of risks: too many politicians (farewell Earl Attlee), too few writers (stay put Enid Blyton), too much music (so long Glenn Gould), not enough science (welcome Sir Bernard Lovell). All these were important considerations when updating this edition.[26]

Neue Auflagen schaffen neue populäre Kanones. Der formulierte Anspruch erschöpft sich freilich nicht darin, populäre Versionen kollektiver biografischer Geschichtsschreibung abzugeben; zum Selbstverständnis gehört auch, als wichtiger Lieferant von Vorlagen („raw state"[27]) für die traditionsreiche, quasi-offizielle nationale Sammelbiografie, das *Dictionary of National Biography*,[28] zu fungieren.

> Perhaps the most effective way to study history is to read the obituaries of those who have shaped it. Many would agree there is no better place to do so than in the pages of The Times. Its notices have long been a prime source for scholars; to this day, contributors to the Oxford Dictionary of National Biography are invariably advised to start their research by consulting the relevant Times obituary.[29]

Geschichte als Serie oder Summe von Biografien – fast aus der Zeit gefallen wirkt dieser altmodische Rückgriff auf die nationale *collective biography.*

---

26 Anna Temkin, Introduction, in: The Times Great Lives. A Century in Obituaries, hg. von Anna Temkin, 2. Aufl., Glasgow 2015, ix–x, hier: ix.

27 Haley, Rest in Prose, 207.

28 G. M. Trevelyan bezeichnete das *Dictionary of National Biography* als „the best record of a nation's past that any civilization has produced" (zitiert in: ebd.).

29 Temkin, The Times Great Lives, ix.

3 *Obituaries* in den 1920er und 1930er Jahren: Wertungs- und Kanonisierungspraktiken

Wie verhält sich die anthologische Summe zur tatsächlichen Praxis des Nachrufs? Was wird gesagt, was wird nicht gesagt, wie wird historisches Gewicht produziert in diesem Format, das der kleinen Form so affin ist? Und wie kommt dabei die mediale Umgebung ins Spiel? Dafür lohnt ein kurzer Blick in die Genese des *obituary*. Als „major para-literary expression of the dead's public significance" entstand er im 19. Jahrhundert „as a modern form responsive to a large, socially diverse audience eager for information about their society",[30] so Joshua Scodel in seiner Monografie über die Geschichte des Epitaphs. Strukturell ging der *obituary* aus den *death notices* der *magazines* seit dem *Gentleman Magazine*'s hervor. Gleichzeitig, so wäre der Rekonstruktion Scodels hinzuzufügen, macht der Nachruf Anleihen bei der so vielfach praktizierten kleinen Form der Biografie insbesondere in eben jenen *magazines* des 18. Jahrhunderts.[31]

Was man so als doppelte Genese des Nachrufs aus *death notices* und Spielarten der kleinen *Magazine Lives* bezeichnen kann, lebt im 20. Jahrhundert strukturell fort im doppelten Nekrolog-Format der Zeitungen. Ob mit distinkter Nachruf-Rubrik in *The Times* oder wilderer Struktur in *The Daily Telegraph*, die Todesnachricht ereilt den Leser zumeist als *news item*, kombiniert mit einem eigenen Nachruf, der bisweilen fast wie eine kleine Biografie anmutet. *Die Times* trennt schärfer (wenngleich nicht terminologisch) zwischen Nachricht und Nachruf; entsprechend lautet die gängige Formel ‚Eigenname plus „whose death is announced on another page"' im ersten Satz eines Nachrufs. Im Hinblick auf den *Telegraph* springen stärker die Kontingenz der Nachbarschaft ins Auge, die das ‚unordentlichere' Format vorgibt, sowie die Heterogenität bzw. gar Aufsplitterung in diverse nekrologische Facetten.

Dass literarische Nachrufe positive Kanon-Impulse an der Schnittstelle zwischen Zeitgenossenschaft und historischer Rückschau geben, überrascht nicht. Ebenso jedoch verurteilen, verwerfen oder vernichten sie gar: Im Falle des Skan-

---

30 Joshua Scodel, The English Poetic Epitaph. Commemoration and Conflict from Jonson to Wordsworth, Ithaca 1991, 404.

31 Selbst das Attribut des Ephemeren ist aus der Debatte um die unmittelbar nach dem Tod und zügig zu Papier gebrachte Biografie der sogenannten Grub Street Literaten hinlänglich bekannt. Solche Schreiber, so hatte Joseph Addison 1716 geklagt, „watch for the Death of a Great Man, like so many Undertakers, on purpose to make a penny of him", um „the private Concerns of Families" zur Schau zu stellen und „the Secrets of the dead to the Curiosity of the living" zu opfern. Joseph Addison, [ohne Titel], in: The Freeholder, 20. April 1716, Nr. 35, hg. von James Leheny, Oxford 1979, 195.

dalautors D. H. Lawrence und elf Jahre später von James Joyce liefern die *obituaries* Narrative von tragischen Verfehlungen großen literarischen Talents, das einzulösen nicht gelang bzw. solipsistisch blieb: „author's private language" und „critic defeated", beklagt *The Daily Telegraph* den Autor Joyce, umgeben von *news items* und Werbung mit Kriegsbezug.[32] *The Times* kommentiert wiederum: „It would seem, however, that the appreciation of the external and serene beauty of nature and the higher sides of human character was not granted to Joyce – or at least did not appear in his work".[33] Selbst die ausführliche kritische Würdigung in *The Times Literary Supplement* von „one of the most significant and one of the strangest figures in contemporary literature" bleibt höchst ambivalent: „TRAGIC SOJOURN IN THE TOWER OF BABLE" lautet die bezeichnende Unterzeile.

> Joyce knew all about the art of writing. If one clear impression comes from the mass of obscurities in „Ulysses" it is that its author had read vastly and forgotten nothing. […] Joyce knew many languages. His world is a polyglot world where words, all words as well as the Joycean, have not objects but themselves. […] The work progressed into realms where it cannot be followed by others.[34]

Wo überhaupt eine Welt entsteht, da liefere sie „a terrible picture", mit ihrem „lack of restraint both admirable and shocking".[35]

Das Verdikt gegen D. H. Lawrence, der es später immerhin in die Anthologie *The Times Great Lives* (2005) schafft, fällt noch härter (wenngleich nicht einstimmig) aus:[36] „A Mind Diseased" heißt die kleine Überschrift in der *Telegraph*-Rubrik

32 George W. Bishop, James Joyce Dead, in: The Daily Telegraph, 14. Januar 1941, Nr. 26.710, 3. Auf derselben Seite findet sich z. B. der Artikel „Searching for Victims of Bombed Subway".

33 Anonym, The Times – Obituary of James Joyce (14. Januar 1941), in: The Times Great Irish Lives, hg. von Charles Lysaght, New York 2008, 149–150.

34 Anonym, The Significance of James Joyce, in: The Times Literary Supplement, 25. Januar 1941, Nr. 2.034, 42.

35 Ebd., 42.

36 Im Unterschied dazu lautet die notorische Anerkennung E. M. Forsters, Lawrence sei „the greatest imaginative novelist of our generation" (E. M. Forster, D. H. Lawrence, in: The Nation and the Athenaeum 46 [29. März 1930], 888). Auch der *Guardian* fällte ein empathisches Urteil: „He could not have assailed and portrayed this disintegration with such magnetic force and insight if he had not experienced it to an abnormal degree in himself. Endowed with an intense physical and mental sensitiveness, he personified, as only a genius pain-obsessed beyond the possibility of humour or tolerance could, the suffering of a self-conscious mind exasperated by the soulless clangor of machinery stifled by the fumes of all its waste products, and seeking fanatically to recover unity and health by a return to the primitive. It was this which drove him eventually to Italy, Sicily, Sardinia, and Mexico. Gifted with extraordinary powers of sensuous divination, few writers have so intimately realised in words the electric force in the form and movements of animal life or the burning beauty of nature's colours." (Anonym, The Death of DH Lawrence – Archive, 1930). – Für eine kri-

„London Day By Day“. Als „lost soul of literature“ gilt der Dichter hier. Mehr Mitleid denn Zensur verdient er bestenfalls, denn „he had genius which might have raised him to a higher place among the lesser immortals […] But alas! the kink in the brain developed early, and he came to write with one hand always in slime“.[37] Pathologisierung, ästhetische und moralische Verurteilung gehen Hand in Hand. Der eigentliche *obituary*, betitelt „Banned as Painter and Novelist“, bemüht sich hingegen um mehr kritische Balance („Lawrence was at his best when writing of the people of the Midlands […]“).[38]

Ähnlich die Stoßrichtung der *The Times*, wenngleich auch hier die Diagnose der Krankheit herhalten muss:

> There was that in his intellect which might have made him one of England's greatest writers, and did indeed make him the writer of some things worthy of the best of English literature. But as time went on and his disease took firmer hold, his rage and his fear grew upon him. He confused decency with hypocrisy, and honesty with the free and public use of vulgar words.[39]

Wiederum kombiniert der *obituary* moralisch-ästhetisches kritisches Befremden und kontrafaktuale Würdigung im Konditional einer nicht gelebten biografischen Möglichkeit (die im Konjunktiv die klassische Pietätsmaxime rettet!).

Was auf jeden Fall in der Anthologie-Fassung verloren geht, ist die Einbettung des Nachrufs, und damit auch der Zusammenhang von Format, polyphoner Umgebung, Gewichtung und Kanonisierungsbemühen. Gerade für den *literary obituary* spielt dies eine wichtige Rolle, und besonders markant im Falle Rudyard Kiplings. Geradezu hymnisch wird er als Dichter des Empire beschworen: *The Times* vom 20. Januar 1936 wartet mit einem zweiten, zweispaltigen *obituary* auf, in dem man, vielleicht auch angesichts der Verspätung über das Wochenende, die royale und weltweite Anteilnahme einfach für sich sprechen lässt (und minoritäre Einwände rasch abtut): Oben steht das „Queen's Telegram“ mit königlicher Beileidsbekundung, gefolgt von zahlreichen britischen Wortmeldungen einschließlich G. B. Shaws, der in gewohnter paradoxer Pointierung kommentiert: „Within his own limitations Kipling was really great“.[40] Der Chor kondolierender Stimmen weitet sich dann nach Europa und Indien aus und schließt am Ende mit einem merkwürdigen Blick nach Deutschland. *The Times* zitiert hier wiederum die Erklärung der *Deutschen*

---

tische Sichtung der Nachrufe auf Lawrence siehe Dennis Jackson, „The Stormy Petrel of Literature is Dead“. The World Press Reports D. H. Lawrence's Death, in: The D. H. Lawrence Review 14 (1981), H. 1, 33–72.

37 Anonym, A Mind Diseased, in: The Daily Telegraph, 4. März 1930, Nr. 23.339, 12.

38 Anonym, Banned as Painter and Novelist, in: The Daily Telegraph, 4. März 1930, Nr. 23.339, 17.

39 Brunskill, The Times Great Lives, 35.

40 Anonym, Obituary: Rudyard Kipling, in: The Times, 20. Januar 1936, Nr. 47.276, 19.

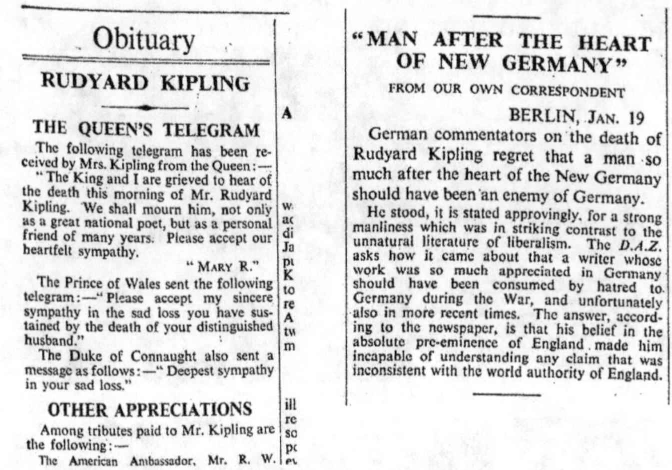

Obituary

RUDYARD KIPLING

THE QUEEN'S TELEGRAM

The following telegram has been received by Mrs. Kipling from the Queen:—

"The King and I are grieved to hear of the death this morning of Mr. Rudyard Kipling. We shall mourn him, not only as a great national poet, but as a personal friend of many years. Please accept our heartfelt sympathy.

"MARY R."

The Prince of Wales sent the following telegram:—"Please accept my sincere sympathy in the sad loss you have sustained by the death of your distinguished husband."

The Duke of Connaught also sent a message as follows:—"Deepest sympathy in your sad loss."

OTHER APPRECIATIONS

Among tributes paid to Mr. Kipling are the following:—

The American Ambassador, Mr. R. W.

"MAN AFTER THE HEART OF NEW GERMANY"

FROM OUR OWN CORRESPONDENT

BERLIN, JAN. 19

German commentators on the death of Rudyard Kipling regret that a man so much after the heart of the New Germany should have been an enemy of Germany.

He stood, it is stated approvingly, for a strong manliness which was in striking contrast to the unnatural literature of liberalism. The *D.A.Z.* asks how it came about that a writer whose work was so much appreciated in Germany should have been consumed by hatred to Germany during the War, and unfortunately also in more recent times. The answer, according to the newspaper, is that his belief in the absolute pre-eminence of England made him incapable of understanding any claim that was inconsistent with the world authority of England.

Abb. 1: Anonym, Obituary: Rudyard Kipling, in: The Times, 20. Januar 1936, Nr. 47.276, 19 [Ausschnitte]

Allgemeinen Zeitung: „Man After the Heart of New Germany". Ideologisch so nahe und doch erklärtermaßen Feind Deutschlands, so die Würdigung: „‚his belief in the absolute pre-eminence of England made him incapable of understanding any claim that was inconsistent with the world authority of England'".[41] (Abb. 1) Ein zweiter Artikel auf Seite 13 berichtet von der Ehre, die Kipling mit einer Grabstätte in Westminster Abbey zuteilwerden soll, gefolgt von einer kleinen kritischen Würdigung.

The Daily Telegraph vom 18. Januar 1936 widmet dem Dichter gleich vier *items*, zu einem Ensemble orchestriert. Ein eher biografisch strukturierter Artikel des hauseigenen versatilen Vielschreibers H. C. Bailey auf Seite 9 steht im Tandem mit J. B. Firths geradezu hymnischer Würdigung des „Poet and Prophet of Empire" (Seite 12), die gegen Kiplings politischen Kritiker flink zum Präventivschlag ausholt: „He has still and has always had his distractors. Certain people are offended by the martial imperialistic note he struck. They could not shut their ears to his song, but they rejected his message. That does not touch his primacy."[42]

41 Ebd.

42 H. C. Bailey, Kipling, Imperial Poet the World Acclaimed, in: The Daily Telegraph, 18. Januar 1836, Nr. 25162, 9. The Telegraph Historical Archive; J. B. Firth, Kipling. Poet and Prophet of Empire, in: The Daily Telegraph, 18. Januar 1936, Nr. 25.162, 12.

16 THE DAILY TELEGRAPH, SATURDAY, JANUARY 18, 1936

LIFE OF MR. RUDYARD KIPLING—A PICTORIAL RETROSPECT

MR. RUDYARD KIPLING, who died last night after an operation, photographed with the King at Vlamertinghe Cemetery, Belgium, in May, 1922, during his Majesty's tour of the war graves.

After.

God of our fathers known of old—
Lord of our far-flung battle-line—
Beneath whose awful Hand we hold
Dominion over palm and pine,
Lord God of Hosts, be with us yet,
Lest we forget — lest we forget!

The tumult and the shouting dies
The Captains and the Kings depart
Still stands Thine ancient sacrifice
An humble and a contrite heart.
Lord God of Hosts, be with us yet,
Lest we forget — lest we forget!

THE START of an early draft of "The Recessional"—originally named "After"—which was written in 1897 for Queen Victoria's Jubilee. The manuscript reproduced above is preserved in the Harvard College Library.

SPEAKING at a recruiting meeting—one of the famous writer's many patriotic activities during the Great War.

A GROUP at a family party at Bateman's, Mr. Kipling's home at Burwash, Sussex. With him are Mr. Baldwin, his cousin, and Mrs. Baldwin.

AFTER THE INSTALLATION of Mr. Kipling as Lord Rector of St. Andrews University in 1923. Left to right: Dr. Irvine, Earl Haig, Mr. Kipling, Principal Galloway and Sir John Bland Sutton. Right: A war-time photograph of Mr. Kipling during a tour of the Western front.

ESCORTING his daughter Elsie to St. Margaret's, Westminster for her wedding to Capt. G. L. St. C. Bambridge in October, 1924.

A KEEPER feeding the wallabies at the Whipsnade Zoo, where there are several inches of snow.

Crossword Puzzle No. 3,205

PRIZE COMPETITION

NAME.......

ADDRESS.......

Abb. 2: Anonym, Life of Mr. Rudyard Kipling – A Pictorial Retrospect, in: The Daily Telegraph, 18. Januar 1936, Nr. 25.162, 16 [Ausschnitt]

„Primacy" – das signalisiert auch die biografische Bildergalerie auf Seite 16 (Abb. 2).[43] Die Umgebung fungiert dazu als kontextueller Verstärker der royal-imperialen Obertöne: Die eigentliche, bemerkenswert ausführliche Nachricht vom Tod (eine Spalte!) eine Seite weiter ist in den vermischten Weltnachrichten platziert, vor allem (fast) an der Seite der eineinhalbspaltigen Berichterstattung über die Erkrankung des Königs (Abb. 3).[44]

Auch für den spät-viktorianischen Romancier und Dichter Thomas Hardy bemüht man eine royale Semantik; in diesem Fall hinterlässt sein Ableben ein literaturgeschichtliches Machtvakuum, so jedenfalls formuliert es am 16. Januar 1928

43 Anonym, Life of Mr. Rudyard Kipling – A Pictorial Retrospect, in: The Daily Telegraph, 18. Januar 1936, Nr. 25.162, 16.

44 Anonym, Illness of His Majesty The King, in: The Daily Telegraph, 18. Januar 1936, Nr. 25.162, 13.

ILLNESS OF HIS MAJESTY THE KING

A BULLETIN ISSUED LATE LAST NIGHT

SIGNS OF CARDIAC WEAKNESS

"MUST BE REGARDED WITH SOME DISQUIET"

It was officially announced at Sandringham late last night that the King is suffering from bronchial catarrh.

The following bulletin was issued shortly after 11 p.m.:

"The bronchial catarrh from which his Majesty the King is suffering is not severe, but there have appeared signs of cardiac weakness which must be regarded with some disquiet.

(Signed) Frederic Willans,
Stanley Hewett,
Dawson of Penn."

Earlier in the day it had been reported that his Majesty was suffering from a cold.

It was not then regarded as serious.

The King, is was stated, was remaining indoors for a few days as a precautionary measure owing to the cold weather.

A further bulletin will be issued later this morning.

The Prince of Wales arrived at Sandringham yesterday. The arrangement for his visit had been made last week-end.

DEATH OF RUDYARD KIPLING

RELAPSE FOLLOWS A RALLY

5-DAY FIGHT FOR HIS LIFE

WIFE IN STATE OF COLLAPSE

"The Daily Telegraph" regrets to announce the death early this morning of Mr. Rudyard Kipling.

He died at 12.10 in Middlesex Hospital, London, where he had been urgently operated upon at 8 a.m. on Monday for perforated ulcer of the stomach. He was 70 on Dec. 30.

Death was due to peritonitis—inflammation of the lining of the abdomen—following the perforation of the ulcer.

For nearly five days he had put up a magnificent fight. A bulletin issued at 5 p.m. yesterday, stated: "While Mr. Kipling's condition can only be described as extremely critical, it must not be regarded as hopeless."

In addition to the surgeon, Mr. A. E. Webb-Johnson, Mrs. Kipling and her daughter, Mrs. Bambridge, who had been in constant attendance, were at his bedside when he died. They were worn out by their long vigil.

Late last night they had snatched a short sleep. Then, shortly before midnight, they were told by the sister in charge that death seemed near. It was considered unlikely that Mr. Kipling had reserves of strength which would enable him to rally.

Mr. Webb-Johnson had not left the hospital, except for brief intervals for meals, for over two days. All through Thursday night he stayed at Mr. Kipling's bedside.

UTTERLY EXHAUSTED

Mr. Kipling did not speak during the last hours. He had been utterly exhausted for about 48 hours.

Apart from Mrs. Kipling and her daughter, and the sisters and nurses, hardly anyone in the hospital knew that the end was so near. Then, at 12.30, a messenger walked into the casualty ward,

Abb. 3: Anonym, Illness of His Majesty The King, und Anonym, Death of Rudyard Kipling, in: The Daily Telegraph, 18. Januar 1936, Nr. 25.162, 13 [Ausschnitt]

im *Daily Telegraph* Sir Edmund Gosse, jener Autor, der mit seiner eigenen Doppelbiografie *Father and Son* (1907) eine dezidiert moderne Perspektive auf die zutiefst viktorianische Lebensgeschichte seines Vaters markiert hatte. Den Tod Thomas Hardys kommentiert Gosse nun mit den Worten: „The Throne is vacant, and literature is greatly bereaved."[45] Diesem höchsten Rang entspricht auch ein vier Tage zuvor publizierter vierspaltiger, biografisch-chronologisch angelegter „Special Memoir" dieses „last great Master of the Victorian School", der sein eigenes Reich er-

45 Edmund Gosse, Mr. Thomas Hardy, in: The Daily Telegraph, 16. Januar 1928, Nr. 22.678, 10.

schaffen hatte: „His Kingdom of Wessex".[46] Am Ende, nachdem *en passant* der alte Vorwurf eines (naturalistischen) Pessimismus souverän ausgeräumt wurde,[47] ist Hardys Gedicht *A Poet* (1914) platziert: „Attentive eyes, fantastic heed, / Assessing minds, he does not need / [...] Some evening, at the first star-ray, / Come to his graveside, pause and say: / [...] Stand and say that while day decays: / It will be word enough of praise." Hardys Verse einschließlich der traditionellen Formel „stand and say" fungieren gewissermaßen als vom Nachrufenden appropriiertes (Auto-)Epitaph: „The epitaph that he would have undoubtedly, in his modesty, most approved, would be the one he wrote immediately before the war [...]."[48] Der literarischen Noblesse dieses großen Dichters, seiner zeitlosen Bedeutung für die englische Literatur – „whose work will live as long as the language" – entspricht der Rückgriff im ephemeren Format des Nachrufs auf die lange poetische Tradition des auf Dauer, ja auf Ewigkeit setzenden Epitaphs.

46 Anonym, Death of Mr. Thomas Hardy, in: The Daily Telegraph, 12. Januar 1928, Nr. 22.675, 11–12, hier: 11. – Dass das *news*-Interesse fast an jenes an einer royalen Figur von internationaler Bedeutung heranreicht, legt ebenso etwa der detaillierte Bericht von Hardys Ableben in der provinzielleren *Yorkshire Post* vom 12. Januar 1928 nahe: „We regret to announce the death of Mr. Thomas Hardy, the venerable novelist and poet, at the age of 87 years. / His last illness had a very brief course, for it was so recently as Christmastide that the public were first informed that he was ill at his home, Max Gate House, Dorchester. It was then announced that he was suffering from a severe chill, and had been confined to the house since December 12. At his advanced age this was, of course, to be regarded with concern, and although his condition was not then considered grave, there was general recognition of the risk of more serious developments. On the second day of the New Year a specialist visited Mr. Hardy and expressed himself satisfied with the invalid's condition, although he was then very weak. / Subsequent reports were not very disquieting till Friday night last, when it was learned that Mr. Hardy was in a very weak state, but slightly better than earlier in the evening. On Monday his condition was reported to be unchanged, and on Tuesday it was stated that he had passed a rather better night [...] / Reuter's Paris correspondent says a telegraphed report that Mr. Hardy had passed a better night rejoiced all his French admirers [...]" (Anonym, Mr. Thomas Hardy's Death, in: The Yorkshire Post, 12. Januar 1928, Nr. 11.637, 9).

47 „One of the first things we feel about Hardy is that he must have loved life exceedingly for him to have allowed it to hurt him so terribly. [...] He never accepted, never ceased to be impressed" (Anonym, Death of Mr. Thomas Hardy, 12).

48 Ebd. – Zur Tradition des Auto-Epitaphs: Scott Newstok, Quoting Death in Early Modern England. The Poetics of Epitaphs beyond the Tomb, London 2009, hier: 63–65.

4 Kleine Beobachtungen zu einer modernen Ästhetik des *obituary*

Wenn sich der *obituary* mit dem zitierten Epitaph die Worte des verstorbenen Dichters zu eigen macht, so gibt sich vielleicht eine Ästhetik zu erkennen, die – im Modus der Verdichtung – die emphatisch-ästhetische Nähe zu ihrem Gegenstand sucht. In solchen Momenten, so möchte ich vorsichtig als These formulieren, tritt eine aneignende Ästhetik des literarischen Nachrufs zutage, die nicht ohne dessen kleines, flüchtiges Format zu denken ist. Dem möchte ich abschließend nachgehen.

Neben den eher nachrichtorientierten kleinen Artikeln der Zeitungen zu Virginia Woolfs (Frei-)Tod durch Ertrinken im April 1941[49] bringt wiederum *The Times Literary Supplement* (für das Woolf selbst geschrieben hatte) einen langen, stilistisch glänzenden Nachruf, der ihrem Werk höchstes Tribut zollt. Der Überschrift „Epitaph on Virginia Woolf" folgt eine Unterzeile, die als tatsächliche Grabinschrift stehen könnte: „Interpreter of the Age Between the Wars", während die folgende typographisch kleiner gesetzte Formel „The Vision and the Pursuit" als Referenz auf Woolfs Poetik und zugleich Wegweiser durch den folgenden ganzseitigen Text fungieren mag (Abb. 4).

Die gewichtige Beständigkeit der Grabinschrift erscheint umso bedeutsamer, als die gegenwärtige Welt – „our tormented day" – keinerlei sicheren Boden mehr kennt:

> […] for no moment of which, since 1914, has there been any comforting sense of stability. Every position has been shown to rest on sand, every rock proved to be a congeries of darting particles, nothing that we perceive but is inexorably conditioned by motion and time. Being a poet, with a *peculiar sensitivity*, Virginia Woolf saw this before we were aware of it.[50]

THE TIMES LITERARY SUPPLEMENT SATURDAY APRIL 12 1941

EPITAPH ON VIRGINIA WOOLF

INTERPRETER OF THE AGE BETWEEN THE WARS

THE VISION AND THE PURSUIT

Abb. 4: Orlo Williams, Epitaph of Virginia Woolf, in: The Times Literary Supplement, 12. April 1941, Nr. 2.045, 175 [Ausschnitt]

---

49 Zum Beispiel Anonym, Noted Writer Feared Dead, in: The Daily Telegraph, 3. April 1941, Nr. 26.778, 1.

50 Orlo Williams, Epitaph on Virginia Woolf, in: The Times Literary Supplement, 12. April 1941, Nr. 2.045, 175 [meine Hervorhebung, H. S.].

Zeitlichkeit und Bewegung, Schlüsselelemente der modernistischen Ästhetik Virginia Woolfs, erscheinen hier zugleich als Sinnbild der Gegenwart, die die Welt zu verschlingen droht. Im Gegenzug verstetigt vielleicht die exklusive Formel „peculiar sensitivity" die emphatische Zeitlichkeit ihres Schaffens, insofern sie als fernes Echo von Wordsworths Bestimmung des Dichters über dessen besondere „sensibility"[51] lesbar ist. Damit stünde Woolf in der Reihe der großen Dichter seit der Romantik.

Es folgt eine intensive, chronologisch angelegte Auseinandersetzung mit ihrem Werk, im Ton beinah hymnisch gehalten. Ich möchte hier nur zwei Schlaglichter werfen: Erstens zelebriert der Nachruf des *Times Literary Supplement* förmlich die paradoxe Medialität von Woolfs narrativer Poetik zwischen Zeitlichkeit der Welt und des Schreibens und dem Wunsch, Zeit zu arretieren, den Moment einzufangen („the suspended moment"). „That was the high aim of Virginia Woolf. She took reality as she found it [...] and tried to make life stand still at the significant moment". Wenngleich bei aller großen Kunst das Medium in die Quere komme, das Wunder („miracle") der Zeitlosigkeit verhindere, strebe doch *ihre* Kunst danach, vor allem der große späte Roman *The Waves*. „Life would stand still, more perfectly than on Keats's *Grecian Urn*", heißt es in pointierter höchster Anerkennung der Woolf'schen Ästhetik. „But if that once happened, there would be no more death [...], man would be no mortal, subject to time. Then the wave would never break again, and there would be no more novels [...]".[52]

Was mehr könnte ein Roman erreichen, möchte man nachlegen; und wie passend dann, dass der Nachruf am Ende eine Passage aus *The Waves* dem schnellen Fluss der Zeit entreißt, dass das Werk der Autorin selbst sprechen darf. Auf die zitierten hohen letzten Worte der intradiegetischen Dichter-Figur Bernard aus *The Waves* „Against you I will fling myself, unvanquished and unyielding, O Death" folgt schlicht: „Let this be the epitaph of Virginia Woolf, a great artist, who pursued her vision with unswerving integrity".[53] Auch hier die Imagination eines Auto-Epitaphs, und zwischen Epitaph am Anfang und Ende spürt der Nachruf dem Bemühen Woolfs um „truth" in ihrer Literatur nach. Kristalline Klarheit, Integrität, hohes Streben in einer Welt reißender Zeitlichkeit – das alles wird ihr attestiert, ebenso die historische Rückständigkeit der Welt gegenüber ihrem Essay *A Room of One's Own*.

Vor allem aber, und das ist mein zweiter Punkt, gewinnt – hier zumindest und auf indirekte Weise – der Nachruf seine Kategorien aus ihrem (extensiv zitierten) literarischen Werk. Das Schlüsselmoment liefert Woolfs zitierte gattungstheoreti-

51 William Wordsworth, Preface to Lyrical Ballads [1802], in: The Major Works, hg. von Stephen Gill, Oxford 2000, 603.

52 Williams, Epitaph on Virginia Woolf, 175.

53 Ebd.

sche Unterscheidung in einem ihrer *Common Reader*-Essays: „‚Here, in the play, we recognize the general; here in the novel, the particular. Here we gather all our energies into a bunch and spring. Here we extend and expand and let come slowly in from all quarters deliberate impressions, accumulated messages […]'".[54] Formt der Nachruf daraus den Schlüssel zu Woolfs Romanästhetik, so legt er zugleich gewissermaßen eine selbstreflexive Schleife nahe, einen Rückbezug auf die Poetik des Nachrufs: Anders als die Biografie, die dem Roman nahe steht und sich seit dem späten 18. Jahrhundert wie Letzterer dem Partikularen verschreibt, lässt dieser Nachruf – der nicht in einer Tageszeitung steht, sondern im *Times Literary Supplement* – unter Verzicht auf Anekdote und leichten Stil, unter Verzicht auch auf viel partikulare Chronologie das poetologische Prinzip erkennen, sich dem Wesenskern einer Künstlerin und ihrer Kunst zu nähern. Im Modus der Verdichtung lässt er das zentrale Prinzip, den Grund eines einzelnen literarischen Lebens und Werks hervortreten, einschließlich einer engen Verbindung zwischen Woolf und dem ‚great cham' der Literatur des 18. Jahrhunderts, „Dr. [Samuel] Johnson" und seiner Figur des *Common Reader*. Noch einmal wird Woolf in die Gesellschaft der großen Figuren der englischen Literatur gestellt.

Mit seinem Bemühen um Verknappung und Verdichtung weist der Nachruf als para-literarische Gattung eine gewisse Nähe zur sogenannten *New Biography* des Bloomsbury-Kreises um Virginia Woolf auf. Nicht ausgreifende mehrbändige Biografien, sondern knappe, zuspitzende biografische Essays, das war das Kennzeichen insbesondere der *Eminent Victorians* Lytton Stracheys (1918), dessen dezidiert postviktorianische Ästhetik der Biografie im Nachruf auf seine eigene Person ein Echo zu finden scheint: „He was the sort of man who appeared sceptical, and even cynical, because he was at heart so sentimental",[55] „romance and realism in biography" und „mixture of the romantic and the rationalist",[56] so die Figuren der paradoxen Verknappung im Nachruf auf den Meister der knappen Biografie.

Mit meiner Annäherung an das Thema über die gegenwärtige *Best of*-Anthologisierungspraxis der so enorm populären kleinen Form war es mir darum zu tun, den komplexen Nexus von Form, Format, Selektions-, Wertungs- und Kanonisierungpraktiken und schließlich die moderne Poetik des *obituary* zu beleuchten. Die Spanne ist groß. Die jüngeren *obituary*-Anthologien zeigen, wie sehr auf dem englischen Buchmarkt die kleine Form des Nachrufs in der Sammlung als Instrument

54 Ebd.–Das Originalzitat Virginia Woolfs findet sich in: Virginia Woolf, Notes on an Elizabethan Play (1925), in: The Common Reader. First Series, hg. von Andrew McNeillie, San Diego New York 1984, 48–57, hier: 54.

55 John C. Squire, History as Basis for Art. Genius of Lytton Strachey, in: The Daily Telegraph, 22. Januar 1932, Nr. 23.924, 12.

56 Anonym, Mr. Lytton Strachey, in: The Times, 22. Januar 1932, Nr. 46.037, 12.

einer populären, zumeist national gerahmten Kanonbildung zum Einsatz kommt – ob literarischer, militärischer oder anderer Natur. Gerade im Vergleich zu solchen nachträglichen Rekontextualisierungen durch Anthologien erweist sich das ursprüngliche Format des *obituary* samt materialer Umgebung in mehrfacher Hinsicht als signifikant, ob im Sinne seiner Einbettung in aktuelle *news* oder über Effekte der *Verstärkung* der Kanonisierungssemantik durch Nachbarschaft. (Im Falle Kiplings war dies die unmittelbare Nähe zur Berichterstattung über die Erkrankung des Königs.) Die Frage nach der editorischen Intentionalität solcher Juxtapositionen bleibt dabei offen. Nicht nur praktiziert der literarische *obituary* im ephemeren Medium der Zeitung bzw. Zeitschrift offenkundig eine kritische Würdigung, die auf *Verstetigung*, auf das Einschreiben in einen langen Kanon zielt; zumindest für den literarisch-journalistisch ambitionierten *obituary* gilt zugleich auch, dass er sich poetologisch seinem Gegenstand annähert, sich über diesen gewissermaßen mit entwirft.

Literaturverzeichnis

Addison, Joseph, The Freeholder, hg. von James Leheny, Oxford 1979.

Anonym, Mr. Thomas Hardy's Death, in: The Yorkshire Post, 12. Januar 1928, Nr. 11.637, 9. British Newspaper Archive: : URL: https://www.britishnewspaperarchive.co.uk/viewer/bl/0000687/19280112/205/0009 (Letzter Zugriff: 4.11.2021).

Anonym, Death of Mr. Thomas Hardy, in: The Daily Telegraph, 12. Januar 1928, Nr. 22.675, 11–12. The Telegraph Historical Archive. URL: link.gale.com/apps/doc/IO0704831270/TGRH?u=bayern&sid=bookmark-TGRH&xid=95e292c9 (Letzter Zugriff: 4.11.2021).

Anonym, A Mind Diseased, in: The Daily Telegraph, 4. März 1930, Nr. 23.339, 12. The Telegraph Historical Archive. URL: link.gale.com/apps/doc/IO0705170284/TGRH?u=bayern&sid=bookmark-TGRH&xid=ae9c642f (Letzter Zugriff: 4.11.2021).

Anonym, Banned as Painter and Novelist, in: The Daily Telegraph, 4. März 1930, Nr. 23.339 17. The Telegraph Historical Archive. URL: link.gale.com/apps/doc/IO0705170369/TGRH?u=bayern&sid=bookmark-TGRH&xid=15739652 (Letzter Zugriff: 4.11.2021).

Anonym, The Death of DH Lawrence – Archive, 1930. URL: https://www.theguardian.com/books/2020/mar/04/the-death-of-dh-lawrence-1930 London 2020 (Letzter Zugriff: 4.11.2022).

Anonym, Mr. Lytton Strachey, in: The Times, 22. Januar 1932, Nr. 46.037, 12. The Telegraph Historical Archive. URL: link.gale.com/apps/doc/IO0705294977/TGRH?u=bayern&sid=bookmark-TGRH&xid=32c255b9 (Letzter Zugriff: 4.11.2021).

Anonym, Illness of His Majesty The King, in: The Daily Telegraph, 18. Januar 1936, Nr. 25.162, 13. The Telegraph Historical Archive. URL: link.gale.com/apps/doc/IO0708607123/TGRH?u=bayern&sid=bookmark-TGRH&xid=47fb9fa0 (Letzter Zugriff: 4.11.2021).

Anonym, Life of Mr. Rudyard Kipling – a Pictoral Retrospect, in: The Daily Telegraph, 18. Januar 1936, Nr. 25.162, 16. The Telegraph Historical Archive. URL: link.gale.com/apps/doc/IO0708607172/TGRH?u=bayern&sid=bookmark-TGRH&xid=1e9de4e8 (Letzter Zugriff: 4.11.2021).

Anonym, Obituary: Rudyard Kipling, in: The Times, 20. Januar 1936, Nr. 47.276, 19. The Times Digital Archive. URL: http://resolver.sub.uni-goettingen.de/purl?PID=0FFO-1936-JAN20|LOG_0230 (Letzter Zugriff: 4.11.2022).

Anonym, Searching for Victims of Bombed Subway, in: The Daily Telegraph, 14. Januar 1941, Nr. 26.710, 3. The Telegraph Historical Archive. URL: link.gale.com/apps/doc/IO0709500262/TGRH?u=bayern&sid=bookmark-TGRH&xid=5c329091 (Letzter Zugriff: 4.11.2021).

Anonym, The Significance of James Joyce, in: The Times Literary Supplement, 25. Januar 1941, Nr. 2.034, 42. Times Literary Supplement Historical Archive http://resolver.sub.uni-goettingen.de/purl?PID=TLSH-1941-0125|TLSH-1941-0125 (Letzter Zugriff: 4.11.2021).

Anonym, Noted Writer Feared Dead, in: The Daily Telegraph, 3. April 1941, Nr. 26.778, 1. The Telegraph Historical Archive: URL: link.gale.com/apps/doc/IO0709307198/TGRH?u=bayern&sid=bookmark-TGRH&xid=d79839f9 (Letzter Zugriff: 4.11.2021).

Anonym, Lives after Death, in: The Economist, 24. Dezember 1994, Nr. 333, H. 7.895, 64–68.

Anonym, The Times – Obituary of James Joyce (14. Januar 1941), in: The Times Great Irish Lives, hg. von Charles Lysaght, New York 2008, 149–150.

Bailey, H. C., Kipling, Imperial Poet the World Acclaimed, in: The Daily Telegraph, 18. Januar 1836, Nr. 25.162, 9. The Telegraph Historical Archive. URL: link.gale.com/apps/doc/IO0708607035/TGRH?u=bayern&sid=bookmark-TGRH&xid=3a2eef0e (Letzter Zugriff: 4.11.2021).

Beatson, Robert, Military and Naval Memoirs of Great Britain, from the year 1727 to 1783, Bd. 1–6, London 1804.

Bishop, George W., James Joyce Dead, in: The Daily Telegraph, 14. Januar 1941, Nr. 26.710, 3. The Telegraph Historical Archive. URL: link.gale.com/apps/doc/IO0709500262/TGRH?u=bayern&sid=bookmark-TGRH&xid=5c329091 (Letzter Zugriff: 4.11.2021).

Bishop, Edward (Hg.), The Daily Telegraph Book of Airmen's Obituaries, London 2002.

Brunskill, Ian (Hg.), The Times Great Lives. A Century in Obituaries, London 2005.

Davies, David T. (Hg.), The Daily Telegraph Book of Military Obituaries, London 2003.

Eliot, Thomas S., A Message to the Fish, in: Horizon 3 (1941), H. 15, 173–75.

Eminent Persons. Biographies Reprinted from The Times, o. V., Bd. 1–6 (1880–1892), London 1892.

Firth, J. B., Kipling. Poet and Prophet of Empire, in: The Daily Telegraph, 18. Januar 1936, Nr. 25162, 12. The Telegraph Historical Archive. URL: link.gale.com/apps/doc/IO0708607092/TGRH?u=bayern&sid=bookmark-TGRH&xid=2f01605d (Letzter Zugriff: 4.11.2021).

Forster, Edward M., D. H. Lawrence, in: The Nation and the Athenaeum 46 (29. März 1930), 888.

Gosse, Edmund, Mr. Thomas Hardy, in: The Daily Telegraph, 16. Januar 1928, Nr. 22.678, 10. The Telegraph Historical Archive. URL: link.gale.com/apps/doc/IO0704541805/TGRH?u=bayern&sid=bookmark-TGRH&xid=4824a4c (Letzter Zugriff: 4.11.2021).

Linklater, Magnus (Hg.), The Times Great Scottish Lives. Obituaries of Scotland's Finest, New York 2017.

Lysaght, Charles (Hg.), The Times Great Irish Lives, New York 2008.

Massingberd, Hugh (Hg.), The Daily Telegraph Book of Obituaries. A Celebration of Eccentric Lives (1995), London 1996.

Massingberd, Hugh (Hg.), The Daily Telegraph Fifth Book of Obituaries. Twentieth-Century Lives, London 2000.

Strachey, Lytton, Eminent Victorians [1918], Oxford 2003.

Squire, John C., History as Basis for Art. Genius of Lytton Strachey, in: The Daily Telegraph, 22. Januar 1932, Nr. 23.924, 12. The Telegraph Historical Archive. URL: link.gale.com/apps/doc/IO0705294981/TGRH?u=bayern&sid=bookmark-TGRH&xid=93511a91 (Letzter Zugriff: 4.11.2021).

Temkin, Anna (Hg.), The Times Great Lives. A Century in Obituaries, 2. Aufl., Glasgow 2015.

Whitman, Alden, The Obituary Book, London 1971.

Williams, Orlo, Epitaph on Virginia Woolf, in: The Times Literary Supplement, 12. April 1941, Nr. 2.045, 175. The Times Literary Supplement Historical Archive. URL: link.gale.com/apps/doc/EX1200055964/TLSH?u=tlsacc&sid=bookmark-TLSH&id=3d0343d3 (Letzter Zugriff: 18.8.2022).

Woolf, Virginia, Notes on an Elizabethan Play, in: The Common Reader. First Series (1925), hg. von Andrew McNeillie, San Diego, New York 1984, 48–57.

Wordsworth, William, Preface to Lyrical Ballads (1802), in: The Major Works (Oxford World's Classics), hg. von Stephen Gill, Oxford 2000, 595–615.

Demoor, Marysa, From Epitaph to Obituary, in: Biography 28 (2005), H. 2, 255–275.

Fergusson, James, Death and the Press, in: Secrets of the Press. Journalists on Journalism, hg. von Stephen Glover, London 1999, 148–160.

Fowler, Bridget, The Obituary as Collective Memory, New York, London 2007.

Haley, William, Rest in Prose. The Art of the Obituary, in: American Scholar 46 (1977), H. 2, 206–211.

Hanus, Anna, Kritischer Nachruf – Eine Neue Textsortenvariante?, in: Colloquia Germanica Stetinensia 25 (2016), 265–283.

Jackson, Dennis, ‚The Stormy Petrel of Literature is Dead'. The World Press Reports D. H. Lawrence's Death, in: The D. H. Lawrence Review 14 (1981), H. 1, 33–72.

Moore, Stephen, Disinterring Ideology from a Corpus of Obituaries. A Critical Post Mortem, in: Discourse and Society 13 (2002), H. 4, 495–453.

Newstok, Scott, Quoting Death in Early Modern England. The Poetics of Epitaphs beyond the Tomb, London 2009.

Petrucci, Armando, Writing the Dead. Death and Writing Strategies in the Western Tradition, Stanford 1998.

Reynolds, Stanley, Hugh Massingberd. Journalist, Author and Editor of Burke's Peerage, He Reinvented the Daily Telegraph's Obituaries Page, in: The Guardian, 31. Dezember 2007, 32. URL: https://www.theguardian.com/books/2007/dec/31/dailytelegraph.telegraphmediagroup. London 2007 (Letzter Zugriff: 4.11.2022).

Scodel, Joshua, The English Poetic Epitaph. Commemoration and Conflict from Jonson to Wordsworth, Ithaca 1991.

Showalter, Elaine, Way to Go. On Why Obituaries are a Business in the US and an Art in the UK, in: The Guardian, 2. September 2000, Saturday Review Section, 7. URL: https://www.theguardian.com/books/2000/sep/02/books.guardianreview5. London 2000 (Letzter Zugriff: 4.11.2022).

Liste der Abbildungen

Peter Utz

Abb. 1: Alfred Polgar, Tod eines Wortes, in: National-Zeitung, 22. Februar 1935, Nr. 89, 2 – Scan der Universitätsbibliothek Basel (mit Dank an Bettina Braun)

Abb. 2: Anonym [D. S.], Nachruf – auf einen Strich, in: Münchner Neueste Nachrichten, 24. Dezember 1935, Nr. 350, 1 – Scan der Staatsbibliothek zu Berlin – Preußischer Kulturbesitz

Sibylle Schönborn

Abb. 1: Der Tag. Illustrierte Unterhaltungs=Beilage, 26. Mai 1906, Nr. 263 – Scan der Universitätsbibliothek der Universität der Bundeswehr, München

Sabine Eickenrodt

Abb. 1: Robert Walser, Mikrogramm 264r [Originalgröße: 13,1 x 21,6 cm], in: KWA VI/1, 111 © Keystone SDA/Robert Walser-Stiftung Bern

Abb. 2: Robert Walser, Transkription des Mikrogramms 264r, in: KWA VI.1 (Schwabe Verlag), 110. – Mit freundlicher Genehmigung des Suhrkamp Verlags © Robert Walser Stiftung Bern

Abb. 3: Transkription des Mikrogramms 264r/II [Blattausschnitt]

Abb. 4: Sammlung hist. Kitsch, Souvenir-Postkarte: „Wanderer steh still und weine". Mann am Grab. Druck: Kunstanstalt E. Rennert, Aussig, um 1910 © INTERFOTO/ Sammlung Rauch

Saskia Haag/Kurt Ifkovits

Abb. 1: Hermann Bahr, Aufzeichnungen [1927–1931, hier 16. Juli 1929; Originalgröße: 10 x 16 cm] © Theatermuseum Wien, HS_VM2552Ba

Lucas Marco Gisi

Abb. 1: Emmy Hennings, am Kamin stehend vor Hugo Balls Totenmaske © Schweizerisches Literaturarchiv, Nachlass Emmy Hennings, SLA-HEN-C-04-b-OP-14-06

Erhard Schütz

Abb. 1: Abguss der Grabplatte im Besitz von Heinz Knobloch © Foto von Helmut Mehnert 2015

Maddalena Casarini

Abb. 1: M. J. [Monty Jacobs]: Sling †, in: Vossische Zeitung, 23. Mai 1928, Nr. 241, Beilage, Abend-Ausgabe, 5 – Scan der Staatsbibliothek zu Berlin – Preußischer Kulturbesitz

https://doi.org/10.1515/9783111106472-014

Irina Wutsdorff

Abb. 1: Povídání o pejskovi a kočičce, jak spolu hospodařili a ještě o všelijakých jiných věcech. Pro děti napsal a nakreslil Josef Čapek [Geschichten vom Hündchen und vom Kätzchen, wie sie zusammen wirtschafteten und noch über alle möglichen anderen Dinge. Für Kinder geschrieben und gezeichnet von Josef Čapek], Praha 1937 – URL: https://www.digitalniknihovna.cz/mzk/view/uuid:00f23a40-2e67-11e2-89c9-005056827e51?page=uuid:a07657f9-afd3-0285-6a03-8e20c943f866 (Letzter Zugriff: 27.10.2022)

Abb. 2: Karel Čapek, Zahradníkův rok, Praha, 1941, Umschlag mit Zeichnung von Josef Čapek – URL: https://www.digitalniknihovna.cz/mzk/view/uuid:40e29be0-f0d3-11ea-9a67-005056827e52?page=uuid:a9e032b1-8b8c-46ea-9c44-43427c80548a (Letzter Zugriff: 27.10.2022)

Abb. 3: Karel Čapek, Povídky z jedné kapsy [Geschichten aus der einen Tasche], Praha 1934, Umschlag von Josef Čapek – URL: https://www.digitalniknihovna.cz/mzk/view/uuid:20323d60-19b3-11e2-aff6-005056827e51?page=uuid:a8fc5b6c-e920-64d7-6f7b-850e6b31578e (Letzter Zugriff: 27.10.2022)

Ethel Matala de Mazza

Abb. 1: Nachruf und Todesnachricht in der Neuen Freien Presse vom 11. Februar 1932, Nr. 24.214, Morgenblatt, 5. – Scan der Staatsbibliothek zu Berlin – Preußischer Kulturbesitz

Abb. 2: Cover früher Wallace-Krimis im Leipziger Goldmann Verlag nach dem ikonischen Serien-Design des damaligen Hausgrafikers Heinrich Hußmann. Mit freundlicher Genehmigung der Rechteerbin Monika von Starck © Heinrich Hußmann – Scan des Deutschen Literaturarchivs Marbach

Abb. 3: Ricardo Brook, „Seen the mid-day Wallace, Sir?“, in: Punch 87 (29. Februar 1928), Nr. 9, 252 – Scan der Staatsbibliothek zu Berlin – Preußischer Kulturbesitz

Abb. 4: Olaf Gulbransson, Seliger Wallace, in: Simplicissimus 36 (1932), H. 49, 585 © VG Bild-Kunst, Bonn 2023 – Scan der Klassik Stiftung Weimar, URL: http://www.simplicissimus.info/index.php?id=7&tx_lombkswjournaldb_pi2%5Bpersonid%5D=6&tx_lombkswjournaldb_pi2%5Belement%5D=1932&tx_lombkswjournaldb_pi2%5Btype%5D=date&tx_lombkswjournaldb_pi2%5Baction%5D=nameFilter&tx_lombkswjournaldb_pi2%5Bcontroller%5D=PersonRegister&cHash=4d752faad706133644dd9d6bd6c5b5d7 (Letzter Zugriff: 29.10.2022)

Abb. 5: Erich Schilling, Die Krise im Buchhandel behoben!“, in: Simplicissimus 37 (1932), H. 38, 448. – Scan der Klassik Stiftung Weimar. URL: http://www.simplicissimus.info/index.php?id=7&tx_lombkswjournaldb_pi2%5Bpersonid%5D=20&tx_lombkswjournaldb_pi2%5Belement%5D=1932&tx_lombkswjournaldb_pi2%5Btype%5D=date&tx_lombkswjournaldb_pi2%5Baction%5D=nameFilter&tx_lombkswjournaldb_pi2%5Bcontroller%5D=PersonRegister&cHash=fb00bf91413b6e7e5b613316a7439b23 (Letzter Zugriff: 29.10.2022)

Helga Schwalm

Abb. 1: The Times, 20. Januar 1936, Nr. 47.276, 19. The Times Digital Archive 1785–2019 [Ausschnitte] URL: http://resolver.sub.uni-goettingen.de/purl?PID=0FFO-1936-JAN20|LOG_0230 (Letzter Zugriff: 17.8.2022)

Abb. 2: The Daily Telegraph, 18. Januar 1936, Nr. 25.162, 16 [Ausschnitt] © The Telegraph Historical Archive. URL: link.gale.com/apps/doc/IO0708607172/TGRH?u=bayern&sid=bookmark-TGRH&xid=1e9de4e8 (Letzter Zugriff: 4.11.2021)

Abb. 3: The Daily Telegraph, 18. Januar 1936, Nr. 25.162, 13 [Ausschnitt] © The Telegraph Historical Archive. URL: link.gale.com/apps/doc/IO0708607123/TGRH?u=bayern&sid=bookmark-TGRH&xid=47fb9fa0 (Letzter Zugriff: 4.11.2021)

Abb. 4: The Times Literary Supplement, 12. April 1941, Nr. 2.045, 175 [Ausschnitt] © The Times Literary Supplement Historical Archive. URL: link.gale.com/apps/doc/EX1200055964/TLSH?u=tlsacc&sid=bookmark-TLSH&xid=3d0343d3 (Letzter Zugriff: 18.8.2022)

Personenregister

https://doi.org/10.1515/9783111106472-015

Beiträgerinnen und Beiträger

Maddalena Casarini ist seit 2020 Doktorandin am DFG-Graduiertenkolleg „Literatur- und Wissensgeschichte kleiner Formen“ der Humboldt-Universität zu Berlin mit einem komparatistischen Projekt zu den Gerichtsreportagen von Gabriele Tergit, Else Feldmann und Colette. Ihr Interesse gilt der Geschichte des Feuilletons, der Literatur der Weimarer Republik und den Wechselbeziehungen zwischen Journalismus, Recht und Literatur. Aktuelle Publikationen: Match der Masken. Die Heiratsinserate der Zwischenkriegszeit, in: *Archiv für Mediengeschichte* 19 (2021), 167–178; Mit der Nachbarin ins Gericht. Journalistische und literarische Nachbarschaften bei Gabriele Tergit, in: *NACHBARSCHAFTEN* (2020), abrufbar unter: http://zfl-nachbarschaften.org/2020/12/04/mit-der-nachbarin-ins-gericht/.

Sabine Eickenrodt ist Privatdozentin an der FU Berlin und seit 2021 Leiterin des DFG-Projekts „*Kleine* Ruhmesblätter. Robert Walsers Porträt- und Nachrufgedichte im Feuilleton der *Prager Presse*“ an der HU Berlin. Zu ihren Forschungsinteressen gehören Poetik und Ästhetik der Blindheit, des Humors und Theorien der Unsterblichkeit (bes. bei Jean Paul) sowie das literarische Feuilleton der Zwischenkriegszeit. Nach Gastprofessuren in Peking, Riga und Berlin war sie von 2008 bis 2018 DAAD-Dozentin für Literatur- und Mediengeschichte an der Comenius-Universität in Bratislava, seit 2017 ist sie im Vorstand der Robert Walser-Gesellschaft in Bern. Aktuelle Publikationen: Robert Walser: *Kleine Prosa* (= BA 13), hg. mit Peter Stocker, Berlin 2019; *Robert Walsers Wälder*, hg. mit Erhard Schütz, Berlin 2019; *Terra Incognita. Stifters Ungarn in der Erzählung „Brigitta“*, Bremen 2022; Zeitgenossen. Franz Bleis literarische Porträts in der *Prager Presse* 1934/1935, in: *Franz Blei. Werk – Netzwerk – Ideen*, hg. von Helga Mitterbauer, Berlin 2023 (im Druck).

Lucas Marco Gisi ist Co-Leiter des Diensts Forschung und Vermittlung im Schweizerischen Literaturarchiv in Bern und Chargé d'enseignement an der Universität Neuchâtel, von 2009 bis 2018 war er Leiter des Robert Walser-Archivs in Bern. Seine Forschungsschwerpunkte gelten der deutschsprachigen Literatur der Moderne und der Schweizer Gegenwartsliteratur. Aktuelle Publikationen: Hg. *Robert Walser-Handbuch. Leben – Werk – Wirkung*, 2. Aufl., Stuttgart 2018; *Briefe im Netzwerk/Lettres dans la toile. Korrespondenzen in Literaturarchiven*, hg. mit Fabien Dubosson und Irmgard M. Wirtz, Göttingen, Zürich 2022; Postdepressive Melancholie. Robert Walsers „Der Spaziergang“ als Geschichte einer Genesung, in: *Ästhetik des Depressiven*, hg. von Till Huber und Immanuel Nover, Berlin 2023 (im Druck).

Saskia Haag ist als Literaturwissenschaftlerin und freie Lektorin tätig. Aus ihrer Promotion ging die Monographie *Auf wandelbarem Grund. Haus und Literatur im 19. Jahrhundert*, Freiburg 2012, hervor. Ihre Forschungs- und Lehrtätigkeit an der Universität Konstanz und der Princeton University zwischen 2007 und 2014 lag auf den Schwerpunkten Literatur und Kulturgeschichte des 19. Jahrhunderts, Adalbert Stifter, Lyrik und Lied, Nestroy und das populäre Theater, Wiener Moderne. Derzeit lehrt sie für US-amerikanische Universitäten in Wien und arbeitet als Lektorin u. a. für Museen und wissenschaftliche Einrichtungen. Ihr aktuelles Interesse gilt der kritischen Edition der Tagebücher Hermann Bahrs sowie der Poetik kleiner Formen zwischen 1850 und 1950, insbesondere im Berliner Cabaret der Zwischenkriegszeit. Zuletzt erschienen: Alles zugleich oder Die Komplexität des Komödienendes. Zu Finalstrukturen bei Nestroy und Hofmannsthal, in: *Sprachkunst* 52 (2021), H. 2, 167–191.

Kurt Ifkovits war Mitarbeiter der Hermann Bahr-Tagebuchedition im Rahmen des Spezialforschungsbereichs „Moderne – Wien und Zentraleuropa um 1900“ und ist seit 2005 Kurator am Theatermuse-

https://doi.org/10.1515/9783111106472-016

um Wien. Ausstellungen und Publikationen u. a. zu Hermann Bahr, Gustav Klimt, Koloman Moser, Richard Teschner, Paula Wessely. Forschungsschwerpunkte: Wiener Moderne, besonders Hermann Bahr, deutsch-tschechische Kulturbeziehungen, vor allem Cisleithaniens. Neuere Publikationen: Joseph Gregors sowjetische Reise und Das Russische Theater, in: *Der lange Schatten des ‚Roten Oktober'. Zur Relevanz und Rezeption sowjet-russischer Kunst, Kultur und Literatur in Österreich 1918–1938*, hg. von Primus-Heinz Kucher und Rebecca Unterberger, Berlin 2019, 177–195; Tschechische Kultur im Dienste Österreichs? Anmerkungen zu den Wochenschriften *Die Zeit* und *Der Friede*, in: *Zeitschriften als Knotenpunkt der Monderne/n. Prag – Brünn – Wien*, hg. von Marek Nekula unter Mitwirkung von Lena Dorn, Kenneth Hanshew, Heidelberg 2019, 111–125; Die gestohlene Wiener Moderne. Felix Salten und Hermann Bahr, in: *Im Schatten von Bambi. Felix Salten entdeckt die Wiener Moderne. Leben und Werk*, hg. von Marcel Atze unter Mitarbeit von Tanja Gausterer, Wien, Salzburg 2020, 130–143.

Hildegard Kernmayer ist Literatur- und Kulturwissenschaftlerin und seit 2012 Assoziierte Professorin an der Universität Graz. Promotion 1997 im Rahmen des Interdisziplinären Spezialforschungsbereichs „Moderne. Wien und Zentraleuropa um 1900". 2007 Gründung und Aufbau des Zentrums für Kulturwissenschaften an der Universität Graz. Von November 2008 bis Oktober 2010 war sie Marie-Curie-Fellow am Zentrum für Literatur- und Kulturforschung (ZfL) Berlin mit dem Projekt „Literature and Perception. On the Aesthetic Phenomenology of Central European Modernism"; von 2019–2022 Vorsitzende der Kulturwissenschaftlichen Gesellschaft (KWG). Sie lehrte u. a. an der Universität Wrocław/Breslau, der Alpen-Adria-Universität Klagenfurt, der HU Berlin sowie der University of Minnesota. Arbeitsschwerpunkte: Literatur und Publizistik vom 19. bis zum 21. Jahrhundert, Ästhetik und Poetik, Wahrnehmungsforschung, Geschlechterforschung und Kulturwissenschaft. Aktuelle Publikationen: *Feuilleton. Schreiben an der Schnittstelle zwischen Journalismus und Literatur*, hg. mit Simone Jung, Bielefeld 2017; *Handbuch Feuilleton*, hg. mit Michael Pilz, Marc Reichwein und Erhard Schütz, Berlin (erscheint 2023).

Ethel Matala de Mazza ist Literatur- und Kulturwissenschaftlerin und seit 2010 Professorin für Deutsche Literatur an der Humboldt-Universität zu Berlin. Gastprofessuren haben sie an die University of Chicago, die Harvard University, die University of California at Berkeley, die University of Indiana at Bloomington und die Johns Hopkins University in Baltimore geführt, ein Forschungsaufenthalt an das Zentrum für interdisziplinäre Forschung (ZiF) in Bielefeld. Ihr Interesse gilt der Literatur- und Theoriegeschichte des politischen Imaginären, den Wechselbeziehungen zwischen Demokratie und Massenkultur sowie der Theorie und Ästhetik kleiner Formen. Aktuelle Publikationen: *Der populäre Pakt. Verhandlungen der Moderne zwischen Operette und Feuilleton*, Frankfurt/Main 2018, *Verkleinerung. Epistemologie und Literaturgeschichte kleiner Formen*, hg., mit Maren Jäger und Joseph Vogl, Berlin/Boston 2021.

Inka Mülder-Bach war bis 2019 Professorin für Neuere deutsche Literatur und Allgemeine Literaturwissenschaft an der Ludwig-Maximilians-Universität in München und von 2012–2020 zudem *permanent visiting professor* am German Department der Princeton University. Ihre Forschungsschwerpunkte liegen auf der deutschsprachigen Literatur vom 18. bis 20. Jahrhundert in komparatistischer Perspektive, den Traditionen der Poetik und Ästhetik, der Kulturtheorie der Moderne sowie der Erzähltheorie (Novellistik, Roman, Prosa). Gemeinsam mit Ingrid Belke hat sie die *Werke* Siegfried Kracauers herausgegeben (9 Bde., Frankfurt/Main 2004–2012). Neuere Publikationen sind u. a.: *Robert Musil. Der Mann ohne Eigenschaften. Ein Versuch über den Roman*, München 2013 (1. und 2. Aufl.), *Was der Fall ist. Casus und lapsus*, hg. mit Michael Ott, München 2015; *Prosa Schreiben. Literatur, Geschichte, Recht*, hg. mit Jens Kersten und Martin Zimmermann, Paderborn 2019.

Sibylle Schönborn war bis 2020 Professorin für Neuere Deutsche Literatur an der Heinrich-Heine-Universität in Düsseldorf. Derzeit ist sie Leiterin des Max-Herrmann-Neiße-Instituts an der Philosophischen Fakultät der HHU. Ihre Forschungsinteressen liegen auf dem Gebiet der Kleinen Formen (Feuilleton, Tagebuch, Brief, Literaturkritik), der Literatur des 20. Jahrhunderts und deutschsprachiger Literatur in Mitteleuropa. In diesem Zusammenhang hat sie Aufsätze zu Joseph Roth, Franz Kafka, Else Lasker-Schüler, Aglaja Veteranyi, Ilja Trojanow publiziert. In dem von Marie Isabel Matthews-Schlinzig, Jörg Schuster, Gesa Steinbrink, Jochen Strobel herausgegebenen *Handbuch Brief* (Berlin, Boston 2020) verfasste sie Artikel zur Brieftheorie von Christian Fürchtegott Gellert und Karl Philipp Moritz, dem Brieftagebuch und dem Briefwechsel Bachmann-Celan. Zuletzt hat sie das *Rolf Dieter Brinkmann-Handbuch* (Berlin 2020) zusammen mit Markus Fauser und Dirk Niefanger herausgegeben und eine dreibändige Ausgabe der *Kritiken und Essays* von Max Herrmann-Neiße im Aisthesis Verlag 2021–2022 ediert.

Erhard Schütz war bis 2011 Universitätsprofessor für Neuere deutsche Literatur an der Humboldt-Universität zu Berlin. Zu seinen Forschungsschwerpunkten gehörten Literatur-, Kultur- und Mediengeschichte des 20. Jahrhunderts, Literatur und Journalismus. Er arbeitet als Literaturkritiker, u. a. für den *Freitag*, das *Magazin*, den *Tagesspiegel*, die *Literarische Welt.* Bis 2018 war er Mitherausgeber der *Zeitschrift für Germanistik* sowie der Zeitschrift *Non Fiktion.* Neuere Publikationen: *Handbuch Nachkriegskultur. Literatur, Sachbuch und Film in Deutschland (1945–1962),* hg. mit Elena Agazzi, 2. Aufl., Berlin 2016; *Mediendiktatur Nationalsozialismus*, Heidelberg 2019; Hg. *Glänzender Asphalt. Eine Stadtrundfahrt durch Groß-Berlin 1920–1933*, Berlin 2020; Hg. *Surreal-Welten. Berlin in der Nachkriegsprosa 1945–1955*, Berlin 2021; *Handbuch Feuilleton*, hg. mit Hildegard Kernmayer, Michael Pilz und Marc Reichwein, Berlin (erscheint 2023).

Helga Schwalm ist Professorin für Anglistik an der Humboldt-Universität zu Berlin. Ihr Forschungsinteresse gilt der Literatur der Moderne und Postmoderne, der Literaturtheorie, Literatur und Poetik des langen 18. Jahrhunderts, dem Zusammenhang von Sympathie und Literatur sowie dem Life Writing. Aktuell forscht sie zu kleinen Formen der Biografie. Wichtige Publikationen: *Dekonstruktion im Roman. Erzähltechnische Verfahren und Selbstreflexion in den Romanen von Vladimir Nabokov und Samuel Beckett*, Heidelberg 1991, *Das eigene und das fremde Leben. Biographische Identitätsentwürfe in der englischen Literatur des 18. Jahrhunderts*, Würzburg 2007; Die vielen *Lives* des Samuel Johnson. Biografische Freundschaft zwischen kleiner Form des Epitaphs und großer Biografie, in: *Pro Domo. Kunstgeschichte in Eigener Sache*, hg. von Matthias Krüger u. a., Paderborn 2021, 89–108.

Peter Utz war von 1987 bis 2019 Professor für Neuere deutsche Literatur an der Universität Lausanne, 2004/05 Fellow am Wissenschaftskolleg Berlin, 2011 Fellow am FRIAS in Freiburg im Breisgau, 2014/15 Fellow am Institut für Kulturwissenschaft (IFK) in Wien, 2022 professeur invité an der Ecole Normale Supérieure (ENS) Paris. Forschungsschwerpunkte: literarisches Feuilleton, Schweizer Autoren, Katastrophendarstellungen, literarisches Übersetzen. Zahlreiche Publikationen zu Robert Walser, Mitherausgeber der „Berner Ausgabe“ im Suhrkamp Verlag; Mitherausgeber der Reihe „Schweizer Texte“ (bisher 61 Bde.). Neuere Buchpublikationen: *Tanz auf den Rändern. Robert Walsers ‚Jetztzeitstil‘*, Frankfurt/Main 1998 / 2. Aufl. 2018 (frz. Übers. 2001); *Anders gesagt – autrement dit – in other words. Übersetzt gelesen: Hoffmann, Fontane, Kafka, Musil*, München 2007 (jap. Übers. 2011); *Kultivierung der Katastrophe. Untergangsszenarien in den Literaturen der Schweiz*, München 2013 (frz. Übers. 2017); *„Nachreife des fremden Wortes“. Hölderlins ‚Hälfte des Lebens’ und die Poetik des Übersetzens*, Paderborn 2017.

Irina Wutsdorff ist Inhaberin des Lehrstuhls für Slavistik der WWU Münster. Ihre Forschungsinteressen gelten den slavischen Literaturen, v. a. der tschechischen und russischen, in komparatistischer Perspektive, poetologischen und literaturtheoretischen Fragestellungen sowie dem Verhältnis der Literatur zu anderen Künsten. Sie wurde an der Universität Potsdam mit einer Dissertation zu Bachtin und dem Prager Strukturalismus promoviert und habilitierte sich an der Universität Tübingen, wo sie von 2011 bis 2017 Juniorprofessorin für Transkulturelle Ostmitteleuropastudien war, mit einer Schrift zur Interaktion von Literatur und Philosophie in der russischen Kultur. Neuere Publikationen: *Prager Moderne(n). Interkulturelle Perspektiven auf Raum, Identität und Literatur*, hg. von Manfred Weinberg, Irina Wutsdorff und Štěpán Zbytovský, Bielefeld 2018; „Tönend bewegte Formen". Zu Anregungen der Musik(ästhetik) für die Literatur(theorie), in: *Poetica* 49 (2017/2018), Nr. 3–4, 359–382.

www.ingramcontent.com/pod-product-compliance
Lightning Source LLC
LaVergne TN
LVHW010644300926
849161LV00005B/1032
9783111104591